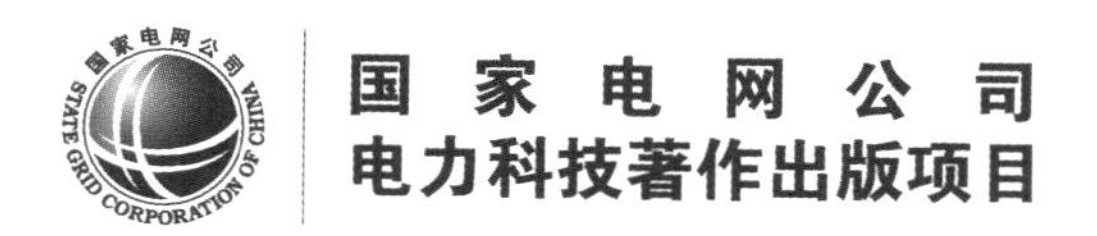


# 智能水电厂研究与实践

王永潭　路振刚　姚贵宇　编著

中国电力出版社
CHINA ELECTRIC POWER PRESS

## 内 容 提 要

智能水电厂建设是国家电网公司深入推动能源转型与绿色发展的重要举措，是构建新一代坚强智能电网、服务经济社会发展的重大工程。本书应用了当今世界最前沿的智能水电厂建设理论和技术，专业性强，具有相当的理论深度，适合具备一定智能水电厂设计、建设、运维理论知识和实践经验的读者群体，旨在引领智能水电厂建设行业发展，为该领域专业人士提供一套技术领先、通用性强、结构完整的智能水电厂建设参考方案。

本书共分为十一章。前三章主要介绍贯穿于整个智能水电厂建设的总体思想和理念；第四章至第九章详细阐述了智能水电厂建设过程中最核心的 10 个应用模块及其构建方法；第十章通过典型案例为不同类型智能水电厂建设提出要点和参考；第十一章充分总结经验，并为未来智能水电厂建设和装备制造业提供新思路。

本书可供智能水电厂设计、施工、运维、管理人员使用，也可供相关人员参考。

**图书在版编目（CIP）数据**

智能水电厂研究与实践 / 王永潭，路振刚，姚贵宇编著. —北京：中国电力出版社，2018.7
ISBN 978-7-5198-2056-5

Ⅰ. ①智… Ⅱ. ①王… ②路… ③姚… Ⅲ. ①智能技术–应用–水力发电站–研究 Ⅳ. ①TV74

中国版本图书馆 CIP 数据核字（2018）第 102006 号

---

出版发行：中国电力出版社
地　　址：北京市东城区北京站西街 19 号（邮政编码 100005）
网　　址：http://www.cepp.sgcc.com.cn
责任编辑：丰兴庆（010-63412376） 翟巧珍（806636769@qq.com）
责任校对：李　楠
装帧设计：张俊霞
责任印制：邹树群

---

印　　刷：三河市万龙印装有限公司
版　　次：2018 年 7 月第一版
印　　次：2018 年 7 月北京第一次印刷
开　　本：787 毫米×1092 毫米　16 开本
印　　张：23.5　插页 2
字　　数：544 千字
印　　数：0001—5500 册
定　　价：218.00 元

---

# 序

国家电网公司以高度的社会责任感和历史使命感提出了建设以特高压电网为主干网架，各级电网协调发展，具有坚强、自愈、兼容、经济、集成、优化特征，以自主创新、国际领先的统一坚强智能电网为发展目标，全面实现电网的安全经济稳定运行、提供高效优质清洁的电力供应，为和谐社会的建设提供保障。

水电厂是一种优良的调峰、调频和事故备用电源，是电力系统不可或缺的稳定器，是电力系统重要的支撑电源。它的智能化建设作为坚强智能电网建设的一个环节，综合提升了水电厂的规划、设计、建设、运维、技改水平和装备制造水平，为智能电网安全稳定运行提供保证，同时也是提高智能电网吸纳清洁能源能力的基础，为全面、协调、可持续地支撑智能电网的发展奠定基础。

如何建设适应智能电网源网协调要求，以信息数字化、通信网络化、集成标准化、运管一体化、业务互动化、运行最优化、决策智能化为特征，采用智能电子装置（IED）及智能设备，自动完成采集、测量、控制、保护等基本功能，具备基于一体化管控平台的经济调度与控制、状态检修决策、大坝安全分析评估与决策、防汛决策与指挥调度、远程智能诊断服务等智能应用组件，实现生产运行安全可靠、经济高效、友好互动目标的智能水电厂成为当务之急。

《智能水电厂研究与实践》一书涉及体系架构、一体化管控平台、水电信息模型、经济调度控制系统、丰满水电厂大坝综合治理关键技术、丰满水库长期预报及调度风险预控技术、设备状态监测与检修、水电厂智能化改造工程创新实践等自主知识产权的20余项关键技术和核心研究成果，展示了当代智能水电厂最先进的技术及理念。本书的适时推出不仅极大满足了水电行业对智能水电厂建设专业论著的迫切需求，而且填补了智能水电厂建设领域多项技术空白，对未来智能水电厂建设在我国全面推广实施具有重大意义和深远影响。

本书的作者均是从事水电建设、运维和管理数十年的资深专家，亲历了我国水电行业从传统模式向智能化模式过渡的发展过程，他们致力于智能水电厂设计、优化、建设、管理、运营，是智能水电厂基建智慧管控、数字化大坝、资产全寿命周期管理、运维决策等先进技术和管理理念的开创者、引领者和实践者，是智能水电厂建设的中流砥柱和领军人物。因此，本书具有很好的理论研究价值和实践指导意义，是智能水电厂建设领域不可多得的好书。

2018 年 5 月

# 前 言

2012 年吉林松江河水力发电有限责任公司（简称“松江河公司”）作为国家电网公司智能水电厂建设试点完成鉴定后，我们感到有必要撰写一部用于指导智能水电厂建设的资料，给今后智能水电厂建设提供借鉴。

2013～2016 年，在参加各流域智能水电厂建设方案评审、行业标准编写和评审以及与来访调研人员进行技术交流的过程中，我们收集整理了大量规划方案、技术论文、学位论文等，阅读了大量专著，逐步完善了对智能水电厂的认识，遂于 2013 年初编写了本书大纲，几经修改完善，正式编写大纲于 2016 年 3 月末完成，2016 年 4 月开始启动编写工作，经过 9 个多月的不懈努力，初稿基本完成。

2017 年国网新源控股有限公司提出建设数字化智能型电站、信息化智慧型企业（简称“两型两化”）的发展战略，为智能水电厂建设向行业领先、世界领航方向发展提供了前所未有的大好机遇和广阔天地。这也极大鼓舞了本书的写作团队，坚定了我们要写好这本书的决心。

丰满水电站重建过程中采用了完整的智能水电厂建设方案，从整体规划、方案设计、规范编制技术文件，到两次设计联络会详细讨论的整个过程，是对智能水电厂整体架构的进一步完善，也是智能水电厂不断积累和发展的过程。在这个过程中我们又对本书进行了多次修改并最终成稿。

本书编写过程中，得到了王立勇、刘观标、徐洁、程国清、刘建新、张蕾的大力支持和帮助，徐洁还为本书作了序言，在成稿过程中，许多专家提出了宝贵的建议和意见，在此对他们一并表示衷心感谢！

本书共分为十一章。第一章智能水电厂概述从我国电力发展现状及趋势、坚强智能电网发展、电力和能源发展对智能水电厂的需要入手，介绍了智能水电厂的发展背景、概念、内涵、特征、技术体系、总体架构等基础知识，使读者对智能水电厂有一个整体认识。

第二章水电公共信息模型和第三章智能水电厂一体化管控平台阐述了贯穿于整个智能水电厂建设始终的重要理念和支撑。基于 IEC 61850 国际标准的水电公共信息模型为智能水电厂建模提供了标准和方法，使智能水电厂技术具有通用性和推广性；智能一体化管控平台是智能化水电厂数据信息交互和服务的枢纽，为各种智能化功能的实现搭建了基础和平台。

第四章至第九章介绍了经济调度与控制系统、状态检修决策支持系统、大坝安全分析评估与决策支持系统、防汛决策支持与指挥调度系统、信息通信综合监管系统、远程智能诊断服务支持系统等 9 个高级应用系统以及基础支撑平台的构建方法，是智能水电厂的主要组成部分，展示了建设智能水电厂的具体方法和途径。

第十章介绍了已建水电厂的智能化改造、流域集控的智能化改造、水利枢纽的智能化改造、新建常规智能抽水蓄能电站、新建常规智能水站的典型案例，为不同类型项目的建设提出了重点，为今后的智能水电厂建设提供指导和借鉴。

第十一章为装备制造业和未来智能水电厂规划设计提出建议和思路。

希望本书能够给智能水电厂（常规水电厂、抽水蓄能电站、智能抽水蓄能电站、流域集控中心、水电区域集控中心）的建设提供参考和启示，促进水电装备制造的技术进步，推动智慧管控、数字化水电厂、智能水电厂和资产全寿命周期管理、远程智能诊断等先进技术和管理理念应用于智能水电厂建设和运营过程中，引领水电厂技术的更快发展，提高水电厂的效率和效益，提升电网对清洁绿色能源的吸纳能力，为坚强智能电网和全球能源互联网的发展奠定坚实的技术基础。不当之处，敬请指正。

作　者

2018 年 5 月

# 目录

# 第一章
# 智能水电厂概述

在党的十八届五中全会上，习近平总书记系统论述了创新、协调、绿色、开放、共享“五大发展理念”。习近平总书记以对发展的深入思考提出了：“发展必须是遵循经济规律的科学发展，必须是遵循自然规律的可持续发展，必须是遵循社会规律的包容性发展。”

党的十九大对我国能源转型与绿色发展做出重大部署，强调推进能源生产和消费革命，构建清洁低碳、安全高效的能源体系，加强电网等基础设施建设。推进建设智能水电厂是国家电网公司深入贯彻学习党的十九大精神，推动能源转型与绿色发展的重要举措，也是构建新一代电力系统，服务经济社会发展的重大工程。

我国和世界能源发展一样，面临资源紧张、环境污染、气候变化三大难题。要解决这些难题，必须走清洁发展道路，实施“两个替代”，即在能源开发上实施清洁替代，以太阳能、风能等清洁能源替代化石能源，推动能源结构从化石能源为主向清洁能源为主转变；在能源消费上实施电能替代，以电能替代煤炭、石油、天然气等化石能源，提高电能在终端能源消费中的比重。实现清洁能源大规模开发、大范围配置和高效率利用，加快建设生态文明，满足经济社会发展的需求。

综合考虑经济、社会发展、电气化水平提高等影响因素，以及电力作为基础产业及民生重要保障的地位，未来30年我国电力需求将稳步增长。预计到2020年全国全社会用电量为7.7万亿kWh，人均用电量5570kWh；2030年全国全社会用电量为10.3万亿kWh左右，人均用电量7400kWh左右；2050年为12万亿～13万亿kWh，人均用电量9000kWh左右。其中，非化石能源发电所占比重逐年上升，2020年、2030年和2050年发电量占比将分别达到29%、37%和50%。到2050年，我国电力结构将实现从煤电为主向非化石能源发电为主的转换。

基于我国发电能源资源禀赋特征和用电负荷分布，统筹协调经济社会发展、生态文明建设、电力安全保障以及技术经济制约，我国电力发展战略布局将进一步调整为优先开发水电、积极有序发展新能源发电、安全高效发展核电、优化发展煤电、高效发展天然气发电，推进更大范围内电力资源优化配置，加快建设坚强智能电网，构建安全、经济、绿色、和谐的现代电力工业体系。

国家电网公司以高度的社会责任感和历史使命感提出建设以特高压电网为骨干网架、各级电网协调发展，具有坚强、自愈、兼容、经济、集成和优化特征，包含电力系统的发电、输电、变电、配电、用电和调度各个环节，覆盖所有电压等级，实现“电力流、信息流、业务流”高度一体化融合，自主创新、国际领先的统一坚强智能电网。到2035年全面建成具有卓越竞争力的世界一流能源互联网企业。

发电是智能电网建设的六大环节之一，因此，水电厂建设迎来了智能化大发展的崭新机遇。水电厂作为一种优良的调峰、调频和事故备用电源，是电力系统不可或缺的稳定器，是电力系统重要的支撑电源。它的智能化建设是坚强智能电网建设的一个关键环节，将综合提升水电厂的规划、设计、建设、运维、技改水平和装备制造水平，为智能电网安全稳定运行提供保证，大大提高智能电网吸纳清洁能源的能力，为全面、协调、可持续地支撑智能电网发展奠定基础。通过智能水电厂的建设，可以实现一次设备智能化，二次设备网络化，数据的采集和传输光纤化，全厂数据共享互动化，各信息系统之间有机配合与互操作，提升辅助决策能力，提高经济运行水平，解决电站抗干扰问题，增强设备及系统的可靠性、实时性和利用率，实现电站效率和效益的最大化。

智能水电厂的由来和发展主要有如下标志性事件:

2009 年 9 月，原东北电网有限公司董事长、党组书记李一凡提出白山发电厂要在电网中带头探索智能水电厂建设的发展道路，拉开了智能水电厂建设的序幕。

2009 年 11 月，原东北电网有限公司编制并印发《东北电网公司电网智能化规划》，首次提出将智能水电厂建设作为智能电网发电环节建设的主要体现之一，并将智能水电厂建设正式纳入智能电网建设规划。

2010 年 3 月，原东北电网有限公司正式启动智能水电厂的建设规划工作。

2010 年 4 月，松江河公司与白山发电厂共同作为国家电网公司智能水电厂建设试点，开展智能水电厂建设（改造）。

2011 年 3 月～2012 年 6 月，国网新源控股有限公司总经理林铭山、副总经理张振有、副总经理冯伊平多次到松江河公司对智能水电厂建设作出指示，要求其尽快完成智能化改造建设工作，尽快发挥智能水电厂的积极作用，以破解松江河公司人少、点多、面广、线长的管理难题，为智能水电厂建设做出示范。

2012 年 11 月 23 日，国网新源控股有限公司组织专家对松江河公司智能化改造建设项目进行了全面验收。2013 年 9 月 13 日，该项目通过了国家电网公司专家组鉴定，标志着智能水电厂建设取得了成功。

自 2011 年开始，各独立水电厂、流域公司、水利枢纽等相继开展智能水电厂建设工作。2013 年，丰满水电站重建工程全面按智能水电厂建设方案规划、设计、实施，并充分总结已建智能水电厂经验，进一步提高智能化建设水平，是智能水电厂建设的又一次飞跃。

2015 年 3 月 12 日国家电网公司企业技术标准《水电厂智能化技术规范》（Q/GDW 11295—2014）正式发布实施；2016 年 1 月 7 日电力行业标准《智能水电厂技术导则》（DL/T 1547—2016）正式发布，并于 2016 年 6 月 1 日正式实施，全面指导和规范智能水电厂建设。

## 第一节　智能水电厂概念及内涵特征

### 一、智能水电厂的定义

在智能水电厂建设初期，智能水电厂定义为：以坚强智能电网为服务对象，以实现水电厂效率、效益最大化为目标，通过建立集成、可靠、高效的统一数据共享平台，实现现场设备海量信息的采集；采用电力系统自动化全球通用标准《变电站通信网络和系统》（简称“IEC 61850”标准）进行信息传输，在智能化基础平台上进行数据分析诊断，实现现场各电站相关设备之间的智能化联动；通过智能化应用平台，对现场设备设施的状态进行分析诊断，为经济运行、发电控制、防洪调度、状态检修和资产全寿命周期管理等提供智能决策与支持，实现集成开放、坚强可靠、经济高效、管理智能、效率效益最大化的水电厂。

2012 年 3 月国网新源控股有限公司组织编写水电厂智能化系列技术标准，在 2013 年审查技术标准时，审查组认为“智能水电厂”一词与当时的技术发展情况不相适应，为突出技术实现的过程，将“智能水电厂”改为“水电厂智能化”。水电厂智能化（hydropower plant intellectualization）的含义是：以全厂信息数字化、通信接口网络化、信息集成标准化为基本要求，自动完成信息采集、测量、控制、保护等基本功能，以一体化管控平台为核心，实现水电厂各自动化或信息化系统的整合，支持经济运行、状态检修决策、安全防护多系统联动等智能应用，实现水电厂生产运行坚强可靠、经济高效的目标，满足智能电网对水电厂“无人值班”（少人值守）运行模式的要求。

2014年国家电网公司发布了《水电厂智能化技术规范》（Q/GDW 11295—2014）技术标准，采用了国网新源控股有限公司水电厂智能化系列技术标准的概念，但在概念描述上，与当时的技术发展水平更适应。水电厂智能化（hydropower plant intellectualization）含义为：遵循厂网协调发展要求，以信息数字化、通信网络化、集成标准化、运管一体化、业务互动化、运行最优化、决策智能化为特征，采用先进、可靠、环保的智能电子装置及智能设备，自动完成采集、测量、控制、保护等基本功能，构建基于一体化管控平台的经济运行、在线分析评估决策支持、安全防护多系统联动等智能应用，实现生产运行坚强可靠、经济高效、友好互动和绿色环保的目标。

2016年1月，中国电力企业联合会发布了《智能水电厂技术导则》（DL/T 1547—2016），根据当时技术发展现状，在对前述“智能水电厂”和“水电厂智能化”概念的认真分析和精确提炼下，形成了“智能水电厂（smart hydropower plant）”概念，“智能水电厂”的含义为：适应智能电网源网协调要求，以信息数字化、通信网络化、集成标准化、运管一体化、业务互动化、运行最优化、决策智能化为特征，采用智能电子装置（IED）及智能设备，自动完成采集、测量、控制、保护等基本功能，具备基于一体化平台的经济运行、在线分析评估决策支持、安全防护多系统联动等智能应用组件，实现生产运行安全可靠、经济高效、友好互动目标的水电厂。

## 二、智能水电厂相关术语

1. 智能电子装置（intelligent electronic device，IED）

一种基于微处理器技术，具备数据采集、处理、传输以及控制指令传输及执行功能的电子装置。

2. 智能组件（intelligent component）

由测量、控制、保护等若干智能电子装置集合而成，通过电缆或光纤与机电设备本体连接成一个有机整体。通常运行于机电设备本体近旁。

3. 合并单元（merging unit）

对来自一次互感器的电气量进行合并和同步处理，并将处理后的数字信号按照特定格式转发给单元层设备使用的装置。

4. 智能终端（intelligent terminal）

采用电缆连接一次设备（断路器、隔离开关、主变压器等），采用光纤连接保护、测控等二次设备，实现对一次设备的测量、控制等功能的智能组件。

5. 智能设备（intelligent device）

水电厂内各种机电设备本体与相应智能组件的有机结合体，具备测量数字化、控制网络化、功能一体化和信息互动化特征。

6. 过程层（process layer）

过程层包括各类一次设备及其所属的智能组件以及独立的智能电子装置。

7. 单元层（unit layer）

单元层包括各类智能化的现地监测、控制和保护设备，实现使用一个单元的数据并且作用于该单元一次设备的功能，即与各种远方输入 / 输出、传感器和控制器通信。

8. 厂站层（station layer）

由各类计算机、网络硬件设备以及一体化平台、智能应用组件构成，具有厂站级运行监视、预测预报、分析评估、自动发电控制、水资源优化调度等厂站级功能。厂站层设备可分布在中央控制室、水调值班室、计算机房等不同物理位置。

9. 水电公共信息模型（hydropower common information model，HCIM）

依据《变电站通信网络和系统》（DL/T 860—2014）和《能量管理系统应用程序接口》（DL/T 890）标准对水电厂机电设备、水工设施及逻辑控制功能进行统一定义的模型。

10. 数据中心（data center）

存储并管理模型和数据的计算机软硬件设施，实现模型与数据的一体化管理，并对外提供统一的数据访问服务。

11. 基础服务（basic service）

提供消息通信、工作流管理、权限日志、数据计算机分析、综合报警、任务调度、进程管理等各类后台服务功能。

12. 基础应用（integrated application）

实现计算机监控、水调自动化、大坝安全监测等水电厂基本业务功能以及业务间协同互动的应用组件集合，主要用于提供各类人机交互界面。

13. 一体化平台（integrated platform）

基于水电公共信息模型、插件式应用组件等技术，由数据中心、基础服务、基础应用构成，实现水电厂生产运行一体化管控的软件平台。

14. 《变电站通信网络和系统》（DL/T 860—2014）标准

该标准是我国根据国际电工委员会《变电站通信网络和系统》（简称 IEC 61850）国际标准编写的电力行业标准，是基于通用网络通信平台的变电站自动化系统的国家标准，包含了变电站通信网络和系统总体要求、系统和工程管理、一致性测试等内容。

## 三、智能水电厂的内涵

智能水电厂是建立在集成的、高速双向通信网络的基础上，通过先进的传感和测量技术、先进的设备、先进的控制方法以及先进的决策支持系统技术的应用，实现水电厂的可靠、安全、经济、高效、环境友好的目标。

智能水电厂以坚强智能电网为服务对象，以源网协调发展的“无人值班”（少人值守）模式为基础，以通信平台为支撑，具有信息化、自动化、互动化的特征，实现“电力流、信息流、业务流”的高度一体化融合。

1. 坚强可靠

通过先进技术的应用，提高设备质量，提升设备运行水平，延长使用寿命；同时，随着相关技术的发展，智能控制成为可能，大大提高辅助决策能力，逐步实现相关系统自愈功能，提高安全稳定运行水平。

2. 经济高效

通过流域梯级水库优化调度，确定水库及机组科学合理运行方式，提高发电、防洪、供水等综合社会效益，实现梯级电站最优运行；实现状态检修，提高设备可用率、降低检修成本；通过整合业务流程、简化管理程序，提高管理效率、降低管理成本。

3. 集成开放

智能水电厂通过不断的流程优化，信息整合，实现企业管理、生产管理、水电厂自动化与电力市场业务的集成，形成全面的辅助决策支持体系，提供高品质的附加增值服务。

4. 友好互动

智能水电厂与电网之间，和谐互动，协同配合，相互促进。

5. 绿色环保

智能水电厂建设完成后，可以与风电、光电或太阳能等合成一个虚拟的水电厂，通过源网协调，采用风、光、水互补方式，提高电网对清洁能源的吸纳能力，从而实现节能减排的绿色环保功能。

## 四、智能水电厂的基本特征

1. 信息数字化

信息数字化是智能水电厂的最基本特征，是指水电厂生产过程中所有需要监视、控制、调节的设备信息，全部实现数字化采集、存储和输出。这种数字化是指从一次设备侧到二次设备侧直至命令执行全过程的数字化。如继电保护设备，在电气一次设备侧采用光TV、光TA采集电压、电流数据，数据采集过程不经任何转换，直接为数字化的采集；继电保护为微机型保护，直接对采集的电压、电流等数据进行分析，然后以数字化命令直接输出给执行元件（智能组件），而不是现在通常所使用的继电器，智能组件输出电压或电流等信号驱动电动机分合断路器或隔离开关。

2. 通信网络化

通信网络化是智能水电厂的基础，也是信息数字化的基础。通信网络化是指水电厂所有设备之间的数据交换全部以网络为通道。一般智能水电厂单元层与厂站层通过MMS网络交换信息，单元层和过程层之间采用SV网进行测量，采用GOOSE网进行控制或操作。在水轮发电机组、主变压器等主设备旁设置采集和控制屏，对主设备的状态和信息进行数字化的采集和控制调节，这些数字化信息与单元层、厂站层以及各主设备之间进行信息交换的通道全部为通信网络（以高速光纤通信为主），而不是通过电缆连接或串口等通信方式。

3. 集成标准化

集成标准化是智能水电厂最优先解决的问题，是实现设备即插即用的关键，也是国际电工委员会（IEC）制定 IEC 61850 标准和 IEC 61970 标准的原因。是指水电厂生产过程的信息采集、存储、交换过程全部实现标准化和统一化，打破各设备厂之间在通信协议上的壁垒，消除水电厂生产过程中存在的信息孤岛，解决信息系统众多数据重复录入问题，提高设备之间数据共享能力，降低工程造价，实现集成开放的目标。

4. 运行最优化

运行最优化是智能水电厂的基础目标，是指通过建立水电厂生产过程模型和专家知识库，实现对水电厂生产过程的智能化分析、诊断和决策，找出水电厂设备、设施的最优化运行方式，实现水电厂的经济运行和状态检修，提高人员工作效率，从而实现水电厂生产、经营等各方面的效率、效益最大化。

5. 业务互动化

业务互动化最早是指软件的一个特征，即软件提供界面是一种人机交互界面，主要通过对话框等形式，引导人们使用软件的过程或形式。而业务互动化是指通过智能水电厂的建立，实现各类业务流程的个性化提示和自动执行。如某个设备存在缺陷，系统直接采集现场设备缺陷数据，经系统分析后定级并填写缺陷登记表，现场运行人员只需要对该缺陷进行确认。确认后该缺陷自动记入缺陷记录表中，启动消缺流程并参与设备状态分析。

6. 决策智能化

决策智能化是智能水电厂的基本体现，是指将水电厂生产工作流程或决策过程建立成模型。通过专家知识库、标准库和智能诊断系统的自动分析和执行，实现设备之间、系统之间的联动和辅助决策分析评估等人工智能功能，达到提高可靠性、降低成本、提高效益和效率的目标。例如状态检修辅助决策系统主要是通过建立设备状态检修的数学模型，实现现场设备数据采集、分析、判断、预警、提供检修方式报告等这样一个设备状态检修的智能化决策过程。

7. 运管一体化

运管一体化是智能水电厂的主要建设目标，是指基于一个统一的信息平台，实现对水电厂生产、经营和管理信息采集、存储、分析和决策的全过程管理，达到生产运维和企业经营的一体化管理目标。如资产全寿命周期管理过程，在设备出厂时即将设备基本数据形成数据库，随设备送至水电厂仓储库，设备数据直接进入水电厂的仓储管理系统。完成设备的出入库及安装调试后，安装、调试、投运数据直接进入生产管理信息系统存储。设备进入运营阶段后，设备缺陷、定期试验数据、资产价值等信息系统自动产生或人工录入，与出厂、安装、调试、投运等基础数据共同参与设备的状态检修决策，直至设备达到退役年限。

## 第二节　智能水电厂技术体系

要实现智能水电厂信息数字化、通信网络化、集成标准化、运行最优化、业务互动化、决策智能化、运管一体化的特征，必须借鉴智能电网建设经验，利用、研发和整合信息技术、通信技术、水电厂自动化和数字化技术、水电厂运行和检修经验等专家知识的积累，以及专家知识库的建模、智能诊断分析技术、辅助决策技术、智能化电气一次设备等相关技术。

## 一、信息通信技术

### （一）信息技术

信息技术（information technology，IT）是获取、传递、处理和利用信息的技术。信息技术的飞跃式发展为智能水电厂建设提供了可能性，是水电厂实现自动化、数字化、智能化的前提和基础。信息技术见图 1–1。

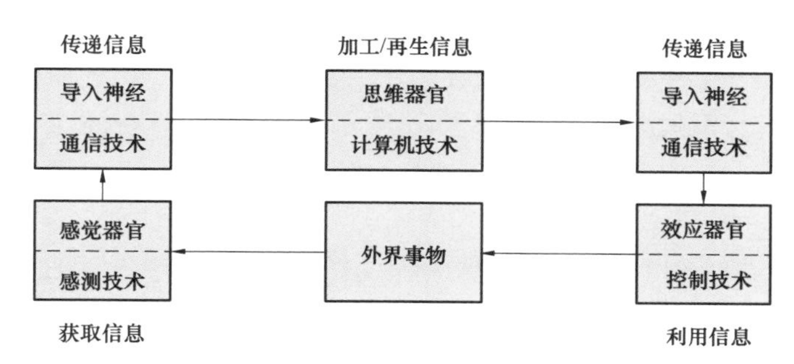


图 1–1　信息技术

1. 信息获取技术

信息获取技术包括各种信息测量、存储、感知和采集技术，特别是直接获取自然信息的技术。信息测量包括电与非电测量；比较典型的信息存储方式有磁存储与光存储；信息感知包括文字、图像、声音识别以及自然语言理解等；信息采集涉及自然信息、机器信息和社会信息的采集。

2. 信息传递技术

信息传递技术包括各种信息的发送、传输、接交、显示、记录技术，特别是“人–机”信息交换技术。这门技术的主体是通信技术，包括有线电通信、无线电通信、声通信和光通信等。

3. 信息处理技术

信息处理技术包括各种信息的变换、加工、放大、增殖、滤波、提取、压缩技术，特别是数值信息处理与知识信息处理技术。这门技术的主体是计算机技术，包括计算机系统技术、硬件技术和软件技术。

4. 信息利用技术

信息利用技术包括各种利用信息进行控制、操纵、指挥、管理、决策的技术，特别是“人–机”协调的智能控制与智能管理技术。计算机技术广泛地与多种专业、学科、技术结合，产生出功能各异的信息利用技术和系统，如电子政务、电子商务、CAD/CAM/CAE、虚拟现实等。

5. 信息技术的支撑技术

信息技术的支撑技术是指信息技术的实现手段所涉及的技术。当前信息技术的支撑技术主要是电子技术，特别是微电子技术。因此从某种意义上可以将当前的信息技术称为电子信息技术。确切地说，电子信息技术是信息技术的一个分支。信息技术的支撑技术还有激光技术、生物技术、精密机械等工程技术。

**（二）通信技术**

智能电网发展的核心理念是利用先进的电力通信技术以及其他控制技术来提高电网智能化水平，实现多种可再生资源的接入以及双向互动等多种智能化服务，电力通信技术作为智能电网实现的基础，其性能直接决定了智能电网及智能水电厂的性能。

大力发展电力通信技术首先要发展广域互联的通信设施，大力建设范围广、数量大的电力通信系统；其次要大力建设由光纤作为通信介质的多层次通信网络，保证每一个层次之间是包含和被包含的关系；最后，随着智能电网的发展，电力通信的发展趋势是建设一个和电网同覆盖的电力双向互动的通信网络。

光纤通信技术是智能水电厂建设的重要基础支撑技术之一。光纤通信技术，简称光纤通信，由纤芯，包层和涂层组成，内芯一般为几十微米或几微米，中间层称为包层，通过纤芯和包层的折射率不同，从而实现光信号在纤芯内的全反射也就是光信号的传输，涂层的作用是增加光纤的韧性保护光纤。

光纤通信技术主要包括光纤光缆技术、光交换技术、传输技术、光有源器件、光无源器件以及光网络技术等。

超高速度、超大容量和超长距离传输是光纤通信的发展趋势，主要发展方向包括波分复用技术、光孤子通信技术、全光网络等。

**（三）计算机技术**

水电发展“十三五”规划明确提出要建设“互联网+”智能水电厂，充分利用云计算、物联网和大数据等技术，研发和建立数字流域和数字水电，促进智能水电厂、智能电网、智能能源网友好互动。

1. 云计算技术

云计算（cloud computing）是分布式计算技术的一种，它透过网络将庞大的计算处理程序自动分拆成无数个较小的子程序，再交由多部服务器所组成的庞大系统经搜寻、计算分析之后将处理结果回传给用户。稍早之前的大规模分布式计算技术即为“云计算”的概念起源。

通过这项技术，网络服务提供者可以在数秒内，达成处理数以千万计甚至亿计的信息，达到和“超级计算机”同样强大效能的网络服务。最简单的云计算技术在网络服务中已经随处可见，例如搜寻引擎、网络信箱等，使用者只要输入简单指令即能得到大量信息。

云计算最重要的创新是将软件、硬件和服务共同纳入资源池，三者紧密地结合起来融合为一个不可分割的整体，并通过网络向用户提供恰当的服务。网络带宽的提高为这种资源融合的应用方式提供了可能。

云计算的关键技术包括虚拟机技术、数据存储技术、数据管理技术、分布式编程与计算、虚拟资源的管理与调度、云计算业务接口等。

2. 物联网技术

物联网技术的核心和基础是“计算机互联网技术”，是在计算机互联网技术基础上的延伸和扩展的一种网络技术。物联网技术是指通过射频识别（RFID）、红外感应器、全球定位系统、激光扫描器等信息传感设备，按约定的协议，将任何物品与互联网相连接，进行信息交换和通信，以实现智能化识别、定位、追踪、监控和管理的一种网络技术。

物联网是物与物、人与物之间的信息传递与控制。物联网应用中的关键技术包括传感器技术，这也是计算机应用中的关键技术。传感器把模拟信号转换成数字信号计算机才能处理。RFID 标签也是一种传感器技术，RFID 技术是融合了无线射频技术和嵌入式技术为一体的综合技术，RFID 在自动识别、物品物流管理有着广阔的应用前景。

3. 大数据技术

大数据（big data），指无法在一定时间范围内用常规软件工具进行捕捉、管理和处理的数据集合，是需要新处理模式才能具有更强的决策力、洞察发现力和流程优化能力的海量、高增长率和多样化的信息资产。

在维克托·迈尔–舍恩伯格及肯尼斯·库克耶编写的《大数据时代》中大数据指不用随机分析法（抽样调查）这样捷径，而采用所有数据进行分析处理。大数据的 5V 特点（IBM 提出）：Volume（大量）、Velocity（高速）、Variety（多样）、Value（低价值密度）、Veracity（真实性）。

从技术上看，大数据与云计算的关系就像一枚硬币的正反面一样密不可分。大数据必然无法用单台的计算机进行处理，必须采用分布式架构。它的特色在于对海量数据进行分布式数据挖掘。但它必须依托云计算的分布式处理、分布式数据库和云存储、虚拟化技术。

大数据需要特殊的技术，以有效地处理大量的容忍经过时间内的数据。适用于大数据的技术，包括大规模并行处理（MPP）数据库、数据挖掘、分布式文件系统、分布式数据库、云计算平台、互联网和可扩展的存储系统。

## 二、水电厂自动化技术

水电厂自动化系统建立在计算机监控系统基础上，主要实现功能包括对整个电站（甚至梯级电站或整个流域）的水文测报；机组启、停控制，工况监视；辅助、公用设备的启、停控制，工况监视；负荷的分配，输电线路运行全过程的自动控制，并能准确地与上一级调度部门进行实时数据通信等全方位自动监测。上述功能是综合自动化系统的核心和基础。

根据计算机在水电厂监控系统中的作用及其与常规监控设备的关系，水电厂自动化监控系统一般有三种模式，主要包括：以常规控制设备为主，计算机为辅；以计算机为主，常规控制设备为辅；取消常规控制设备的全计算机监控系统。

用户可以根据水电厂的装机容量大小、在电网中的作用和各自的具体情况分别选用不同模式的监控系统。一般新建水电厂和具备条件（资金、技术和发电许可等条件）的水电厂适合选择第三种模式，以便达到一步到位的目的。对于受其他条件限制的老式水电厂的改造，可分别考虑第一、第二两种模式作为过渡。这其中各种模式针对各自电站的具体情况，在设计时也略有不同。

水电厂自动化系统关键技术主要有可编程控制器相关技术、可编程自动化控制器相关技术、以太网可编程自动化控制器相关技术、传感器技术等。

### （一）可编程控制器及其相关技术

可编程控制器（programmable logic controller，PLC）是一个以微处理器为核心的数字运算操作的电子系统装置，专为工业现场应用而设计。PLC 是微机技术与传统继电接触控制技术相结合的产物，它克服了继电接触控制系统机械触点接线复杂，通用性和灵活性差的缺点，充分利用了微处理器优点。PLC 编程一是不需要专门的计算机语言，而是采用了一种以继电器梯形图为基础的简单指令形式，使用户程序编制形象、直观、方便易学，便于调试与查错。

**（二）可编程自动化控制器及其相关技术**

可编程自动化控制器（programmable automation controller，英文缩写“PAC”）是控制引擎的集中，涵盖 PLC 用户的多种需要，以及制造业厂商对信息的需求。PAC 包括 PLC 的主要功能和扩大的控制能力，以及 PC–based 控制中基于对象的、开放数据格式和网络连接等功能。

1996 年施耐德公司将 MODICON 公司收入旗下，2014 年发布了 Modicon M580，使 PLC 发展至 PAC，又将 PAC 发展至革新性的以太网可编程自动化控制器（ethernet programmable automation controller，ePAC）。通过将标准的以太网嵌入自动化控制器，从底层实现工业以太网连接和通信，使工厂的设计、实施以及运行达到前所未有的灵活性、透明化和安全性。Modicon M580 的核心在于通过最先进的 ARM 架构微处理器将标准的以太网嵌入自动化控制器，并将它应用到现场总线、控制总线和内部的背板总线等所有的通信，以及所有的设备和模块中，从而形成一个完整的真正意义上的开放网络，实现无缝连接和通信。将过程管理和能源管理融合到同一个系统中，用户可以管理流程、仪器仪表，实时了解能源数据，提高工厂的运营效率，同时减少能耗。这种简便、高效的过程控制和能源管理解决方案，扩大了过程行业终端用户的选择。

**（三）以太网可编程自动化控制器及其相关技术**

以太网可编程自动化控制器（ethernet programmable automation controller，英文缩写“ePAC”）是致力于提供高效的自动化处理、可无缝集成基于透明就绪网络的分布式智能化设备。它通过深度集成标准化、开放的以太网和 Web 标准，为商务应用、网络集成、网络安全、工具互用、设备通信等提供了最优化的解决方案。ePAC 完全基于以太网架构设计，从远程设备、分布式设备、控制器核心处理器，实现了在开放的以太网主干中管理所有的通信设备、控制网络和现场网络。ePAC 允许各个层面的修改，包括对应用程序、配置和架构体系的修改等，无需停机。它利用路由功能，突破了网络透明的局限性。架构的灵活性和可用性已经完全超越了传统 PLC 系统，甚至优于部分的 DCS 系统。

ePAC 具有相当大程度的开放性，保证用户原有的设备也可以集成到 ePAC 系统中，最大程度地保证了升级改造的平滑性，并有效地降低投资成本。ePAC 的编程，支持符合 IEC 61131 的技术标准的 5 种编程语言，并提供丰富的扩展模块，包括 I/O、通信、专家模块等，同时还有足够的处理能力去管理复杂的目标过程。就应用范围来讲，ePAC 的应用已经不仅局限在传统的 PAC 市场，它还能应用于更偏向于过程控制的领域（如传统的 DCS 领域）或者先进制造领域。

**（四）传感器及其相关技术**

传感器是指能感受规定的被测量并按照一定的规律转换成可用输出信号的器件或装置，通常由敏感元件和转换元件组成。敏感元件是指传感器中能直接感受或响应被测量的部分；转换元件是指传感器中能将敏感元件感受或响应的被测量转换成适于传输或测量的电信号的部分。压电晶体、热电偶、热敏电阻、光电器件等是敏感元件与转换元件两者合二为一的传感器。传感器转换能量的理论基础都是利用物理学、化学学、生物学现象和效应来进行能量形式的变换。被测量和它们之间能量的相互转换是各种各样的。

传感器技术就是掌握和完善这些转换的方法和手段。涉及传感器能量转换原理、传感器材料选取与制造、传感器器件设计、传感器开发和应用等多项综合技术。

传感器按被测输入量可分为温度传感器、湿度传感器、压力传感器、位移传感器、流量传感器、液位传感器、力传感器、加速度传感器，转矩传感器等；按传感器工作原理可分为电学式传感器、磁学式传感器、光电式传感器、电势型传感器、电荷传感器、半导体传感器、谐振式传感器、电化学式传感器等；按能量的关系分为有源传感器和无源传感器；按输出信号的性质可分为模拟式传感器和数字式传感器；新型传感器技术包括生物传感器、微波传感器、超声波传感器、机器人传感器、智能传感器。

传感器网络是由分布式数据采集系统组成的，可以实施远程采集数据，并进行分类存储和应用；传感器网络上的多个用户可同时对同一过程进行监控；凭借智能化软硬件，灵活调用网上各种计算机、仪器仪表和传感器各自的资源特性和潜力；区别不同的时空条件和仪器仪表、传感器的类别特征，测出临界值，做出不同的特征响应，完成各种形式、各种要求的任务。

在分布式传感器网络系统中，一个网络节点应包括传感器（或执行器）、本地硬件和网络接口。传感器用一个并行总线提供数据包从不同的发送者到不同的接收者间传送。一个高水平的传感器网络使用 OSI 模型中第一层到第三层以提供更多的信息并且简化用户系统的设计及维护。

“现场总线”是在自动化工业进程中的非专有双向数字通信标准。定义了 ISO 模型的应用层、数据链路层和物理层，并带有一些第四层的服务内容。图 1–2 为一个现场总线控制系统结构。

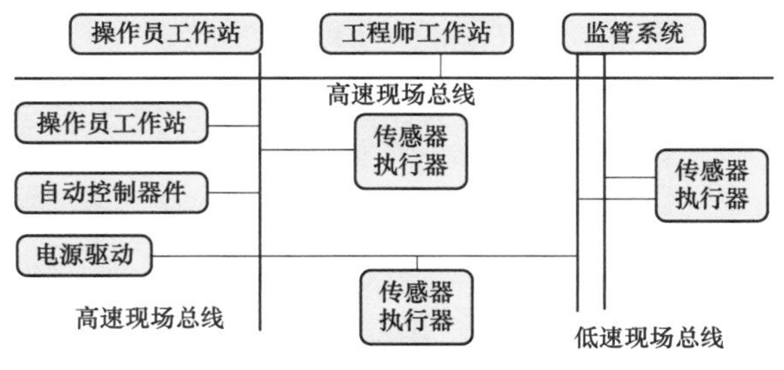


图 1–2　现场总线控制系统结构

## 三、水电厂数字化技术

### （一）数字化水电厂建设的意义

新能源和再生清洁能源的开发利用研究是能源可持续发展的重要战略方向，关系到政治、经济和社会发展以及生态环境等诸多方面。随着矿石燃料能源的大量采用，资源趋向枯竭、环境严重污染，存在影响经济和国防安全等重大危险。

水电能源及其数字化工程是未来流域和跨流域联合开发的前瞻领域。面对未来能源形势的挑战，必须高度重视水电能源的合理开发、高效利用以及流域水旱灾害防治，为我国能在复杂的国际环境中持续、稳定、健康发展奠定坚实基础。

重视对水电能源问题的科技创新，是世界工业发达国家科技政策的基本内容。数字化水电厂的实现，正是针对全世界共同面临的可持续发展问题以及国家重大需求而建设的。在国内，水电企业正面临着前所未有的深刻变化：电力市场化、业务流程重组、管控一体化等，这些变化改变了水电企业运作的规律；另一方面，新技术不断涌现并迅速应用于发电企业，如现场总线控制技术、信息技术等加速了水电厂信息化建设的步伐。采用信息技术提升竞争力是水电厂发展的必由之路，数字化水电厂的建设具有重要的战略意义。

### （二）数字化水电厂建设的内涵

数字化水电厂是以网络为基础、水力联系和电力联系为纽带、能源转换控制设备为载体、安全经济运行为目标，融合仿真、控制和信息三位一体技术实现水电厂的运行控制和管理，一般要求具有 5 大核心功能：过程监控、优化分析、操作指导、事故诊断、负荷分配。数字化水电厂采用流程工业的 CIMS 理论来设计体系结构，在水电厂先进的控制系统和安全高效的网络平台、数据库平台基础上，基于国际最新的理论和研究成果整合水电厂管控一体化系统，用先进的管理思想和信息技术对水电厂的经营和生产管理系统进行全面设计，使信息技术与工业技术、管理技术全面融合，全面提升生产和管理水平，增强企业竞争力。

### （三）数字化水电厂层次结构

通过对 CIMS 企业通用模型的研究并结合水电厂的实际情况，架构了一个具有四个层次、两个支持系统的层次结构模型，四个层次分别是直接控制层、管控一体化层、生产管理层、经营决策层；两个支持系统是数据库支持系统和计算机网络支持系统，如图 1–3 所示。

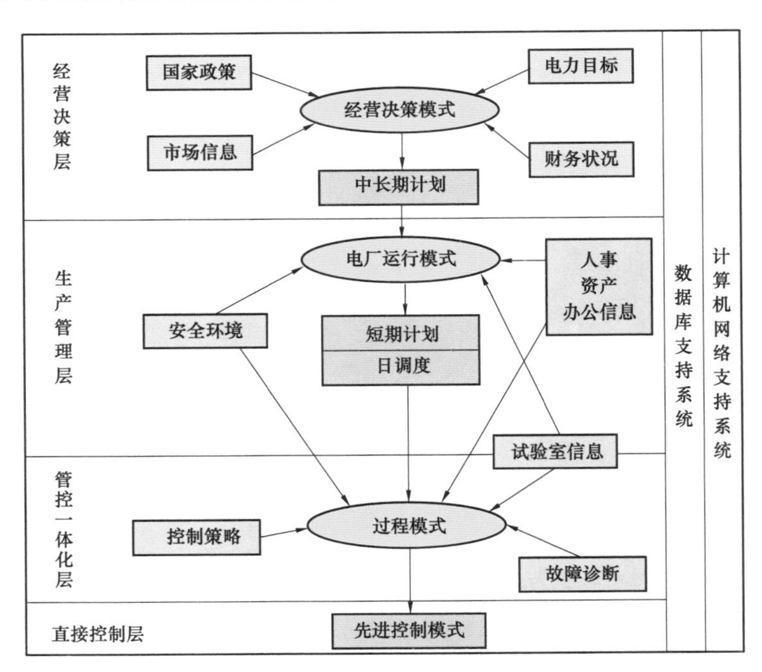


图 1–3　数字化水电厂的层次结构

1. 直接控制层

该层是指生产过程的数据采集和直接控制（SCADA–DCS），包括单元机组、单元主变压器、单元线路以及油、气、水等辅助控制系统 LCU 构成的 DCS。目前技术的发展是以现场总线为代表的先进控制系统。基于高性能 DSP 和嵌入式系统的前端控制装置通过现场过程总线形成分布式 SCADA–DCS 系统。

2. 管控一体化层

该层为厂级监控系统（SIS），它完成厂级生产过程的监控，结合管理层的信息，对控制系统进行整体优化和分析，为过程控制层提供操作指导，该层是管理和控制之间联系的桥梁，是对传统控制系统概念的延伸，是目前学术和工程界研究的热点。

3. 生产管理层

生产管理层主要为全厂生产调度提供服务，以状态检修为中心，以设备为基础，以完成发电量为目标，优化水电厂各机组的生产计划和策略，实现全厂的安全高效经济生产，该层是数字化水电厂管理信息的基石。

4. 经营决策层

根据区域内电力市场信息，综合考虑防洪、航运等约束条件下的收益最大目标，以水库为对象，寻求整体最优，对水电厂的经营、生产、目标和发展规划提出决策支持。该层是数字化电厂的系统入口和决策枢纽。

5. 数据库支持系统

以关系数据库和实时数据库为基础的面向数据主题的水电厂数据仓库，构成了数字化水电厂的数据库支持系统，实现数字化水电厂信息的分析、提炼、集成和应用，为水电厂的高级分析决策提供支持。

6. 计算机网络支持系统

以 ATM 和千兆以太网为代表的先进组网技术为核心，结合 QoS 保障、系统—网络—终端三级安全策略、目录管理统一认证等先进技术，构成数字化水电厂的计算机网络支持系统。

**（四）数字化水电厂的功能结构**

数字化水电厂是在数据库基础上对物流、资金流、信息流进行综合分析的集成系统，功能体系涵盖生产经营和决策等各个方面。数字化水电厂包括厂级监控信息系统（SIS）即管控一体化系统、企业资源规划系统/资产管理系统（ERP/EAM）、发电报价决策系统。前者融合了多种管控数据对水电厂的控制系统进行最优决策，解决水电厂传统控制系统和管理系统的数字鸿沟；后者以计划预算为入口，以设备状态检修为中心，对水电厂的资产进行全面管理；而发电报价决策系统以最优上网电价为目标，对全厂的经营活动进行最优经济决策，如图 1–4 所示。

通过对水电厂的需求分析，在系统结构及运行机制上仿人类社会的组织和行为机理，采用计算机网络等先进技术，并与电厂监控、状态监测、诊断维修、水情测报等自动化系统相集成，使数字化水电厂具备如下特点：

（1）秉承 CIMS/ERP 的原理，系统的设计思想和层次结构具有理论的严密性和实际可操作性。

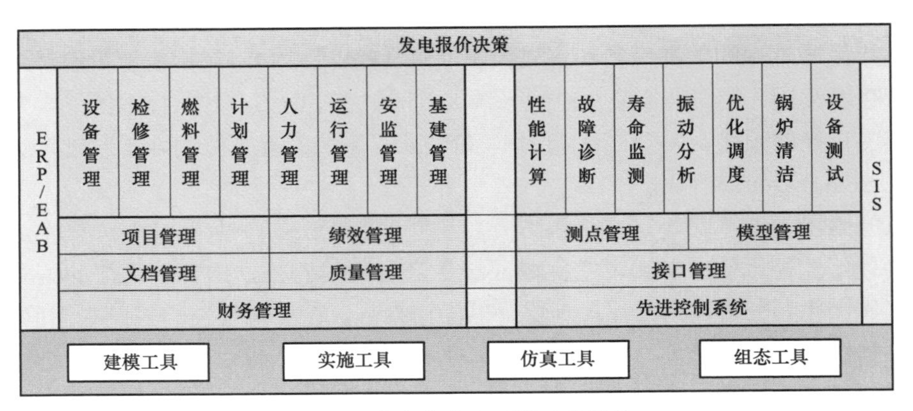


图 1–4　数字化水电厂的功能结构

（2）采用动态企业建模技术、软件重构技术、面向对象技术设计，保证与水电厂运作流程变化后的系统适应。

（3）通过系统配置工具（包括系统建模工具、模型仿真工具、实施工具）使系统快速实施，并保证系统有良好的扩展性和软件模块的可重用性。

（4）可行的优化算法可使水电厂的各个系统在仿真优化的前提下按最佳方案运行，从而保证了系统的先进性和可靠性。

（5）先进的组网技术和信息平台为系统的稳定运行提供可靠支撑。

（6）先进的数据仓库和数据挖掘技术能自动地进行挖掘分析工作，剖析任意层面数据的内在联系，最终确定企业业务的发展趋势和规律。

数字化水电厂所具有的仿真功能不仅能对水电厂现状进行综合评价与量化分析，而且还可以对水电厂未来发展进行动态三维空间描述、预测，并进行虚拟现实的前瞻性分析。以水电厂运行系统为对象，建立对象的物质、能量、信息的映射关系及其逻辑链路描述，是数字化水电厂技术创新和技术突破的关键所在。因此，以复杂系统理论、系统工程思想、信息技术原理、现代仿真技术和综合集成方法指导研究工作的分析和实施，以达到数字化水电厂设计的目标要求。

**（五）电力市场环境下数字化水电厂的发展策略**

在电力市场环境下数字化水电厂建设的总体目标围绕企业利润最大化目标，为企业目标服务。将企业目标落实到数字化水电厂实现技术上，通过数字化水电厂系统的建设，为水电厂的经营管理者服务，在管理和技术上提供开源和节流手段和工具，使水电厂能真正为发电企业提高效益的目标服务。

当前，数字化水电厂的发展的目标是充分利用水电厂的生产和经营的数据，合理规划生产管理流程，实现计算机辅助管理和辅助决策，为水电厂的经营目标服务。数字化水电厂要以企业内网为依托，以经济分析、成本管理和报价辅助决策为目标，在对大量生产、经营、交易等实时和历史数据信息进行有效组织和控制的基础上，运用最新的计算机技术、电力经济分析方法和决策分析模型实现生产经营指标动态分析、投入产出比较、电价趋势分析、预报以及报价方案分析、评估等功能。

从技术层面上看，需要综合采用企业信息门户（EIP）技术、企业应用整合（EAI）技术、企业设备资产管理（EAM）技术、工作流（WorkFlow）技术、数据挖掘（DataMining）技术，决策分析模型等构架，能将发电企业的全部信息整合在一个统一的平台上，在ERP的思想指导下，运用可定义的工作流，对生产调度、设备运行等原始的业务模块进行规划；采用合理的决策分析模型，对企业的生产成本、设备折旧、物资消耗、报价策略进行分析，完成一个发电企业的信息化管理。此外，还需要通过信息安全技术，来保证电力市场中的对手不能了解到本企业的经营状况、发电成本、报价策略和报价信息等数据。

未来数字化水电厂建设实施将重点研发以下功能：

（1）实时运行信息管理。主要包括实际出力和计划出力查询、电网频率和边际电价查询、机组主要运行参数查询、动态经济指标计算、运行偏差分析等，这些功能主要用于实时监测和考核各机组的实际运行状况，动态掌握全厂各机组的运行效率、变动成本等经济指标。

（2）动态经济分析。主要包括生产指标动态分析、经营指标动态分析、成本综合分析、电价综合分析、启停损耗统计等功能。其中经营指标动态分析又包括：利润指标分析、单位项目分析、投入产出比较。成本综合分析又包括：成本构成分析、成本变化预测分析、保本电量与电价、电价倒推成本、单位固定成本分析、成本项目变动趋势。电价综合分析又包括：日均价走势分析、月均价走势分析。

（3）报价辅助决策。主要包括基本技术经济参数查询、机组功率与变动成本对照、中短期目标电价参考、开停机辅助分析、电价趋势分析、负荷需求趋势分析、系统边际电价预测、申报方案（数据）分析、历史报价对比分析等功能。

（4）交易信息管理。主要包括申报计划审批、申报数据记录、计划出力记录、实际出力记录、上网电量记录、申报数据查询、计划出力查询、实际出力查询、上网电量查询和交易分析，其中交易分析又包括：竞争电价统计分析、电价、成本对照、日发电计划分析、日实际发电分析。

（5）模拟成本效验。给出一个日发电计划，系统根据物资成本，计算出该日发电计划的单位发电成本。

（6）接收与报价。提供一个接收网上数据的环境。接收网上竞价的各类数据，并保存在数据库中，供查询和分析。按本省电力市场的运营规则的要求，提供发布和申报上网的数据的环境，可发布机组的基础数据和向电力市场技术支持系统申报各时段的价格。

（7）设备资产管理系统。由资产管理、预算、设备、库存、采购、工单及工单申请、计划、任务和预防性维修、职员等模块构成。

## 四、数字化变电站技术

数字化变电站是由智能化一次设备（电子式互感器、智能化开关等）和网络化二次设备分层（过程层、间隔层、站控层）构建，建立在IEC 61850标准和通信规范基础上，能够实现变电站内智能电气设备间信息共享和互操作的现代化变电站。

数字化变电站是介于IEC 61850变电站和智能化变电站之间的一种过渡型变电站方式。

尽管采用了电子式互感器、智能化开关等设备，能够实现减少二次电缆敷设的目的。但是还没有统一考虑数字式电能表、在线检测等。

数字化变电站是基于 IEC 61850 标准进行建模和通信的变电站，数字化变电站体现在过程层设备的数字化，整个站内信息的网络化，以及开关设备的智能化实现。

**（一）特点**

1. 智能化的一次设备

一次设备被检测的信号和被控制的操作驱动回路经过重新设计，采用微处理器和光电技术，用电子式互感器取代传统互感器，使原来要通过二次采样电缆输入的电压电流信号，以及原来用二次电缆传输的信号量（开关位置、闭锁信号和保护、测控的跳合闸命令等），都通过集成智能化一次设备实现。简化了常规机电式继电器及控制回路的结构，数字程控器及数字公共信号网络取代传统的导线连接。换言之，变电站二次回路中常规的继电器及其逻辑回路被可编程器件代替，常规的强电模拟信号和控制电缆被光电式数字量和光纤网络代替。

2. 网络化的二次设备

变电站内常规的二次设备，如继电保护装置、防误闭锁装置、测量控制装置、远动装置、故障录波装置、电压无功控制、同期操作装置以及正在发展中的在线状态检测装置等全部基于标准化、模块化的微处理机设计制造，设备之间的连接全部采用高速的网络通信，二次设备不再出现常规功能装置重复的 I/O 现场接口，通过网络真正实现数据共享、资源共享，常规的功能装置在这里变成了逻辑的功能模块。

3. 自动化的运行管理系统

变电站运行管理自动化系统包括电力生产运行数据、状态记录统计实现无纸化；数据信息分层、分流交换自动化；变电站运行发生故障时能及时提供故障分析报告，指出故障原因，提出故障处理意见；系统能自动发出变电站设备检修报告，即常规的变电站设备“定期检修”改变为“状态检修”。

**（二）优点**

1. 性能高

（1）通信网络统一采用 IEC 61850 规范，无须进行转化，能使通信速度有所加快，系统的复杂性以及维护难度都有所降低，由此通信系统的性能提高。

（2）数字信号采用光缆进行传输，传输过程中没有信号的衰减和失真。

（3）电子互感器无磁饱和，精度高。

2. 安全性高

（1）电子互感器的应用在很大程度上减少了运行维护的工作量，同时提高了安全性。

（2）电子互感器使电流互感器二次开路、电压互感器二次短路可能危及人身安全等问题已全部消失，很大程度上提高了安全性。

3. 可靠性高

合并器如果收不到数据，就会判断通信故障（互感器故障）而发出警告，因此设备自检功能强，提高了运行的可靠性以及减轻了运行人员的工作量。

4. 经济性高

（1）实现了信息共享，兼容性高，变电站成本减少。

（2）解决了电子互感器渗漏问题，由此减少了检修成本。

（3）技术含量高，具有环保、节能、节约社会资源的多重功效。

**（三）发展趋势**

数字化变电站对电气设备行业影响巨大，将导致二次设备行业、互感器行业甚至开关行业的洗牌，并且以 IEC 61850 为纽带将促进一次设备和二次设备企业的相互合作与渗透。未来数字化变电站将实现一次设备的智能化和二次设备的信息化，通过在变电站的站控层、间隔层以及过程层采用全面的标准 IEC 61850 通信协议，避免设备的重复投入。在站控层方面，除继承传统的监控系统外，还配置远动工作站，目的是向调度实现远程数据传输；在间隔层方面，由于多种 IED 的应用，使数字变电站产生多种不同的框架结构；在过程层方面，将投入更多高级设备的研发和应用，例如智能化开关设备等。

随着国家电网公司坚强智能电网建设计划的实施，变电站将向智能变电站发展，一次设备将升级为智能电力设备，二次设备则成为智能控制单元，这将是一个革命性的变化。

## 第三节　智能水电厂总体架构

### 一、总体架构

**（一）概述**

智能水电厂总体上遵循横向分区、纵向分层的原则，构建以高速网络为基础，以水电标准通信总线和水电公共信息模型（HCIM）为支撑，以一体化管控平台为核心的分布式结构。横向划分为安全Ⅰ区、安全Ⅱ区和管理信息大区，纵向划分为过程层、单元层和厂站层。各纵向分层之间通过过程层网和厂站层网相互连接。

过程层主要部署各类智能设备以及独立的智能电子装置，包括合并单元、智能终端、辅控单元等；单元层部署各类现地自动化装置或系统，包括继电保护、稳定控制、调速、励磁、振摆保护等；厂站层部署横跨安全Ⅰ区、安全Ⅱ区和管理信息大区的分布式一体化管控平台，以及基于该平台的各类智能应用组件。

继电保护、稳定控制、现地控制单元、调速、励磁等设备，自动发电控制（AGC）、自动电压控制（AVC）、经济调度控制（EDC）等智能应用组件部署在安全Ⅰ区；主设备状态在线监测、水情自动测报、洪水预报、中长期水文预报、发电计划、防洪调度、节能考核、保护信息管理、电能量计量、故障录波等智能应用组件部署在安全Ⅱ区；大坝安全监测、工业电视、消防、门禁等设备，大坝安全分析评估与决策支持、防汛决策支持与指挥调度、状态检修决策支持、安全防护管理等智能应用组件部署在管理信息大区。

根据励磁系统和调速系统所处的层次不同，智能水电厂总体架构分为两种，如图 1–5 和图 1–6 所示。

架构 A 将励磁系统和调速系统设置在单元层，采用 DL/T 860（MMS）协议与厂站层直接

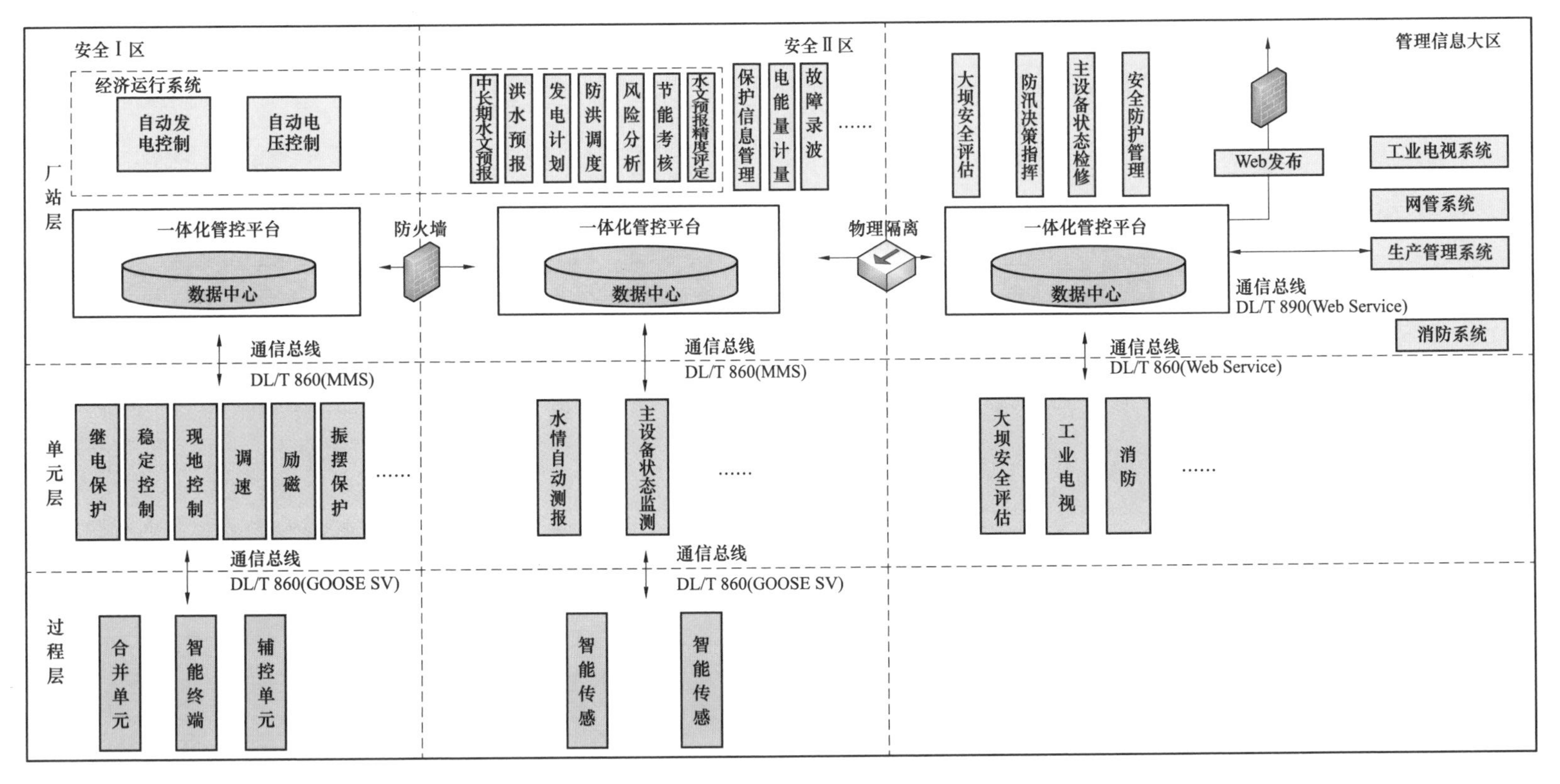

图 1-5　智能水电厂总体架构 A

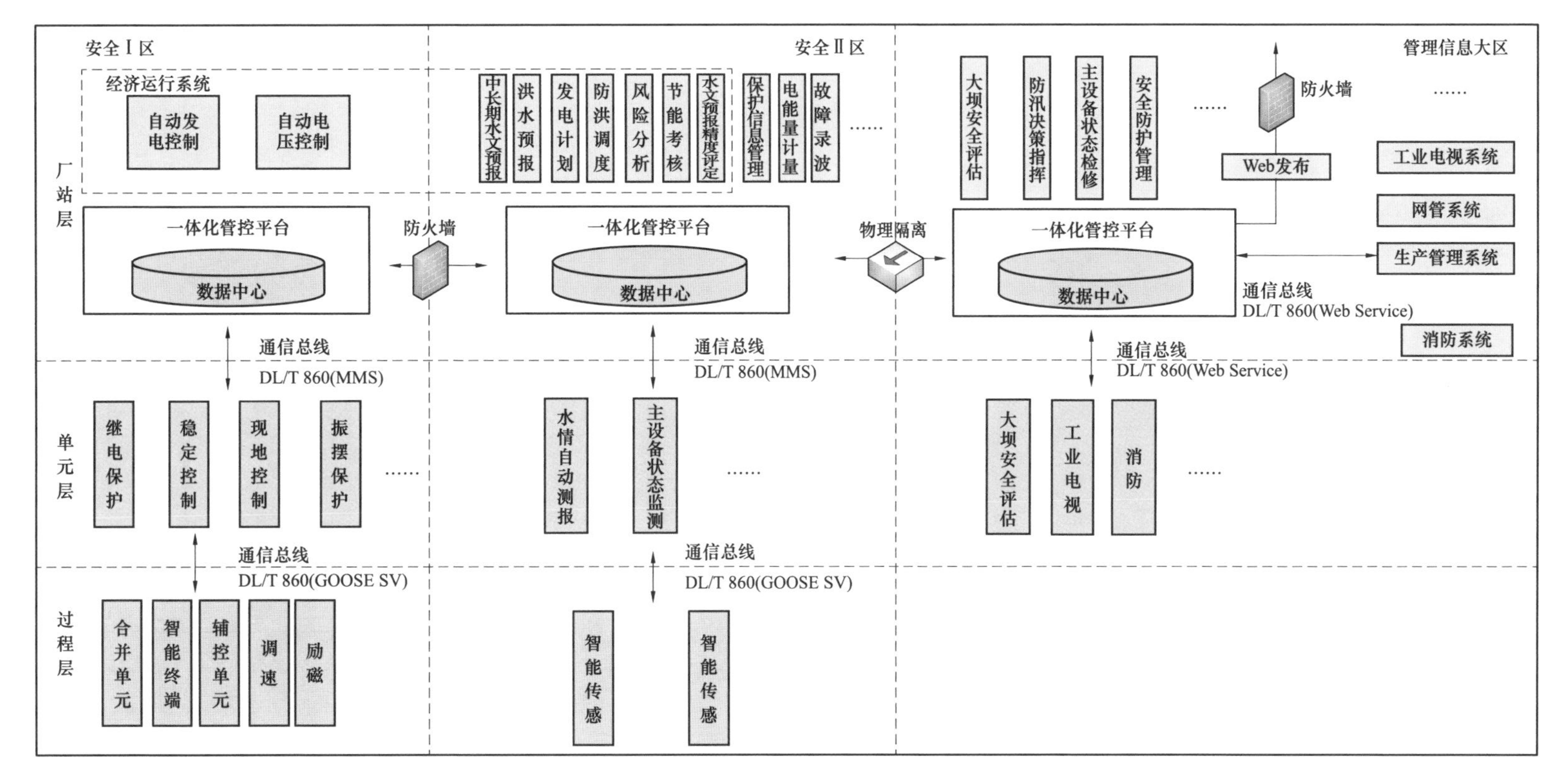


图1-6 智能水电厂总体架构B

通信，其与过程层的元器件之间的采用电缆直接连接。架构 B 将励磁系统和调速系统设置在过程层，采用 DL/T 860（GOOSE/SV）协议与单元层直接通信，实际上是将励磁系统和调速系统作为一个终端装置，该装置与单元层的继电保护、稳定控制、现地控制和振摆保护之间采用网络通信，不与厂站层直接通信。

架构 A 可以实现厂站层直接通过网络调整机组的有功功率、无功功率及励磁、调速系统的参数。架构 B 必须通过现地控制单元 LCU 来调整机组的有功功率、无功功率及励磁、调速系统的参数。相对于调节速度和能力看，架构 A 更便于实现集中控制和多台机组或多座电站的联合控制；架构 B 更安全，对整个系统资源的需求较少，对厂站层的指令响应速度较慢。各厂站可以根据管理要求的不同选择不同的架构。

## （二）层次划分和设备布置原则

### 1. 层次划分

（1）物理层次划分。物理层次上划分为过程层、单元层、厂站层，如图 1–7 所示。

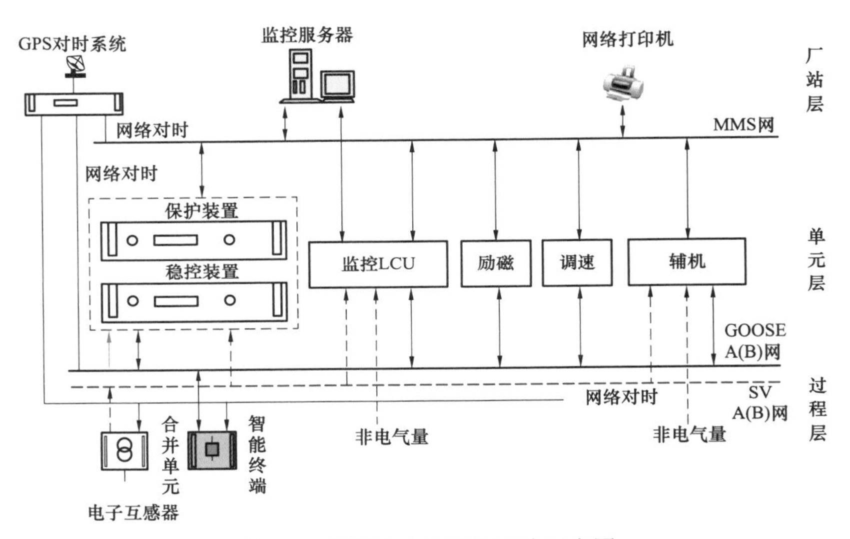


图 1–7　智能水电厂物理层次示意图

（2）应用层次划分。应用层次上划分为基础支撑层、现地自动化层、一体化管控平台层和智能应用层，如图 1–8 所示。

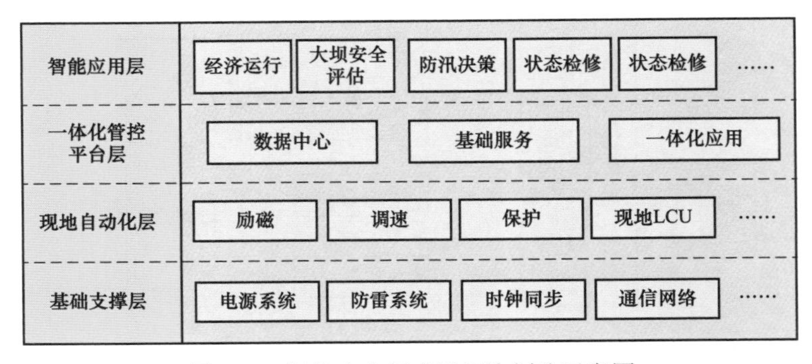


图 1–8　智能水电厂应用层次划分示意图

基础支撑层，为水电厂智能化提供统一的运行电源、防雷、时钟同步、网络环境等基础支撑。

现地自动化层，完成现地监视与控制功能的各类设备或系统，包括励磁、调速、保护、现地 LCU、水情测报、大坝安全监测测站、状态监测等。

一体化管控平台层，为水电厂智能化提供集数据中心、基础服务、一体化应用为一体的综合管控平台，并提供不同安全区的基础应用功能，以及智能应用支持。

智能应用层，在一体化管控平台基础上，以提高水电厂智能化水平为目标，综合各类资源、模型、算法，为水电厂提供智能化的运行管理与决策支持的高级应用软件。

2. 设备布置

过程层设备布置在主设备旁，与主设备之间采用电缆连接，与现地控制层之间采用网络连接，减少电缆数量，减少投资，提高设备可靠性；现地控制层布置在发电机层或主机旁，与过程层和系统层之间采用网络连接，便于以机组、主变压器等主设备为单元进行现地集中监控；系统层主机设备集中布置在厂站层机房，便于改善主机设备运行环境和实现设备的集中管理；系统层的显示和操作设备集中布置在中控室，通过 KVM 等带外管理设备与布置在机房的主机设备相连，改善运行人员工作的电磁环境，提高运维人员的工作效率。

## 二、主要智能设备功能要求

1. 通用功能要求

（1）设备应适应现场电磁、温度、湿度等恶劣运行环境。

（2）设备应有水电标准通信总线的通信接口，具备即插即用功能。

（3）设备应具备自适应、自诊断、自恢复等能力。

（4）设备可接收和执行控制指令，自动完成符合相关运行方式变化要求的设备控制。

2. 监测设备功能要求

（1）状态监测系统应具备水力发电主设备等状态信息的监测能力。

（2）大坝安全监测系统覆盖的监测项目、各监测项目采用的仪器设备功能和性能应符合《混凝土坝安全监测技术规范》（DL/T 5178—2016）、《土石坝安全监测技术规范》（DL/T 5259—2010）的规范要求。

（3）水情测报系统的采集和通信设备功能应符合《水文自动测报系统技术规范》（SL 61—2015）的规范要求。

（4）自动气象站的采集和通信设备功能应符合《地面气象观测规范》（QX/T 65—2007）的规范要求。

3. 控制设备功能要求

（1）机组 LCU、调速和励磁设备应能满足电网源网协调的技术要求。

（2）现地控制单元（LCU）应满足《水电厂计算机监控系统基本技术条件》（DL/T 578—2008）的规范要求，根据需要可采用冗余配置。

（3）现地控制单元（LCU）应能在与厂站级的网络断开时独立运行，且满足电厂基本的运行要求。

（4）水轮机调速器与油压装置应满足《水轮机电液调节系统及装置技术规程》（DL/T 563—2016）的规范要求，调速器控制部分应采用冗余配置。

（5）水轮发电机励磁系统及装置应满足《大中型水轮发电机静止整流励磁系统及装置技术条件》（DL/T 583—2006）的规范要求，励磁调节器应采用冗余配置。

## 三、系统功能要求

### （一）基本功能要求

1. 基础支撑

（1）应针对重要建筑物、电源线路、通信线路建立全厂的防雷系统，符合《封闭管道中液体流量的测量》（GB/T 17612—1998）标准规定的要求。

（2）应建立统一的同步对时系统。同步脉冲源应全厂唯一，可采用不同接口方式将同步脉冲送到相应装置。

（3）网络系统应具备网络风暴抑制功能，网络设备局部故障不应导致系统性问题，应具备对网络所有节点的工况监视与报警功能，并能够方便地进行网络配置、监视和维护。

2. 基础系统

（1）应建立水电厂现地监控系统，实现对水电厂生产过程的数据采集以及设备控制、调节功能。现地监控系统与设备通信应符合 IEC 61850 标准。

（2）应建立大坝安全监测系统，实现对各安全监测项目的数据采集、数据传输、数据处理、数据存储、故障报警及初步诊断功能。

（3）应建立水情自动测报系统，实现水雨情数据的采集、传输、处理、存储及相关维护管理功能，系统符合《水文情报预报规范》（GB/T 22482）、《水情信息编码》（SL 330—2011）、《水情自动测报系统技术条件》（DL/T 1085—2008）标准规定的要求。

（4）宜建立自动气象站系统，实现气象数据的采集、传输、处理、存储及相关维护管理功能，系统符合《地面气象观测规范》（QX/T 65—2007）、《气象数据归档格式》（QX/T 119—2010）标准规定的要求。

（5）应建立状态监测系统，实现对水电主设备运行过程中的振动、摆渡、压力脉动等状态信息的实时采集和在线监测，并进行分析诊断。

### （二）一体化管控平台

（1）应建立水电标准通信总线，为平台与现地自动化层设备之间通信及控制提供支持。

（2）应建立统一的水电 CIM 模型，规范各类生产运行设备及资源建模，提供全局模型访问功能。

（3）应具备各类服务组件的部署、发布、运行与管理功能，提供通用的技术与框架支撑，为整个系统的集成和高效可靠运行提供保障。

（4）应提供各类基础功能组件及系统功能视图容器，能够实现展现形式与功能组件的自由组态。

（5）应支持实时库与历史库并存模式，屏蔽各类数据库的差异性，针对不同响应时间需求提供实时数据与历史数据通用访问功能。

（6）应支持 IEC 61850MMS 标准协议和 IEC 61970 Web Service 标准。

（7）应按照电监安全〔2006〕34 号文的规范要求提供可靠的数据同步机制。

**（三）智能应用要求**

1. 经济运行

（1）应实现洪水预报、中长期预报、发电计划、防洪调度、节能考核、EDC、AGC 功能，符合《封闭管道中液体流量的测量》（GB/T 17612—1998）的规范要求，为水电厂安全经济运行提供支持。

（2）应能收集和应用水电厂水情、气象、防汛、大坝及机组运行等相关信息，提高水文预报精度和实现经济调度。

（3）应具备针对水库水位、电站出力、出库流量的调度方案仿真分析功能。

（4）应能够根据给定的流域梯级总负荷、厂内负荷或母线电压等，确定机组安全经济运行方式。

（5）应具备水文预报精度评定、节水增发电考核等运行评价功能。

（6）应实现洪水预报、中长期预报、发电计划、防洪调度业务流程的连贯和互通，实现水电厂一体化的预报调度功能。

2. 状态检修决策支持

（1）应实现发电机、水轮机、变压器等水电主设备状态数据的采集、特征计算、实时监测、故障录波、性能试验记录及技术诊断，为不同设备提供统一数据接入模型和分析诊断模型。

（2）系统建设应符合《输变电设备风险评估导则》（Q/GDW 1903—2013）的规范要求。

（3）针对变电设备进行状态评价及检修决策的依据应符合规范《油浸式变压器–电抗器状态评价导则》（Q/GDW 169—2008）、《油浸式变压器–电抗器状态检修导则》（Q/GDW 170—2008）、《$SF_6$ 高压断路器状态评价导则》（Q/GDW 171—2008）、《$SF_6$ 高压断路器状态检修导则》（Q/GDW 172—2008）的规范要求。

（4）应建立设备状态主题数据中心和设备状态健康履历，运用智能分析诊断方法及模型实现设备的状态评估、故障诊断及状态预测。

3. 防汛决策支持

（1）应以提高防汛指挥调度水平为目标，扩大数据信息的应用和共享范围，提升防汛抢险应急指挥决策能力和效率。

（2）系统建设应符合《国网新源控股有限公司防汛管理手册》[新源（运检）G183—2017]的规范要求。

（3）应能够接收实时水雨情信息、气象信息、大坝监测信息和闸门信息等数据，为防汛决策提供数据支撑。

（4）系统功能应包括防汛信息服务、防汛电话录音、防汛手机短信、防汛物资储备与队伍管理、防汛应急预警、洪水预报、防洪调度、防汛会商、防汛值班管理、防汛业务管理。

（5）宜根据实际情况合理建设防汛考评、防汛指挥调度、防洪风险分析等可选功能模块。

（6）实时雨水情数据库表结构与标识符应符合《实时雨水情数据库表结构与标识符》（SL

323—2011）规范要求。

（7）与上级单位数据交互应符合《接地装置工频特性参数的测量导则》（DL/T 475—2016）规定，与水文和防汛部门之间数据交互应符合 SL 330 规定，与一体化管控平台之间通信应符合 IEC 61970–1 倡导的 WebService 标准。

4. 大坝安全分析评估与决策支持

（1）应建立大坝安全分析评估与决策支持系统，提升安全分析评估功能。

（2）应具备大坝安全监测基础资料、人工巡视记录、检测结果的输入输出、存储管理和检索传输功能。资料相互之间的包含、交叉、对应，关联关系也应纳入基础资料范畴。

（3）基础资料、人工巡查记录、监测数据的内容及格式应满足《混凝土坝安全监测技术规范》（DL/T 5178—2016）、《土石坝安全监测技术规范》（DL/T 5259—2010）、《混凝土坝安全监测资料整编规程》（DL/T 5209—2018）、《土石坝安全监测资料整编规程》（DL/T 5256—2010）的要求。

（4）应具备监测成果数据各类图形、报表的定制、生成和输出功能。

（5）应具备监测及分析成果数据对比分析、统计分析、相关分析、回归分析功能，应能创建监测量物理模型。

（6）应具备监测量预测预报、监测成果数据异常判别、监测部位或监测断面异常识别、大坝整体安全稳定状况综合评估及决策建议功能。

5. 安全防护管理

（1）应对各安防系统的信息进行集中采集和展示。

（2）应实现水电厂实时监控与工业电视的联动功能，实现水电厂实时监控、工业电视、巡检、五防、消防、门禁、生产运行管理等安全防护多系统联动功能。

（3）应采用分层分布式设计。

（4）应设计现地硬接点联动功能，保障水电厂基本的安全和消防需求。

6. 通信信息综合监管

（1）实现通信设备和信息设备的集中监控。

（2）实现智能水电厂所有网络设备的集中监控，可以监控每个端口的使用情况、网络通断情况和主设备运行情况。

（3）实现智能水电厂服务器、操作员站、工程师站等计算机运行状态的实时监控，可以监测到计算机 CPU、内存、硬盘等的占用率，各文件系统和各端口运行情况；监控各计算机服务功能的运行情况。

（4）可以监测隔离装置、防火墙、入侵检测装置、防病毒服务器等二次安全防护设备运行情况。

（5）可以监测机房的动环情况，可以调整机房空调和除湿装置。

（6）可以实现上述监测、监控状态的三维展示。

## 四、二次安全防护方案

智能水电厂的电力二次安全防护以《电力二次系统安全防护总体方案》（电监安全〔2006〕

34 号文）和《电力二次安全防护规定》（电监会 5 号令）为主要依据，在满足“安全分区，网络专用，横向隔离，纵向认证”安全防护策略的基础上，按照国家信息安全等级保护要求，防护策略从重点以边界防护为基础过渡到全过程安全防护，形成具有纵深防御的安全防护体系，实现对电力生产控制系统及调度数据网络的安全保护，尤其是智能水电厂控制过程的安全保护。

总体上划分为生产大区和管理大区，其中生产大区划分为安全Ⅰ区和安全Ⅱ区。安全Ⅰ区主要部署计算机监控系统、经济调度与控制系统等具有控制功能的各应用系统及设备；安全Ⅱ区主要部署水库调度系统、大坝安全监测系统、电量计量系统、设备在线状态监测系统等具有监测功能的各应用系统和设备；安全Ⅰ区和Ⅱ区之间以防火墙隔离，可以共用一套入侵检测设备和一套防病毒系统。安全Ⅰ区和Ⅱ区分别经纵向加密认证装置，通过调度综合数据网与上级调度系统的安全Ⅰ、Ⅱ区之间相连。

管理大区主要指企业内部网络，该网络与 Internet 之间无任何物理连接，实现完全物理隔离。管理大区主要部署生产管理系统、安全防护管理系统（门禁、巡检、工业电视、消防等系统）、通信信息综合监管系统、防汛决策支持系统、设备状态检修评价和决策支持系统、智能一体化管控平台 Web 发布系统等智能应用层系统和设备。管理大区与生产大区之间采用单向隔离设备进行物理隔离，并按照所配置的策略进行数据过滤。管理大区与上级单位企业内部网络之间采用专网直接通信。

## 五、水电标准通信总线和对外数据接口

1. 水电标准通信总线（hydropower standard communication bus）

水电标准通信总线是基于 IEC 61850、IEC 61970 标准的通信总线，通过 IEC 61850 高速数据总线实现现地控制层设备与一体化管控平台的数据交互，通过 IEC 61970 标准实现厂站级其他系统与一体化管控平台的数据交互。生产控制大区各类应用采用 IEC 61850 标准 MMS 协议接入通信总线，管理信息大区各类应用采用 IEC 61970 WebService 标准接入通信总线。

2. 对外数据接口

智能一体化管控平台对外数据接口主要包括：生产安全Ⅰ区与各级电力调度之间的数据接口、生产安全Ⅱ区与各级水库调度系统和关口计量系统以及大坝安全管理系统之间的数据接口、管理大区与上级管理单位之间的数据接口。

生产安全Ⅰ区与各级电力调度之间的数据接口以国际标准《远动设备及系统》（IEC 60870）等为主要数据接口，随着 D5000 调度系统的推广应用，IEC 61850 将逐步作为主要数据接口；安全Ⅱ区与各级水库调度系统和大坝安全管理系统之间的数据接口，以专网采用 TCP/IP 协议直接通信；安全Ⅱ区与关口计量系统，以 IEC 60870 为主要数据接口；管理大区与上级管理单位之间，以专网采用 TCP/IP 协议直接通信。

# 第二章

# 水电公共信息模型（HCIM）

在水电厂进行“无人值班”（少人值守）建设中，水电厂自动化一直朝着数字化、一元化、个性化、信息化、互操作、智能化的方向发展，但是由于缺乏统一规划和设计，没有统一标准的数据信息模型，不同的自动化产品往往难以互联，系统平台和设备管理复杂烦琐，生产过程数据分散，无法有效共享和利用，生产维护和升级改造成本增加。这些问题极大地影响了水电厂的发展。

国际电工委员会第 57 届技术委员会（IEC TC57）制定的电力自动化系统结构和数据通信国际标准 IEC 61850 和面向控制中心能量管理系统的应用程序接口国际标准《能量管理系统应用程序接口（EMS–API）》（简称 IEC 61970），为智能水电厂建设提供了面向对象的信息模型和建模技术，规范统一了不同系统间数据交换的接口，从而进一步推进了智能水电厂的建设。基于 IEC 61850 标准和 IEC 61970 标准的水电厂信息模型是智能水电厂建设的核心技术之一。

## 第一节　水电公共信息模型介绍

### 一、水电公共信息模型定义

2012 年由国网新源控股有限公司联合南京南瑞集团公司在总结吉林松江河水力发电有限责任公司智能水电厂建设经验的基础上，共同提出了水电公共信息模型（hydropower common information model，HCIM）的概念，并在国网新源控股有限公司《水电厂智能化技术导则》中首次明确了定义：“水电公共信息模型是水电厂智能化建设对全厂生产运行设备及资源规范定义的统一模型。模型在 IEC 61850、IEC 61970–301 标准的基础上，遵循 IEC 61850 标准建模原则，针对 IEC 61850 标准未涵盖的水电厂对象或对象属性，参照 IEC 61850、IEC 61970–301 标准进行相应扩充，形成完整的水电厂全厂对象统一模型”。

2014 年国家电网公司在经过多次审查后，将国网新源控股有限公司《水电厂智能化技术导则》上升为国家电网公司企业标准《水电厂智能化技术规范》（Q/GDW 11259—2014）。在该标准中，对水电公共信息模型进行了重新定义：“依据水电厂对象及其属性特征，对《变电站通信网络和系统》（DL/T 860—2014）标准进行扩展，实现水电厂生产运行设备及资源统一规范定义的模型”。

2015 年经过电力行业水电自动化标委会多次审查，国家电网公司企业标准《水电厂智能化技术规范》（Q/GDW 11259—2014）上升为电力行业标准《智能水电厂技术导则》（DL/T 1547—2016）。在该标准中，对水电公共信息模型的定义进行了完善：“依据《变电站通信网络和系统》（DL/T 860—2014）和《能量管理系统应用程序接口（EMS–API）》（DL/T 890）标准对水电厂机电设备、水工设施及逻辑控制功能进行统一定义的模型”。

### 二、水电公共信息模型简介

基于 IEC 61850 标准的水电公共信息模型核心是面向对象的信息模型和建模技术。面向对象的信息模型是将具体对象的功能虚拟成抽象的通信服务，而信息建模技术则是依据 IEC 61850 标准构建信息模型的方法。水电公共信息模型是在 IEC 61850–6–410 标准和 IEC

61850–6–510 标准基础上建立起来的。IEC 61850–6–410 标准提供了通用的基于 IEC 61850 的水电厂建模思想，IEC 61850–6–510 水电厂建模思想与导则标准是以指导水电厂建模为核心，提供了建模的思想和具体方法。

水电相关的公共数据类 CDC（common data class）、逻辑节点类 LN（logical node）和数据对象 DO（data object）涵盖了以下几方面内容：

（1）电气功能：包括用于各种控制功能的 LN 和 DO，其中发电机励磁相关的 LN 和 DO，不仅仅用于水电厂，也可用于各类电厂。

（2）机械和非电气量：包括用于水轮机以及相关设备的 LN 和 DO 等，这一部分的内容主要用于水电厂，其中部分内容也具有一定的通用性。

（3）水文功能：水情水调相关的 LN 和 DO，涵盖了水库大坝相关信息等。

（4）传感器：除电气数据外，水电厂还需要其他类型的传感器提供的数据，通常这类 LN 和 DO 具有通用性，不是水电厂专用的。

按照 IEC 61850 的习惯，IEC 61850–6–410 中定义的逻辑节点根据其功能进行分类，并用不同的首字母进行区分。表 2–1 为水电厂中常用的逻辑节点分类。

**表 2–1　　水电厂常用逻辑节点分类**

| 字母 | 功　能 | 说　明 |
| --- | --- | --- |
| C | 控制功能模型 | |
| F | 模块功能模型 | 如 FPID 代表 PID 调节器 |
| H | 水电厂特有的功能模型 | 包括水情水调等信息 |
| K | 机械和非电气量模型 | 如水轮机相关内容 |
| M | 测量功能模型 | |
| P | 保护功能模型 | |
| S | 监测功能模型 | |
| T | 传感器模型 | 包括 CT，VT |

智能水电厂水力发电的主要逻辑节点有以下几个方面：

（1）表现功能模块的逻辑节点，例如计数器功能（FCNT）、曲线形状功能（FCSD）、输出限制控制功能（FLIM）、通用滤波功能（FFIL）等。

（2）接口和存档逻辑节点，例如安全报警函数（ISAF）。

（3）机械和非电气一次设备的逻辑节点，例如风扇（KFAN）、过滤器（KFIL）、泵（KPMP）、水槽（KTNK）、阀控制（KVLV）。

（4）水电厂特有逻辑节点，例如水坝（HDAM）、水坝渗漏监督（HDLS）、水坝水位表（HKVL）、水电厂或水库（HRES）、速度检测（HSPD）等。

（5）计量和测量逻辑节点，例如环境数据（MENV）、水利测量（MHYD）、直流电测量（MMDC）、气象信息（MMET）。

（6）保护功能逻辑节点，例如转子保护（PRTR）、半导体闸流管保护（PTHC）。

（7）保护相关功能逻辑节点，例如同步或同步检查设备（RSYN）。

（8）监督和测量逻辑节点，例如温度监督（STMP）等。

（9）传感器逻辑节点，例如距离传感器（TDIS）、液体流量传感器（TFLW）、转速传感器（TRTN）、温度传感器（TTMP）等。

（10）电力系统设备逻辑节点，例如中性电阻器（ZRES）、半导体可控整流器（ZSCR）、同步设备（ZSMC）。

通过对水电厂设备分类和测点表的分析，水电公共信息模型用到了26个兼容逻辑节点类，下面就13类重要节点予以说明。

（1）通用过程输入/输出节点GGIO：使用这个逻辑节点以通用的方法为逻辑节点组S，T，X，Y，Z类别中未定义的装置过程建模，例如技术供水系统、故障录波装置。

（2）水力发电机组轴承节点HBRG：主要用来描述轴承类物理设备，例如上导轴承、水导轴承、推力轴承。

（3）进水口闸门节点HITG：主要用于描述与进水口闸门相关物理设备，例如快速闸门。

（4）机械制动节点HMBR：主要用来描述机械方式制动的物理设备，例如风闸。

（5）水电机组节点HUNT：主要用于描述水力发电生产设备，例如水轮机、发电机。

（6）油槽/油罐/气罐节点KTNK：主要用来描述与油槽、油罐、气罐相关的设备。

（7）逻辑节点零LLN0：用于访问逻辑装置的公用信息建模。

（8）物理装置信息节点LPHD：用于为物理装置的公用信息建模。

（9）机组转子电气测量节点MMXN：用于单相系统中电流、电压、功率和阻抗的计算。在单相系统中，电压和电流与相别无关。该逻辑节点功能主要供运行使用。

（10）机组定子电气测量节点MMXU：该逻辑节点用于三相系统中电流、电压、功率和阻抗的计算，主要用途是供运行使用，例如相电压、相电流、线电压。

（11）断路器节点XCBR：该逻辑节点用于为具有切断短路电流能力的开关建模。

（12）隔离开关节点XSWI：该逻辑节点用于为不具备切断短路电流能力的开关建模，如隔离开关、空气开关、接地开关等。

（13）变压器节点YPTR：该逻辑节点为电力变压器设备建模。

根据水电厂监控系统数据库信息点表，按照上述逻辑节点类别进行分类从而实现节点实例化，同时，参照水电厂建模思想与导则IEC 61850–6–510标准，依据具体逻辑节点的实际情况确定其数据对象和数据属性。

## 三、抽象通信结构

水电厂通常包括一个与《变电站通信网络和系统》（DL/T 860—2014）标准中描述相同的“变电站”部分。图2–1是基于IEC 61850–6描述的变电站结构上的。图中还增加了发电机组及其相关设备。

发电单元由带辅助设备的水轮发电机组及其配套功能构成。发电机—主变压器可当作常规的变电站变压器。发电机组和主变压器之间并不总是一对一的关系。

大坝与上述情况不同，总是存在一个或一个以上大坝与水电厂相关联。有些水库不与任何具体电厂相关联，也有些水电厂同时控制多个大坝。有些大坝建有多个水电厂。因此，其他对象都可以通过特定的水电厂进行访问，大坝则应该直接访问。

目前还没有一个标准化方式来确定总体控制功能的结构，该结构取决于电厂是人工控制还是远程操作，以及电厂所有权单位的管理方式。为了尽可能多地涵盖各种部署方式，本部分定义的部分逻辑节点存在或多或少的重合。这样用户能够通过选取大多数适合电厂实际设计和运行方式的逻辑节点来部署逻辑设备。其余逻辑节点都很小，仅用来提供简单的构成模块，以便最大限度地灵活部署控制系统。

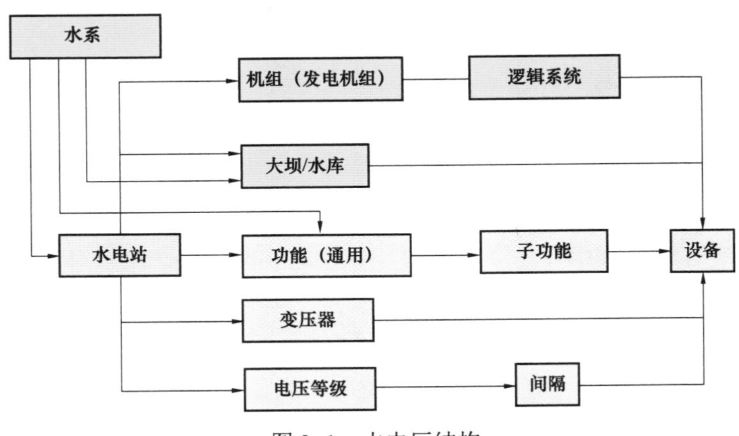


图 2–1　水电厂结构

### （一）通信网络

定义逻辑设备在智能电子设备（IED）之间如何分配的首要任务是定义水电厂通信网络。逻辑设备的部署与智能电子设备（IED）和现场仪表之间的物理连接有关。表 2–2 列举了小型水电厂控制使用的物理设备示例。

表 2–2　简化的单机水电厂 IED 列表

| 智能电子设备 | 描述 | IED 嵌套逻辑设备类型举例 |
|---|---|---|
| IED1 | 进水阀控制器 | 阀门{A，B} |
| IED2 | 水轮机控制器和调速器 | 接力器、控制器、水轮机信息 |
| IED3 | 高压油系统控制器 | 储油罐、泵 A、泵 B |
| IED4 | 发电机监测系统 | 相绕组{A，B，C}、偏心度 |
| IED5 | 励磁系统 | 逻辑设备组引用：调节、控制、磁场断路器、保护 |
| IED6 | 轴承监测系统 | 推力轴承、导轴承和发电机轴承 |
| IED7 | 大坝监测系统 | 溢洪道闸门{1，2}和大坝 |
| 机组 IED | 机组采集和控制 | 逻辑设备组引用：流程和报警分组 |
| 通用 IED | 远程终端设备 | 无 |
| 合并单元 1 | 发电机电流和电压测量 | 合并单元 |
| 合并单元 2 | 中压电流和电压测量 | 合并单元 |

续表

| 智能电子设备 | 描述 | IED 嵌套逻辑设备类型举例 |
|---|---|---|
| 合并单元 3 | 高压电流和电压测量 | 合并单元 |
| 保护 1T | 变压器第一套保护 | 保护、测量 |
| 保护 2T | 变压器第二套保护 | 保护、测量 |
| 保护 1G | 发电机第一套保护 | 保护、测量 |
| 保护 2G | 发电机第二套保护 | 保护、测量 |

IED 之间使用 MMS（IEC 61850–8–1）相互交换信息和控制指令，通过 GOOSE 报文（IEC 61850–9–2）发送跳闸指令，并根据采样值（IEC 61850–9–2）获取瞬时电流、电压读数信息。逻辑设备根据功能组分布在各 IED 之间。通过采用 IEC 60870–4–104 的通信服务器将信息推送至调度中心。单机水电厂的简单网络示例如图 2–2 所示。

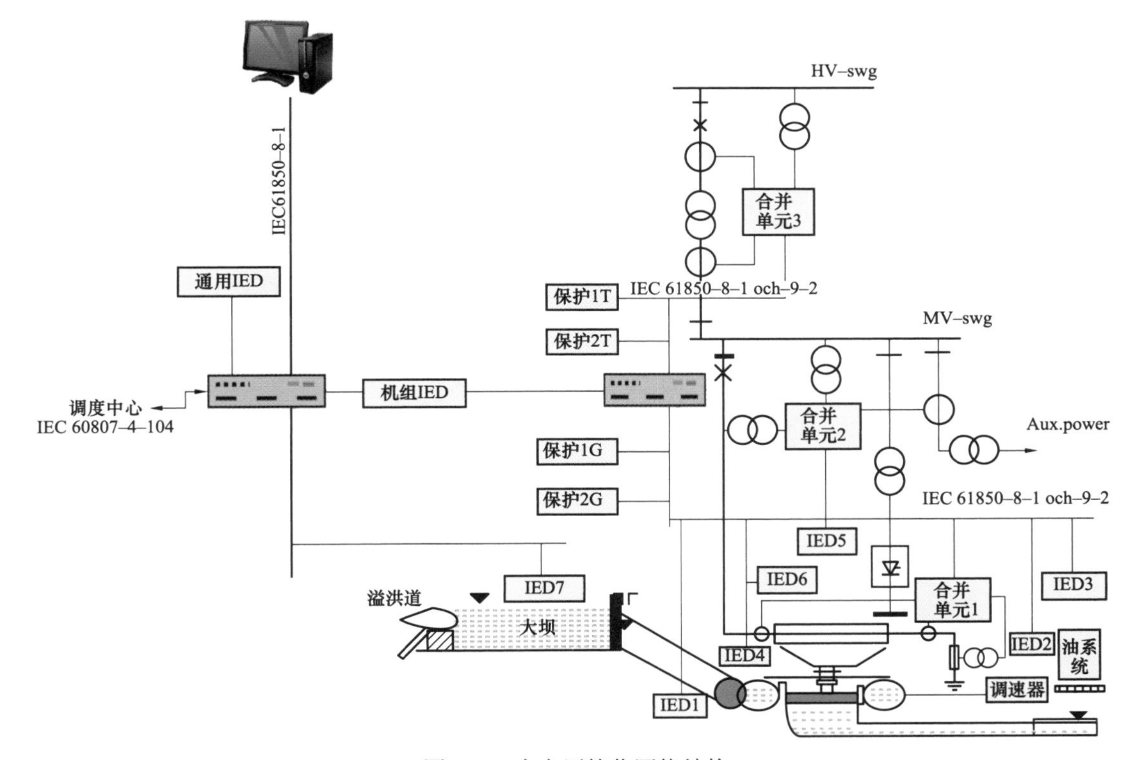


图 2–2　水电厂简化网络结构

## （二）运行模式

水电厂可以在发电和调相两种不同的模式下运行。发电机可以作为同步调相装置，即转轮在空气中空转而不输出有功功率。

抽水蓄能电站的发电机组具有电动机（水泵）运行模式。抽水蓄能电站的发电机同步调相模式还能用于电压控制。通常，该模式下水轮机室不充水。

机组有以下几种稳定运行状态：

停机——机组处于静止状态；

空转——不加励磁电流，不产生电压，发电机以额定转速运转但不与任何外部负载相连；

空载——加励磁电流，产生电压，发电机不与任何外部负载相连，无明显定子电流；

发电——发电机与外部电网并网，该模式为发电机运行的正常状态；

调相——发电机并网运行但不以发电为主要目的，该模式下发电机提供或吸收无功功率；

孤岛运行方式——与外部电网分离，电厂应控制频率；

本地供电方式——外部电网发生较大规模扰动时，电厂的一台或多台发电机被设置为最低出力状态，为本地提供电力。这种模式常用于热电厂，缩短火电机组在电网故障恢复后的启动时间。该模式也适用于水电厂的实际应用。

**（三）基本控制策略**

根据系统运行的外部需求，水电厂控制可以遵循不同的策略。

1. 孤岛模式的速度控制

速度控制的最主要目的是保持恒定的频率，详见《水轮机控制系统规范指南》（IEC 61362）。

2. 有功功率控制

并网情况下，采用独立功率控制器的有功功率输出控制，详见 IEC 61362。

3. 无功功率控制

无功功率控制包括电压和功率因数控制。该控制方式包括无有功功率输出的同步调相模式，以及有有功功率输出的发电模式。

4. 流量控制

该控制方式下，电力生产主要取决于当前可用流量，在允许水位在水库的高低警戒线之间变动的情况下对流量进行控制。可根据出、入库水量在不同时间段内总量平衡的原理，将水库进行分类（如日调节、周调节等）。

5. 水位控制

在某些地区，出于海运或者其他环境需求的考虑，大坝水位的容许变化区间有严格的限制。该情况下，大坝上游水位是重要的关注点。水位控制功能将调整电力生产过程，以便利用合适的流量来保持水位。

6. 梯级控制

对于有多个水电厂的河流，需要在这些电厂之间进行河流的整体流量协调，确保水资源优化利用。各独立电厂可根据自身水库库容和水位变化范围选择水位模式或流量模式作为最合适的方式，并根据此方式运行。协调工作通常在调度中心层完成，但是电厂一般都具备流量突变时自动通知下游电厂的前馈功能。

对于具有多台发电机组和多个大坝闸门的电厂，可提供总流量和水位的联合控制功能。

### （四）水电厂具体信息

有功和无功控制分别由不同设备完成。水轮机调速器通过调节水轮机流量以及旋转磁通量与转子之间的功角来进行有功控制；励磁系统通过调节发电机电压来进行无功控制。为了保持发电机和电网之间的同步关系，磁通量必须与主轴扭矩相协调。

设定值由调度中心下达，并作为三个可选的设定值之一。因此，设定值的类型取决于水电厂所采用的控制模式。包含联合控制功能的部署示例如图 2–3 所示。

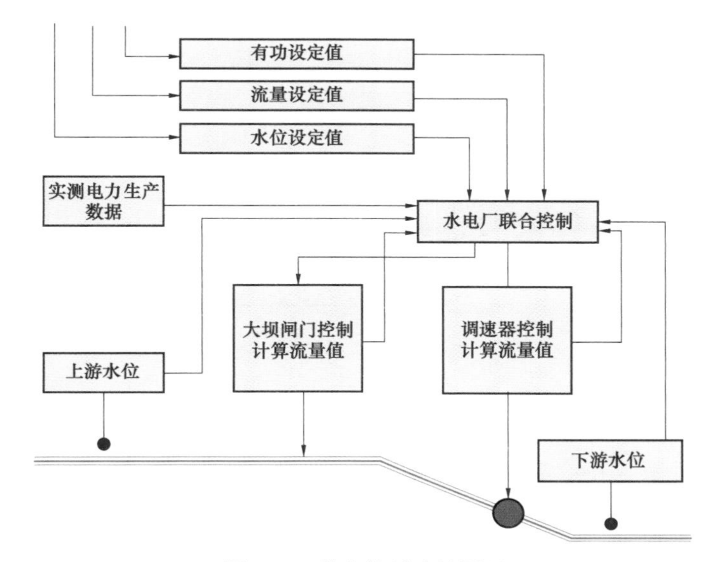


图 2–3　联合控制功能原理

对于不进行发电的水库，水力控制功能从调度中心获取水力控制设定值。对于水电厂而言，通常由联合控制功能设置该设定值，该设定值可以是水位值或流量值。

总流量是通过水轮机和闸门的流量总和。因此，水轮机控制系统有不同的控制设定值：

（1）流量设定值。控制系统在给定的流量下调控并优化电力生产。

（2）有功设定值。控制系统将满足有功功率设定，并将流量反馈给整体的水力控制系统。

（3）有功调差控制。机组参与电网频率控制时的模式。为了获得功率/频率目标增益，有功功率设定值要与降速设置相均衡。

（4）频率设定值。在孤岛系统中或者水电厂承担峰荷时，控制有功功率以便精确满足电力需求。该模式也适用于从机组启动直到与电网并网的时间段。该模式下发电流量应被上送。

图 2–4 为水轮机流量控制示例，图中所示的流量直接测量方式很少使用，通常采用净水头、导叶开度和相关曲线计算得到。

大坝水位和进水口水位的区分非常重要。由于进水口的设计原因，或者当水轮机接近额定功率运行时，进水口的水位可能会明显低于大坝平均水位。水轮机下腔压力测量是为了确保导叶操作不引发尾水管危险状况的一种安全措施。

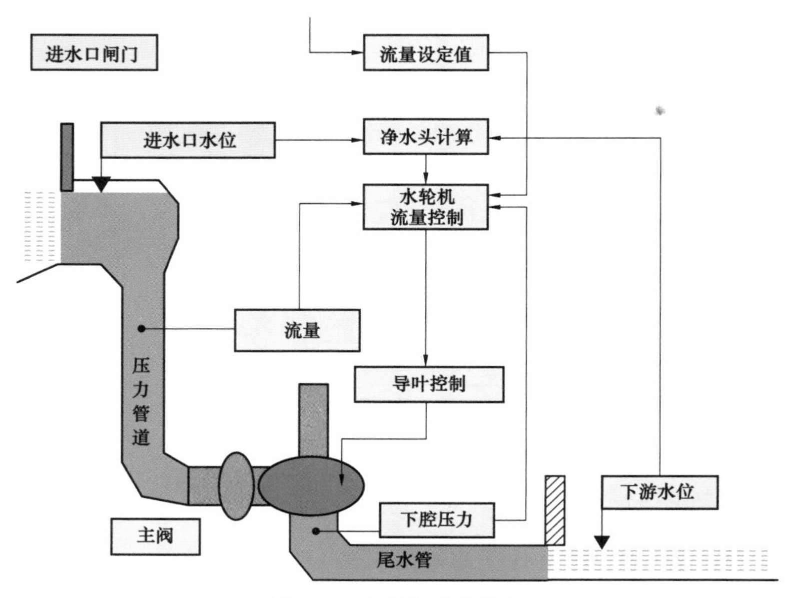


图 2–4　水轮机流量控制

## 四、控制系统结构

### （一）逻辑节点基本应用

为了满足所有应用需求，功能被分解为不同的逻辑节点。有关逻辑节点概念参见《变电站通信网络和系统》（DL/T 860—2014）。

由逻辑节点构成逻辑设备等额外结构的介绍并不属于应用条件，但是可能会对建模有所帮助。

为了能够更好地识别出具有通用名称的逻辑节点的实际用途，可以为逻辑节点添加后缀。其条件是前缀和后缀字符总和不能超过 7。表 2–3 为推荐使用的水电厂逻辑节点前缀：

表 2–3　　推荐的逻辑节点前缀

| 功能名称/描述 | 推荐的逻辑节点前缀 | 功能名称/描述 | 推荐的逻辑节点前缀 |
|---|---|---|---|
| Active power（有功功率） | W_ | Needle（喷针） | Ndl_ |
| Actuator（接力器） | Act_ | Open（启动） | O |
| Current（电流） | A_ | Position（位置） | Pos_ |
| Close（关闭） | C_ | Power factor（功率因数） | Pf_ |
| Deflector（折向器） | Dfl_ | Pressure（压力） | Pa_ |
| Droop（调差） | Drp_ | Reactive power（无功功率） | VAr_ |
| Flow（流量） | Flw_ | Runner blade（转轮叶片） | Rb_ |
| Frequency（频率） | Hz_ | Speed（速度） | Spd_ |
| Guide vane（导叶） | Gv_ | Temperature（温度） | Tmp_ |
| Level（水位） | Lvl_ | Unit（机组） | Unt_ |
| Limiter（限幅器） | Lim_ | Voltage（电压） | V_ |

表 2–3 中的前缀名称只是一种建议，用户可以使用其他方法区分控制功能中逻辑节点的用途。若需要更加具体的定义，则应通过逻辑设备名称字符串来识别。例如，应用逻辑设备名称字符串区别流量控制功能是应用于水还是应用于油。

**（二）逻辑设备建模**

IEC 61850 明确规定了作为最高级对象的逻辑节点，并给出了这些逻辑节点的形式结构。然而，逻辑节点应在逻辑设备中被组合。逻辑设备的形式定义已在标准中给出，用户可自由选择任意的逻辑节点组合来满足应用需求。

我们以立式水轮发电机组主轴提供初始提升力的油压系统组为例进行说明。

油压系统通常包括一个储油罐、一个压力泵、各种不同的阀门以及油过滤器。系统还可以包括推力轴承，也可能包括一个储油槽和一些温度、压力、液位及其他传感器。

首先定义一个逻辑设备的组引用，或者包含逻辑节点 LPHD 和 LLN0 的更高级逻辑设备，形成一个可添加其他逻辑设备的集合（见图 2–5）。

**逻辑设备组引用**<Plant>_<Unit>–PresOil
LPHD
LLN0

图 2–5　逻辑设备示例

通过完整的名称字符串可以看出，设备名称按顺序包括水电厂名称、发电机组名称以及系统名称，例如系统名称为“PresOil”。

接下来需要添加创建该油压系统所需的各种逻辑设备。

第一个逻辑设备是储油罐，逻辑节点 KTNK（见 IEC 61850–6–4）涵盖了储油罐的部分功能。KTNK 仅返回油位的信息，但用户可能还对温度和压力感兴趣，所以此处创建的逻辑设备除了储油罐以外，还包括两个压力传感器、一个温度传感器和一个附加的油位传感器。另外，还必须包括 LPHD 和 LLN0 等在内的常用功能逻辑节点。因此，逻辑设备结构如图 2–6 所示。

由于有两个压力传感器，需要使用实例编号进行区分。

也可以采用在逻辑节点名称前面添加前缀的另一种命名方式。此时，第一个压力传感器完整的名称字符串可表示为：＜Plant＞_＜Unit＞PresOil_Tnk_TPRS1。

压力泵也应采用同样的方法。表示压力泵的逻辑节点 KPMP 仅返回转速信息。为了满足控制功能，可能需要添加一台电动机、一个流量传感器、一个油过滤器以及至少一个温度传感器。

在实际应用中，可能会有更多的温度传感器。例如，一个用于监测电动机，一个用于监测压力泵，还有一个用于监测油温。

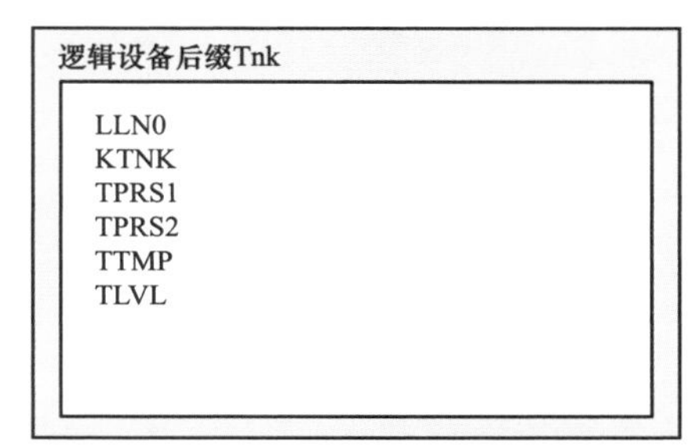


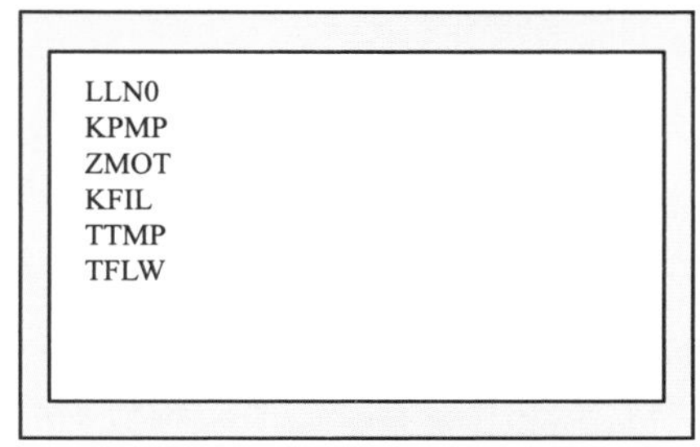


图 2–6　逻辑设备结构

油过滤器逻辑节点包含了对自身压差的测量。当压差测量非常重要时，可在油过滤器前后分别添加压力传感器。否则，只需要采集基本信息即可。

比较灵活的是推力轴承。《变电站通信网络和系统》（DL/T 860—2014）有轴承的逻辑节点定义，但该逻辑节点既可以作为油系统的一部分，也可以作为发电机主轴系统的一部分。

由于任何特定的逻辑节点实例只具有一个地址字符串，因此必须确定该逻辑节点属于哪一个逻辑设备。本例中认为逻辑节点 HBRG 属于发电机主轴系统而非油系统的一部分。

然而，仍然可以在油系统内创建表示轴承的逻辑设备，仅包含内外温度、流量、压力等相关的传感器，而不包括轴承本体。若为控制阀门也创建一个逻辑设备，则整个油系统的最终组成如图 2–7 所示。

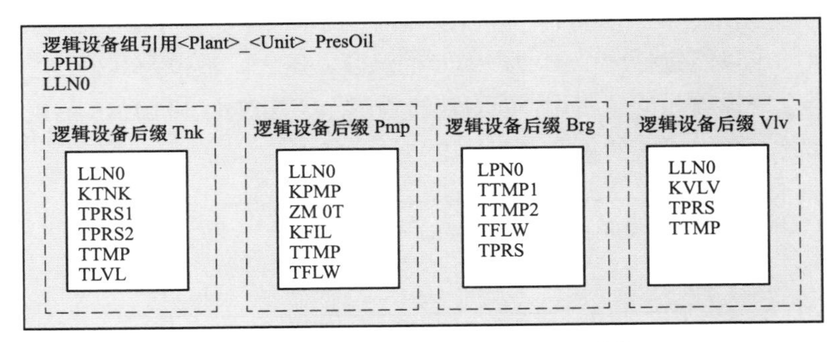


图 2–7　带有逻辑设备后缀的油压系统

由于逻辑设备名称都不超过 5 个字符，更加合理的方式是使用 LN 前缀命名结构，可以减少逻辑设备的复杂程度，如图 2–8 所示。

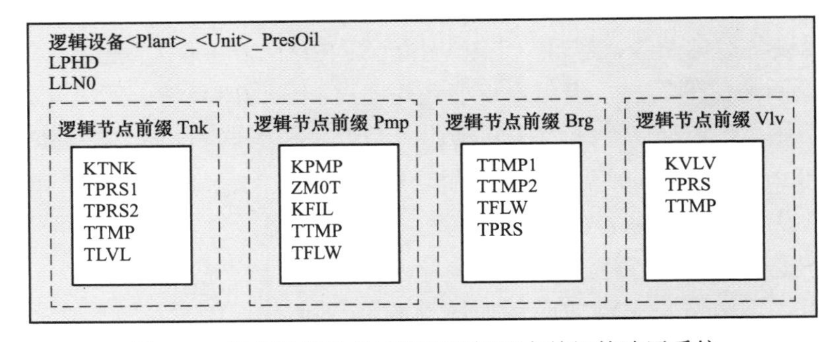


图 2–8　带有逻辑设备后缀和逻辑节点前缀的油压系统

## 第二节　基于 IEC 标准的数据交互平台

智能水电厂的建设对水电厂自动化系统提出大数据量、多联动的现实需求。但各水电厂原有的各类自动化系统可能由多个厂承建，对同类数据的要求和数据描述不尽相同。对于同类数据的重复描述和存储，不仅浪费资源，还会产生二义性。随着这些应用挑战的出现，智能水电厂数据交互平台应运而生。智能水电厂数据交互平台通过搭建面向应用的统一、规范、标准的数据服务，实现系统数据的一致性、完整性、安全性、有效性和准确性。

在设计数据交互平台时通常采用 IEC 61970 标准。该标准定义的公共信息模型（CIM）使各种应用能不依赖信息内部表示来描述公共数据，定义的组件接口规范（CIS）统一了不同系统间数据交换的接口。IEC 61970 标准作为智能电网核心标准之一，在数据交互平台中运用该标准有助于实现水电厂与电网的互联互通。

## 一、CIM 建模技术

CIM 是一个根据电力系统物理特性而构建的抽象逻辑模型，是国际上公认比较完善的、针对电力系统调度控制中心服务的电力系统元数据模型，是 IEC 61970 标准的灵魂。

CIM 提供了一个元数据模型，定义了应用之间数据交换的内容，为应用间集成和数据共享提供了一致基础。各类应用在这个统一的元数据定义范围内交换数据，进行互联操作。这个范围对各类应用而言，都是已知、确定的。遵循这一标准，各种应用程序，包括系统内部和分布在不同地点的应用程序，都可以共享数据，实现应用程序间的集成。

CIM 中描述的对象类本质上是抽象的，可以用于各种应用。CIM 的使用远远超出了它在 EMS 中应用的范围。

## 二、CIS 接口

CIS 是在 CIM 基础上定义的，是指规定组件（或应用程序）为了能够以一种标准方式与其他组件（或应用程序）交换信息和/或访问公开数据而应该实现的各种接口。这些组件接口描述可以被应用程序用于上述目的的特定事件、方法和属性。

CIS 所构建的通信模型是一种高效的总线结构，使组件之间能以公共的接口互相连接，做到组件的即插即用，无缝集成。在采用这种模型的系统中，组件间通信链接的数量呈线性增长，由规范带来的一致性也使通信的复杂度大大下降，提高了组件的互操作性。

CIS 定义了通用数据访问（GDA）、高速数据访问（HSDA）、通用事件和订阅（GES）、时间序列数据访问（TSDA）等规范。通过服务端提供的这些标准接口，用户端可以获得需要的数据。

## 三、数据交互平台

作为智能水电厂自动化系统最为重要的支撑技术之一，数据交互平台向各种应用提供统一的数据管理，包括数据建模、模型映射、数据发布等，覆盖数据访问层、业务逻辑层、数据传输层等多层应用。

数据交互平台的设计过程中借鉴了 CIM 的设计思想，根据智能水电厂自动化系统的实际业务需求，扩充完善系统中的公共信息模型；参考 CIS 中定义的高速数据访问、时间序列数据访问和通用数据访问等规范，构建系统间的数据耦合。

### （一）数据交互平台整体结构

数据交互平台的功能是为各应用提供高效、安全、稳定的数据访问服务。读写实时数据库和关系数据库是数据交互平台中的重要内容。CIM 模型和当今企业级应用开发环境中的主流开发方法均为面向对象的方法，这会与关系型数据库发生不匹配。我们通过采用 ORM（对象—关系映射）技术解决这种不匹配现象。ORM 是通过使用描述对象和数据库之间映射的元数据，将程序中的对象自动持久化到关系数据库中，避免复杂的数据库操作，提高开发效率。

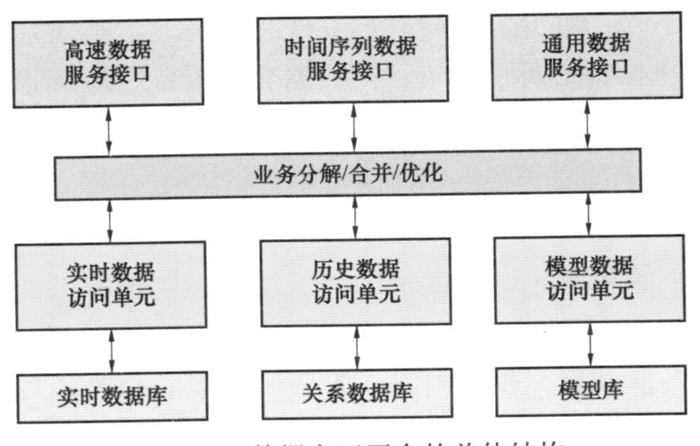

图 2–9　数据交互平台的总体结构

由于智能水电厂自动化系统存在分布式应用的需求，可对外开放数据交互平台的高速数据服务、时间序列数据服务应用和通用数据服务三类接口，其他通过调用服务的方式访问数据交互平台。数据交互平台的总体结构如图 2–9 所示。

各应用调用数据交互平台对外发布的数据访问接口提交数据服务请求。访问请求经业务模块实现分解、优化、重定向等功能后，调用基本数据访问单元连接相应的关系数据库、模型库和实时数据库。基本数据访问单元返回的数据经业务模块整合、优化后返回给应用。数据交互平台除了提供基础的数据访问服务外，还可以考虑提供数据建模、模型映射等扩展功能。

**（二）数据交互平台与 CIM**

数据交互平台是整个智能水电厂自动化系统的基础，数据模型又是数据交互平台的基础。CIM 经过一定扩充后完全可以作为智能水电厂公共信息的数据模型。CIM 采用面向对象的建模技术，利用继承关系、简单关联关系和聚合关联关系来反映对象之间的构造。

在 CIM 的建模过程中，非常重要一点就是它注意了系统模型的概念，将实体的共性抽取出来，抽象到一定高度形成一些非常抽象的类，利用特定的一部分类与类之间的关联就可以勾勒出一套完整的数据结构模型。

IEC 61970 标准从 EMS 的角度对水电厂进行建模，对专门服务于智能水电厂自动化系统的数据交互平台来说还存在欠缺。以标准中提及的水力发电机组类为例，标准描述了它的特征参数、曲线和运行约束等固有属性和固有关联关系，但是缺乏与机组相关设备（例如励磁设备、调速设备、辅助设备）和机组运行计划（目前机组运行计划只是发电计划，将来还会有检修计划）的信息。这些信息往往是智能水电厂自动化系统中不可缺少的部分。扩充后的机组统一建模语言（UML）描述如图 2–10 所示，新增类仅显示类名，且用中文标志，以示区别。

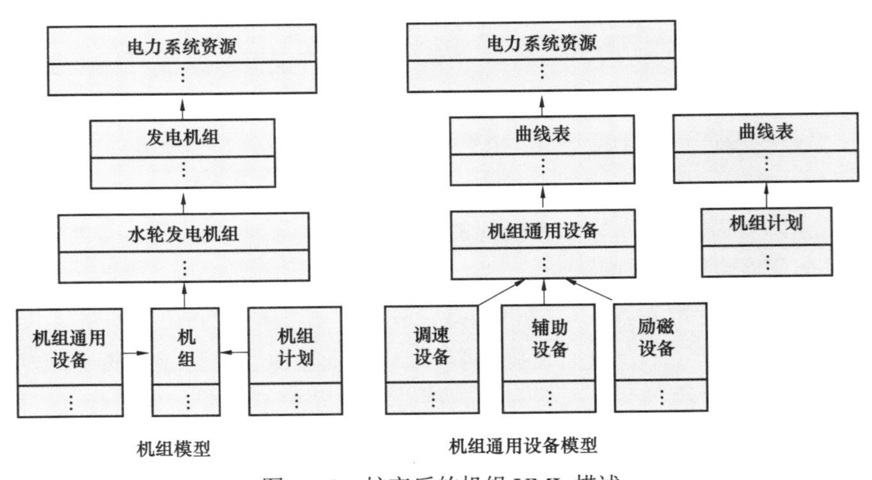

图 2–10　扩充后的机组 UML 描述

### （三）数据交互平台与 CIS

数据交互平台对外发布高速数据服务、时间序列数据服务和通用数据服务三类接口，为其他各种应用提供统一的数据访问接入点。高速数据服务用于应用对实时数据库的访问；时间序列数据服务用于应用对带有时间戳的一类数据的访问；通用数据服务提供一个一般的请求/应答导向的数据访问机制，可以被任何一个应用用来访问任何的 CIM 数据。

以时间序列数据服务接口为例，它介于数据库和应用处理模块（如数据处理、人机界面系统等）之间，用来处理各种带有时间戳的数据存取请求，在确保数据库系统安全的同时，合理优化数据存取，提高数据库访问效率。

在 CIS 规范中，TSDA 定位为一个通用接口，这就需要标准在设计时充分考虑各种应用的需求。对于智能水电厂数据交互平台这一有针对性的应用而言，其中的一些功能是不需要。为了提升接口的性能，可以对 TSDA 接口进行有针对性的改进。

在 TSDA 数据模型中对项值的修改和备注都进行了描述，这在水电厂自动化系统中是不需要的。同时，数据交互平台作为系统统一的数据管理和访问平台，面临各种各样的访问请求。为了确保数据库系统安全、合理优化数据存取和提高数据库访问效率，对访问按照应用进行分类是一个很好的措施。根据业务需求，修改后时间序列数据服务接口的数据模型如图 2–11 所示。

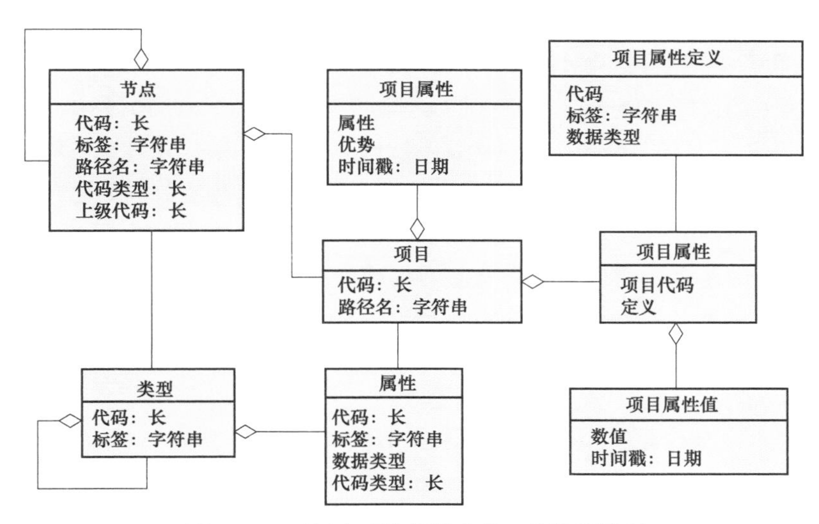


图 2–11　时间序列数据服务接口的数据模型

### （四）数据交互平台的通信

数据交互平台与外部系统的通信、与水情水调系统、机组监控系统、大坝安全监测系统和上下级系统间均存在数据耦合。现实中，这些应用系统往往是分散部署的。考虑到应用的“即插即用”特点，设计中采用了面向服务的架构和 IEC 61970 标准提倡的基于组件的接口技术。

数据交互平台定位于系统级，为智能水电厂自动化系统提供统一的数据服务，自动化系统中各应用通过平台对外提供服务实现数据的双向流动。这些数据来自于遵循 IEC 61850 标准的现场设备，如保护、励磁、五防等设备。平台通过内嵌的 IEC 61850 通信用户端接收新系统现场设备上传的数据。同时，平台集成原有通信模块，保留原有的有效资产，节约建设的初期投资。数据交互平台与外部系统的通信如图 2–12 所示。

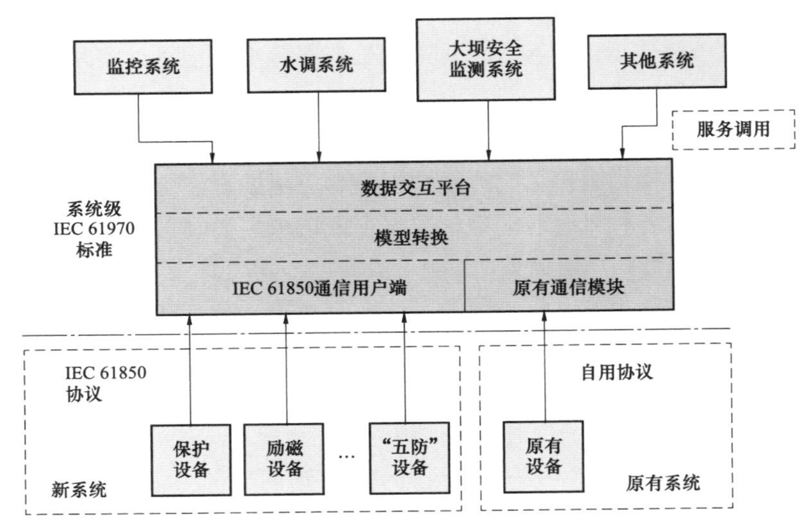


图 2–12　数据交互平台与外部系统的通信

基于 IEC 61850 标准的数据模型自上向下分为：智能电子装置（IED）、逻辑设备（LD）、逻辑节点（LN）和数据对象，这与 IEC 61970 标准在数据模型的定义上是有区别的。IEC 61970 标准以统一资源标识（URI）唯一确定的数据对象，而 IEC 61850 标准的唯一标识是以 IEDLD/LN.DO 为表达方式的路径名。2 个标准进行无缝连接的前提是建立 URI 和路径名映射。IEC 61850 通信用户端首先从接收到的数据中解析出路径名和其他数据信息，然后根据映射关系找到对应的 URI，即可完成采用 IEC 61850 通信协议上传的数据向数据交互平台的存储。同理，原有系统与平台连接之前也必须先建立数据模型的映射关系。数据交互平台只是提供数据服务，没有具体应用系统。一体化管控平台进一步拓展了数据交互平台的外沿，集成了众多的业务，丰富了功能应用。

## 第三节　智能水电厂建模案例

### 一、建模的总体思路

智能水电厂依赖于集成、统一、可靠的软硬件平台，以先进的传感和测量技术获得电站运行信息和设备状态的信息，监测降水和探知大气中水汽以及下游用水等动态情况；能与电网运行实现双向互动，依托可靠的控制方法和智能化决策支持技术，在动态满足流域水利和电网负荷调度要求的基础上，实现电站自身经济效益与社会综合效益的最优化。

智能电网也对水电厂自动化提出了友好性、可控可调性（参与电网的动态、暂态、事故控制）的新需求。这就要求智能水电厂自动化系统能够实现以下功能：

（1）信息高度集成，自动化范围扩大；

（2）基于一套自动化监控系统实现专业融合；

（3）设备运行状态、诊断信息纳入自动化系统；

（4）全寿命周期管理；

（5）仿控一体化；

（6）机电一体化等。

基于 IEC 61850 分层的通信体系和面向对象的建模方法，为智能水电厂信息交互问题提供了解决方案。与变电站相比不同的是，智能水电厂自动化系统分为若干个模式，各种模式之间系统架构以及功能分配均有区别。基于 IEC 61850 的数据模型是根据功能创建的，因此不同模式的智能水电厂自动化系统模型分布也不同，但其基本功能模型是一致的。

利用 IEC 61850–6–410 标准虚拟化、抽象化概念，将真实的水电厂设备镜像到虚拟世界，即智能水电厂自动化系统的 IEC 61850 数据模型。每个设备的输入输出数据都通过 IEC 61850 的标准格式表达出来，包括数据的组织层次、数据的结构等。

通常数据模型确定后，它的访问方式也随之确定。IEC 61850–6–410 定义的逻辑节点类（LN）是数据交换的最小功能单元。一个完整的功能是由一个或多个逻辑节点类（LN）相互作用形成的，有些功能由一个 LN 实现，有些功能由多个 LN 配合共同实现。有些功能是由位于不同 IED 的 LN 共同实现的。一个功能被封装在一个单独的 IED（包含有多个 LN 的 IED）中，或者由多个 IED 之间通过 IEC 61850 通信实现。

在智能水电厂自动化系统内，本着明确功能输入输出的思想，按照 IEC 61850 标准描述一个完整的功能包括以下内容：

（1）该功能涉及的 IED；

（2）该功能涉及的 LN；

（3）LN 的输入、输出；

（4）LN 的参数；

（5）LN 的行为；

（6）LN 之间的信息交换；

（7）性能需求。

采用 IEC 61850 服务器 SERVER、逻辑设备 LDevice、逻辑节点 LNode、数据对象 DO 分层结构进行信息建模，服务器本身包含多个逻辑设备，一个逻辑设备又包含若干个逻辑节点，逻辑节点又由多个数据对象组成，IED 信息模型结构如图 2–13 所示。

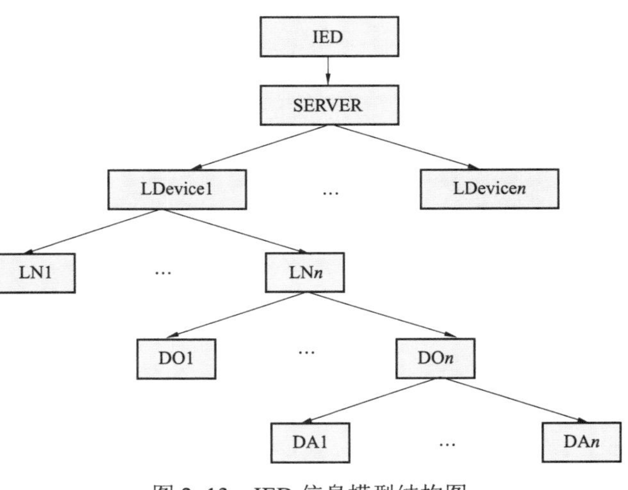

图 2–13　IED 信息模型结构图

综上所述，基于 IEC 61850 标准建模技术可以分成 4 个步骤来完成。首先，按照 IEC 61850 标准的规定，根据项目系统的整体规划和功能要求确定 IED 的逻辑设备。其次，根据对不同逻辑设备的功能分析和现场设备情况确定其逻辑节点。然后，依据逻辑节点的实际运行情况用数据对象和属性予以描述。最后，综合上述情况再加上相关通信和系统配置要求合成IED信息模型。

## 二、建模方法

### （一）智能水电厂建模方法

水电厂实际设备较多，设备功能涉及面也较为广泛，而IEC 61850中定义的LN类型数量也很多，如何在两者之间搭建合适的纽带，实现IEC 61850模型和实际功能对应。我们即借鉴智能化变电站建模工作经验，从以下两个功能入手指导智能水电厂建模。

#### 1. 分解应用功能和信息

将应用功能分解为用于通信的最小功能实体。分解的粒度取决于具体设备功能的分配与分布。最小功能实体被称作逻辑节点。逻辑节点由一定的数据组成，每个数据具有专有的数据属性。数据和数据属性表示的信息通过特定服务进行交换。建模时，需要将被建模设备实现的功能分解描述清楚，分解成符合IEC 61850通信标准的基本功能。

#### 2. 逐级组合形成信息模型

功能分解得到的数据属性、数据和逻辑节点根据通用数据类、兼容逻辑节点的层次组合。形成的功能最小实体逻辑节点，根据其物理联系以及逻辑联系组合形成IED数据模型。应用功能和信息的分解过程，即逻辑节点的产生过程（分解为通用逻辑节点），数据的合成过程（用逻辑节点建立起装置的数据模型）即IED模型的组成过程。将设备分解的功能，用IEC 61850的数据结构以及通信需求描述出来，再将这些信息组合成模型。

### （二）构建IED信息模型的一般方法

#### 1. 确定逻辑节点和数据

逻辑节点是数据交换功能的最小部分。因此，首先要准确描述IED的功能，明确该IED具有哪些功能，从而进一步确定在诸多功能中哪些是需要进行数据交换的。然后根据IEC 61850–6–4标准，将每个需要进行数据交换的自动化功能逐一分为若干核心逻辑节点，即逻辑节点零（LLN0）和物理设备逻辑节点（LPHD）。

根据IED的分层信息模型和逻辑节点是基本组成部件可知，一旦确定了某个核心功能逻辑节点，即得到了IEC 61850–6–4中某个逻辑节点类中所有的兼容数据。但在IEC 61850–6–4中，兼容逻辑节点类所包含的兼容数据都分为“必选”和“可选”2类。“必选”数据是强制性的，即兼容逻辑节点类的示例必须具有；而“可选”数据则应根据IED的自动化功能的实际情况决定取舍。如果“必选”和“可选”数据都无法满足IED的实际功能要求时，就需要依据IEC 61850对兼容数据类扩展的规定，创建新的数据。因此，在确定了所有逻辑节点后，还需要决定每个逻辑节点中“可选”数据的取舍以及是否需要创建新的数据。

同样，根据IED的分层信息模型可知，一旦确定了某个数据（即某个兼容数据类的实例），由于IEC 61850–6–4定义的兼容数据类是由公用数据类导出的，则该数据就自然拥有了公用数据类中所有的数据属性。但在IEC 61850–6–3中，公用数据类所包含的数据属性都分为了“必选”、“可选”、“有条件的必选”和“有条件的可选”4类。因此，在确定了各个逻辑节点所有数据后，还必须确定每个数据需要哪些数据属性以满足逻辑节点的功能要求。IEC 61850–6–3

标准的公用数据类一般情况下可以满足 IED 的建模要求，因此不建议扩充新的公用数据类。

2. 构建逻辑设备

核心功能逻辑节点及其数据代表了实际的应用功能和通信网络可视的相应信息。为了定义有关实际 IED 的信息和建模适用于多个逻辑节点的通信方面，需建立主要由逻辑节点和附加服务组成的信息模型的另一层级：逻辑设备类模型。

逻辑设备可看作是一个包含逻辑节点对象和提供相关服务（如 GOOSE、采样值交换和定值组）的容器。由图 2–14 的 IED 分层信息模型可知：一个逻辑设备至少包含 3 个逻辑节点，*n*（*n*≥1）个核心功能逻辑节点、1 个 LPHD 和 1 个 LLN0。LPHD 定义了实际 IED 的一些公用信息，如物理设备铭牌、健康状况等。为了满足规约转换器或网关等 IED 建模的需要，IEC 61850 在 LPHD 逻辑节点中提供了数据 Proxy（代理），以表明该逻辑设备是否为其他物理设备的映像。LLN0 则为访问逻辑设备的公用信息，提供了一些通信服务模型，例如 GOOSE 控制块、采样值控制块和定值组控制块等。

一个逻辑设备只能位于同一个 IED 中，因此逻辑设备不是分布的。一个 IED 中逻辑设备的划分通常以核心功能逻辑节点的公用特征为基础，如：可将一个保护测控一体化装置的逻辑设备划分为测量 LD、保护 LD、控制及开入 LD 和录波 LD 等。

3. 构建服务器

通常，一个 IED 建模为一个服务器类实例。由图 2–14 的 IED 分层信息模型可知，一个服务器至少包含 1 个逻辑设备。除了逻辑设备，服务器还包括由通信系统提供的其他一些公共基本组成部件。例如，应用关联提供设备间建立和保持连接的机制并实现访问控制机制；时间同步为时标（例如报告和日志应用）提供毫秒级精度时间或为同步采样应用提供微秒级精度时间；文件传输提供了大型数据块（文件）的交换方法。此外，服务器还具有服务访问点属性——它是地址的抽象，用于在底层的 SCSM 标识服务器。

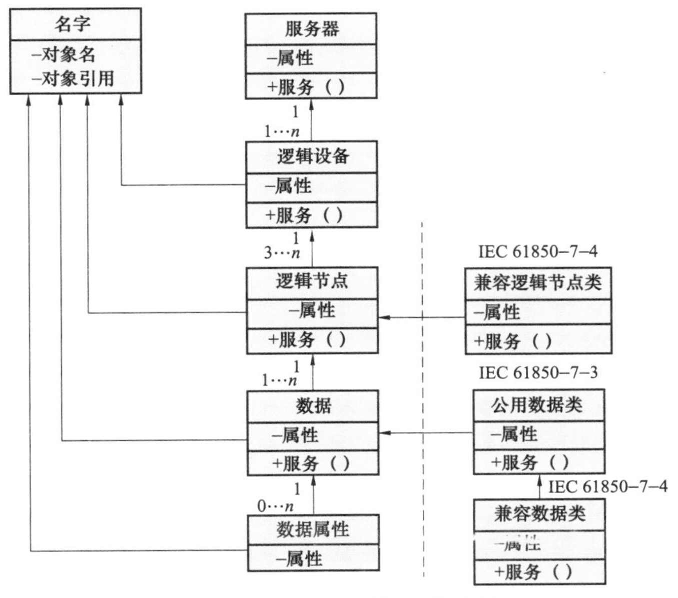


图 2–14　IED 分层信息模型图

## 三、建模举例

### （一）智能水电厂监控系统建模举例

基于某水电厂监控系统的信息模型的建立是利用 SCL 实现的，SCL 主要是基于 XML 针对变电站自动化系统形成的。该智能信息模型结合了水电厂监控系统的特点，利用 SCL 建模而成。此信息模型不仅应用在某水电厂监控系统对外通信接口上，还应用到了其智能一体化平台中，以实现基于 IEC 61850 标准的通信。

此信息模型包含 Header，Communication，IED，Data Type Templates 这 4 个部分，需要根据监控系统数据库点表和通信系统要求分别完成相关配置。

（1）Header：包含模型文件的版本信息和修订信息、文件书写工具、ID 标识，主要描述的是模型文件自身信息。

（2）Communication：主要描述的是通信系统的相关信息，包括 A，B 网的网络地址和子网掩码等网络信息。

（3）IED：模型文件的核心部分，描述 IED 的配置情况及其包含的逻辑设备、逻辑节点、数据对象和属性。

（4）Data Type Templates：逻辑节点定义的模型，详细定义了文件中逻辑节点类型以及其包含的数据对象和属性。

某水电厂是区域电网中重要水力发电厂，是由“一厂、两坝、四站”组成的梯级水电厂，总装机容量为 200 万 kW。本部分主要围绕该水电厂其中一级水电厂信息模型文件的 IED 和 Data Type Templates 部分说明建模过程，如图 2–15 所示。

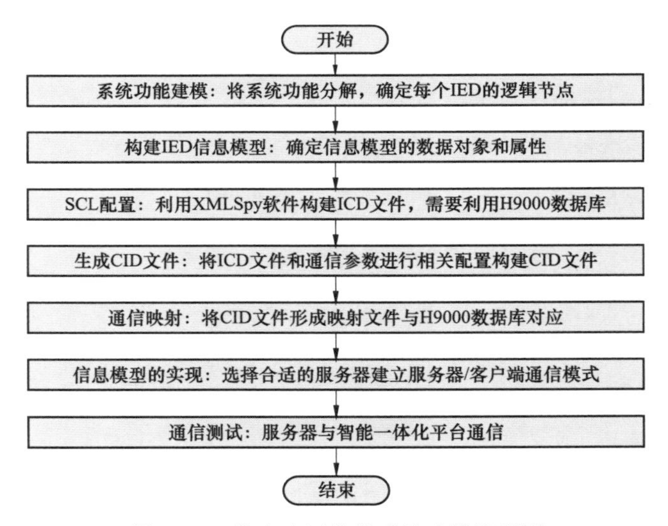


图 2–15　某水电厂监控系统建模流程图

（1）根据水电厂自动化监控系统的特点并按照 IEC 61850 标准的规定确定数据类型模板 Data Type Templates，主要定义了 26 大类别的逻辑节点类型 LNodeType，46 种数据对象类型 DOType，18 种数据属性 DAType 和 30 种枚举类型 EnumType。IED 中逻辑节点、数据对象和数据属性可以直接引用类型模板中的定义。

（2）将该水电厂系统分解成机组和开关站以及公用系统逻辑设备，按照模板中对逻辑节点的定义对监控系统数据库信息点表分类，确定每个逻辑设备的逻辑节点。

（3）根据每个逻辑节点的功能和实际运行情况确定其数据对象和数据属性，数据对象和属性均在类型模板中作了定义。

（4）根据逻辑节点确定逻辑零点中的数据集 DataSet 和报表控制 ReportControl，DataSet 是有序的数据对象和属性组。数据集对控制模型中的报告和日志非常重要，也方便用户对成组数据对象（DO）和数据属性（DA）同时进行操作和访问。

（5）根据上述 IED 的逻辑节点、数据对象和属性以及数据集，再结合 Header，Communication，Data Type Templates 组合构建形成 IED 设备能力描述（ICD）文件，ICD 文件主要用在监控系统接入智能一体化平台的用户端。

（6）根据 ICD 文件加上相关配置和通信参数生成 IED 实例配置（CID）文件，此 CID 文件用在监控系统接入一体化平台中的服务器端，利用软件把 CID 文件和数据库对应形成映射文件。

下面简要介绍一下该水电厂信息模型构建时逻辑节点 LN 和逻辑零点 LN0 实例化过程，以该水电厂模型中 1 号机组导叶装置的逻辑节点 LN 和逻辑零点 LN0 的信息为例予以说明，分别如表 2–4 和表 2–5 所示。

**表 2–4　　逻辑节点 LN 实例**

| lnClass | inst | prefix | lnType | desc | DOI（4） | | |
|---|---|---|---|---|---|---|---|
| | | | | | name | desc | DAI |
| HTGV | 1 | Tgv_ | BS_HTGV | 导叶装置 | PosCls | 导叶全关 | HDO_SPS_EX |
| | | | | | PosPc | 导叶开度 | HDO_MV_EX |
| | | | | | Ind1 | 导叶开度在空载以上 | HDO_SPS_EX |
| | | | | | Ind2 | 导叶开度在空载以下 | HDO_SPS_EX |

**表 2–5　　逻辑零点 LN0 实例**

| lnClass | inst | lnType | Report Control（22） | DataSet（22） | | |
|---|---|---|---|---|---|---|
| | | | | name | desc | DAI |
| LLN0 | | BS_LCU_LLN0 | | dsAin1 | 机组遥测 | FCDA（21） |
| | | | | dsAin2 | 技术供水遥测 | FCDA（7） |
| | | | | dsDin1 | 机组遥信 | FCDA（50） |
| | | | | dsDin2 | 测速装置遥信 | FCDA（9） |

表 2–4 是 1 号机组导叶装置的逻辑节点实例化信息模型：lnClass 和 lnType 分别是在数据类型模板 Data Type Templates 中定义的逻辑节点类型 HTGV 和 ID 号 BS_HTGV，inst 主要是为了区分相同类型的逻辑节点，prefix 和 desc 用于逻辑节点描述；DAI 是组成该逻辑节点的数据对象，导叶装置逻辑节点 LN 由 PosCls、PosPc、Ind1、Ind2 共 4 个数据对象组成，DAI

是数据对象的数据属性，实例中用到的数据属性包括精简的单点状态 HDO_SPS_EX 和精简的测量值 HDO_MV_EX。

表 2–5 是 1 号机组逻辑零点的实例化信息：lnClass 和 lnType 是在数据类型模板 Data Type Templates 中定义的逻辑节点类型 LLN0 和 ID 号 BS_LCU_LLN0，报告控制 ReportControl 报告上送的都是数据集 DataSet 所应用的数据，当报告控制块所监视数据集中的数据属性发生变化时（数据值改变、品质属性改变或者数据更新等），就会触发 1 个报告的产生。数据集 DataSet 所引用的数据来自不同逻辑节点，数据集对控制模型中的报告和日志非常重要，也方便用户对成组 DO 和 DA 同时进行操作和访问。

在建立水电厂监控系统数据信息模型的同时，基于 SISCO 通信标准库开发了 IEC 61850 标准通信接口软件，利用软件和硬件搭建服务器/用户端模式的 TCP/IP 通信网络，实现水电厂监控系统接入智能一体化平台，采用定时全送、变位上送以及总召唤的方式上送数据，网络结构如图 2–16 所示。

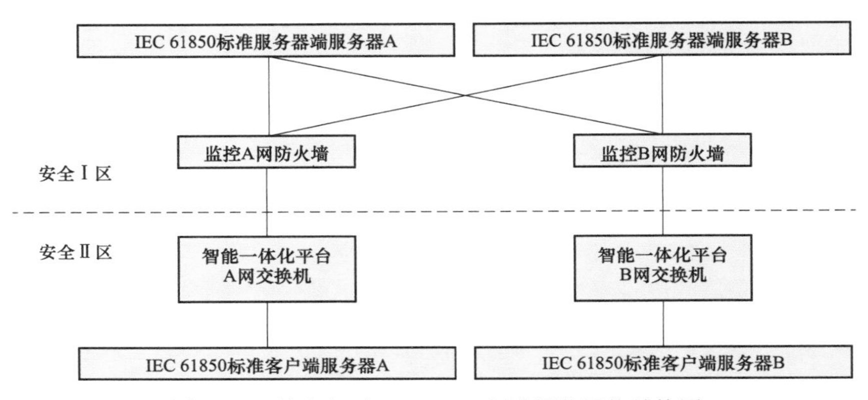


图 2–16　某水电厂 IEC 61850 标准通信网络结构图

基于 IEC 61850 标准的通信网络建立后进行了链路和通信测试，模拟量数据根据机组运行的实时状况进行测试检查，开关类变量通过在 IEC 61850 标准服务器端手动模拟开关量动作的各种情况进行通信测试，以保证信息传输的可靠性。

**（二）LCU 建模举例**

LCU 在水电厂自动化系统中具有重要地位，是监控系统的基础。LCU 承担正常状态和故障状态下的数据采集与处理，同时肩负设备运行方式控制、机组控制调节等功能。向上与电站级通信，向下与智能化单元装置通信，还需要支持对时、自诊断和人机接口等功能。

1. 机组 LCU 建模

下面以 CSC–850 系列设备为例，对一个典型的机组 LCU 单元进行建模说明。通常包括保护、励磁、同期、调速、辅控以及其他系统，基于 IEC 61850 的模型架构如图 2–17 所示。

一般机组保护包括速动、过流和差动等保护功能 LN，选用 PIOC、PTOC 以及 PDIF 等 LN，具体根据装置实现的功能细节进行裁剪。

励磁系统包括测量、自动控制功能逻辑节点，选用 MMXU、GAPC，同时还包括半导体控制器 ZSCR 等 LN。

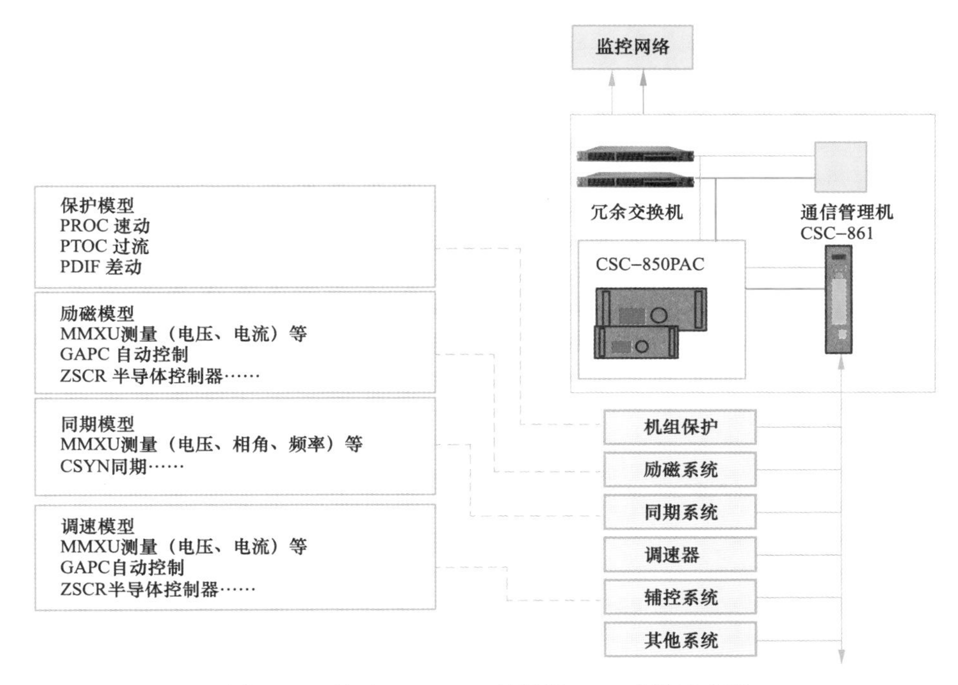


图 2–17　基于 IEC 61850 的机组 LCU 建模示意图

同期系统包括测量、同期等功能逻辑节点，选用 MMXU 和 CSYN 等 LN。调速器包括测量、自动控制功能逻辑节点，选用 MMXU、GAPC，同时还包括半导体控制器 ZSCR 等 LN。

辅控系统和其他系统，可根据实际功能选择合适的 LN 类型进行建模。

LCU 的模型本身，在一定程度上具有通用性，即不仅仅用于水电厂，火电、风电等，也可参考使用。

图 2–17 中左侧虚线框中描述了逻辑上创建 IEC 61850 数据模型采用的 LN，采用虚线和实际装置相对应起来。实现模型的设备可以是被建模设备本身，也可以是被建模设备以外的其他设备，比较常见的如采用网关设备或者通信管理机实施 IEC 61850 通信的模型。

2. 开关站 LCU 建模

智能水电厂自动化系统开关站建模与智能化变电站模型相同。根据 IEC 61850 标准，分为过程层、间隔层和站控层。系统通信分为站控层和间隔层之间的通信、间隔层和过程层之间的通信，以及间隔层设备之间的通信。

开关站间隔层设备主要包括测控装置、保护装置以及一些监测装置等，它们是建模的主要对象。测控装置模型包括测量、控制以及间隔闭锁功能逻辑节点，选用 MMXU、CSWI、CILO 等 LN，测控的一些开入信息通常可选用 GGIO 进行建模。

保护装置模型根据设备的实际功能选用保护类逻辑节点，线路保护根据功能选用，如 PDIS 阻抗保护，PTOC 过流保护等；变压器保护根据实际功能，通常选用 PDIF 差动保护、PVOC 复压闭锁过流等保护 LN。

在装有监测设备的开关站中，根据监测功能选用合适监测类 LN，如再装设有开关绝缘气体监视设备的站中，需要用到 SMIG 等 LN。

### （三）调速器建模

1. 前提条件

本示例基于公认的最少信号列表，仅包括水轮机调速器运行必需的数据点。此外，为了能够扩展到其他项目，还考虑不包含所使用控制器的固定的定义；控制算法与运行条件、数据采集之间明确分离。

采用了如下假定：仅具备单个接力器（仅包含一个位置指示）的混流式水轮机；若导叶独立控制，则增加独立的位置指示；接力器相关阈值由水轮机调速器的内部数据模块管理；单控制器的水轮机调速器（信号或系统不冗余）；HMI（人机界面）通信不包括在本示例内。

2. 信号体系

图 2–18 为信号体系图，HUNT 逻辑节点将电网实际状态及目标运行模式传递到水轮机控制功能块。根据这些状态，选择实际的调节模式（功率、开度、流量、水位或速度）与相应的参数集。

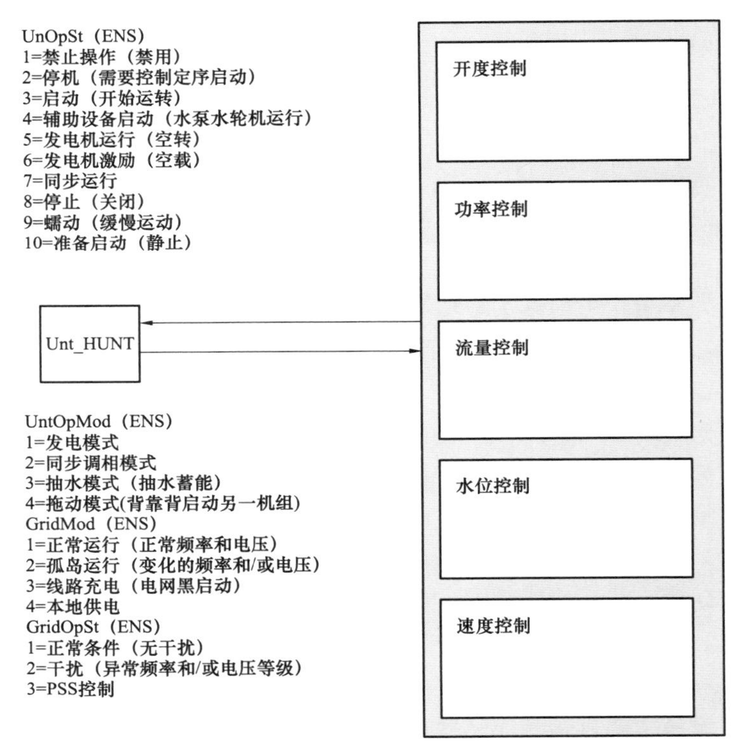


图 2–18　信号体系图

3. 基本概况

图 2–19 以混流式水轮机为例，展示了从通信角度描述的水轮机调速系统的典型功能块。所使用逻辑节点的详细功能块描述将在实例中给出。水轮机调速器总体结构依赖于三个主要逻辑设备之间不同信号的分配，这三个主要逻辑设备之间存在以下相互作用：

逻辑设备“接力器”：它主要关注导叶的位置，以及相应的定位电路故障。

逻辑设备“水轮机信息”：它主要关注水轮机不同的运行模式（例如启动/停止，同步调相模式等）和不同的水力参数（例如水位和流量，进水管道压力等）。

逻辑设备“控制器”：它主要包括一个由相互作用的不同单一控制器（速度控制器，功率控制器）组合而成的大型功能块。该组合功能块的输出信号受限于“Limitation”功能块，并最终作为接力器的命令信号。

表 2–6 为水轮机控制系统逻辑设备名称的非详尽示例。其中，标记{inst}表示该类型可能会有多个逻辑设备，在实例中应以具体数值代替。

**表 2–6　　水轮机控制系统功能逻辑设备名称**

| 逻辑设备名称 | 功　能 |
| --- | --- |
| Act{inst} | Actuators（接力器） |
| Contr{inst} | Controllers（控制器） |
| Trblnf{inst} | Turbine information（水轮机信息） |

关于控制器功能块（图 2–19 中红色部分），依据《水轮机控制系统规范指南》（IEC 61362），部分控制器可能会被设定为失效。例如，当不进行水位控制，或者水电厂联合功率控制时，水位控制器可设定为失效。此外，由这些控制器组合而成的整体控制结构可以采用串行或者并行结构。例如，功率控制器和速度控制器可通过频率功率调差控制连接。

一般情况下，图 2–19 中所示的 HGOV 逻辑节点负责激活所有控制器，并描述了 HGOV 逻辑节点的用途。

4. 结构描述

以下是对功能块的详细描述以及所使用逻辑节点的相关概念。应该对代表设备故障的品质信息（xxx.q）以及控制回路的错误进行分别处理。部分可控的设置仅仅只在内部进行设定。

在上述三种逻辑设备中，逻辑节点依据《变电站通信网络和系统》（DL/T 860—2014）对所有通信对象的交互数据进行建模，逻辑节点中提供给外部设备的相关信息才能被获取，并且被用于监视和控制调速器。

任何描述状态（品质）的信息，类似于“好的”、“无效的”、“存在问题的”，都会映射到所属信息的属性中。例如，信息“故障信号”映射到公用数据类中代表“品质”类型的数据对象名称“q”中。这种映射仅适合于 CDC 的 MV 和 APC。这些 CDC 的所有模拟信息均采用浮点值而非整数值。有关品质信息的详细信息请参阅 IEC 61850–6–3。

依据主要功能辨别和选择逻辑节点，可以使用前缀来描述逻辑节点的准确功能，并应尽可能少地使用诸如 GGIO 之类的通用节点。通用节点仅用于表示不可分配的信息。

在逻辑设备“水轮机信息”中，前缀“Unt”或“Pwr”用来表示逻辑节点是与机组相关的。如果描述与电站相关的逻辑节点，应使用前缀“Hw”或“Tw”。该逻辑设备中的 HUNT 逻辑节点负责获取调速器开度信息或完成控制。例如，它包括当地/远方控制位置信息。为了获取流量和进水管道压力信息，应使用 HWCL 逻辑节点。所有需要的电气信息（有功功率、频率等）均存储于组合逻辑节点 MMXU 内。而逻辑节点 GGIO 仅用来显示备选信号故障的概要信息。图 2–20 为调速器控制。

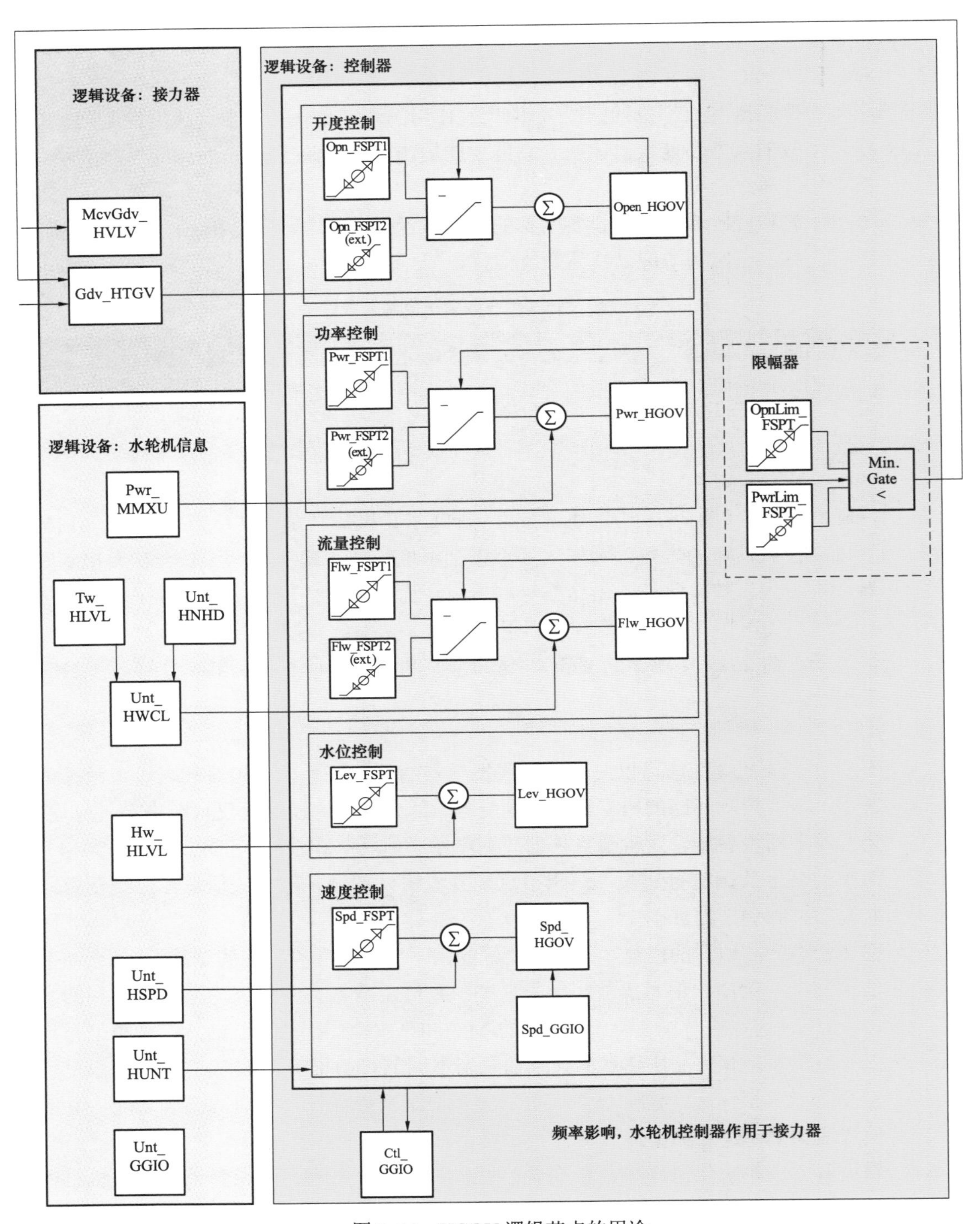


图 2-19　HGOV 逻辑节点的用途

调速器的动作均受控于逻辑设备“控制器”内的逻辑节点。除了“频率影响激活”和“接力器操作信息”以外，逻辑设备“控制器”包含了其他所有的控制模式以及输出限制。逻辑设备“控制器”所使用的与过程相关的信息来自于“水轮机信息”逻辑设备和“接力器”逻辑设备的导叶反馈信号。为了确保各种控制模式能够独立工作，所有控制模式都采用相同的结构。一般情况下，每种控制模式均包含最多两个设定值，实际使用的设定值通过逻辑节点HGOV选择。逻辑节点FSPT采用的实际设定值被转发至名为“Out”和“SptMem”的数据中。逻辑节点HGOV还被用来配置调差控制、激活控制模式以及各种控制模式的无限制输出。

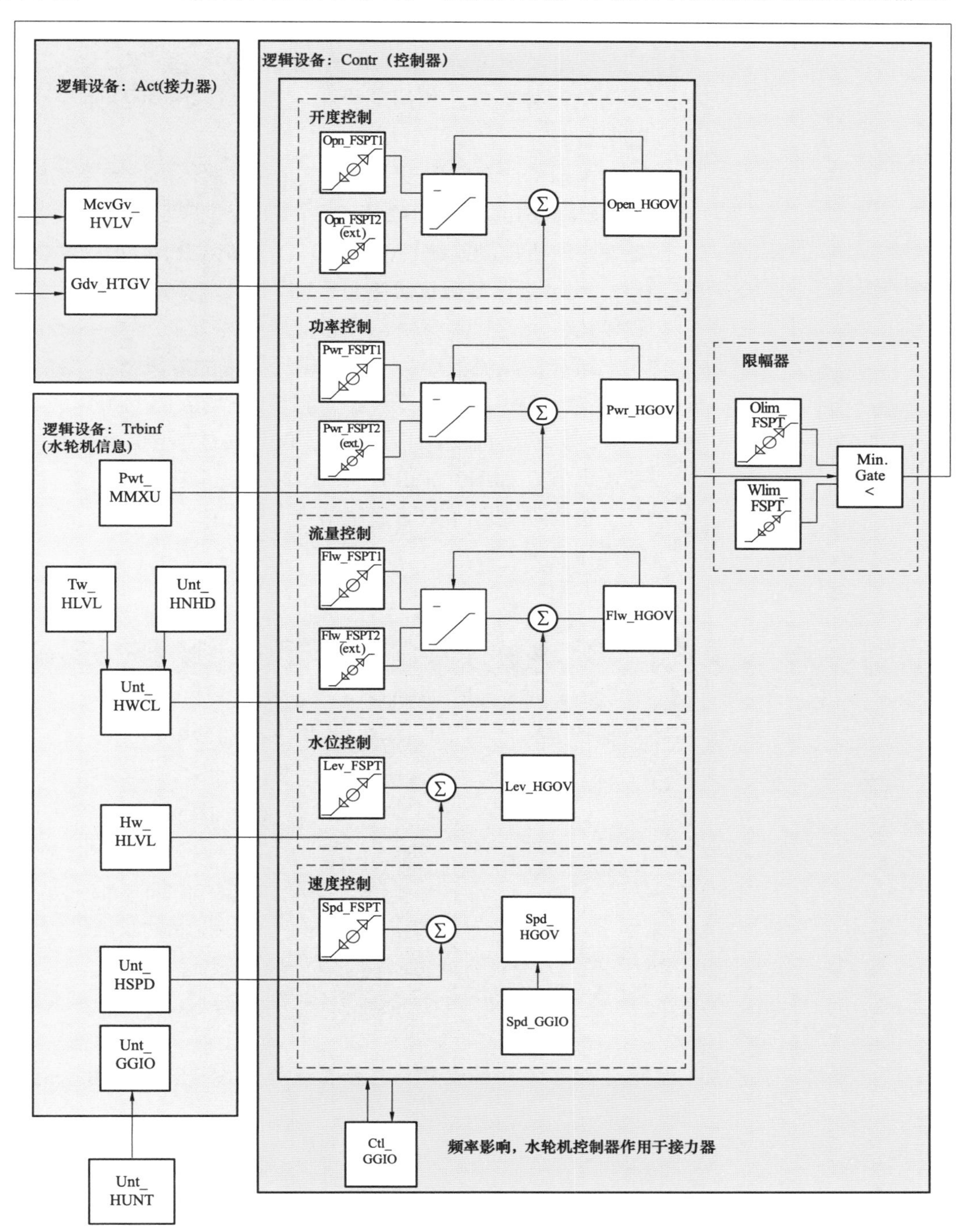


图2–20　调速器控制

## （四）机组开停机流程建模

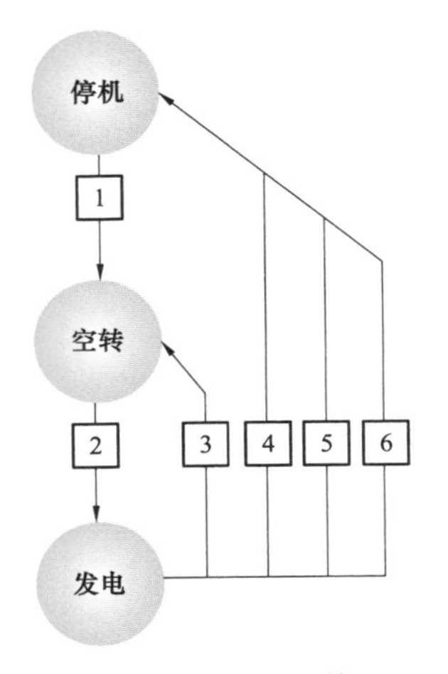


图 2–21　顺序控制概况

1—开机流程：停机态至空转态；2—开机流程：空转态至发电态；3—停机流程：发电态至空转态（电网故障）；4—停机流程：发电态至停机态（正常停机）；5—停机流程：发电态至停机态（机械故障快速停机）；6—停机流程：发电态至停机态（电气故障紧急停机）

1. 概述

本示例适用于有进水口闸门但没有进水阀的简单水轮发电机组。导叶配备了接力器锁锭，并且机组有润滑装置和制动器，发电机通过冷却风机降温冷却。

许多跳闸策略被作为惯例而广泛应用，跳闸准则、接力器关闭启动装置以及跳闸动作相应流程之间的不同组合决定了跳闸策略。

本示例广泛应用于水电领域［见《水轮机控制系统规范指南》（IEC 61362）：2012 表 C.2］；另一个广泛应用的策略描述见《水轮机控制系统规范指南》（IEC 61362）：2012 表 C.1。

2. 《变电站通信网络和系统》（DL/T 860—2014）机组流程定义

所有机组流程均由专用逻辑设备里的逻辑节点“HSEQ”所定义。这些机组流程被组合到名为“SEQ”（机组开停机顺序控制）的逻辑设备组引用中。仅“SEQ”组引用逻辑设备具备逻辑节点 LLN0 和 LPHD。图 2–21 为顺序控制的概况。

表 2–7 总结了包含逻辑节点“HSEQ”的逻辑设备最常用的具体名称。

表 2–7　　典　型　流　程

| 逻辑设备 | 功　　能 | 逻辑设备 | 功　　能 |
|---|---|---|---|
| MstStr | 主控启动继电器（启动基本的辅助设备） | PmpBtbStr | 抽水模式背靠背启动流程 |
| EmgStop | 快速（紧急）停机流程 | PmpSfcStr | 抽水模式带 SFC 启动流程 |
| FastLdStop | 快速甩负荷停机流程 | PmpCndBtbStr | 抽水调相模式背靠背启动流程 |
| Gen | 发电机 | PmpCndSfcStr | 抽水调相模式带 SFC 启动流程 |
| GenStr | 发电机启动流程 | SftStr | 软启动流程（带主变压器缓慢升压） |
| GenCndStr | 发电调相模式启动流程 | SnlExcStr | 空载流程（正常速度加励磁激励） |
| GridFaultStop | 电网故障停机流程 | SnlNexStr | 空转流程（正常速度无励磁） |
| LinChaStr | 线路充电启动流程 | QuickStop | 快速停机流程 |
| NormalStop | 正常停机流程 | LocSrvStop | 甩负荷并转换到本地供电方式 |

3. 从“空转”状态至“发电”状态的开机流程（包含在逻辑设备“SEQ_SnlExcStr”和“SEQ_GenStr”内）

应根据上级电力调度机构操作员要求，自动激活从“空转”状态至“发电”状态的开机流程。电网出现故障并且机组从“发电”状态自动返回到“空转”状态后，电网故障已确认消除且不会再次出现时，可通过操作员指令激活当前开机流程。如果选择单步模式，则每一个步骤结束时需要操作员确认来激活下一步骤。

本流程（转至“发电”状态的开机流程）可分解为以下几个步骤：

●步骤 1：励磁系统启动。当未收到机组电压等于 90%正常电压反馈信号时，本步骤一直有效。应采用定时器控制步骤 1 的时长，若超时，自动激活快速停机流程。

本步骤结束时，机组就转至“空载”状态。机组顺序控制程序如下：

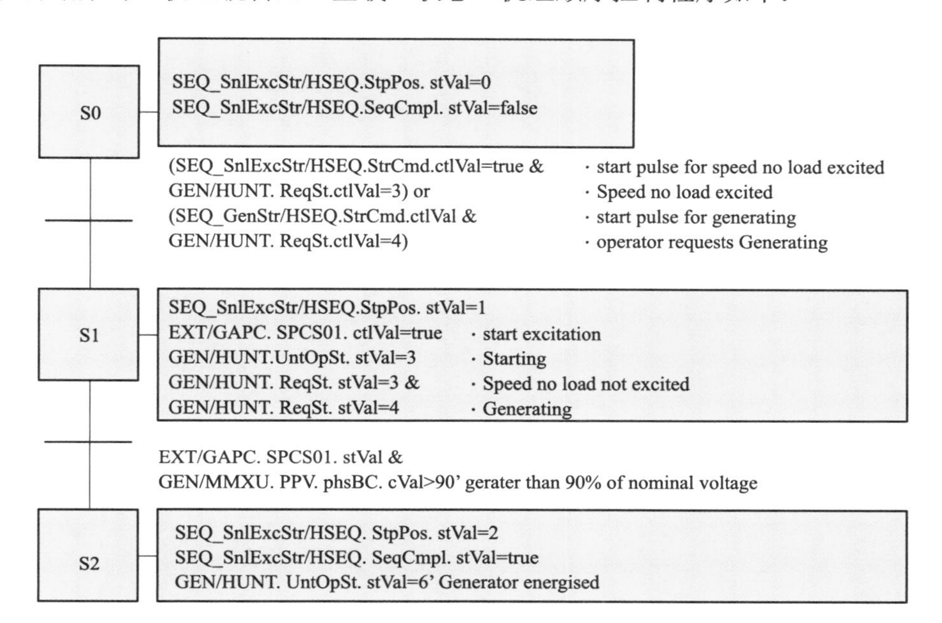


●步骤 2：发电机组冷却风机启动，机组与电网并网。当未收到发电机组冷却风机启动和机组断路器闭合反馈信号时，本步骤一直有效。应采用定时器控制步骤 2 的时长。若超时，自动激活快速停机流程。

流程结束时，机组转至“发电”状态。机组顺序控制程序如下：

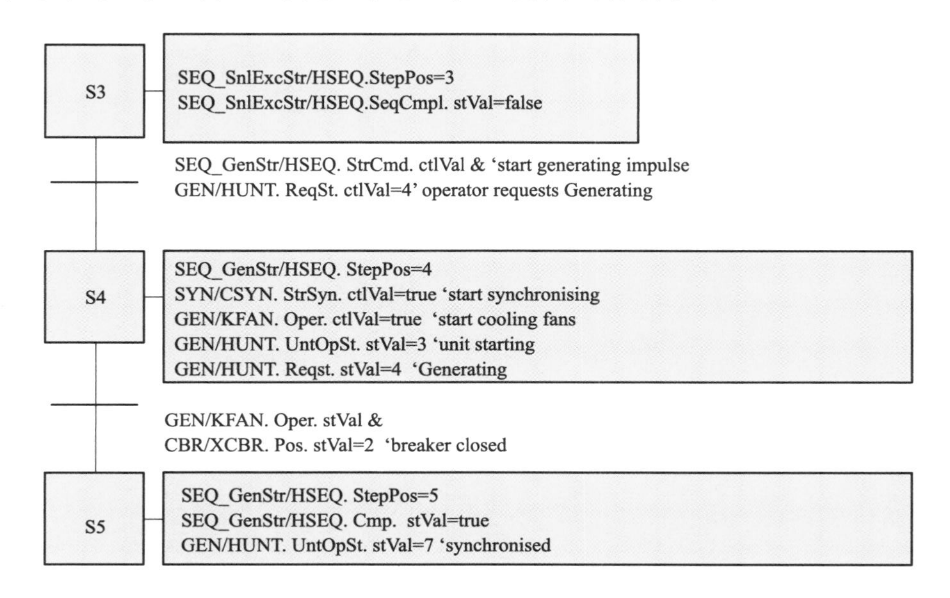

# 第三章

# 智能水电厂一体化管控平台

智能水电厂一体化管控平台是集数据中心、基础服务、一体化应用为一体的综合管控平台，智能水电厂以一体化管控平台为核心构建水电厂各类自动化控制系统和信息管理系统，从而实现各种应用系统之间的标准统一、数据共享、综合决策目标。

智能水电厂一体化管控平台支持 IEC 61850 MMS 标准协议和 IEC 61970Web Service 标准，通过水电标准通信总线，为平台与现地自动化层设备之间通信及控制提供支持；通过建立统一的水电公共信息模型，规范各类生产运行设备及资源建模，提供全局模型访问功能；具备各类服务组件的部署、发布、运行与管理功能，提供通用的技术与框架支撑，为整个系统的集成和高效可靠运行提供保障；一体化管控平台还提供各类基础功能组件及系统功能视图容器，能够实现展现形式与功能组件的自由组态；支持实时库与历史库并存模式，屏蔽各类数据库的差异性，针对不同响应时间需求提供实时数据与历史数据通用访问功能；提供可靠的数据同步机制。

# 第一节　基　本　概　念

## 一、一体化管控平台相关术语

1. 一体化平台（integrated platform）

基于水电公共信息模型（HCIM）、插件式应用组件等技术，由数据中心、基础服务、基础应用构成，实现水电厂生产运行一体化管控的软件平台。

2. 数据中心（data center）

存储并管理模型和数据的计算机软硬件设施，实现模型与数据的一体化管理，并对外提供统一的数据访问服务。

3. 基础服务（basic service）

提供消息通信、工作流管理、权限日志、数据计算分析、综合报警、任务调度、进程管理等各类后台服务功能。

4. 基础应用（integrated application）

实现计算机监控、水调自动化、大坝安全监测等水电厂基本业务功能以及业务间协同互动的应用组件集合，主要用于提供各类人机交互界面。

5. 生产控制大区（production control zone）

由控制区（安全Ⅰ区）和非控制区（安全Ⅱ区）组成。其中，控制区是指具有实时监控功能、纵向连接使用电力调度数据网的实时子网或专用通道的各业务系统构成的安全区域，非控制区是指在生产控制范围内由在线运行但不直接参与控制、是电力生产过程的必要环节、纵向连接使用电力调度数据网的非实时子网的各业务系统构成的安全区域。

6. 管理信息大区（management information zone）

生产控制大区以外的电力企业管理业务系统的集合。

## 二、一体化管控平台的特征

遵循面向服务的软件体系架构（SOA），采用分布式的服务组件模式，提供统一的服务容器管理，具有良好的开放性，能较好地满足系统集成和应用不断发展的需要；层次化的功能设计，能有效对数据及软件功能模块进行良好的组织，对应用开发和运行提供理想环境；针对系统和应用运行维护需求开发的公共应用支持和管理功能，能为应用系统的运行管理提供全面的支持。

能够对水电厂所涉及的调度控制、生产运行管理等自动化系统及应用系统统一数据建模，无论是存储于安全Ⅰ区、Ⅱ区、Ⅲ区、Ⅳ区的数据，都需要将数据按照标准规约传输存储于一体化管控平台，一体化管控平台提供系统管理、数据分析、图形等功能支持。

统一管理数据同步、数据交换、对外通信、模型管理等，集中进行备份、审计、日志等，有利于提高数据质量，进而保证应用功能高效、稳定运行。

结合智能化一体化数据平台建设、智能化基础平台建设、应用平台建设共同在数据集中、模型集中、信息集中的基础上，通过各个环节、各专业的专家对产生的历史数据和实时数据进行分析处理，利用分析模型、数据挖掘、模式识别、模糊命题判定、神经网络等先进技术，提供在线状态诊断与评估、大坝工程安全分析评判、水库运行调度等多个智能分析组件，为生产运行提供辅助决策。

根据电力调度和水电厂的管理模式，结合水电厂的特点，以统一规划为指导，搭建系统总体架构。总体系统结构以智能水电调控为核心，以可靠的高速光纤传输网络为主干架构，以现地自动化系统为基础，以基础数据应用服务平台为载体的面向服务智能化分布式结构，系统纵向根据应用不同的划分为多个应用层，横向根据应用分为不同的管理区，各管理区之间按照标准规则进行信息交互，同时系统根据应用需要实现标准交互机制，以提供针对东北电网，以及上下游电厂应用的信息与服务交互。

## 第二节 系统设计

### 一、设计原则

从电网全局出发，对厂站自动化和现地系统进行充分调研的基础上，结合水电厂的特点，实现调度控制、专家决策、集中监控、水库调度、状态监测、图像监控、安全防护、信息通信等水电生产运行管理的各个环节的智能一体化功能。既要满足水电厂智能化改造的建设要求，又要具有广泛的适应性和良好的扩展性。

在设计和研发过程中突破传统的水电厂调度控制和生产运行管理的思路，在系统设计上利用最新的计算机技术、自动化技术，通过研究调度控制、源网协调、经济运行、优化调度等相关理论，充分借鉴智能电网调度技术支持系统的优秀设计思想和理念，结合电网和水电厂的特点，进行总体规划设计。总体设计原则可归纳为如下几个方面。

1. 统一标准、先进可靠

整个系统以国际、国内、行业、企业等各类标准规范为基础，充分吸收借鉴面向服务（SOA）、分层分布式组件模型、自主计算、GIS可视化计算、云计算等先进理论和成果，探索在预测预报、调度控制、生产运行等前沿技术，在水电信息化、与电网调度互动等一些关键技术实现突破性创新，达到国际领先水平。

在系统研制和实施过程中，遵循标准先行的原则。制定统一的服务、消息、数据交换、模型管理等系列规范标准，在此基础上形成调度控制、专家决策、梯级监控、水库调度、状态监测、图像监控、安全防护、信息通信等功能规范。

2. 综合考虑、覆盖全面

立足水电厂的实际情况，充分考虑生产运行管理各个环节的应用需求，根据各个子系统或功能模块的业务特点和相互之间的内在联系，利用网络安全隔离设备提供的接口，通过高速数据总线构建横向互联的数据交换平台，构建一个覆盖水电厂生产运行管理各个环节的智能化系统。

3. 合理规划、突出重点

结合电网和水电厂的实际情况，在保证安全稳定运行的基础上，充分利用现有设备，合理划分层次，构建一体化管控平台框架。

4. 开放通用、实用合理

在系统设计中，应遵循接口统一、界面明晰的原则。基于开放和通用的接口，实现数据总线、数据中心、基础服务、应用服务和人机界面等之间的数据交换和功能调用，要降低子系统之间的耦合度，提高应用之间的耦合度，降低开发和工程实施的难度。

在系统研制过程中，要注重实用性，特别是人机界面相关部分，从设计、实现、测试、实施的各个阶段都需要有实际最终用户的大量参与，做到实用、易用、好用。

5. 发挥潜力、源网协调

坚强智能电网的建设以实现数据传输网络化、运行信息全景化、安全评估动态化、调度决策精细化、运行控制自动化、源网协调最优化为目标，实现全局输电、变电、配电等电力调度协调的智能化应用。作为清洁能源的接入，水电厂运行应具有启停快、调节灵活、智能决策的特点，其运行应与智能电网形成动态交互，统一协调的应用格局，因此系统建设以与智能电网一体化为目标，提高水电厂的信息标准化、系统整体化、决策智能化水平，加强与电网的互动，满足智能电网的应用需求。

6. 规范设计、保证质量

充分重视、强调设计文档的重要性，先有整体方案，经评审、修改后定稿，再有各模块功能设计方案，经评审、修改后定稿。在此基础上进行各模块的设计，也是先出设计文档，经讨论、修改后再开始编程，重要的模块要经过几轮讨论、修改才正式定稿。通过一整套的设计文档，既保证设计方案的质量与严肃性，也使开发工作具有很好的延续性。

## 二、系统结构

系统结构总体是以集中控制为核心，以可靠的高速光纤传输网络为主干架构，以现地自动化系统为基础，以一体化管控平台应用服务为载体的面向服务的智能化分布式结构。系统纵向根据应用不同划分为多个应用层，横向根据应用分为不同的管理区，各管理区之间按照安全防护体系进行信息交互，同时系统根据应用需要实现标准交互机制，以提供针对智能电网以及其他部门应用的信息与服务交互。

智能水电厂涉及各类不同现地级自动化系统与各类水电厂设备，同时需要统一管理决策与信息共享，因此一体化管控平台系统为开放式体系架构的动态智能应用平台。该平台总体设计采用分布式面向服务的组件模型设计思想，统一规划设计SOA组件模型框架，将各类应用功能划分为不同服务模块。通过微内核服务管理实现模块间数据交互、事件发布、应用调用等功能，同时利用不同管理区的数据中心与实时数据总线实现各类数据源共享，在此基础上建立信息互动、综合监控、智能决策的智能水电厂综合应用平台。

1. 系统层次结构

总体架构横向按照二次安全防护要求划分为生产控制大区（Ⅰ、Ⅱ区）和管理信息大区（Ⅲ区、Ⅳ区），两大区之间采用物理隔离装置连接。生产控制区纵向上保留各站原有的现地自动化系统及其功能，划分为集控层和现地层。现地层各个子系统相对独立，主要包括现地监控系统、现地继电保护系统、调速系统、励磁系统、五防系统、现地状态监测系统、现地水情自动测报系统等现地自动化系统，现地系统通过IEC 61850标准与集控中心的一体化管控平台相连。系统层次结构如图3–1所示。

生产控制区集控层建立在梯级调度中心，原有集控系统相对独立，一体化管控平台具有监控功能、经济调度与控制功能、状态监测功能、水调等功能模块，进行分析处理以及智能化决策分析；能实现与管理信息区数据的交互，能实现对全厂生产运行过程的智能化应用。

管理信息区纵向分为集控层和厂站层两层。厂站层主要包括：门禁控制系统、消防系统，通过IEC 61970标准的Web Service接口与集控层连接。集控层各个系统相对独立，包括大坝监测和分析评估、生产管理系统、工业电视系统、无线巡检系统、运维系统、环境监测系统，通过IEC 61970标准的Web Service接口和一体化管控平台连接。一体化管控平台具有气象系统功能、状态检修功能、防汛决策功能、Web 发布功能等，一体化管控平台能够与各个子系统进行通信，并能实现生产运行管理所需要的各类资料的自动生成和数据联动；能实现智能化决策辅助。

2. 系统网络结构

一体化管控平台采用全开放的分布式结构，由网络上分布的各节点计算机单元组成，各节点计算机采用局域网（LAN）连接；系统与外部系统采用以太网连接，同时通过数据通信服务器按标准协议完成数据交换，如图3–2所示。

一体化管控平台Ⅰ区：按双网结构配置，两台数据库服务器用于存储Ⅰ区的实时数据和历史数据，两台应用服务器提供各种应用服务和数据库访问接口，调度通信服务器用于和调度系统通信，厂站通信服务器用于和Ⅰ区的各个子系统数据通信，防火墙用于Ⅰ、Ⅱ区的安全防护，如图3–3所示。

一体化管控平台Ⅱ区：按双网结构配置，配置两台数据库服务器用于存储Ⅰ、Ⅱ区的历史数据，一台数据通信服务器，用于和Ⅱ区的各个子系统数据通信，两台网关机，一台用于通过正向隔离装置往Ⅲ区的一体化管控平台发送数据，另一台用于接受Ⅲ区一体化管控平台通过反向隔离装置发送过来的数据，两台应用服务器提供各种应用服务和数据库访问接口，如图3–4所示。

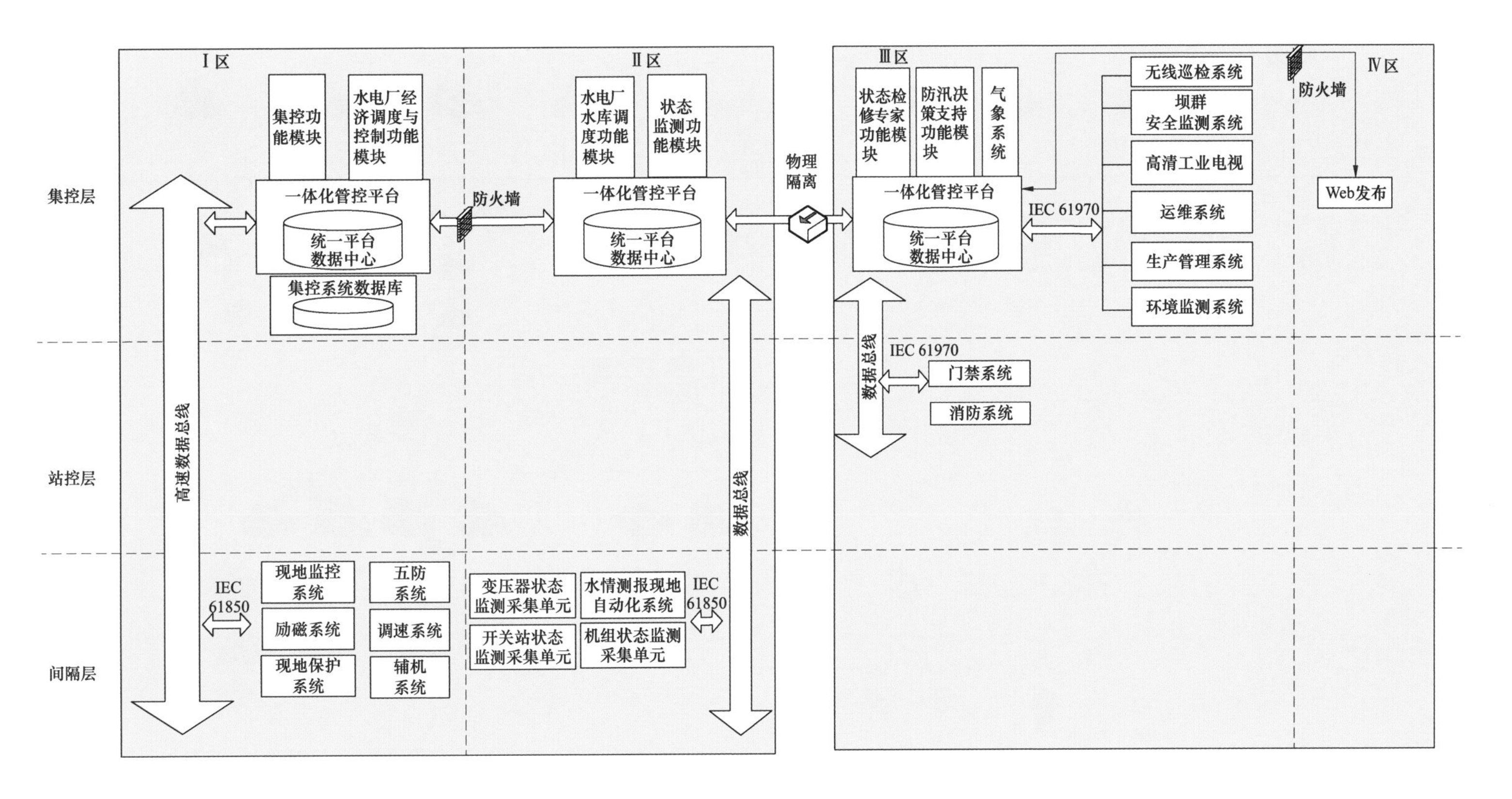


图 3–1　智能水电厂一体化管控平台系统层次结构示意图平台用户端应用

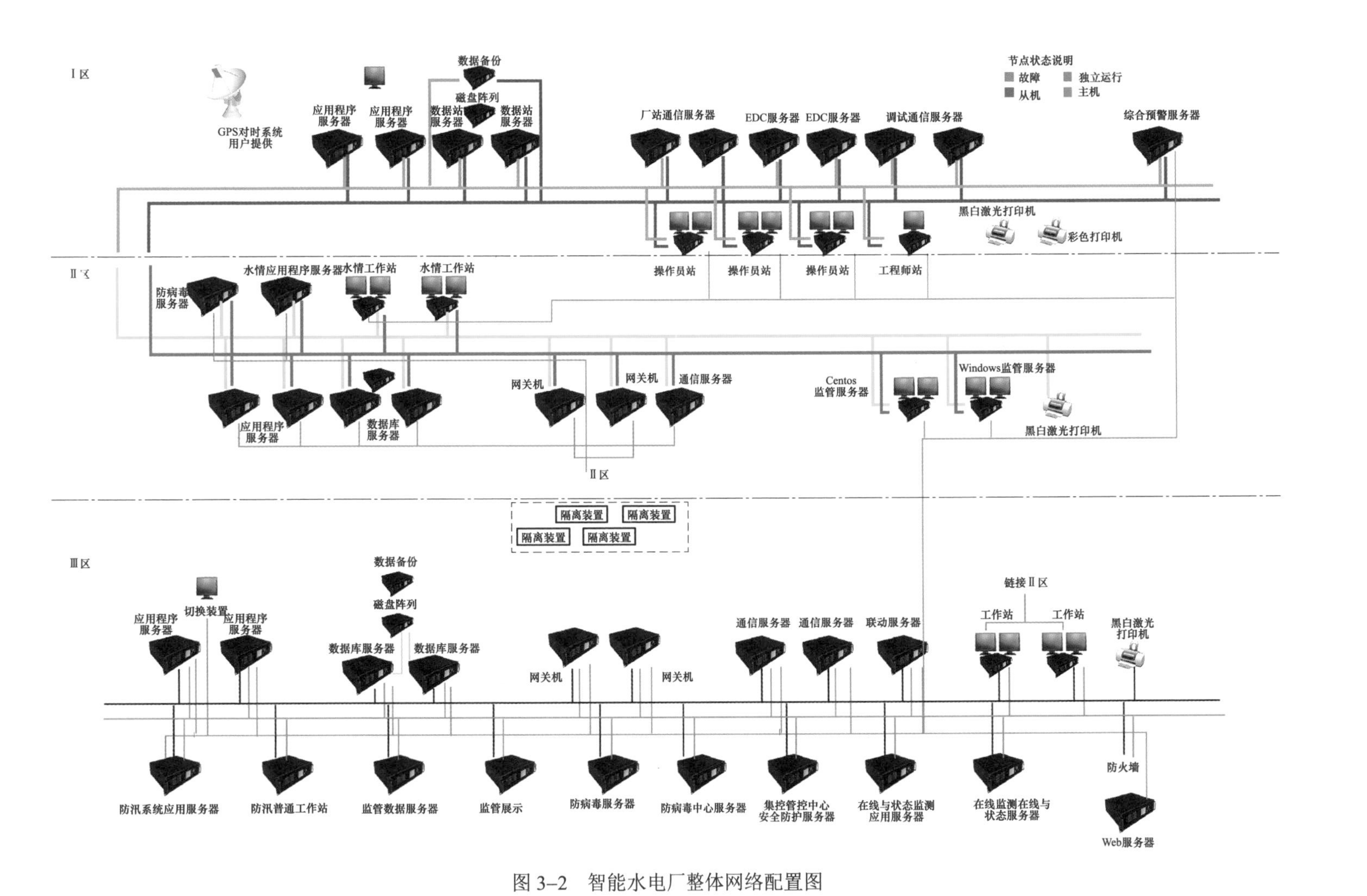


图 3-2　智能水电厂整体网络配置图

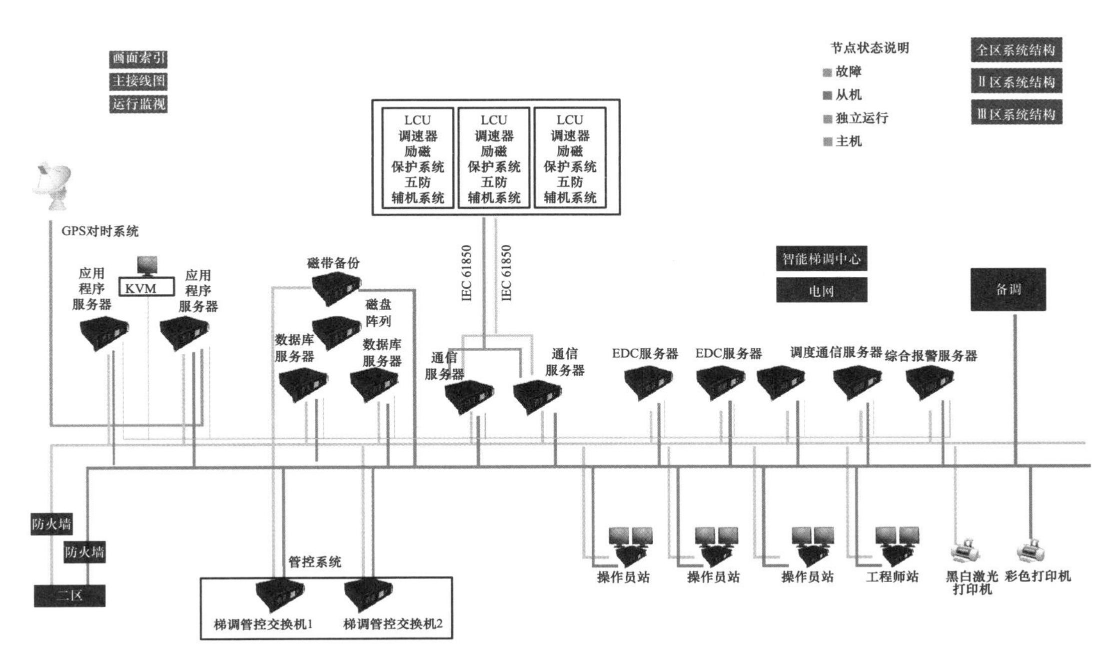


图 3–3　Ⅰ区网络配置图

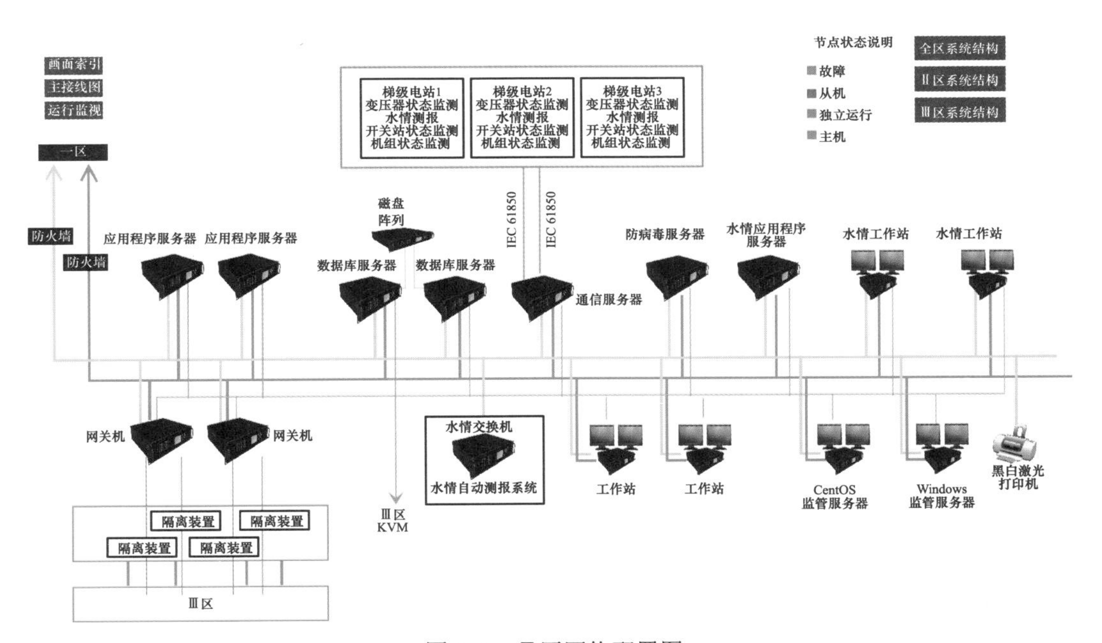


图 3–4　Ⅱ区网络配置图

一体化管控平台Ⅲ区也按双网结构配置，数据库服务器用于存储Ⅰ、Ⅱ、Ⅲ区的历史数据，应用服务器提供各种应用服务和数据库访问接口，通信服务器用于和Ⅲ区的各个子系统数据通信，网关机用于Ⅱ、Ⅲ区之间的数据交换，如图 3–5 所示。

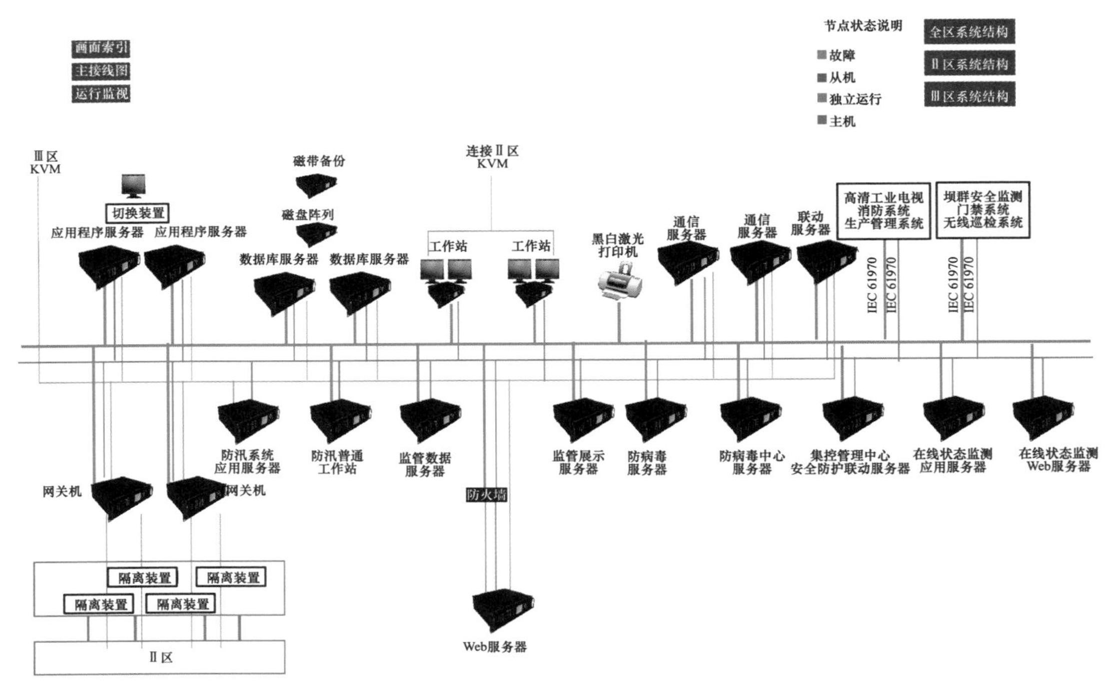


图 3–5 Ⅲ区网络配置图

一体化管控平台Ⅳ区按单网结构配置，Web 服务器用于平台的信息发布，通过防火墙和Ⅲ区进行数据通信，防火墙用于Ⅲ、Ⅳ区的安全防护。

3. 系统框架设计

一体化管控平台是整个系统的数据存储中心、模型管理中心、基础支持中心、智能应用与专家辅助决策中心和对外信息发布中心。采用统一设计、统一规划的思路，遵循面向服务的软件体系架构（SOA），采用分布式的服务组件模式，提供统一的服务容器管理，具有良好的开放性，能很好地满足系统集成和应用不断发展的需要；层次化的功能设计，能有效对数据及软件功能模块进行良好的组织，对应用开发和运行提供理想环境；针对系统和应用运行维护需求开发的公共应用支持和管理功能，能为应用系统的运行管理提供全面的支持。

一体化管控平台能为水电厂所涉及的现地、调度控制、生产运行管理等自动化系统及应用，无论是位于安全Ⅰ区、Ⅱ区、Ⅲ区还是Ⅳ区，提供数据存储、系统管理、数据分析、图形等功能支持。

一体化管控平台统一管理数据同步、数据交换、对外通信、模型管理等，集中进行备份、审计、日志等，有利于提高数据质量，进而保证应用功能高效、稳定运行。

一体化管控平台在数据集中、模型集中、信息集中的基础上，结合各个环节、各专业的专家系统对产生的历史和实时数据进行分析处理，利用分析模型、数据挖掘、模式识别、模糊命题判定、神经网络等先进技术，提供在线状态诊断与评估、大坝工程安全分析评判、水库运行调度等多个智能分析组件，为生产运行提供辅助决策。

4. 信息流程与处理

现地级自动化系统的数据是一体化管控平台的基础数据源，一体化管控平台对直接接入平台的系统设备数据实现统一的数字化传输，数据传输以国际公认的电力行业标准 IEC 61850 为基础，在现地数据传输层实现标准化的信息传送，各现地级自动化系统或智能化设备以应用节点的形式加入标准协议的高速数据通信总线，并共享总线中的信息数据，数据总线针对重要和特殊的应用提供传输冗余机制。各现地系统通过标准的数据总线即可实现各类水电厂运行调度数据的共享，保证数据统一性。

对于不直接接入一体化管控平台的系统，数据在经过现场统一总线传输后，由各系统自己负责分析处理，最终由各系统汇总按 IEC 61970 标准传输至一体化管控平台数据中心，由数据中心统一对外发布各种数据和进行综合决策分析。

各种数据服务汇总至应用服务层后，由服务组件对各种信息进行分析处理，形成平台需求的最终信息结果，并以多种用户端表现形式展现给用户，该层为信息的最终处理加工层，同时也是最终平台用户请求的各种数据的通道，包括实时信息与资源分析结果，最终均通过该层提供给用户。

系统优化调度控制应用同时具备 IEC 61970 标准的对外信息交流接口，应用可将本系统的优化调度方案或其他应用所需的数据信息传送至电网或上下游电厂，同时也可从电网或其他部门接受调度运行或各种应用资源，从而实现运行调度管理交互，一体化管控平台的应用服务提供此种应用。

一体化管控平台的数据在现地监控系统、数据中心、应用服务平台、外联部门间相互交互，整体结构（以松江河智能水电厂为例）如图 3–6 所示。

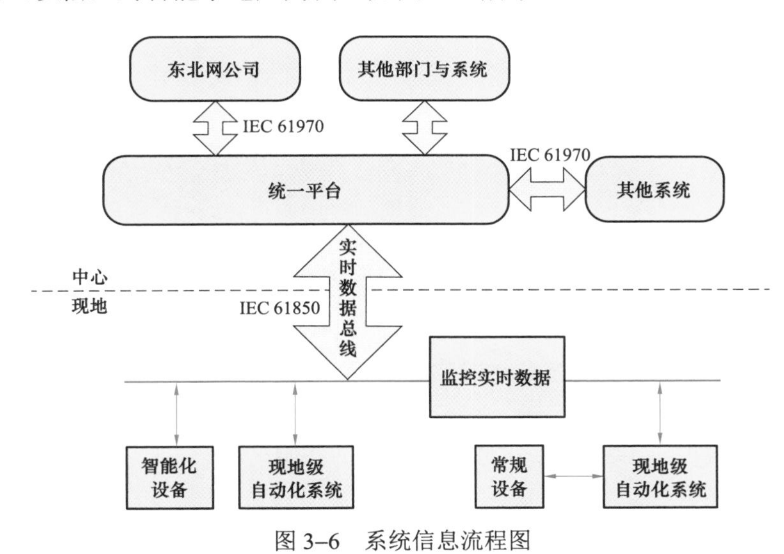


图 3–6　系统信息流程图

## 三、软硬件配置原则

### （一）品牌选择

目前在服务器领域，比较著名的国外品牌有 IBM、HP、Sun、DELL 等，前 3 家不仅产品线非常丰富，且技术力量雄厚，产品成熟度高，能满足各行业的应用需求，是整个服务器市场的领头军，而 DELL 则基本上都是基于 Intel 的 IA 架构处理器的服务器，性能水平和技术含量都属中等，它的主要优势就是直销模式带来的少许价格优势和较完善的服务体系。

在设备品牌上，一般按照尽可能选取同一厂家产品的原则，这样在设备可互连性、协议互操作性、技术支持和价格等方面都更有优势。

**（二）设备选型**

服务器作为数据中心信息服务的主要载体，同时与存储设备和网络设备相连，是数据中心的核心组件。当前数据中心的服务器按形态可分为塔式服务器、机架式服务器和刀片式服务器三类。从网络设计上看，机架式服务器和刀片服务器已成为数据中心主要的服务器形态。

机架式服务器是一种外观按照统一标准设计、配合机柜使用的服务器，采用统一的机架式结构，服务器可以方便地与同一机柜或位于列头柜内的以太网交换机连接，简化了机房的布线和管理。

刀片服务器具有集成化、高密化的特点，其主体结构是一个大型的具有标准机箱尺寸的刀箱，刀箱内部可插上多块服务器刀片单元，其中每一块服务器刀片就是一台独立的服务器。每个服务器刀片可以通过本地硬盘运行自己的操作系统，相互之间没有关联。多个服务器刀片也可通过集群软件组成一个服务器集群。在集群模式下，所有服务器刀片通过高速网络环境互联，服务于相同的用户群。

刀片服务器一般应用在大型数据中心或计算密集的领域，随着业务的发展和对服务器需求的增长，刀片服务器在节约空间、便于管理、可扩展性方面相对于机架式服务器有显著的优势。但刀片服务器由于计算密度成倍提高，对单机柜的供电功率以及制冷方式提出更高要求。

刀片服务器在扩展性、I/O 能力、简化管理、减少布线、节省空间、节能、散热、总体性能等方面都明显优于同档次的机架式服务器，且该类型的产品也是服务器未来发展的方向，具有一定的前瞻性。

智能水电厂是建立在集成的、高速双向通信网络的基础上，通过先进的技术、先进的设备、先进的控制方法以及先进的决策支持系统技术的应用，实现发电厂的可靠、安全、经济、高效、环境友好和使用安全的目标。

智能水电厂在设备选型上需充分考虑实际情况，按照技术上的先进性和前瞻性、经济上的合理性、生产上的适用性原则，以及可行性、维修性、操作性和能源供应等要求，结合上述设备的对比分析，建议主要服务器设备选择 HP 刀片服务。

## 四、系统备份方案

备份系统是智能水电厂的重要组成部分，可确保关键业务数据快速、高效地备份、保存和检索，也是确保智能水电厂系统可用性的最后一道防线，其目的是为了在系统崩溃时能够快速地恢复系统和数据。

**（一）备份介质比较**

按存储介质划分，系统备份可分为磁带备份、磁盘备份和光盘备份。

1. *磁带与磁盘备份*

多年以来，磁带以其经济高效的性能，一直是数据备份的标准介质。磁带作为传统的存储介质，还具有体积小巧、容量大、成本低、寿命长和便携性等优点。而且，磁带备份技术诞生至今已经有 50 多年，经受了时间的考验，确实是一项非常成熟的技术。磁带的主要优势是价格和它作为可拆卸介质的能力。相对便宜的磁带盒可以插入，填充数据，可以被其他磁带盒替代，这使磁带驱动器可以写入数量无限的数据，磁带备份适宜长期保存，对于那些需要长期离线保存归档数据的用户来讲依然拥有很大的吸引力。

随着磁盘驱动器的价格不断下调，基于磁盘的存储设备也得到广泛应用，与磁带备份相比，磁盘可以直接的访问数据，不需要加载或倒带，也不需在磁带卷中搜索数据文件。对于常规的环境，数据被存储在磁盘，磁盘读写数据的速度明显比磁带快上许多，存储数据比较方便，备份所需要时间较少，但磁盘的保存时间较短。

虽然磁盘备份有一些优点，与磁带相比仍有以下缺点：

磁盘备份必须定期整理磁盘文件系统：大多数磁盘设备被当成文件系统去进行备份，而文件系统注定无法避免磁盘碎片问题的干扰，将会导致备份和恢复性能的急剧下降，因此必须定期进行磁盘整理。

备份文件易受攻击：从数据的安全性出发，来自病毒、黑客和自然灾难的安全威胁同样需要被考虑。文件系统很容易被攻击，而磁带的无文件系统格式，决定其天生具备免疫能力。

磁盘阵列一般是用来存放生产数据的，如果将备份数据和生产数据都放置在同一台磁盘阵列中，那么必须考虑到单点故障问题。即为了应对发生一个站点、电源或是通信基础设施的威胁，用户必须将实体的数据副本存储在远离基础站点的地方，在故障修理时可被使用，而这会增加磁盘式备份的成本。

对于存档需求来讲，磁盘的寿命要远比磁带介质的寿命短得多。闲置的磁盘可能在一年或两年后开始丧失数据或是消磁，除非是每 30 天上转一次。一个低成本的磁盘阵列做备份时，它只能坚持容纳几个星期的备份数据。它无法容纳大量的数据长期保留。实用性会迫使用户最终将备份设备清除至可移动的介质中。

2. *光盘备份*

光盘存储容量巨大，成本低、制作简单、体积小，其信息可以长久保存，其常用的设备有光盘塔和光盘库。光盘塔由几台或十几台 CD–ROM 驱动器并联构成，可通过软件来控制某台光驱的读写操作。光盘塔光驱数量有限，数据源少，不能满足数据源很大时的要求。光盘库分为 SCSI 光盘库、网络光盘库和光盘柜三种。

（1）SCSI 光盘库，第一代光盘库，结构为 8、16、28、64 光驱阵列库，体积庞大，光盘库必须通过 SCSI 总线连接服务器，用户访问光盘必须经过服务器，因此对服务器要求较高，自身不支持并发用户同时访问，光驱速度慢，且易损坏。

（2）网络光盘库（Network CD Tower），第二代光盘库，结构类似于 8、16、28、64 光驱阵列库，体积庞大，但内置了微处理器和软件，直接连接以太网和令牌网，所以无须服务器支持即可独立运行。但仍不支持并发用户同时访问，传输速度慢且光驱易损坏，该系列产品也逐渐被淘汰。

（3）光盘柜（Optical Jukebox），它是非常特殊的一类光盘集中存放设备，体积庞大、价格昂贵。其特点是配置 1～36 个光驱，内部光盘存放数量极大，最多的可存放数千张光盘，光盘的装载和换片采用精密机械臂完成。因而装载和换片速度极慢，传输速率慢且不支持多用户并发访问，一般都不宜选用。

通过以上分析可知，离线磁带备份方式更适合智能水电厂系统备份。

### （二）数据备份方式

LAN 备份、LAN Free 备份和 SAN Server–Free 备份是当前主要的备份方式。LAN 备份针对所有存储类型都可以使用，LAN Free 备份和 SAN Server–Free 备份只能针对 SAN 架构的存储。

#### 1. 基于 LAN 备份

传统备份需要在每台主机上安装磁带机备份本机系统，采用 LAN 备份策略，在数据量不是很大时，可采用集中备份。一台中央备份服务器将会安装在 LAN 中，然后将应用服务器和工作站配置为备份服务器的用户端。中央备份服务器接受运行在用户机上的备份代理程序的请求，将数据通过 LAN 传递到它所管理的、与其连接的本地磁带机资源上。这一方式提供了一种集中的、易于管理的备份方案，并通过在网络中共享磁带机资源提高了效率。

#### 2. LAN–Free 备份

由于数据通过 LAN 传播，当需要备份的数据量较大，备份时间窗口紧张时，网络容易发生堵塞。在 SAN 环境下，可采用存储网络的 LAN–Free 备份，需要备份的服务器通过 SAN 连接到磁带机上，在 LAN–Free 备份用户端软件的触发下，读取需要备份的数据，通过 SAN 备份到共享的磁带机。这种独立网络不仅可以使 LAN 流量得以转移，而且它的运转所需的 CPU 资源低于 LAN 方式，这是因为光纤通道连接不需要经过服务器的 TCP/IP 栈，而且某些层的错误检查可以由光纤通道内部的硬件完成。在许多解决方案中需要一台主机来管理共享的存储设备以及用于查找和恢复数据的备份数据库。

#### 3. SAN Server–Free 备份

LAN Free 备份对需要占用备份主机的 CPU 资源，如果备份过程能在 SAN 内部完成，而大量数据流无须流过服务器，则可以极大降低备份操作对生产系统的影响。SAN Server–Free 备份就是这样的技术。

目前主流的备份软件，如 HP Data Protector、IBM Tivoli、Veritas，均支持上述三种备份方案。三种方案中，LAN 备份数据量最小，对服务器资源占用最多，成本最低；LAN free 备份数据量大一些，对服务器资源占用小一些，成本高一些；SAN Server–free 备份方案能在短时间备份大量数据，对服务器资源占用最少，但成本最高。中小用户可根据实际情况选择。

### （三）数据备份策略

备份策略指确定需备份的内容、备份时间及备份方式。可根据自己的实际情况来制定不同的备份策略。目前被采用最多的备份策略主要有以下三种。

#### 1. 完全备份（full backup）

每天对自己的系统进行完全备份。例如，星期一用一盘磁带对整个系统进行备份，星期二再用另一盘磁带对整个系统进行备份，依此类推。这种备份策略的好处是：当发生数据丢失的灾难时，只要用一盘磁带（即灾难发生前一天的备份磁带），就可以恢复丢失的数据。然而它亦有不足之处，首先，由于每天都对整个系统进行完全备份，造成备份的数据大量重复。这些重复的数据占用了大量的磁带空间，这对用户来说就意味着增加成本。其次，由于需要备份的数据量较大，因此备份所需的时间也就较长。对于那些业务繁忙、备份时间有限的单位来说，选择这种备份策略是不明智的。

2. *增量备份*（incremental backup）

星期天进行一次完全备份，然后在接下来的六天里只对当天新的或被修改过的数据进行备份。这种备份策略的优点是节省了磁带空间，缩短了备份时间。但它的缺点在于，当灾难发生时，数据的恢复比较麻烦。例如，系统在星期三的早晨发生故障，丢失了大量的数据，那么现在就要将系统恢复到星期二晚上时的状态。这时系统管理员就要首先找出星期天的那盘完全备份磁带进行系统恢复，然后再找出星期一的磁带来恢复星期一的数据，然后找出星期二的磁带来恢复星期二的数据，很明显，这种方式很烦琐。另外，这种备份的可靠性也很差。在这种备份方式下，各盘磁带间的关系就像链子一样，一环套一环，其中任何一盘磁带出了问题都会导致整条链子脱节。比如在上例中，若星期二的磁带出了故障，那么管理员最多只能将系统恢复到星期一晚上时的状态。

3. *差分备份*（differential backup）

管理员先在星期天进行一次系统完全备份，然后在接下来的几天里，管理员再将当天所有与星期天不同的数据（新的或修改过的）备份到磁带上。差分备份策略在避免了以上两种策略的缺陷的同时，又具有了它们的所有优点。首先，它无须每天都对系统做完全备份，因此备份所需时间短，并节省了磁带空间，其次，它的灾难恢复也很方便。系统管理员只需两盘磁带，即星期一磁带与灾难发生前一天的磁带，就可以将系统恢复。

在实际应用中，备份策略通常是以上三种的结合。例如每周一至周六进行一次增量备份或差分备份，每周日进行全备份，每月底进行一次全备份，每年底进行一次全备份。

### （四）系统备份方案

基于以上比较分析，智能水电厂建议采用基于 SAN 环境下的 LAN–FREE 备份模式，基于 SAN 的 MSL 4048 物理磁带库做长期的数据保护，采用 HP Data Protector 备份软件作集中化的、自动的、基于完全备份策略的备份。

系统备份软件采用惠普开放式数据保护器（HP OpenView Data Protector，OVDP），OVDP 提供基于 SAN 和网络的备份功能，能够把整个 IT 环境下的所有服务器备份到磁带库中，支持数据库的在线备份功能，支持各种开放式的操作系统。备份系统架构如图 3–7 所示。

1. *备份硬件解决方案*

MSL 4048 磁带库是惠普公司企业级别的高性能磁带库，采用模块化体系构架，按需所购，主要面向于企业级别中、大型用户。该系统的生产控制器备份系统采用 MSL4048 磁带库的具体配置如下：

LTO4 磁头驱动器数：1 个；

接口：2 个 4Gb/s 光纤通道接口；

磁带槽位数：48 个；

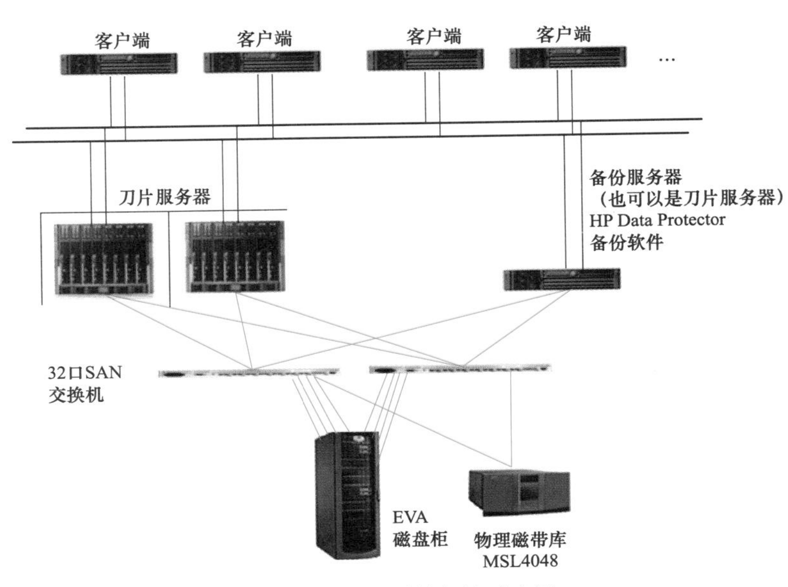


图 3–7　备份系统架构示意图

磁带：LTO4 磁带 50 盘；

清洗带 2 盘，条形码若干。

2. 备份软件解决方案

备份软件采用惠普公司的支持 SAN 环境备份的 OpenView Data Protector 备份软件，Data Protector 采用以 Cell Manager 为核心的备份解决方案，所有的备份管理用 Cell Manager 来管理，Cell Manager 提供一个数据库管理系统，用于存放所有备份系统的配置信息。除了 Cell Manager 之外，Data Protector 还提供 Disk Agent、Media Agent、Application Online Agent 和 Online Open File 四种功能模块，Disk Agent 用于管理磁盘数据，确定需要备份的数据，和读取数据。Media Agent 用于管理磁带设备，包括能够把多个磁带库组成一个虚拟磁带库，同时还用与实现数据对磁带驱动器的读写。Application Online Agent 用于主流应用程序的在线备份，比如：Oracle、Sybase、Informix、DB2、Exchange、Notes 等。Online Open File 用于实现数据文件在使用过程中的备份。

在具体的备份过程中，由 Cell Manager 统一协调四种功能模块来实现备份，Application Online Agent 通过 Disk Agent 在线从磁盘柜读取数据，按照 Cell Manager 所制定的备份策略，把数据传输给相应的控制磁带库的 Media Agent，由 Media Agent 把数据写道磁带库中。

Cell Manager 可以采用多种管理界面来统一管理整个系统的备份系统，包括：GUI 管理界面和基于 Web 界面的远程管理，用户可以通过远程拨号来管理整个系统的备份系统。

Data Protector 支持基于 SAN 环境的 LAN FREE 备份技术，数据流直接从磁盘柜通过 SAN 网络备份到磁带库中，避免了网络备份的开销。

Cell Manager 运行在一台 Windows 服务器上，连接到 SAN 网络上的所有服务器通过 SAN 网络实现 LAN FREE 的备份，对于其他连接到网络上的服务器可以采用基于 LAN 的备份。

在连接到 SAN 的服务器上除了 cell manager 软件外，还安装了 disk agent 和 media agent

软件，以及实现数据库在线备份的 application online agent。在采用 LAN-FREE 的备份模式中，每台服务器单独把数据从磁盘柜读取并备份。

## 第三节 数 据 中 心

### 一、数据存储中心

数据存储中心是一体化管控平台的基础，为所有的应用提供数据访问接口、数据同步、数据管理等功能。

**（一）海量高速电力信息实时数据库**

随着智能水电厂建设的深入，一体化管控平台面对的业务应用越来越多，数据采集规模由常规的几万点转为几十万甚至上百万点，存储规模也将从目前的 GB 级转向 TB 级；此外，随着监控自动化水平的不断提高，实时运行数据不采用周期性采样存储而是按照实际时间序列连续存储，以满足更多的应用需求，数据存储规模数十倍的增长，历史数据的存储组织策略以及查询检索策略也将变得相当复杂。在这种形势下，数据存储中心必须面对海量的实时运行数据以及归档历史数据，这些数据如何高效地进行处理、压缩、归档都迫切要求设计和实现海量高速电力信息实时数据库。

1. 海量高速电力信息实时数据库功能

（1）海量数据：实时数据库管理着整个智能水电厂所有的实时运行数据，使综合分析有足够的历史数据来实现。

（2）数据的一致性：将各个应用、各个存储单元所属的相关数据进行一致化和标准化。

（3）高效处理：事件处理性能至少达到每秒百万级；采用混合压缩方法使压缩比达到 30:1；具备极高的并发检索效率。

（4）分布部署：分布式实时数据库管理系统是在物理上分散于计算机网络节点而逻辑上属于一个整体的数据库管理系统。

海量高速电力信息实时数据库是专门设计用来处理海量电力信息的高速数据库管理系统，针对实时海量、高频采集数据具有很高的存储速度、查询检索效率以及数据压缩比。

2. 分布式实时数据库管理系统

分布式实时数据库管理系统是在物理上分散于计算机网络节点，而逻辑上属于一个整体的数据库管理系统。由于分布式实时数据库管理系统特定的应用场合和应用需求，使其有许多与传统数据库系统不同的特点：

（1）实时性。分布式实时数据库管理系统中的数据和事务都是有显式的时间限制，必须能够反映外部环境的当前状态，系统的正确性不仅依赖于事务的逻辑结果，而且依赖于该逻辑结果产生的时间。

（2）物理分布性。数据库中的数据分散存储在由计算机网络连接起来的多个站点上，由统一的数据库管理系统管理。这种分散存储对于用户来说是透明的。

（3）逻辑整体性。分布式实时数据库管理系统中的全部数据在逻辑上构成一个整体，被系统的所有用户共享，并由分布式实时数据库管理系统进行统一管理，这使“分布透明性”得以实现。

（4）站点自治性。各站点上的数据由本地的实时数据库管理，具有自治处理能力，能够独立完成本地任务。

（5）稳定性和可靠性。分布式实时数据库管理系统多应用于分布式环境中，与多个数据源连接，必须能承受突发数据流量的冲击以保证系统的实时性和稳定性，且由于局部实时数据库应用环境的复杂性，各种干扰较为常见，要求分布式实时数据库管理系统具备一定的可靠性。

（6）可预测性。分布式实时数据库管理系统中的实时事务具有时间限制，必须在截止时间前完成，这就要求能够提前预测各事务的资源需求和运行时间，以进行合理的调度安排。

分布式实时数据库管理系统中，各节点数据库一般与多个监控设备相连接，这些设备分布在企业的控制网络上，具有不同的类型，每个设备只能通过监测装置采集某一类型的现场数据，且不同设备采集到的数据具有不同的数据格式。作为大型分布式实时数据库管理系统，分布式实时数据库管理系统可在线采集、存储每个监测设备提供的实时数据，并提供清晰、精确的数据分析结果，既便于用户浏览当前生产状况，对工业现场进行及时的反馈调节，也可回顾过去的生产情况。

### （二）关系型数据库

对于数据存储中心而言，虽然实时数据库在处理、存储海量电力信息数据上具有得天独厚的优势，但其仍然不可能完全取代传统的关系数据库。数据存储中心需要的模型信息、告警信息、大字段信息等的存储仍然离不开传统的关系数据库。实时数据库在技术上可以进行模型存储，但其功能较弱，不支持事务机制，且很难支持关系型数据库中常见的约束、触发器、存储过程、函数等对象。因此对于智能水电厂一体化管控平台数据存储中心关系型数据库主要完成事务型和流程型的业务逻辑，同时关系型数据库也作为标准化模型的实际存储，实现对象数据模型和关系模型之间的映射。

在数据存储中心中关系型数据库具有的功能如下：

（1）成熟数据库产品，具有高通用性、高效率性、高可靠性、高安全性、高扩展性和高可维护性。

（2）支持各种流行的硬件体系和操作系统，高度符合各种国际国内相关标准，如 SQL92 标准、ODBC、unixODBC、JDBC、OLEDB、PHP、DBExpress 以及.Net Data provider 等，同时还支持多种主流开发工具、持久层技术和中间件。

（3）支持主流的数据库应用开发工具与中间件，并提供数据迁移工具方便应用和数据的移植。提供了丰富的具有统一风格的图形化界面管理工具集，同时还提供基于 Web 技术的远程管理工具，易学易用。

（4）具有强大的跨平台能力，支持 Windows、Linux、UNIX 等主流的操作系统，支持 X86、X64、IA64、Power PC、UltraSparc 等主流硬件平台。

（5）具有完善的关系数据管理能力，支持采用基于代价的查询优化技术，支持执行计划和结果集重用，支持基于锁和多版本的并发控制机制，支持数据垂直和水平分区，支持函数索引，支持数据压缩、支持视图查询合并，支持事务处理，两阶段提交，并对存储过程及多媒体数据的处理进行了深度优化。

（6）具有完备的各类约束定义功能，支持主键约束、非空约束、唯一约束、外键约束等各类约束机制，完全满足关系库数据完整性和数据一致型的需求。

（7）全面支持64位计算，支持主流的64位处理器和操作系统，并针对64位计算进行了优化，能够充分利用64位计算的优势，支持4G以上内存。

（8）具有完善的备份和恢复能力，支持多种备份与恢复方式，包括物理备份、逻辑备份、增量备份等，具有基于时间点的数据库还原能力，可以对备份数据进行压缩和加密，支持数据库快照。

（9）支持磁盘阵列和SAN（Storage Access Network）的存储类型，支持双机或多机热备方式的集群（cluster），具有数据同步/异步复制能力和故障自动迁移能力。

（10）权限管理采用基于角色的三权分立机制，支持多级安全检查，支持授权和权限的管理，支持强制访问控制。实现了三权分立、安全审计、强制访问控制等安全增强功能。通过服务端的配置，可以实现用户端和服务端的加密通信；通过内置的加/解密函数，可以实现数据的加密存储。产品整体达到B1级安全级别。

（11）具备丰富的数据类型定义能力，包括基本的数值型数据、字符形数据、日期型数据，多媒体数据，包括声音、图形和二进制数据等，支持将若干基本数据类型进行组合，形成用户自定义数据类型。

（12）具备数据的海量存储能力，可以有效地支持大规模数据存储与处理，如TB级的数据库存储、GB级的BLOB二进制大对象和CLOB文本大对象等。

（13）具备完善的日志和审计能力，可以记录数据库运行时的发生各种事件，以及对各类数据更新进行审计。便于了解数据库的运行状态和库中数据的更改情况。

### （三）文件管理系统

用户在管理数据信息时大体分成两类，一类是块级数据，另一类是文件。块级数据大多为支持用户关键业务应用的数据库类型，一般存储在实时数据库或关系数据库中，另外还有一类数据则是分散在各个网络节点的文件类型。目前，智能水电厂文件数据呈现了前所未有的增长态势，因此，智能水电厂的IT部门在文件管理方面面临着日益严峻的挑战：文件数量越来越多、文件容量越来越大、用户要求越来越高、定期维护间隔越来越短。为了应对智能水电厂海量的文件管理需求应当设计和实现高效的电力文件管理系统。

文件管理系统由下列六个核心组件构成的：

（1）存储设备：部署文件管理系统的最基本条件是存储的基础设施，先决条件是：必须利用联网的存储环境，才能实现数据和资源的共享。

（2）文件服务设备/接口：可以是直接集成在存储基础设施上的一部分，或作为网关的接口，所有的设备必须具有标准协议进行文件级信息接口。

（3）命名空间：所有文件管理都建立在现有文件系统的基础上，为授权用户组织、展示和存储文件内容。这种功能被称为文件系统的“命名空间”。

（4）文件管理和控制服务：软件智能是文件管理体系结构的另一个核心概念。软件智能与命名空间进行互操作，为企业创造了更多价值。从部署方面看，这些服务可以直接与文件系统集成，或集成在联网设备中，也可以是单独的服务。文件管理和控制服务包括文件虚拟化、分类、复制和广域文件服务。

（5）用户端：具有可以访问由文件系统创建的命名空间的终端用户机。这些用户端可以位于任何平台或计算设备上。

（6）连接性：具有多种连接终端用户端和命名空间的方法，通常是通过标准 LAN 进行连接，但是也可以同时或交替地利用任何广域网上的技术。

## 二、模型管理中心

### （一）标准化数据模型

采用 IEC 61970 标准作为各个系统进行数据交换的接口标准，使用 CIM 定义公用的电网模型规范，用 CIS 定义软件即插即用的接口描述。

通过数据采集获得的各业务系统的数据，采用统一对象模型进行数据统一的组织和管理，使各系统的数据能基于电力企业的所有主要对象的完整描述上进行关联。

设备建模以图、模、库一体化的思想为基础，参照 IEC 61850、IEC 61970 标准，针对水电厂自动监控、水情测报、水电调度、安全监测、状态检测等专业领域所需要的设备、数据建立模型，形成稳定、唯一的数据表示和访问的路径，构建监控、调度专业的标准化模型库。支持关系型数据库和 XML 语言两种方式描述水电数据模型库，提高模型的灵活性和扩展性。

公用电网数据模型主要以设备的层次关系为依据而建立，根据水电调度所涉及的数据对象的特点，水电数据模型通过水库、水电机组、泄水建筑物、运行评价等大类进行组织，水电数据模型总体结构如图 3–8 所示。

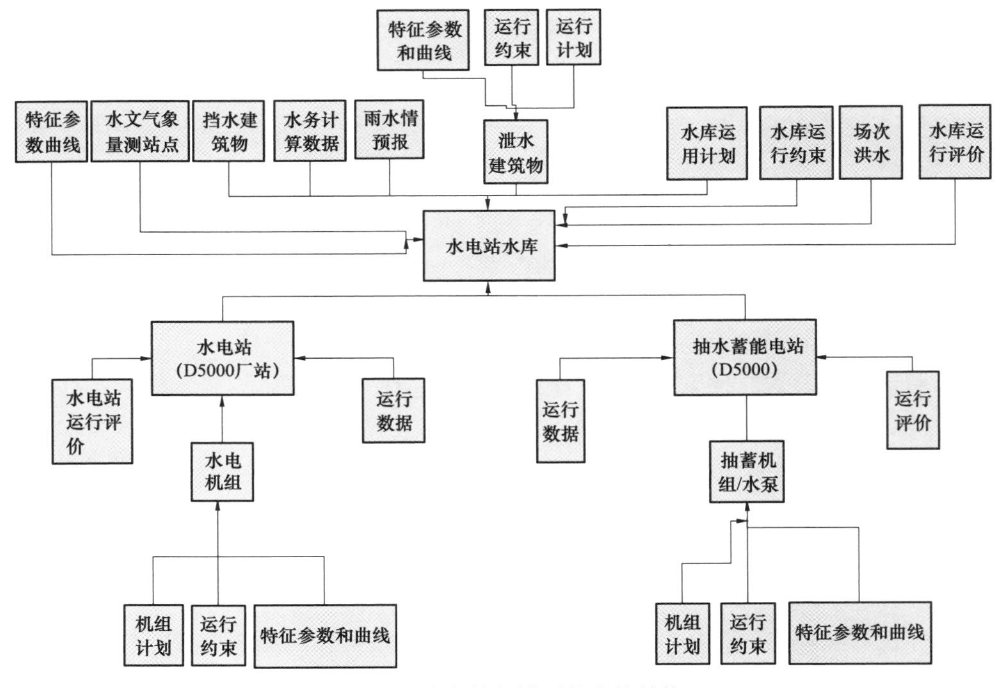


图 3–8　水电数据模型的总体结构

### （二）面向对象的数据模型

一体化管控平台的对象建模系统负责建立和维护整个智能水电厂企业结构与电厂运行数据的模型。随着UML（unified modeling language）面向对象建模语言的诞生，面向对象的方法学已经成熟。面向对象技术提供了一种新的认知和表示世界的思想和方法。

面向对象技术是计算机软件的主流技术，也是统一数据交换平台采用的主要技术，它降低了应用系统的复杂性，提高了系统的可维护性和可重用性。在统一数据交换平台建模系统中，对象专指企业的业务对象。从最本质抽象看，统一数据交换平台系统所管理的事物都可以看成对象，唯种类不同而已。统一数据交换平台把系统看作是由相互协作的对象组成，这些对象是结构和行为的封装，都属于某个类。类具有层次化的结构，系统的所有功能通过管理这些对象以及驱动对象之间相互协作来完成。采用面向对象建模方法不仅可以用最自然的方式描述系统，而且使统一数据交换平台符合当今技术潮流，从而保持先进性。

通过CIM提供一种用对象类和属性及它们之间的关系来表示电力系统资源的标准方法，CIM方便了实现不同卖方独立开发的能量管理系统（EMS）应用的集成，多个独立开发的完整EMS系统之间的集成，以及EMS系统和其他涉及电力系统运行的不同方面的系统，例如发电或配电管理系统之间的集成。这是通过定义一种基于CIM的公共语言（即语法和语义），使这些应用或系统能够不依赖于信息的内部表示而访问公共数据和交换信息来实现的。

### （三）建立设备对象模型

利用对象动态建模工具，为客观存在的电力设备对象及其关系建立对象模型，主要包括区域、线路、厂站、直调系统等，将它们的实例及所属关系保存在统一的对象模型库中，形成统一数据交换平台基本的与设备相关的业务对象模型。采用符合客观现实的表现和描述手段不仅符合自然，而且清晰方便，并在数据存取、交换时，使业务系统透明化。经过数据采集获得的数据，也将经过对象化处理，使散落在各专业系统中的不同种数据能通过相同的设备对象进行关联。

经过对象化关联处理后，这种分散在各系统中的业务数据就形成了以设备模型为基础、与具体设备相关联的对象数据。基于这种对象化数据，就能根据现实情况，方便地找到某类设备所拥有的数据类别，及与某个具体设备相关的各种数据值。

### （四）模型的存储

面向对象的数据模型可以采用面向对象型数据库或关系型数据库进行存储。目前，通常情况下使用传统的关系数据库（如Oracle），涉及面向对象数据模型和关系模型之间的映射。

面向对象设计的机制与关系模型的不同，造成了面向对象设计与关系数据库设计之间的不匹配。面向对象设计基于如耦合、聚合、封装等理论，而关系模型基于数学原理。不同的理论基础导致了不同的优缺点。对象模型侧重于使用包含数据和行为的对象来构建应用程序；关系模型则主要针对数据的存储。当为访问数据寻找一种合适的方法时，这种不匹配就成了主要矛盾：使用对象模型，常常通过对象之间的关系来进行访问；而根据关系理论，则通过表的连接、行列的复制来实施数据的存取。这种基本的不同使两种机制的结合并不理想。换言之，需要一种映射方法来解决该矛盾，从而获得成功的设计。

将面向对象的数据模型映射为关系库的表结构，需要遵循以下几个基本原则：

1. 属性类型映射成域

UML 中的属性类型（attribute type）映射成数据库中的域（domain）。域的使用提高了设计的一致性，且优化了应用的移植性。简单的域是非常容易实现的，仅仅需要替换相对应的数据类型和数据的尺寸。

2. 属性映射成字段

类的属性映射至关系数据库中零个或多个字段，并不是类中的所有属性均是永久的。例如，某些属性可能是用于计算而不需保存在数据库中。另外，有时某个对象包含其他对象，此时属性映射成多个字段。

3. 类映射成表

类直接或间接地映射成表。除非是非常简单的应用，类与表之间才会存在一一对应的关系。在本节中列举三种策略来在关系数据库中实现继承。

4. 关系映射

关系数据库中通过使用外键来实现关系。外键允许将表中的某一行与其他表中的行相关联。实现一对一或一对多关系，仅仅需要在表中加入另一个表的主键。

**（五）模型的交互**

随着 IEC 61970 系列标准的制定，各开发厂将对电网模型的理解和描述统一到 CIM 上，在 XML 跨平台载体的支持下，各种异构电网调度自动化系统间可以实现电网模型的交换与共享。

1. CIM/XML 导入

（1）CIM/XML 的解析。目前，对于 XML 的解析主要有两种技术，DOM（document object model，文档对象模型）和 SAX（Simple API for XML 用于 XML 的简单 API）。DOM 最重要的特性是必须将整个文档解析和存储在内存中，以便建立层次数据结构。这就使 DOM 在解析大文件时，对系统的内存资源消耗过大，且效率不高、缓慢。SAX 为解析 XML 文档提供了事件驱动模型，避免了在内存中创建文档的完整映射，因此不用消耗大量内存就可以处理非常大的文档。由于 SAX 所提供的功能较少，导入适配器采用了类似 SAX 的方式解析 CIM/XML 文档。

（2）CIM 模式与私有数据库模式的自适应。

1）基本结构的自适应。由于 CIM 是完全采用面向对象技术构建的，因此 CIM 模型中使用了类、对象、属性、继承、关联等面向对象的概念，而私有数据库通常是关系或层次型的数据库，这就需要在 CIM 和私有数据库之间建立模式的映射。

映射规则：

将 CIM 的类与私有数据库中的表相互映射；

将 CIM 的属性与私有数据库中的列相互映射；

将 CIM 的对象映射成私有数据库中表的记录；

将 CIM 的关联与私有数据库中表的外键或指针相互映射；

将 CIM 中基类与派生类间的继承处理为对派生表的扩充。

2）版本的自适应。作为 IEC 61970 标准的组成部分，CIM 是 IEC 第 57 分会 13 工作组花了近十年的时间研究和制订出的标准。随着时间的推移，对电力系统认识水平的提高，CIM

标准也在不断地修改，CIM 的新版本也在不断地推出。由于 CIM 的新版本是通过 mdl 文件的形式发布的，为了能适应 CIM 的新版本，导入适配器能够通过分析新版本的 mdl 文件和私有数据库模式信息，建立 CIM 与私有数据库间的模式映射，保存在模式映射模板文件中。

（3）CIM/XML 导入流程。首先，导入适配器对 CIM/XML 文档进行简单解析；其次，导入适配器中的映射程序根据模式映射模板中形成的 CIM 模式与私有数据库模式的映射信息将解析出的对象数据映射成私有数据库中的记录数据；最后，为了保证私有数据库中建立的网络模型正确，导入适配器中的校验模块对私有数据库中的网络模型进行合理性校验，导入/导出流程如图 3–9 所示。

2. CIM/XML 导出

（1）遵循的原则。必须包含可能是资源主键（prime key）的属性数据和不允许为空值的属性数据，因为当 CIM/XML 数据被导入时，数据库需要记录的关键字数据完成记录的插入。

在资源间“一对多”关系的处理上，应该将关联体现在“多”侧。

在资源间“多对多”关系的处理上，应该将关联体现在关联的主侧。

在资源间“一对一”关系的处理上，只需将关联体现在任意一侧。

（2）CIM/XML 导出流程。CIM/XML 导出相对导入来说比较简单，导出适配器从私有数据库中读出存储在表中的记录数据，根据模式映射模板中的映射信息，按照 XML 语法和导出规则，形成 CIM/XML 文档，如图 3–9 所示。

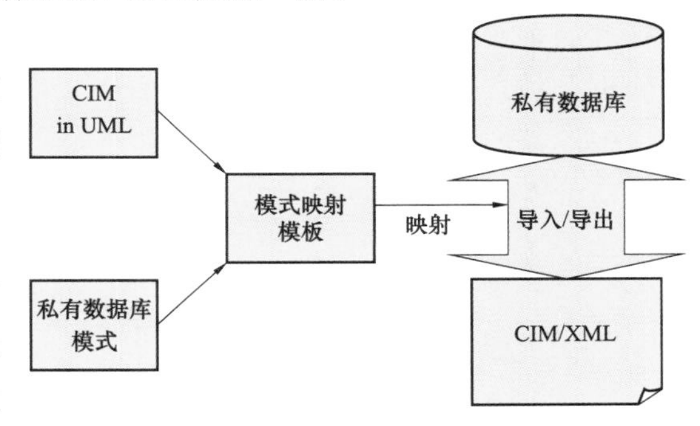


图 3–9　CIM/XML 导入/导出流程图

（3）CIM/XML 拆分与合并。在两个电网调度自动化系统间进行模型交换时，一方可能并不是需要得到对方电网的完整模型数据，它真正需要的可能是对方电网的部分模型，如对方电网某个厂站内的设备模型或各自所辖电网的边界部分的电网模型信息，这就需要引入 CIM/XML 拆分与合并机制。

所谓 CIM/XML 的拆分就是将一个完整的电网模型，拆分出符合某种条件要求的 CIM/XML 部分模型文档，所谓合并就是拆分出的 CIM/XML 部分模型文档可以通过边界融合技术与其他模型正确合并，形成满足要求的完整电网模型。

CIM/XML 的拆分和合并必须满足的基本条件：

当完整的电网模型被拆分成两个 CIM/XML 部分模型文档时，完整模型所含的所有数据信息必须仍存在于两个部分模型文档中，信息允许重叠，但不可以丢失。为了合并时不出现歧义，部分模型文档中的资源 ID 必须与原完整模型文档中的资源 ID 相同。

1）CIM/XML 拆分。拆分适配器根据输入的拆分条件，将完整的电网模型拆分出符合条件的 CIM/XML 部分模型文档。

2）CIM/XML 合并。合并适配器解析 CIM/XML 部分模型文档后，运用边界融合技术，将部分模型中包含的数据信息“焊接”在已有网络模型上，构成满足要求的完整模型。

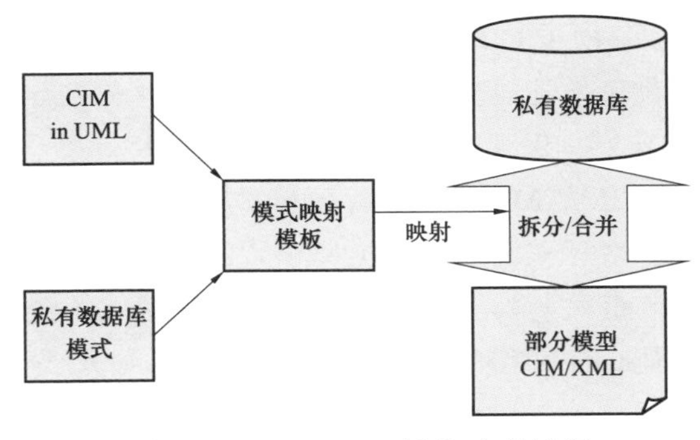

图 3–10　CIM/XML 拆分/合并流程

CIM/XML 拆分与合并的流程如图 3–10 所示。

**（六）平台应用模型建立与管理**

应用建模负责系统内网络架构、用户配置、权限管理、数据通信方式的维护和管理，通过基础信息建模，将水电厂实际生产运行系统中的相关特性有效地组织起来，在统一的人机界面中进行管理，并将信息录入历史库中，同时对实时数据服务、公共数据交换服务、综合报警服务等应用提供信息服务。

应用模型涵盖以下内容：维护系统正常运转的数据字典；系统运行参数和配置信息；描述电力系统结构、元件物理特性的电网设备和参数数据；电网的静态拓扑连接信息；数据采集的 RTU、通道、规约、点号、系数等参数；数据处理的各种限值、事故、遥控等参数；应用软件的运行数据；告警定义与计算公式定义；图形和报表的定义数据。

应用服务管理通过对基础服务组件的粒度重组，为上层一体化应用提供 IEC 61970 CIS 接口标准的企业级应用服务。这些服务包括：实时监控、水情测报、水库调度、安全监测、数据分析、状态检修。应用服务管理平台对外提供服务注册，将这些服务组件无缝地纳入管理平台中，实现可插拔、高度灵活、功能安全的管理策略，各服务组件之间的数据交互和信息共享由一体化管控平台负责。

## 三、数据库访问和安全

**（一）数据访问接口**

智能水电厂所属的所有应用，不论在Ⅰ、Ⅱ区还是Ⅲ区，必须以统一和标准的方式进行数据库访问，如图 3–11 所示。

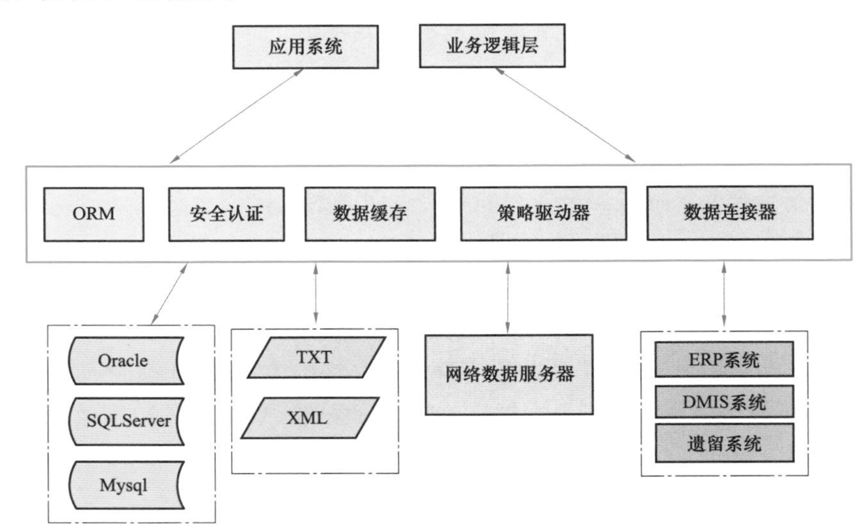

图 3–11　统一和标准的访问接口

集中通用的数据访问接口具备以下优势：接口统一，易于扩展；屏蔽数据库在语法等方面的差异，可以方便地增加新接口；基于标准的服务发现模型，易于实施负载均衡等策略；安全可靠，对数据库连接、执行语句进行管理；对重要和关键操作统一进行审计。

一体化管控平台数据存储中心的基本任务就是为各系统以及应用程序提供标准的接口以及非标准但是常用的接口，从而实现各系统之间以数据存储中心为中心的星形数据交换结构。同时，一体化管控平台还将成为一个集成开发环境，方便用户对系统功能的扩展。一体化管控平台对应用支持是全方位的，包括数据接口、通信接口以及人机系统接口等，主要表现在以下几个方面。

1. 提供符合 IEC 61970 标准的 CIM XML 以及 CIS 组件接口

数据存储中心作为一个综合数据信息平台承载着各种数据信息汇集、存储、处理和发布的功能。为了改变过去那种针对不同接入系统都要开发非标准数据交换接口的状况，统一数据交换平台系统提供了符合 IEC 61970 标准的接口，包括支持 CIM XML 文件导入与导出的 CIM XML 导入/导出接口和基于组件技术的 CIS 接口。

标准的 CIM XML 文件接口，主要用于电网模型、参数的导入和导出；GDA 通用数据访问接口，主要用于通用访问服务、静态模型、参数数据的访问，也可以用于实时运行方式的访问；HSDA 高速数据访问接口，相当于 OMG 的 DAIS，主要用于动态数据和批量数据的快速访问；OMG 的 HDAIS 历史数据访问接口，主要用于历史数据的访问；407 标准的 TSDA，即时间序列的数据访问，是 IEC 61970 中访问历史数据的接口规范，包含 OMG 的 HDAIS 的内容。

2. 提供符合 IEC 61970 标准的 SVG 图形交换接口

通过 SVG XML 的形式来导出统一数据交换平台的各种电网图形，同时也提供导入接口；SVG 作为一种图形化标准，通过一定的电网图形描述格式，可以将图形对象与数据模型对象关联起来，实现图模一体的数据模型；SVG 可实现很强的交互性。其基本思路是获取并分析需呈现的 XML 文件，调用脚本读取示例数据并生成呈现此数据的 SVG 元素，将生成的元素添加到 SVG 的 DOM 树中，则相应的图形将被显示，基于 SVG 的这种动态特征，我们可以方便地修改图形以适应数据的变化：首先通过数据交换平台将要显示数据的集合通过服务器端返回设为 XML 文档，通过分析生成 SVG 能够识别的元素，之后通过 SVG 解析器完成数据的图形化显示，可实现对机组、开关等设备的运行监视，实现图数一体化。

3. 提供非标准的但是非常常用的数据访问接口

各种格式的文本文件，这是最常见也是最普通的接口；BPA 模型；E 语言；自带的历史数据访问接口，主要在 HDAIS 未通过标准化应用前提供各系统访问历史数据的途径；专用的通信协议；开放的数据库接口，这也是比较常见的方式；开放的实时库接口；其他用户指定的接口方式。

4. 提供二次开发能力

通过统一数据交换平台本身提供的各种 API，支持用户的二次开发，可以编写出符合自己需求的接口。

**（二）数据库访问和安全**

（1）数据库访问应通过中间件软件实现。中间件软件具有数据库系统安全保护、数据安全保护和高效数据库访问功能。

（2）数据库访问的安全控制和权限管理符合以下要求：

1）对数据库管理员设置口令并进行保密管理，密码宜定期进行修改；

2）执行严格的用户角色管理和访问授权控制；

3）合理分配终端用户的权限，尽量通过角色与组来管理数据库的访问权限。

### 四、跨区数据同步

（1）数据发布和不同安全分区的数据同步与传输满足电监安全〔2006〕34 号文的规范要求。

（2）安全隔离通信符合以下要求：

1）应采用符合安全隔离装置通信传输规则的通信机制；

2）数据传送周期和内容应可配置；

3）应具备传输链路、传输状态监视功能；

4）应具备传输链路中断恢复后自动恢复通信的功能；

5）应具备日志查看和失败告警功能。

（3）跨大区数据传输。

1）正向数据传输。正向安全隔离数据传输能实现Ⅱ区系统数据通过正向隔离装置传输到安全Ⅲ区的功能，传输软件符合《电力二次系统安全防护规定》。正向安全数据传输软件功能包括数据库动态同步、手工数据补传、网上实时数据同步、报警、辅助配置工具、数据同步及数据验证等。

2）反向数据传输。反向安全隔离数据传输能实现Ⅲ区系统数据通过反向隔离装置传输到安全Ⅱ区的功能，传输软件符合《电力二次系统安全防护规定》。反向安全数据传输软件功能包括外系统（水文、气象系统）数据库动态同步、调度系统数据同步、报警等。

## 第四节　基　础　服　务

### 一、数据采集与处理

#### （一）数据通信

处理系统之间的各类数据交换和通信，以及对外网络的通信，由多个进程构成，按照 7×24h 连续工作设计，同时提供及时准确的通信日志记录，供系统意外时恢复数据和分析通信情况时使用。数据通信传输软件采用标准通信接口完成各系统数据的传输，可以自动采集各现地设备和子系统的数据。

数据采集采用多进程工作模式，某一进程发生故障不影响其他的采集。采集模块化设计，支持多信道采集和多种通信协议，支持扩展信道和协议。运行参数在线配置，具备集成化监视界面，可以查看信道状况以及原始来报码、当前信息以及运行参数配置等。可支持同时与各个系统采用不同方式通信。采集的全部数据应该附有描述数据状态的质量标志和来源标志，并支持多源数据的采集。由于通道和网络故障，造成重要信息的传输中断，当通道或通信网络故障恢复后，系统应该自动恢复连通，并能进行信息自动重传。系统通信通道、通信网络运行状态变化切换时应该能够发出报警信息，发出报警召唤，方便运行人员及时处理。

**（二）数据处理**

数据处理软件主要实现对采集来的各种不同类型的数据依据应用要求进行自动加工处理，其结果供其他子系统调用或再加工，并提供如下功能：

（1）对采集的数据进行有效性和正确性检查，更新实时数据库。

（2）生成各类事故报警记录，发出事故报警音响、语音报警，启动综合报警服务等。

（3）从采集的实时数据（含模拟量、累积量等）到时段、小时、日、旬、月、年数据计算。其中时段数据的最小间隔为5min（可以为10、15、30min），小时、日、旬、月、年数据（包括开始点、平均值、最大值、最小值及其发生时间等特征量）。

（4）根据某些需要权重计算的指标进行计算。其中时段数据的最小间隔为5min（可以为10、15、30min），小时、日、旬、月年数据。

（5）自动实现对迟到数据的处理。

（6）常规数据处理的计算方法、计算周期长度、参与计算的测点等可以按照应用的需要进行配置组态，以适应应用需要和不断变化的应用需要。

（7）常规数据处理可以在数字化水电厂系统中实现双机、多机冗余备份，提高系统的可靠性。

**（三）脚本计算**

系统具备脚本计算的功能，可通过语言和图形方式编辑脚本。编写的脚本可根据语法高亮显示，并可进行语法检查。图形脚本的执行过程可监视，并支持单步执行功能。脚本计算可以作为一服务组件由平台其他应用使用。

## 二、系统服务

**（一）服务总线**

智能水电厂系统的总体结构采用面向服务的体系结构，其提供了灵活、可扩展且可组合的方法来重用及扩展现有应用程序和构造新应用程序。SOA 最为重要的特征是其灵活性，其中将业务流程和底层 IT 基础设施作为安全的标准化服务对待，可供重用和组装，以处理不断变化的业务需求。SOA 中的服务具有定义良好的接口，此接口由消息接收和发送的一组消息定义，而且接口的实现在部署后将绑定到所记录的服务端口。

服务总线（Service Bus）是一种体系结构模式，支持通信各方间的服务交互的虚拟化和管理。它充当 SOA 中服务提供者和请求者之间的连接服务的中间层。各模块仅负责各自业务，通过体系结构的管理内核实现动态注册、应用调度、事务管理、生命周期控制等功能，它是一个灵活的服务管理框架，可促进可靠而安全的系统集成，并同时减少应用程序接口的数量、大小和复杂度。

其中的服务不直接交互，而是通过服务总线进行通信，服务总线提供以下方面的描述和功能：

1. 服务容器管理

系统提供标准的服务管理内核负责全局服务管理，每个模块仅关注于各自业务，模块的应用管理、互调控制、注册、负载均衡等均由管理内核完成，形成统一的发布平台，系统各种应用功能均以插件的形式统一组织开发，形成开放的、可扩展的服务管理架构。

2. 位置和标识

标识消息并在交互服务之间路由这些消息。这些服务不需要知道通信中的其他方的位置或标识。例如，请求方不需要知道多个提供者中是否有提供者可以处理请求。您可以向正在工作的服务总线添加其他服务提供者，从而允许将消息路由到这些提供者，而且不会对请求者造成干扰。

3. 通信协议

允许消息在服务请求者和服务提供者之间来回传递的过程中跨不同的传输协议或交互样式中传递。例如，以 SOAP/HTTP 格式表示的请求可能送到仅接收 JMS 输入的提供者。

4. 接口

服务的请求者和提供者不需要就单一接口达成一致。可以对请求者发出的消息进行转换和充实来得到提供者预期的格式，从而协调差异。

目前，存在许多标准化的连接和交互协议，如 XML 和 Web 服务，但没有必要将服务总线限制为仅使用这些标准。可以对服务总线体系结构模式进行扩展，即不基于任何公用标准的自定义协议。

服务总线支持不同类型的服务交互：单向消息及请求/响应、异步调用及同步调用和发布/订阅模型以及复杂事件处理（在其中可能会观察或使用一系列事件来产生一个事件，将其作为系列事件中的关系的结果）。

**（二）安全管理**

对于监控系统服务器、工作站、必须进行操作系统安全加固，禁止不必要的服务和应用，并禁用无关的硬件如 USB、软盘、光驱等；必须安装防病毒软件、防木马软件。安装于主机上的应用程序不能与防病毒软件有冲突，保证防病毒软件进行扫描时，应用程序仍能正常工作。

系统采取各种措施如对资源打上安全标签等防止对系统软、硬件资源，数据的非法利用，严格控制各种计算机病毒的侵入与扩散。当入侵发生时系统能及时报告、检查与处理，系统万一被入侵成功或发生其他情况导致系统崩溃时要能及时恢复。

提供用户登录机制。在用户登录时，对用户身份进行验证，验证成功才允许用户登录。在用户每次进行操作时，都会进行授权检查。只有合法的请求才能授权成功，允许进行相应的操作。根据审核策略的配置，系统会把验证、授权成功与否信息记录到日志中。

与水电厂等远端用户间的重要信息发布和数据申报支持基于证书的数据加密传输和数字签名，对敏感数据能够同时存储交换数据明文和机密签名文件。

**（三）日志管理**

为了保证系统的正常运行，实时了解系统的运行状态信息，采用日志服务来整合系统的运行状态信息。系统日志管理包括系统日志的记录，日志的查看，日志文件的备份。

**（四）任务管理**

定时任务管理模块完成定时任务的触发，作为后台进程从数据表中读取有关的定时任务，不断检查所定义的定时任务是否达到触发条件，并从系统中获取现在应该在哪个节点执行该定时任务。在满足所设定的条件时，在指定的应用（节点）下执行设定的任务。

### （五）告警服务

告警服务是系统支撑平台提供的一个公共服务，告警服务统一处理不同应用的各种报警和事件，并根据定义以某种具体方式发出告警信息，如推画面、声光报警、短信通知等。同时告警服务提供统一的事件/报警记录、保存、打印，检索、分析等服务。应用系统层的不同应用（如SCADA、PAS、WAMS、DTS 等）均可调用该服务，以实现不同应用中的事件/报警处理功能。

告警服务负责定义、管理和处理系统中的各类事件和报警。在满足事件/报警定义条件时触发系统告警服务，快速启动相应的报告或报警信号，完成应用的告警处理功能。

### （六）文件服务

文件服务对信息系统中的所有非结构化数据提供了统一的管理手段。这些非结构化数据包括用户端自动版本比较时待更新的文件，业务表单相关的文件数据，如图纸、报表等，以及用户在文件发布模块中上传和下载的各类文件等。除常规的针对文件的获取、上传、更新以及删除等功能，同时还提供文件版本比对、同步更新、权限控制等功能。

### （七）权限服务

权限服务是系统安全稳定运行的重要保证，权限服务作为一种公共服务为各应用提供相应的权限管理服务使各个应用可以方便地使用平台的权限管理功能。

权限服务作为一种公共服务为各应用提供一组权限管理服务公共组件，强化了权限管理的灵活配置功能，为用户提供可灵活配置的、多级多角色权限管理服务。能提供用户、角色管理功能，并能提供多全方位多粒度的权限控制，包括菜单、应用、类型、属性、数据、流程等方面的权限控制。

权限服务需要支持数据权限，数据权限主要限制登录用户能够查询或操纵那些数据。数据权限粒度需要达到记录级，即可以限制用户能访问哪些区域、哪些厂站、哪些设备的数据，授权需要支持包含法和排除法，如用户拥有了某个厂站的权限，即默认拥有了这个厂站下面所有设备的权限，也可以将某个设备排除在外。数据权限粒度也需要达到域级及限制用户能看到哪些类的数据。数据权限需要支持读权限和写权限的区分。

此外，用户权限还能与经济模型中的主体相关，支持各用户可以访问并且只能访问授权范围内的主体和数据，比如某电厂的用户只能查询本厂各机组的调度计划、考核结果。电厂管理人员能通过平台管理自己的用户，增加、修改和删除用户，并根据管理人员的授权授予被管用户权限。

### （八）网络管理与服务

实现系统内部的网络总线，为系统内各模块和应用提供透明的数据通道。具有网络诊断功能，包括多网段状态检测、网段故障自动切换、网段故障自恢复等；能实现节点管理功能，包括节点状态检测、管理、对时、心跳的发送；实现进程信箱注册及管理，提供后台服务的用户端和服务端功能，负责系统内各节点间高可靠性的数据的交互。

### （九）实时数据管理与服务

实时数据存储在内存中，支持各种实时应用访问服务，为系统内其他进程提供数据共享服务。实时数据库是历史数据库的门户系统，进入系统的数据先经过实时库的相关处理和筛选后再录入系统历史库中，通过这种方式，能够较好地对数据进行统一处理。

实时库充分利用操作系统的共享机制、消息机制以及并发机制等，在大量数据的并发处理能力上有很大的优势，支持数据的快速访问。实时数据库应采用分布式数据库，实时数据库点要对象化。应用软件要基于实时数据对象，根据用途可通过网络访问实时数据。系统自动在多个数据区间进行数据同步，确保数据一致性。

**（十）历史数据管理与服务**

数据库及其管理系统能支持建立分布式分类数据库，并对其进行有效的管理，能适应各类商用数据库和文件数据读取、组装和持久化操作，数据库的各种性能指标应能满足系统功能和性能的要求。

历史数据管理与服务提供应用数据对象和数据存储之间的转换，实现数据录入、数据存储、数据整编、冗余备份等功能，提供统一、规范、通用的数据访问接口。系统自动在多个数据库之间进行数据同步，确保多个数据库的数据一致性。对历史数据库的数据存储具备本地缓存功能，以保障当历史数据库服务器短时退出运行后不丢失历史数据。

*1. 历史数据库能满足的功能需求*

数据库结构定义灵活，可方便地增加数据库记录数据项；数据库系统数据存取迅速，提供高效的数据读写能力，保证系统的实时性；数据库系统应有完整的安全性设计，包括用户授权方案、备份恢复管理方案、数据保密方案；提供完整的数据字典及其管理方案；具有完善的数据库表、视图、存储过程、触发器、任务等数据库对象的定义。数据库中含有对所有对象的表、列、脚本说明。数据库按系统配置、静态参数数据、整编数据分类，并支持分区分表存储管理；采用实时、时段、日、旬、月数据分级存储管理策略。规范化数据库中的所有对象，对数据库对象采用命名规范统一定义。支持所有的数据类型，包括基本的数据类型、声音和图形数据类型，以及用户定义数据类型等。

*2. 历史数据服务能满足的功能要求*

提供连接池功能，支持高并发的数据访问，支持数据缓存机制；提供优良的移植性和可维护性，适应各厂商的商用数据库；提供访问各商用数据库的接口函数，支持存储过程的调用，满足不同应用的需要；系统保证多个分布分级库中的数据一致性，保障历史数据库与实时数据库中的数据一致性；历史数据库能够按照时间段进行备份和恢复；提供对存储数据的校正（人工置数）功能；提供基于时间范围的数据筛选功能。能对历史数据进行进一步的统计、分析和累计等处理。可按照用户要求处理带质量标志的典型数据和各时段相应数据的最大/最小值及发生时间、平均值等，统计峰谷平负荷和电能。

## 三、公共人机界面

人机界面是软件系统最重要、最复杂的部分之一，直接关系到软件系统的易用性、实用性，一体化管控平台中公共人机界面能够加大加速应用的开发，提高开发质量。

公共人机界面框架包含展现形式和图元库两大部分。针对 B/S 和 C/S 两种架构体系，开发 Web 解析器和专业系统解析器，既能实现同一画面在两种体系下展现形式一致，同时也能根据两种体系特点开发不同的人机交互。基于点、线、面、表格等公共图元库开发厂站监控、水情水调、大坝安全、生产运行应用等各类专业应用图元，实现图元库的共享，既能提高界面的展现能力，也能加速应用开发，如图 3–12 所示。

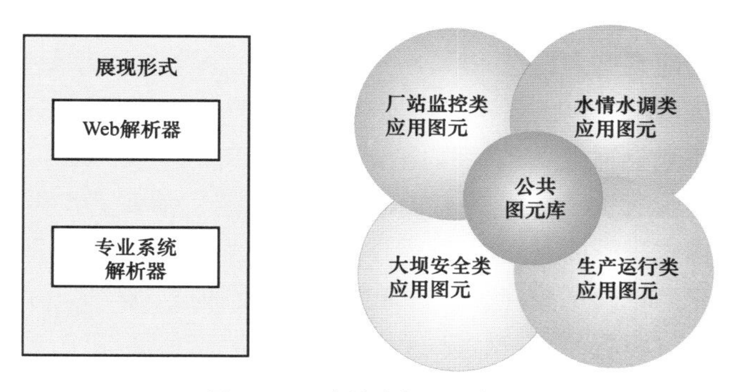


图 3–12　公共人机界面框架

1. 图形组件

通用图形提供丰富多彩的监视、查询和分析画面，图形界面既可展示实时动态数据、图形，又可对历史数据进行综合分析比较以图形、列表显示，各图元集都是基于一体化管控平台，具有统一的人机界面，而且具有强大的扩展性和灵活性。

系统应提供由图形管理、图形生成工具、开发工具和用户接口组成的图形管理系统；系统应支持基本的缩放、平移、去繁、导航等窗口操作；画面能够支持多屏显示，窗口数、窗口尺寸方位均可灵活自定义；图形管理系统应该可以支持 GIS 环境和电子版地图的应用；可根据自己的需要在多层透明画面上自由组合，生成丰富多彩的画面；支持定义基于各种数据集（实时数据库、历史数据库及第三方数据库）的动态数据、各种动态图符、字符和汉字等，包括动态显示或根据买方要求定义或用户自行定义各种动态轨迹；画面生成、编辑和修改功能，该功能应提供作图工具，能在线、方便直观地在屏幕上生成、编辑、修改画面；所有图形画面应该采用矢量格式存储，提供图形矢量描述界面。

2. 报表组件

提供报表计算功能和编辑功能，实现对报表的调度、打印和管理。报表的数据来源于实时数据、历史数据、应用数据、人工输入及其他报表输出，与实时数据库、历史数据库连接。数据库中数据的改变自动反映在报表中，生成新的报表，每次生成的报表均可以保存。报表必须能够全面支持主流的 B/S 架构以及传统的 C/S 架构，部署方式简单灵活。

系统提供以下基本功能：支持用户自编辑报表，无须编程；提供时间函数、算术计算、字符串运算、水位雨量计算、水头计算、闸门计算、机组计算等函数，能满足各种常规报表计算需要；报表中可嵌入简单图元，如直线、曲线、矩形、椭圆、位图、文本等；多窗口多文档方式，支持多张报表同时显示调用或打印；具有定时、手动打印功能；编辑界面灵活友好，除普通算术运算外，还应能支持面向业务的计算和统计能力。

## 四、系统监视与管理

对整个系统进行分布化管理，包括系统配置管理、进程管理、安全管理、工作流管理、资源性能监视、备份/恢复管理等，并提供各类维护工具以维护系统的完整性和可用性，提高系统运行效率。

1. 系统配置管理

系统配置管理负责配置用户、节点、网络、应用、服务等。用户配置包括用户名、密码、角色、权限的配置；节点配置包括系统中各服务器、用户端的配置、冗余节点的优先级配置、切换策略等；网络配置包括系统中的网络结构配置，支持网络冗余和多网段的网络结构；应用配置包括各节点可能运行的相关应用的配置。服务配置包括各节点可能运行的相关服务进程的配置、节点间服务进程的主备用关系。

系统配置存储到本地以及历史库中，系统登录时将检测本地和历史库中的配置信息版本，自动完成配置同步。系统配置可以进行打包，便于系统的重新部署。

为了达到系统的高可靠性与高可用性指标，为了便于各种服务器功能实现冗余切换以及工作站访问相关服务器，系统配置管理后台进程提供了一套冗余管理机制，其功能主要包括：提供一套方便的服务器之间互相感知并交换信息的机制、服务程序自动切换的机制、用户手动切换服务程序的机制以及工作站应用程序选择服务器的机制。

系统配置管理负责对系统中的各种应用的启动，正常运行中应用状态的监视，应用主备的自动切换。同一应用的多个服务器之间互相发送本服务器的运行状态信息，相互判断某一服务器是否出现故障，是否成为处于脱网状态。在应用主机出现故障需要切换时，该应用的备服务器按照优先级竞争主机。当同一应用同时存在两台主机，按照优先级确定主机，优先级低的切换为备机。

系统配置管理界面可以监视各节点运行状态、网络状态、各节点运行的各应用服务组件的可用状态，活动实例个数、最大可用实例个数和当前用户请求队列。

2. 系统进程管理

为了保证应用各个进程的正常运行，需要进程管理来管理系统中的所有进程。进程管理的主要任务是管理和监视应用系统中进程的运行情况，保证整个系统的正常运行。系统进程启动后将自身注册到进程信箱，进程定时向网络服务报告进程心跳。长时间不能接收心跳报告则认为进程异常，将按照预先设置的策略或者默认策略启动进程异常处理。对于系统中所有主要进程默认异常后启动自恢复，在必要时重新启动进程，并实时向系统报告进程运行的状态，使系统可以正确地判断出当前应用的运行状态。

同时提供一个进程管理工具，能够为系统管理员提供一个表格式的浏览方式，包括了整个系统相关的软件进程的执行状况，如进程执行相关的状态（运行、终止等），高级权限的用户可以手动对进程进行启停操作。

3. 系统资源监视

专门的资源监视进程负责监视和记录系统中各种资源，包括计算机的 CPU 负荷、磁盘空间占用、数据库空间占用、网络设备状态及带宽占用情况等。

资源监视进程同时具备越限报警功能，对于资源占用超过规定门槛值（比如磁盘剩余空间不足）发出报警信息，以便及时进行处理。

提供强大的统计分析功能以及丰富的统计结果表现手段。对系统的 CPU 负荷、网络负荷、进程资源、系统内存、硬盘使用情况进行统计分析，并通过表格、曲线、饼图、棒图、仪表盘图等方式表现出来。统计和测试结果能打印输出。

4. 工作流管理

工作流基于文件实现，提供流程调用服务和人机接口。结合服务总线，将不同应用提供的各种服务整合为跨系统、跨单位的流程；人机接口功能主要包括：流程监控、统一待办。流程控制数据和流程业务数据分别封装为流程模型文件和数据文件，在不同安全级别的应用之间传送。工作流管理的功能包括：流程模型定义、模型序列化、启动流程、发送流程、流程调试、流程回放、流程待办任务查询、历史任务查询、工作流日志查询、查询统计。

（1）流程模型定义：业务流程能在工作流引擎中流转的第一步就是用严谨的计算机化的模型描述业务流程。工作流模型由流程、活动、迁移和参与者组成。流程模型的定义完全采用可视化图形建模。

（2）模型序列化：在流程流转过程中，用文件保存模型信息。工作流实现模型的正/反序列化功能。

（3）启动流程：启动单个流程任务。此服务方法是工作流服务的核心功能，所有基于平台启动流程的操作均通过此方法实现。

（4）发送流程：发送单个流程任务。此服务方法是工作流服务的核心功能，所有基于平台推动流程迁移的操作均通过此方法实现。

（5）流程调试：调试单个流程任务。调试手段有单步执行、设置/清除断点、连续执行、重新执行、终止执行等。

（6）流程回放：重新回放流程执行的过程。此时流程并不真正执行，而是按照执行时经过的步骤显示整个过程。

（7）待办任务查询：获取指定用户的当前待办任务。此服务方法是工作流服务的核心功能，所有基于平台获取用户当前任务的操作均通过此方法实现。

（8）历史任务查询：列出用户处理过的历史任务，任务信息包括：流程编号（GUID）、流程名称、活动名称、接收时间、处理时间、接收单位、处理人。

（9）工作流日志查询：对单个流程任务查询工作流日志。

（10）查询统计：实现按照工作流状态、处理时间、参与者、流程类别的工作流实例查询、流量统计和工作量统计。

5. 系统备份/恢复管理

由于系统实际运行过程中，数据库数据压力较大。因此，系统中必须具备将数据导出至其他的数据库，以减轻主数据库压力的功能。另外数据库本身运行也存在一定的风险，当出现人为故障或数据库异常时，可能会引起数据库崩溃，这时就需要使用备份还原到数据库故障前的状态，最大程度的保证数据不丢失，因此系统的数据库备份与恢复的功能不可或缺。

为了减轻主数据库数据压力，允许用户或现场操作人员在人机界面上选择特定的数据内容，将其导出到某一特定主机的数据库中，相应数据允许查询，同时，提供工具删除已经导出的数据。在整个导入和导出的过程中，系统备份与恢复界面会显示当前整个操作的进度，包括已用时间和剩余时间、每张表的操作进度、每张表的记录数。导入导出的日志均可以查询。

备份功能可以根据备份策略定期地将数据库备份到特定主机文件夹下，并删除本机上的日志文件。当系统出现异常时，该数据文件可以用于恢复原数据库。由于该功能需要定期的维护数据备份文件，对于安全性要求不高的用户可能会觉得操作麻烦，所以设置配置界面，用于启动或关闭该功能。备份提供物理备份和逻辑备份功能，既可进行系统级的全部、增量备份与恢复，也可以进行针对部分表、历史数据的备份与恢复。

备份和导出的策略配置有以下参数：数据库的类型、导出文件在本地的存放位置、全库备份的操作时间、间隔时间、增量备份的操作时间、间隔时间、备份成功后是否清除日志文件。之后可以测试本程序与主数据库以及本地数据库的连接是否正常，最后保存相应配置。备份和导出也可以手动进行。

数据的存储介质可以是磁带机、磁带库、光盘库等。同时，提供完备的恢复方案，当操作失误或系统发生故障时，可将数据从备份载体中恢复，保证数据的可用性。

## 五、对外信息发布

一体化管控平台建设的一个重要功能，是作为Web门户与对外信息中心的载体。针对发电企业对实时过程数据和生产管理与决策分析等不同层面的实际需求，实现对分散于各部门（厂站）专业系统的数据进行规范化组织，统一管理，集中加工处理以及系统间的数据交互的标准化，并在此基础上提供多种方式的数据展现、报表、分析和维护功能，以及进一步的数据挖掘，最终简化日常海量数据处理工作，为生产运行各个环节以及决策制定提供可靠支持。

对外信息发布的用户端配置不受地点、硬件、软件的制约，用户端终端（普通安装WINDOWS系列操作系统的PC机或便携机）可在任何地点，通过拨号或网络线连接到Web服务器上。服务器端维护简单，只需简单配置以及安装程序文件，并重启Web服务软件即可立即生效。用户端除了安装Web浏览器以外，不需任何其他应用软件的支持，在浏览器上访问Web服务的方法同一般的上网浏览完全一样。

对外信息发布的主要功能如下：

1. 信息展示

采用Web浏览界面，提供对智能一体化管控平台的实时信息集中监视、历史数据查询、运行情况在线分析和在线报警功能。

（1）实时信息监视：在Web页面上同步显示智能一体化管控平台的动态数据画面，其界面与本地界面完全一致。实时信息通常通过数据显示、颜色变化、大小变化、位移变化、棒图、饼图、曲线等形式展现在页面上。

（2）自动更新：画面背景的下载、更新都自动完成或由Web服务器端维护，用户端无须做任何工作，支持鼠标拖拽缩放。

（3）分类显示：按照对象创建画面目录结构，分类显示各运行画面。

（4）历史数据分析统计：针对海量历史数据，通过数据抽取和数学算法分析，将数据分析的结果采用多种方式直观展示，为用户的决策与判断提供有效的依据。

（5）图谱展示：将数据以及分析结果转化为曲线图、直方图、散点图、饼图等形式，利用分析窗口、时段定位等工具限定数据值域范围或者特定时间段对分析结果进行动态展示。

（6）数字特征统计：曲线图谱可以纵向放大，自适应坐标体系，还可以动态设定坐标，进行区间统计，对应页面的信息栏中显示基本数字特征统计信息。

（7）开关量动作统计：分析和统计开关量的动作次数和不同状态的持续时间，并展示详细的动作记录。

（8）数据挖掘：利用分析窗口、时段定位等工具限定数据值域范围或者特定时间段对分析结果进行动态展示和再分析。

（9）全景展示：利用三维或虚拟现实技术，对水电厂各类数据进行综合展示、查询等。

2. 运行分析

主要针对生产运行中产生的海量历史数据进行分析，主要功能如下：

（1）散点图分析：利用“散点图”的展现形式，反映数据序列在时间轴向的值分布规律，对一维数据序列进行分析。

（2）相关量分析：基于对象概念的集合趋势分析方法。在定制对象后，比较和参照与主属性测点紧密相关的所有测点的数据分布规律。

（3）趋势分析：由多种数据分析方法和数字特征分析算法组成的综合分析。数据序列趋势分析中应用了移动平均趋势分析算法。该算法具有数据自参照性、抗数据毛刺干扰、趋势分析敏感性好等特征；算法采用数据窗口移动技术描述数据发展趋势，兼顾整体和局部的趋势；算法采用可扩展数列进行赋权，依据数据分析中公认的“最近数据有效原则”。

（4）偏差分析：基于数据序列的数字特征和偏差特性进行分析的方法，偏差分析将给出相关数据序列的趋势分析结果、最大值、最小值、平均值、标准差、百分比标准差。

（5）最值综合分析：是将同类型测点的数据按时间序列抽取最大值、最小值来进行分析的方法。在对设定时段内数量众多的同类型数据进行统计分析，其分析的准确性与高效性尤为明显。

3. 技术分析

技术分析即对数据进行抽取、转换、分析和搜索，并且抽取出潜在的有用信息、模式和趋势。分析过程分为三步：① 根据分析的不同要求按照不同的数据抽取策略从海量数据库中提取数据，如提取特征数据和插值还原数据等方法；② 数据在提取后，需要根据分析的需要进行合法检查，如数据值域是否超界、矩阵维数是否合法等；③ 数据抽取层将数据封装为一维向量或矩阵的形式提供给上层进行综合分析。该部分系统主要实现如下功能：

（1）可靠性管理和技术监督分析：以数据库中机组运行数据为基础，如设备动作记录、复归记录、特征量数据等，抽取得到相应统计数据，如动作次数、动作时间、复归次数、复归时间、工况统计、电压质量分析、特征模拟量的变化情况等。

（2）最值曲线分析：按时间序列对多个测点数据进行数学比较运算，最终获得更直观有效的曲线数据。最值曲线包括多测点虚拟最值曲线、多测点虚拟平均值曲线。

（3）报警分析：可以根据分析判据自动生成报警信息，并在系统载入过程中自动弹出相关页面按时间逆序排列报警信息，针对报警测点，实现测点或对象的数据快速定位功能，来追溯报警前后的测点曲线数据。

4. 分析报表发布

按所提供格式制作模板，实现电力运行日报、月报和综合报表等报表功能。

5. 数据导出功能

对系统所得到的分析图谱和报表，提供详细的数据导出功能（PDF/EXCEL/PNG），其中以 PDF 或 EXCEL 导出时，是将用户选取时段内的测点实际运行数据以适当的密度进行全部导出，所有的数据均包含其对应的时刻标注。

6. 对外提供 Web Service 服务

对外部系统提供标准 Web Service 服务。接口发布采用 Web Service 模式，即使用 XML 来编解码数据，并使用 SOAP 来传输数据，来进行对外的服务发布。

7. 远程 APP 访问

通过建立远程 APP 可以完成所有一体化管控平台的所有应用功能，并能够通过 APP 进行相应的操作。除一体化管控平台的应用功能外，还可以实现远程协同办公、ERP 应用等。

8. 全寿命周期管理

通过对水电厂规划阶段、设计阶段、施工阶段、运营阶段全寿命周期中的设计、施工、制造、安装、调试、运行、检修、技改等数据的采集和分析，参照设备设施的使用寿命标准，对设备设施进行全寿命周期管理。

## 第五节 基 本 应 用

### 一、安全Ⅰ区应用

安全Ⅰ区部署的主要应用包括：一体化管控平台的监控应用、经济调度与控制系统。

一体化管控平台的监控应用主要功能是实现对电站的机电设备，即水轮发电机组、主变压器、开关站设备、厂用及公用设备、坝区进水口拦污栅、坝区闸门等进行集中监视和控制、电站人机对话、相关事件记录及相关报表管理等，并完成与调度自动化系统的通信。支持在电站现地及远方对于生产设备的监视，能够自动或根据运行人员的命令，通过屏幕显示器实时显示电站主要系统的运行状态，有关运行设备水力参数，主要设备的操作流程，事故、故障报警信号及有关参数和画面。支持对全厂主要机电设备的控制，对电站生产管理、状态检修用途的数据进行采集、处理、归档、历史数据库的生成、网络数据拷贝，并为其他系统提供相关数据。除此之外，其功能还包括：现场设备设施的数据采集与处理、运行监视和事件报警、人机联系和操作功能、自动发电控制（AGC）、自动电压控制（AVC）、运行检修模拟、数据通信功能、系统时钟同步、系统自诊断和自恢复功能等。

经济调度与控制系统最初的主要功能是通过对水库优化调度，确定最优运行方式，实现水电厂发电效益最大化。逐步发展为通过对单一水库、梯级水库群、水电与光电、水电与风电、抽水蓄能与核电等的联合调度，确定最优运行方式，实现源网协调发展，最大限度地吸纳清洁能源，使水电厂和其他清洁能源的发电效益最大化。该系统包括：径流预报、防洪调度、发电调度、风险分析、效益分析与考核、洪水预报精度评定、次洪管理、经济调度与控制（EDC）等模块。经过不断发展和完善，还需要增加光照度预测、风力和风向预测并可实现与风电、光电、核电之间的直联互通，形成水光、水风、水核之间的互补。

## 二、安全Ⅱ区应用

安全Ⅱ区部署的主要应用包括：一体化管控平台的水情应用、设备在线监测、电量计量、经济调度与控制系统Ⅱ区应用、大坝在线安全监测系统等。

一体化管控平台的水情应用主要功能包括：数据采集及网络通信、数据处理等功能，分别由一体化管控平台中的数据采集模块、数据通信模块和数据处理模块实现。这些功能按照7×24h连续工作设计，可在一体化管控平台后台管理软件的控制下，实现在多个网络的多个节点上的互为备用；同时提供及时准确的通信日志记录，供系统意外时恢复数据和分析通信情况时使用。通过一体化管控平台的数据采集及网络通信功能可实现自动采集水情遥测系统数据，通过一体化管控平台的数据处理功能对采集来的各种不同类型的数据，依据应用要求进行自动加工处理，其结果供其他子系统调用或再加工。该应用主要包括数据采集功能、水调通信用户端、水量平衡计算、实时数据处理、常规数据处理等模块。

一体化管控平台的设备在线监测应用主要功能是立足建立智能水电厂统一数据平台，针对发电机、水轮机、变压器、开关站等重要设备进行状态检测和技术诊断，根据现地状态监测装置和生产管理信息系统提供的设备状态信息，评估设备运行状况，为不同设备提供统一的数据接入模型和分析诊断模型，实现对设备运行状态及健康状况的分析、评估、推理及诊断，在此基础上，为制定科学合理的全厂主设备的检修维护策略提供数据积累、分析诊断和管理决策支持平台。在安全Ⅱ区主要部署的是在线监测的数据采集和存储、数据初步分析和过滤、数据通信等功能模块。

一体化管控平台的电量计量应用主要功能是数据采集与监视、数据存储、数据通信等功能，为各级调度系统和其他系统提供基础数据。

经济调度与控制系统Ⅱ区应用主要功能是通过对比上级水库调度下达的水库调度计划与水电厂计划之间的差异，根据经济调度控制模型计算机组运行方式及所带负荷，并将这些控制指令发送给Ⅰ区监控功能模块，调整机组运行方式和所带负荷。该应用包括：各级水库调度计划、经济调度控制模型计算、历史数据库等模块。

大坝在线安全监测系统应用主要功能是对大坝的变形、裂缝、水压、位移等数据进行测量、采集、存储，并根据模型数据进行分析，通过报表、报告等形式进行输出。主要包括：数据采集、计算整编、数据管理、图形输出、报表和表格输出等模块。

## 三、管理信息大区应用

管理信息大区部署的主要应用包括：防汛决策支持与指挥调度系统、状态检修决策支持系统、大坝安全分析评估与决策支持系统、安全防护管理系统、信息通信综合监管系统、生产管理系统等高级应用以及工业电视、消防系统、巡检系统、门禁系统等独立监测系统，还包括水电厂的数据全景展示等。

（1）防汛决策支持与指挥调度系统主要功能是以雨水情信息为基础、以通信为保障、以计算机网络为依托、以决策支持为核心，依据降雨、洪水预报成果，及时提供各类防汛信息，辅助决策者制定防汛决策方案，为指挥抢险救灾提供技术支持的信息系统。该系统包括：防汛预警、防汛值班管理、水雨情信息、防汛短信平台、防汛物资与队伍管理、防汛抢险与应急预案管理、洪水预报、防洪调度和防汛会商等模块。

（2）状态检修决策支持系统的主要功能是集设备状态监测、设备状态评估、检修决策建议等为一体的综合管理决策系统，是实现状态检修的先决条件之一，它涉及智能化测试技术、数字信号分析技术、模式识别与分析技术、故障诊断技术和计算机技术等多学科的内容。该系统包括：数据获取、数据处理、监测预警、状态分析、状态诊断、状态评价、状态预测、风险评估、检修决策建议、综合报告、机组安全运行指导和生产管理支持等模块。

（3）大坝安全分析评估与决策支持系统主要功能是以大坝安全监测、人工巡视检查和检测成果为依据，进行定性分析和定量分析。根据分析结果综合评估大坝安全状况，并给出决策建议。该系统包括：大坝安全分析评估基础资料管理、大坝安全分析评估数据处理、大坝安全分析、大坝安全评估与决策支持等模块。

（4）安全防护管理系统主要功能是采集并以图形化方式展示安全防护设备实时状态，并能够根据预先配置的联动启动源、联动策略自动触发和完成一系列安全防护设备操作，为运行人员快速事件处理和关联设备操作提供决策支持的管理系统。该系统包括：实时监视与报警、在线安全设备控制、安全防护设备联动、联动策略管理、与外部系统交互等模块。

（5）信息通信综合监管系统主要功能是采集并以图形化方式展示信息系统的网络、计算机等硬件设备和系统软件、应用软件的实时运行状态，以及机房的动环数据等，为管理人员分析系统运行状态，快速处理故障提供决策支持的管理系统。该系统包括：网络管理、主机管理、安全管理、三维机房管理、告警中心、报表管理等模块。

（6）全景数据展示的主要功能是利用 360° 全景影像对水电厂的水工建筑物、机电设备等进行三维展示，并利用增强现实技术实现虚拟漫游、状态展示、信息查询、运检模拟、全寿命周期管理等展示。

（7）生产管理系统主要功能是以水电厂设备设施为中心，将生产管理工作流程固化成数字化工作流程，实现生产管理工作的数字化，提高管理水平和管理效率。该系统包括：设备管理、项目管理、运维管理、技术监督、反措管理、信息发布等模块。

### 四、综合报警

通过统一报警协议实现系统各类信息集中报警，建立综合报警中心，具备以下功能：能统一接收并报送一体化管控平台系统Ⅰ区、Ⅱ区和管理信息大区所有子系统的实时报警信息，通信方式应基于 IEC 61970-1 倡导的 Web Service 标准；能完全组态报警信元、报警准则和策略、报警方式；具备单值或多值联合实时报警判断功能；具备历史报警信息查询功能。

## 第六节　系　统　接　口

一体化管控平台与各子系统之间按照平台的框架结构均采用 IEC 61850 协议进行通信，但是由于当前部分子系统还未完全开发出支持 IEC 61850 协议的设备，因此本节根据当前主流设备厂生产的设备实际情况，提出一体化管控平台与各子系统之间的数据接口。

## 一、现地控制单元（LCU）

现地控制单元包括机组、开关站、公用及辅助设备的现地控制单元。

**（一）平台侧接口**

平台侧设厂站通信服务器 2 台，每台配置两个网络 Ethenet 口，可以提供与现地系统的双通道数据链接，采用 IEC 61850–MMS 协议进行数据传输。

**（二）现地控制单元侧接口**

以现地控制单元常用的施奈德 Quantum 系列 PLC 为参考。该型 PLC 的 CPU 型号是 67160，不具备 IEC 61850 协议，需要经过规约转换成 IEC 61850–MMS 协议后才可以接入智能一体化管控平台。

（1）LCU 配置规约转换设备，该设备为国电南京自动化股份有限公司的 SDX810 通信服务器。

（2）应用 SDX810 通信服务器的 MODBUS TCP 协议与现地 PLC 进行通信连接，将 PLC 数据接入，以水电公用信息模型生成对应的遥测、遥信、遥控等四遥数据。

将接入的 PLC 设备按保信测站方式选择配置，配置完成后系统会自动将传统的四遥信息，映射成为相关 IEC 61850 的 LD 和 LN 格式，形成 GGIO 形式及公用 LD 格式。其实际原理及将规约转换器（SDX810）模拟成为一台装置，将对下接入的所有装置如保护设备、PLC 设备、其他智能设备通过内部方式虚拟成为各个 CPU，而各个 CPU 成为 IEC 61850 模型 ICD 文件中的 LD，如一台 PLC 设备等同于一个 CPU 设备。在 SDX810 生成的 ICD 文件中则生成如下描述：

<IED name="TEMPLATE" desc="规约转换器" type="" manufacturer="GDNZ" configVersion="">。

同时将这两个 CPU 模拟形成 2 个 LD。

<LDevice inst="LD_CPU001" desc="">

<LDevice inst="LD_CPU002" desc="">

而 PLC 与保护装置对应的遥控、遥测、遥信等相关信息则成为对应 CPU 的 LD 节点下的 LN 数据，如下所示：

<LDevice inst="LD_CPU002" desc="">

<LN0lnType="SAC_IED_LLN0" lnClass="LLN0" inst="">

<DataSet name="dsRelayAin" desc="模拟量组">

<FCDA ldInst="LD_CPU002" prefix="ME" lnInst="2" lnClass="GGIO" doName ="AnIn1" daName="mag.f" fc="MX"/>

<FCDA ldInst="LD_CPU002" prefix="ME" lnInst="2" lnClass="GGIO" doName ="AnIn1" daName="q" fc="MX"/>

整个系统的核心在于，首先保证传统四遥数据的无缝接入，同时，通过规约转换器配置将整个 SDX810 自描述为一台站内设备，生成相关 ICD 文件。其 ICD 文件生成原理为自己描述成为装置，将接入的设备虚拟成为 LD，测点组虚拟成为 LN，使规约转换设备同样得到了模型描述。

（3）规约转换装置 SDX810 描述。

1）支持 MODBUS TCP 协议与现地 PLC 进行通信连接，接入后的站内库仍然按传统水电厂模式，生成对应的遥测、遥信、遥控等四遥数据。以保持在 61850 过渡阶段与传统水电厂内设备的兼容性。将接入的 PLC 设备按保信测站方式选择配置，可整设备或分组、分点配置，配置完成后系统会自动将传统的四遥信息，映射成为相关 IEC 61850 的 LD 和 LN 格式，形成 GGIO 形式及公用 LD 格式。

2）支持 IEC 61850 标准指导系统建模和数据描述，能够建立与智能一次设备和网络化二次设备的网络通信，完成对被测控对象的实时监视和控制。支持 IEC 61970 标准建立面向对象的组件模型接口，实现与高级应用以及外系统的实时或非实时数据应用集成。

3）支持采用 Oracle、MySQL、SyBase、DB2 等大型数据库进行软件平台的数据存储、检索与管理，实现商用数据库与实时系统数据库的无缝连接，充分发挥数据库平台的性能。

4）支持 J2EE 架构，由应用服务器、Web 服务器、中间件、应用组件构成数据服务平台。对外接口满足 IEC 61970 接口规范，支持基于简单对象访问协议（简称 SOAP）的 XML Web Service 组件模型。支持 Java 技术进行开发。

5）支持千兆以太网、多网等先进的 TCP/IP 网络技术，实现海量数据实时采集、传输和刷新，保障网络实时和信息安全。

6）完成 IED 设备实例配置描述文件（CID 文件）的制作工作，协助与统一信息平台厂完成系统整体参数化配置文件（SCD 文件）的制作和备份工作。

7）提供 LCU 与后台主机的 IEC 61850 模型一致性说明文档，主要包括 LCU 数据模型与 IEC 61850 标准第八部分 MMS 协议的服务关联和功能应用说明。应提供组态软件使用说明书和建模方法说明书。

8）提供装置上送统一信息平台的 MMS 报文表。应为电站各提供专用的维修工具和必要的仪器、仪表，以保证系统的正常运行和维护。

9）LCU 的 ICD 文件由 LCU 厂提供，LCU 厂根据 LCU 的 ICD 文件生成全站 SCD 文件，并由统一信息平台依据 SCD 文件配置工具直接生成数据库，不允许二次修改。

10）LCU 应设置独立的 MMS 口经 MMS 网络与统一信息平台后台传送数据，要求 LCU 配置 2 个独立的 MMS 口，LCU 与统一信息平台的通信采用独立的无金属加强光缆。

（4）目前，许多 PLC 设备生产厂开始研究支持 IEC 61850 协议的 PLC，如施耐德的 Quantum 系列 PLC、南京南瑞集团公司的 MB80 系列 PLC。这些 PLC 不再需要中间的协议转换设备或通信服务器，而是在主机或通信模块中集成了符合 IEC 61850 协议要求的通信接口。平台侧或其他任何支持 IEC 61850 协议的设备或装置，可以直接通过支持 IEC 61850 的工业网络交换机与 PLC 进行网络通信。

## 二、保护装置

### （一）平台侧接口

平台侧设厂站通信服务器 2 台，每台配置 2 个网络 Ethenet 口，可以提供与现地系统的双通道数据链接，采用 IEC 61850–MMS 协议进行数据传输。

**（二）保护装置侧**

变压器保护、母线保护、线路保护、故障录波等继电保护装置作为电网电气二次的主要设备，随着智能化变电站技术的发展，国产的继电保护装置已全部实现了对 IEC 61850 协议的支持功能。水电厂继电保护装置除上述四类保护装置外，还有发电机保护装置。当前，国内主要继电保护生产厂生产的发电机保护装置只需要经过软硬件升级就可以支持 IEC 61850 的通信，不需要再增加任何转换设备。

## 三、励磁装置

**（一）平台侧接口**

平台侧设厂站通信服务器 2 台，每台配置 2 个网络 Ethenet 口，可以提供与现地系统的双通道数据链接，采用 IEC 61850–MMS 协议进行数据传输。

**（二）励磁装置侧**

1. *广州擎天 EX9000 励磁装置*

该励磁系统智能 I/O 板配置一个 RS485 端口与一个 RS232 端口，RS485 端口用于励磁系统与装置本身的现地触摸屏中的监控系统通信。RS232 端口经 RS232 转 RS485 模块接入 IEC 61850 协议转换器，完成协议转换。与智能一体化管控平台之间通过 IEC 61850 协议转换器的 2 个 RJ45 网络端口进行通信，通信信息表可以包括励磁装置中的全部 I/O 信息点量，也可选取部分点量。

2. *北京四方吉思 GEC–300 励磁装置*

在励磁调节柜增加一个 IEC 61850 协议转换器（型号为 CSC–1312A）。该转换器将励磁调节器输出的 MODBUS 协议通信信息转换成 IEC 61850 协议输出，硬件连接如图 3–13 所示。

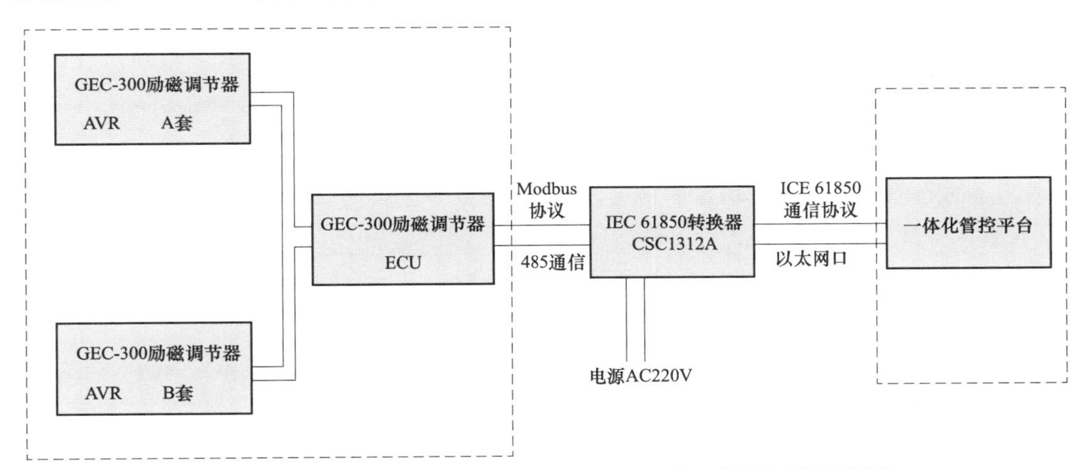


图 3–13　GEC–300 型励磁调节器 IEC 61850 协议转换硬件连接图

CSC–1312A 型 IEC 61850 协议转换器的性能如下：

（1）通信能力。

1）接入标准的 Modbus 协议。

2）输出为 IEC 61850 协议。

（2）配置与性能。IEC 61850 网关硬件采用 32 位 CPU 作为主处理器，软件采用主流实时嵌入式操作系统。

1）电源：110V/220V 交直流两用，6 针凤凰端子，含电源告警。

2）装置机箱：1U×19in 标准工业机箱。

3）以太网接口：2 个 10/100M 的 RJ45 电接口或 2 个 100M 光纤接口。

4）串口：4 个 RS232 或 RS485 接口，20 针凤凰端子；1 个独立的 RS232 调试口。

（3）CSC 通信协议。

1）输入：采用 MODBUS 协议，RTU 编码方式；主、从通信方式，DCS 系统为主站，励磁控制系统为从站，从站地址默认为 1（1～255 可选，ECU 机组参数：从站地址）；励磁控制系统忽略错误命令。

2）输出：使用 IEC 61850 协议转换器（即 CSC–1312IEC 61850 转换器），将 MODBUS 协议转换为 IEC 61850 协议。完成协议转换需要使用 CSC–1312 IEC 61850 转换器配套的 ConfigTool.exe 工具制作模板，生成.icd 文件，如 gec300［CRC=3D35］.icd。

（4）接口方式。

1）输入为 RS232，输出为网口。

2）数据格式：COM3：通讯速度 9600b/s，1 位起始位，8 位数据位，1 位停止位，无奇偶校验，错误检查采用 CRC 校验方式。

## 四、调速系统

### （一）平台侧接口

平台侧设厂站通信服务器 2 台，每台配置 2 个网络 Ethenet 口，可以提供与现地系统的双通道数据链接，采用 IEC 61850–MMS 协议进行数据传输。

### （二）调速装置侧

当前较为流行的调速器均采用了以 PLC 作为调节控制器的组态模式。现以常用的施奈德 Premium 系列 PLC 为参考，在调速器中增加一个 IEC 61850 协议转换器，通过 MODBUS 协议将调速器的通信信息读入到增加的协议转换器，再由协议转换器将这些信息配置到其他 IEC 61850 设备（即通过 IEC 61850 协议进行通信）。协议转换器也可将其他 IEC 61850 设备发送过来的信息再通过 MODBUS 协议输入到调速器的 PLC 中，通信内容包括：导叶开度、机频、电气开限、状态量、故障量和有功给定等。

协议转换器选用嵌入式工业控制器，含 4 个 100M 以太网口，2 个 MODBUS 接口。在调速器的 PLC 中增加两块施耐德公司生产的 MODBUS 通信模块（A 机和 B 机各一块），用于完成与协议转换器的 MODBUS 协议通信。

## 五、在线监测系统

### （一）平台侧

通过一体化管控平台Ⅱ区数据总线实现与各站机组状态监测采集单元、变压器状态监测采集单元及开关站状态监测采集单元进行数据交互，数据交互接口符合 IEC 61850–MMS 协议。

### （二）装置侧

1. 变压器、开关站的状态监测装置

当前，智能电网技术的飞速发展，变压器、开关站的状态监测装置与一体化管控平台之间采用 IEC 61850–MMS 协议进行通信已成为标准配置，因此变压器和开关站设备的数据采集可以参考智能电网相关标准。

（1）变压器状态在线监测系统采集数据。变压器油色谱中气体含量、套管及铁芯绝缘、局部放电、变压器油温、变压器油流及瓦斯等状态监测。

（2）开关站状态在线监测系统采集数据。获取容性设备及避雷器绝缘状态采集分析数据：套管、TA、CVT、OYC 等容性设备的绝缘介质损耗 tan$\delta$，以及避雷器设备的绝缘参数。

2. 水电机组状态在线监测装置

水电机组状态在线监测装置均采用电站层集中布置的用户/服务器（Client/Server）模式，电站层安装有数据服务器和应用服务器。因此，装置与智能一体化管控平台之间可以通过数据服务器的 RJ45 端口或交换机直接通信。

（1）IEC 61850 和 MMS 的模型关系。目前在线监测设备共有 MMS 模型三种服务。

1）支持虚拟制造设备支持服务。虚拟制造设备（virtual manufacturing device，VMD）的概念。VMD 是实际制造设备上一组特定的资源和功能的抽象表示，以及此抽象表示与实际制造设备的物理及功能方面的映射，抽象地表示了一个实际制造设备的资源和外部可见行为。它规定了从外部 MMS 用户角度看到的 MMS 设备，即 MMS 服务器的外部可见行为。

在线监测系统提供以下几个成员参数，如表 3–1 所示。

表 3–1　在线监测系统提供的成员参数

| 参数名称 | 对应参数 | 基本说明 |
|---|---|---|
| 执行功能 | & executive Function | 执行功能作为 VMD 对象的标识，完整的&executiveFunction 的内容与 VMD 的内容精确的对应 |
| 制造商名称 | &vendorName | 用来标识系统中设备的制造商名称 |
| 模块名称 | &modelName | 用来标识系统中的模块类型，这个值通常由制造商确定 |
| 修订版本号 | &revision | 用来标识系统中设备的修订版本 |
| 网络连接 | &Associations | 用来标识 VMD 和外部 MMS 用户端之间的连接 |
| 逻辑状态 | &logicalStatus | 指 VMD 的 MMS 通信系统的状态，有四种状态，即允许状态改变、禁止状态改变、允许有限的服务、允许支持的服务 |
| 物理状态 | &physiealStatus | 指所有功能整体的状态，包括四种状态，即可操作、部分可操作、不可操作、需试运行 |
| 能力 | &Capabilities | VMD 的能力参数是一个由实际设备决定的资源或功能，由一个字符串序列表示，包括物理资源和逻辑资源 |
| 域 | &Domain | 此参数相当于能力和程序调用的中间过渡，程序调用必须指定它所用到的域，一个域又包含了装置的一组能力 |
| 有名变量 | &NamedVariables | 有名变量使用字符串来标识变量 |

2）域管理服务。域（Domain）是 MMS 用来管理 VIVID 执行模式的对象，它代表了 VMD 内的逻辑资源和物理资源的子集，不同的域可以代表 VMD 中不同的资源，其内容可以是程序指令、参数数据或者硬件资源。

在线监测支持的域服务包含的几个部分，如表3–2所示。

表3–2　在线监测支持的域服务

| 服务 | 描述 |
|---|---|
| lnitiateDownloadSequence<br>DownloadSegment<br>TerminateUploadSequenee | 这些服务用于下装一个域。服务InitiateDownloadSequence命令VIVID创建一个域，并准备接收下装 |
| 1naitiatUploadSequence<br>UploadSegment<br>TerrninateUploadSequence | 这些服务用于上装一个域的内容到MMS用户 |
| DeleteDomain | 这个服务被用户用于删除一个已存在的域。通常在初始化一个下装序列之前 |
| GetDomainAttributes | 这些服务用于获取一个域的属性 |
| RequestDomainDownload<br>RequestDomainUpload | 这些服务被VMD用于请求用户执行VMD中的域的上装或下装 |

3）有名变量访问服务。变量模型是MMS的重要模型，变量访问服务为MMS用户提供了一种访问在线监测系统VMD内部资源的方法，来实现对实际设备的访问和控制。

a. 有名变量的主要属性如下：

&name：名称唯一标识一个有名变量。

&accessControl：访问控制属性标识一个访问控制列表对象，它提供有名变量的读、写、删除和改变访问控制的条件。

&typeDescription：是对实际变量类型数据结构的描述，它用递归的方法描述了一个实际变量的结构成分及成分类型。类型描述属性如Array、Simple等。

&value（值）：即实际变量的值，它的类型同类型描述一致。

b. 与有名变量相关的服务及描述。在线监测系统只提供read（读）：用户通过该服务读取变量的值，服务器执行该服务时通过V—Get函数获取有名变量对象对应的实际变量的当前值。

（2）MMS支持对应的服务。

1）通信模式。用户/服务器（Client/Server）模式，用双方应用连接。它的连接过程可靠性比较高，同时提供端对端的信息流量控制，数据回应采用ANS.1编码方式，服务器端运行端口为102端口。

2）服务列表如表3–3所示。

表3–3　服务列表

| 模型 | IEC 61850 | MMS服务 |
|---|---|---|
| 服务器（Server） | GetServerDirectory | MMSGetNameLiSt |
| 逻辑设备模型 | GetLogicalDeviceDirectory | MMSGetNameList |
| 逻辑节点模型 | GetLogicalNodeDirectory | MMSGetNameList |
| 数据类模型 | GetDataValues<br>GetDataDirectory<br>GetVariableAecessAttribute | MMSRead<br>MMSGetVariabletDataDirectory<br>MMSGetVariableAccessAttribute |
| 数据集类模型 | GetDamSetValue<br>GetDataSetDirectory | MMSRead<br>MMSGetNamedVariablesAttribute |

（3）映射名称和PDU回应：

```
PDU 说明
Identify ResponsePDU:: =
{   [1] IMPUCIT SEQUENCE TAG/Length    A1 ×× ××（数据长度）
{
    BeginTime,    ×× ×× ×× ××（数据值四个位开始时间）
    EndTime,    ×× ×× ×× ××（数据值四个位结束时间）
    ValueData    ×× ×× ×× ×× ×× ××（每两位为一个时间点数据）
}
}
Where: invokelD:: =01
vendorName:: =“OGE.CO. LTD”
revision:: =1.0”
```

## 六、防误系统

### （一）平台侧

防误系统通过通信接口IEC 61850将信息送到一体化管控平台的数据Ⅰ区，并接受平台送来的信息。当操作人员走到操作设备前，实现工业电视系统自动切换跟踪，并可根据需要自动放大，调整角度等功能；实现与门禁系统联动，通过人员身份认证及操作票流程管理，自动设置可以开放的门、禁止开放的门，实现全站的误入间隔的防误；防误系统可通过平台向生产管理系统提供所需数据，如设备操作统计数据，人员操作统计数据等。作为统一信息平台为其他系统联动的基础数据。

1. 硬件接口

双以太网接口（RJ45）。

2. 数据传输协议

采用IEC 61850标准的MMS协议进行传输，具体通信规约可参照如下方式：五防系统从监控系统获得全站SCD文件；需要五防解锁时，监控系统通过向五防系统发送SBO/SBOw、Oper控制服务完成五防请求解锁服务，五防控制器否定应答表示不允许解锁，肯定应答表示解锁成功。五防请求解锁服务（控制服务）的几个细节如下：

控制参引：请求解锁和实际点遥控操作可以用同一个参引，如参引IEDLD/CSWIxx$CO$Pos$SBOw、IEDLD/CSWIxx$CO$Pos$Oper与实际装置一致，也可以在实际装置控制参引的基础上在参引首部添加五防服务器的IED名（五防服务器的IED +IEDLD/CSWIxx$CO$Pos$Oper），形成五防解锁控制参引，两者的请求解锁结果是一致的。

控制模型：控制模型也与实际装置一致（也可以单独设置，如实际控制点的控制模型是增安型选控4，对应的闭锁点也可以设置为一般安全型直控1，可减少交互次数和判断条件）。可以避免监控系统建立其他额外的模型，实现站内模型信息共享，并且监控系统配置工作最少。监控系统在配置中需要添加一个五防服务器IED。

（1）配置和启动流程如图 3–14 所示。

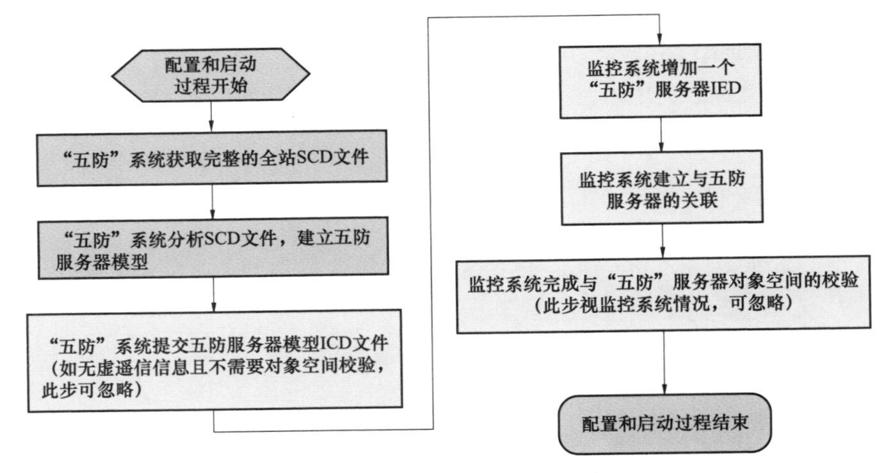


图 3–14　配置和启动流程图

（2）一个遥控点的五防解锁请求处理和遥控过程处理流程如图 3–15 所示。

（3）数据交换内容。一体化管控平台获取电力五防系统的虚遥信信息、闭锁信息等操作信息。顺控所需要的操作流程、闭锁逻辑，全部的闭锁流程，具体设备每个厂根据投运的五防系统提供所需的设备清单。

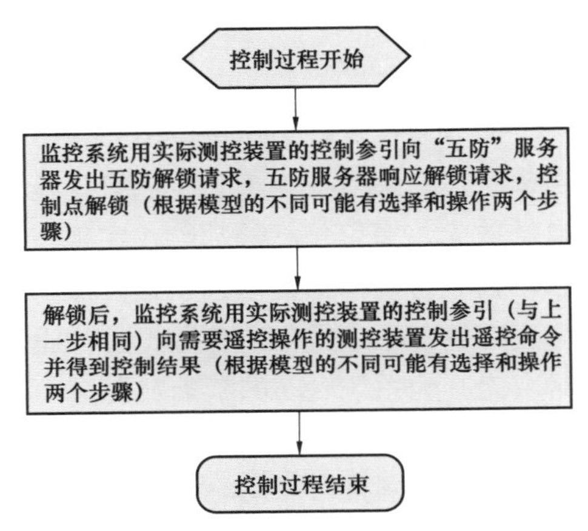


图 3–15　“五防”解锁请求处理和遥控过程处理流程图

## （二）装置侧

### 1. 硬件接口

防误系统既支持防误系统主站–子站通信规约，还可通过接口改造转换为 IEC 61850 标准接口，通过光纤直接接入智能一体化管控平台主站。

### 2. 软件接口

（1）五防系统和监控系统间的服务功能。

1）实遥信、遥测服务。五防系统从监控系统获得全站 SCD 文件，通过 IEC 61850 服务直接从测控装置获取五防逻辑需要的实遥信遥测数据。

2）解锁请求服务。五防请求解锁映射为用户端向五防服务器的对应控制点进行一次控制模型为 1 的一般安全型直控操作，如果控制点允许解锁，则五防服务器对解锁请求作肯定应答，否则为否定应答，五防请求解锁点参引和实际装置的遥控点参引使用同一个参引。

五防系统作为 IEC 61850 服务器接受监控系统的请求解锁命令，经过权限判断、唯一操作权判断、逻辑闭锁判断、实时逻辑判断后，解锁相应闭锁元件。

3）虚遥信服务。作为 IEC 61850 服务器，五防系统同时以报告方式为监控系统提供手动开关等虚遥信。

（2）“五防”系统模型如图 3–16 所示。

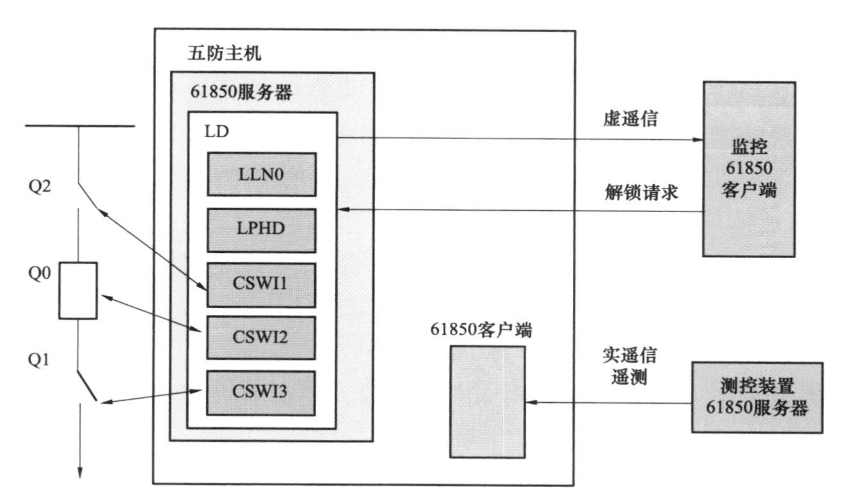


图 3–16 “五防”系统模型示意图

例：一个遥控点完整的五防解锁请求和遥控过程处理流程（肯定应答）如图 3–17 所示。

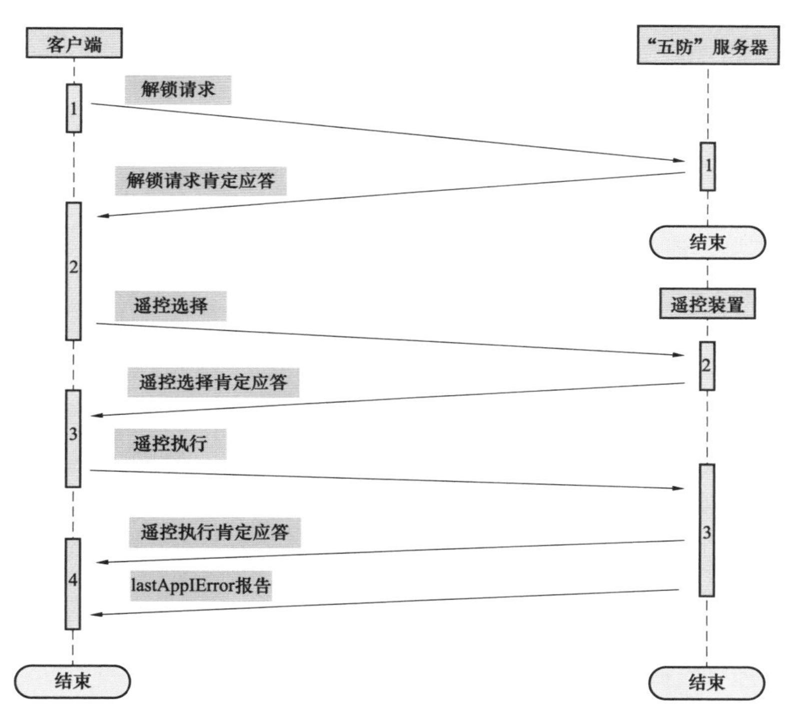


图 3–17 “五防”解锁请求和遥控过程处理流程图（肯定应答）

## 七、水雨情测报系统

### （一）平台侧

1. 硬件接口

水情自动测报系统与智能一体化管控平台系统之间硬件接口采用以太网接口。

2. 数据传输协议

根据一体化管控平台的规划和设计，采用 IEC 61850 标准实现水情自动测报系统与平台系统之间的数据交换，直接从相应硬件采集设备采集原始水雨情信息后直接写入平台数据库。

3. 数据交换内容

根据水调平台应用和水调高级应用的要求，智能一体化管控平台需要接入全部测站的水雨情数据，具体数据内容以各水电厂的水情自动测报系统设计为准。

**（二）装置侧**

部分水电厂由于建厂时间较长或水情自动测报系统与智能一体化管控平台投运时间不同，造成水情测报系统不能与平台统一规划或选择同一生产厂。这种情况下，必须完成水情自动测报系统接入平台工作。

由于水情自动测报系统位置处于安全生产Ⅱ区且均配置有服务器。因此，智能一体化管控平台和水情自动测报系统之间，可以通过数据库交换数据的方式直接接入平台的安全生产Ⅱ区数据服务器。

## 八、电力调度自动化系统

**（一）一体化管控平台与电力调度自动化系统**

1. 硬件接口

一体化管控平台的远动通信服务器配置两个网络 Ethenet 口，可以提供与电力调度自动化系统的双通道数据链接，保证数据的可靠传输。

2. 数据传输协议

平台与电力调度自动化系统采用 IEC 60870–104 协议进行数据传输。

3. 数据交换内容

平台与电力调度自动化系统数据交换内容包含遥信、遥测、遥调等信息，具体参考如下：

（1）遥信：各电站的机组出口断路器、SOE 量、AGC 投入、AGC 闭环；各电站开关站线路断路器、母联断路器等；流域 EDC 投入、流域 EDC 闭环、流域 EDC 远方控制等。

（2）遥测：各电站的机组有功、无功、水位、频率；各电站开关站线路有功、无功、频率、电压；流域总有功、流域总无功等。

（3）遥调：各电站机组有功设定值、无功设定值；流域总负荷设定值、流域电压设定值等。

**（二）一体化管控平台和大坝安全监测系统**

一体化管控平台和大坝安全监测系统之间的接口采用 Web Service 方式，通过系统接口的交互，平台可以获得大坝安全监测系统的测点列表、测点属性、测点数据、通信拓扑信息、报警信息、各种报表等基本信息，可以远程控制系统的数据采集，可以限制大坝系统向平台通报的事件，实现系统事件按需通报。大坝监测系统则可以向平台通报各种系统事件和各种最新数据，使平台可以及时掌握大坝监测系统的运行状况。

按服务提供方将服务接口分为大坝系统侧服务和平台侧服务。大坝系统侧服务提供平台调用的服务接口，平台侧服务是大坝监测系统调用平台的服务接口。

1. 硬件接口

数据通过网络进行交互，硬件接口为以太网接口。

2. 数据传输协议

一体化管控平台与大坝安全监测系统之间的数据交互采用标准的 Web Service 方式，接口提供方返回相应请求数据的应答模式。接口功能结构示意如图 3–18 所示。

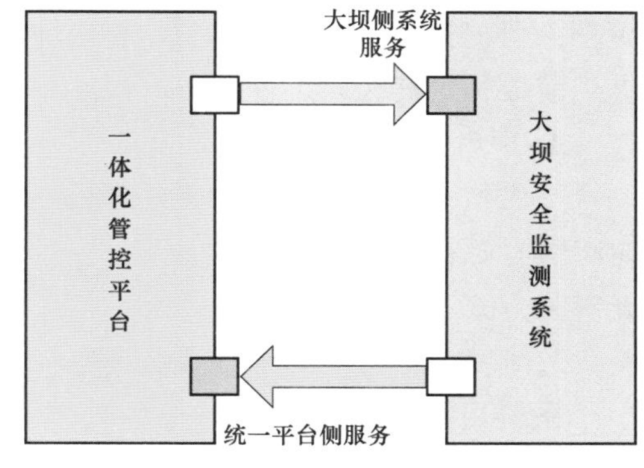


图 3–18 智能一体化管控平台与大坝安全监测系统之间的数据交互示意图

### （三）数据交换内容

1. 大坝系统侧服务

大坝系统侧服务接口列表见表 3–4。

表 3–4 大坝系统侧服务接口列表

| 类型 | 接口需求 |
|---|---|
| 查询 | 系统测点列表 |
| | 测点属性 |
| | 最新数据 |
| | 测点历史数据 |
| | 指定时间范围报警事件数量统计（安全评估、数据采集缺失、测量模块故障） |
| | 大坝报警信息（安全评估、数据采集缺失、测量模块故障） |
| 控制 | 系统时间同步 |
| | 设置系统关键测点 |

2. 平台侧服务

平台侧服务接口列表见表 3–5。

表 3–5 平台侧服务接口列表

| 类型 | 接口需求 |
|---|---|
| 事件通报 | 通报大坝系统最新测值（含关键测点最新测值） |
| | 通报大坝系统最新告警事件（含最新报警信息） |
| | 通报大坝系统运行正常心跳 |
| | 通报大坝系统启动和关闭 |
| 服务注册 | 注册大坝系统服务 |

## 九、工业电视系统

### （一）主要功能

1. 集中管控

工业电视系统提供对其用户（包括用户权限）及设备（包括设备属性）进行集中、统一管理；可提供编制、组合布防、撤防方案、辅助开关方案、轮巡方案等系统方案；系统可根据当前控制用户权限进行统一仲裁，避免控制时的冲突。

2. 实时预览

提供按多画面方式同时显示多路视频图像，或通过指定摄像机点位显示视频画面；预览时可进行抓图、保存录像文件和云台控制等操作；系统提供一对一双向、一对多单向两种语音对讲方式。

3. 检索回放

系统可提供指定的周期（单次、每天、每周、每月）在指定的时间段对任意镜头或预置位进行录像；系统提供根据监控点位、时间等条件实现对历史视频的检索和回放，可进行常速、快速、慢放、逐帧回放历史视频，回放时可随时进行抓图、保存录像文件等操作。

4. 报警联动

系统提供设备和软件运行进行在线诊断，发现故障，能提供告警信息；工业电视系统可与其他系统之间进行数据交换和动作联动，如其他系统监测到设备操作或事故时，在工业电视系统终端中自动弹出对应视频画面，并进行相应声音提示以及日志记录。

**（二）平台侧**

1. 硬件接口

工业电视系统通过网络接口方式与一体化管控平台间实现数据交互，硬件接口RJ45。

2. 数据传输协议

一体化管控平台通过符合 IEC 61970 标准的 Web Service 函数接口调用方式与视频平台执行和实现视频展现功能。

3. 数据交换内容

工业电视系统软件向平台提供摄像头、音视频数据以及报警信息，平台向工业电视系统提供报警或操作数据，实现报警联动、自动调用预置位；此外平台通过控件或接口调用实现视频数据的展现。

**（三）装置侧**

由一体化管控平台维护水电厂内所有设备 ID、摄像机 ID、摄像机预置点的关系表，当五防系统、消防系统、门禁系统发生告警或发生开关等事件时，必须将设备 ID 发送到平台，平台在本地关系表中查找对应的摄像机 ID 以及摄像机预置点，然后发送云台控制命令给工业电视，由工业电视实现云台转动，同时传送视频给平台，实现视频的联动。

由工业电视系统生产厂提供 SDK 开发包，解决额外制定协议传输维护映射关系表所带来的一系列问题，且保证用户始终在平台的用户端上进行相关操作，而无须再关心工业电视用户端的操作问题。

一体化管控平台与工业电视系统数据交换，如图 3–19 所示。

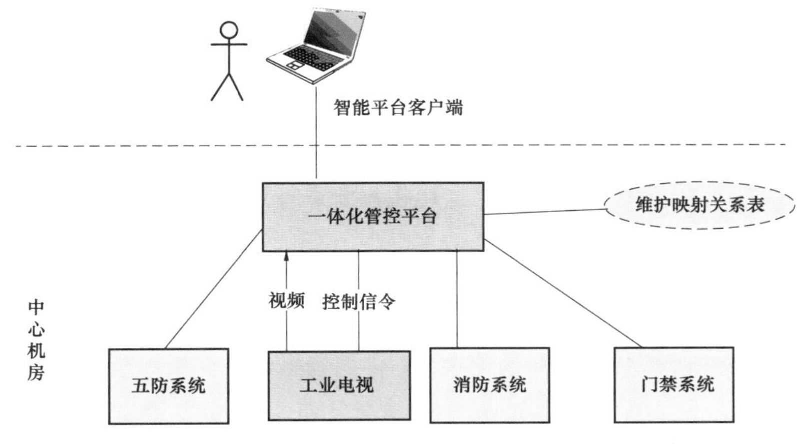


图 3–19　一体化管控平台与工业电视系统数据交换示意图

## 十、门禁系统

### （一）主要功能

门禁系统（access control system，ACS）的主要目的是保证本单位员工通道、资料室、财务室、档案室、通信机房、重要机房、开关室、继电保护小室及公共通道区域人员的合理流动，对进入这些区域的人员实行出入权限管制，以便限制人员随意进出，从而保证各楼重要设备和生命财产安全。实现一卡通用，设置访客管理系统，对进出来访的访客进行留影或证件扫描登记，有效管理访客的出入。

通过该系统能够对各通道口的开关状态、通行人员、通行时间等进行控制，并形成各类报表供日后进行记录查询及事件追溯。ACS 系统向一体化管控平台提供其系统设备工作状态和设备故障报警信息、平台实现对 ACS 系统的联动控制功能等。

### （二）平台侧

1. 硬件接口

ACS 与一体化管控平台接口类型为标准的以太网接口，接口数量为独立的 2 路。

2. 数据传输协议

当前由于 ACS 系统无基于 IEC 61970 标准的 WebServices 服务协议，因此，只采用基于 TCP/IP 的门禁专有协议。今后发展将由 ACS 提供实现基于 IEC 61970 标准的 WebServices 服务协议。

3. 数据交换内容

通过该接口可以向平台传送该门禁控制器下的所有门禁设备的工作状态和设备故障报警信息。同时，平台可以下发打开门禁等控制指令。

### （三）装置侧

1. 系统要求

（1）在平台上对全厂的门禁系统实现联动。

（2）将门禁系统信息送到平台的数据Ⅲ区，并接受平台的联动信息。

（3）根据平台要求，联动开放或者关闭相应的门禁，通过智能接口设备将门禁设备的信息送到平台。

（4）接口系统对强行开门、开门超时、通信中断、设备被拆、设备故障、无效或失窃卡开门等信息提供报警功能，使管理主机发出报警信号或语音提示，在电子地图上显示案发地点，同时报警处理行动记录在案并联动工业电视系统进行联动录像。

2. 功能要求

（1）为平台提供门的开关状态、门的开关记录的基础数据以及开门超时报警、非法卡报警，门禁设备自检故障报警。

（2）开放门禁数据库或提供专用通信接口，将门禁系统数据采集至平台数据采集服务器。

（3）根据分区，将属于该分区的门禁点编号及分布在分区的地址位置信息提供到平台，用以制作各站点的安防电子地图。

（4）通过平台软件远程控制门的开关状态，通过查看数据库表写开门指令方式，实现平台远程开单个或多个门的功能。

（5）实现门禁系统与消防系统的联动功能，消防系统提供相应区域消防硬接点信号，直接输入至该区域的门禁控制器中，门禁控制器将本控制器控制的相应区域内的所有门打开。

（6）实现门禁系统与就近工业电视系统的联动。

3. 硬件连接

以美国西屋（NexWatch）门禁系统为例，将多台控制器的 RS485 通信口连接后，通过台湾 MOAX 公司的协议转换器（Nport5230）连接到网络，如图 3–20 所示。

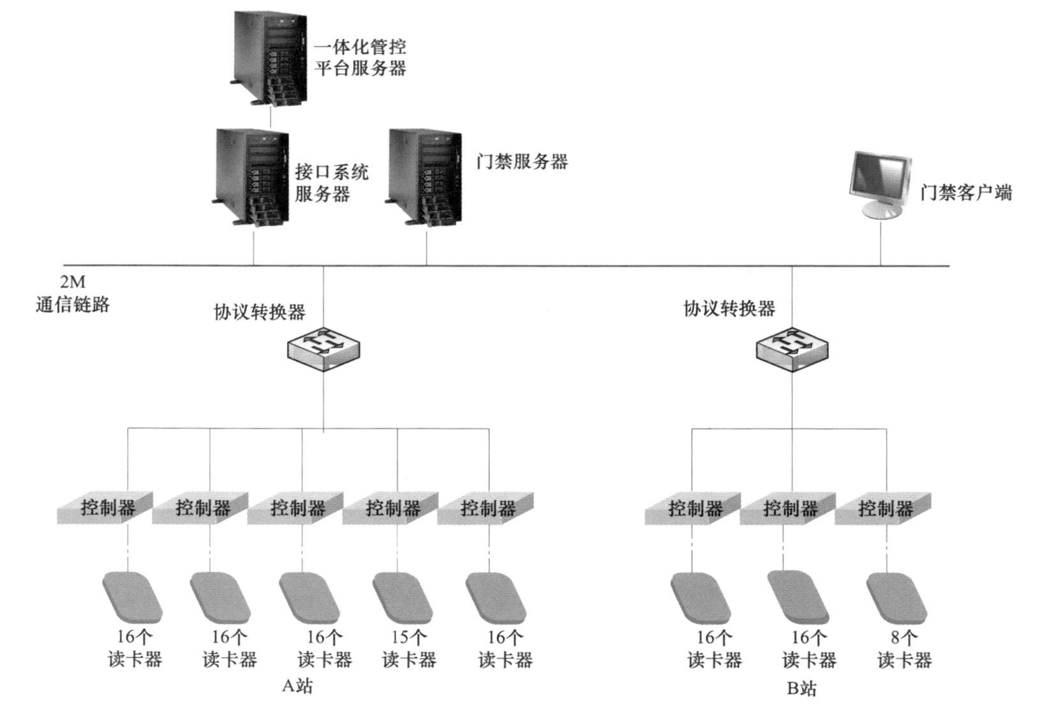


图 3–20　一体化管控平台与门禁系统硬件连接示意图

## 十一、消防系统

### （一）主要功能

一体化管控平台接收消防系统的报警信号及火灾模式信息，并进行对应模式的火灾联动。火灾时，平台通过闭路电视监视系统、广播系统、信息系统对工作人员进行安全疏散引导；联动门禁系统进行相应的操作，便于人员尽快逃生；接收火灾报警系统（FAS，Fire Alarm System）的报警信号及火灾模式信号，并下发区间火灾联动模式指令。

### （二）平台侧

1. 硬件接口

通信接口采用标准 RS422 或 RS485 接口。接口数量控制中心为独立的 2 路，分别由中心级和区域级的火灾自动报警控制器提供。

2. 数据传输协议

由于当前的 FAS 供货商无法提供基于 IEC 61970 标准的 WebServices 服务，只能由 FAS 供货商开放其通信规约文本，平台侧负责协议转换及接入。随着技术的不断发展，今后会实现由 FAS 供货商提供基于 IEC 61970 标准的 WebServices 服务直接接入平台。

3. 数据交换内容

平台接收水电厂 FAS 报警信号及火灾模式信息，并进行对应模式的火灾联动。

### （三）装置侧

火灾报警控制器主机的实时状态信息（控制器的工作状态、显示信息等资料）通过专用的通信协议转换装置，按照 IEC 61850 或 TCP/IP 协议，上传至用户端服务器及终端服务器。当终端服务器对现场设备进行控制时，通过用户端服务器对火灾报警主机发出控制指令，通过专用模块完成控制现场设备功能。专用的通信协议转换装置对用户端服务器的命令进行分析，然后转换成火灾报警控制器可以识别的命令，控制现场设备（声光报警器、防火卷帘门、门禁控制器、视频监控装置、风机、水泵等）。

1. 火灾自动报警系统上传的实时信息

火灾报警控制器当前的工作状态：主机工作正常、故障、火警、联动；火灾报警控制器当前控制方式（或狮岛的联动状态和联动方式）：自动允许/禁止、手动允许/禁止；火灾报警控制器的主/备电运行状态；回路工作状态（正常、故障等）；多线盘（联动盘）当前工作状态（自动/手动状态）；气体灭火盘当前工作状态（自动/手动状态）；机器号回路号地址号事件（火警、故障、联动）。

2. 火灾自动报警系统接收的实时信息及执行操作

当前控制方式的改变（有火警等限制条件下，强制控制器由自动禁止改为自动允许）；多线盘控制方式的改变（有火警等限制条件下，强制控制器由自动禁止改为自动允许）；气体灭火盘控制方式的改变（有火警等限制条件下，强制控制器由自动禁止改为自动允许）；多线盘、气体灭火盘控制方式的改变（设置二级操作密码）；多线盘的远程手动启动（设置三级操作密码）；火灾报警主机复位命令。

## 十二、厂房环境监测系统

### （一）主要功能

对自动监测水电厂内的各种对安全运行可能造成影响的各种环境因素进行实时监测，代替传统的人工测量方式，提高环境监测的自动化与智能化程度。为环境监测分析/决策专家系统提供基础数据，从而与消防系统、通风系统形成闭环的联动系统，提高水电厂安全管理系统的运行效率。

### （二）硬件接口

一体化管控平台与厂房环境监测系统的接口类型为独立的2路100Mb/s以太网接口。

### （三）数据传输协议

厂房环境监测系统与平台之间数据传输协议为基于TCP/IP的环境控制通用协议。

### （四）数据交换内容

厂房温湿度、噪声监测；发电机排风口风速风向、温湿度监测；厂房通风口风速风向、$CO_2$含量监测；电缆廊道温湿度、电缆温度监测；厂房环境监测系统向平台提供该系统机电类设备的运行状态、停止状态、故障报警、手/自动转换开关位置等信号及周围环境信息，并实现平台的联动控制功能。

## 十三、气象系统（卫星云图）

气象中心服务平台的功能包括：自动气象站的实时数据采集、自动气象站历史数据处理、气象服务中心数据库建设、气象信息展示、气象因素对水电厂运行的影响分析等高级应用。

### （一）硬件接口

气象系统中外部自动气象站和水电厂端气象中心服务平台的硬件接口是GPRS Modem；水电厂端气象中心服务平台和水情及水调系统平台的硬件接口是局域网；水电厂端气象中心服务平台和Ⅲ区一体化管控平台的硬件接口是局域网。

### （二）数据传输协议

气象系统中外部自动气象站和水电厂端气象中心服务平台的数据传输协议是由气象系统生产厂所提供的远程传输协议；水电厂端气象中心服务平台和水情及水调系统平台的数据传输协议是DL 475—1992数据传输协议；水电厂端气象中心服务平台和Ⅲ区一体化管控平台的数据传输协议是IEC 61970传输协议。

### （三）数据交换内容

（1）水电厂端气象中心服务平台和水情及水调系统平台数据交换的内容包括：

自动气象站实时数据传给水情及水调系统平台；

自动气象站历史数据传给水情及水调系统平台；

水电厂水库水位数据传给水电厂端气象中心服务平台；

水电厂发电负荷数据传给水电厂端气象中心服务平台。

（2）水电厂端气象中心服务平台和Ⅲ区一体化管控平台的数据传输内容包括：

自动气象站实时数据传给一体化管控平台；

自动气象站历史数据传给一体化管控平台；

水电厂发电负荷数据传给水电厂端气象中心服务平台。

**（四）卫星云图系统**

卫星云图系统独立于一体化管控平台外。当前的支持卫星云图系统普遍支持基于 TCP/IP 的 WebService 服务，所以直接在一体化管控平台的 Web 用户端调用该网站的地址即可访问卫星云图系统。

## 十四、生产管理系统

生产管理系统主要以设备管理为核心，包括了从设备投运到设备退役的全过程闭环管理。生产管理功能主要包括：人员管理、设备管理、运行管理、修试管理、大修项目管理、技术改造管理、设备评价管理等。

**（一）硬件接口**

以太网接口。

**（二）数据传输协议**

采用 WebService 服务的方式实现。

**（三）数据交换内容**

生产管理系统的需要提供的数据：人员信息、两票信息、设备信息、运行信息、修试信息、大修项目信息、技术改造信息、设备评价信息等。

一体化管控平台需要向生产管理系统提供的数据：上下游水位、机组的负荷、开停机信息、电量、电气量等。

## 十五、电力通信综合网管系统

**（一）主要功能**

电力通信综合网管系统分为综合监测子系统、资源管理子系统、运维管理子系统、专业管理子系统四个子系统。它基于电力通信各种通信资源信息模型，综合考虑电力通信专业的管理特点，抽取出公共的信息接口，为平台上的各种应用提供服务。同时智能一体化管控平台还提供了电力通信信息模型，告警性能等实时信息服务、资源信息服务、业务流程服务。

**（二）硬件接口**

数据通过网络进行交互，硬件接口为以太网接口。

**（三）数据传输协议**

数据交互采用符合 IEC 61970 标准的 WebService 方式。平台与综合网管系统的接口功能采用：接口调用方主动发起数据请求，接口提供方返回相应请求数据的应答模式。接口功能结构示意，如图 3–21 所示。

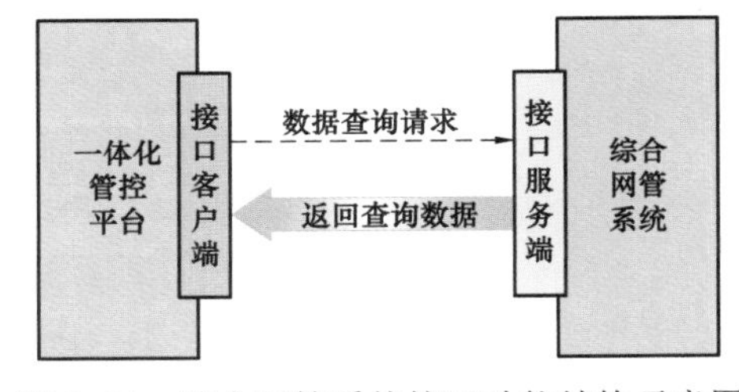

图 3–21 综合网管系统接口功能结构示意图

**（四）数据交换内容**

数据交换的内容主要包括通信设备告警监视信息及统计、分析，通信设备资源信息、通信运维流程信息、通信运行各种统计和分析数据等。

1. 通信综合监视

网络运行状态监视、故障管理、告警集中监视、机房动力环境监视、光缆检测、通信资源管理。

2. 网络资源信息管理

设备台账管理、备品备件管理、查询统计及分析。

3. 通信运维管理

调度方案设计、业务申请、方式单管理、通信业务状态展示、检修计划管理、故障检修、状态检修、检修单管理、通信网络规划、应急预案记录管理、统计报表管理、三项分析、通信运行统计评价、通信考核管理。

# 第四章

# 经济调度与控制系统

智能水电厂是建立在集成、统一、可靠的软硬件平台基础上，通过应用先进的传感和测量技术自动获得电站运行和设备状况信息，采用可靠的控制方法、数据分析技术和智能化的决策支持技术，实现水库与机组的安全经济运行，提高水电厂效率，实现效益最大化。

智能水电厂的基本要求之一是经济高效。通过水库优化调度，确定水库及机组科学合理运行方式，提高发电、防洪、供水等经济和社会综合效益，实现最优运行。

经济调度控制（economic dispatching control，EDC）在保证流域水电厂群自身安全稳定运行的前提下，根据水电厂当前状况及电力系统负荷要求，协同各水电厂 AGC 软件对流域水电厂间水位调整及负荷分配进行在线自动优化控制。

## 第一节　系　统　设　计

### 一、系统组成

经济运行系统在安全Ⅰ区的应用为经济调度控制（EDC）和自动发电控制（AGC），在安全Ⅱ区的应用为中长期水文预报、洪水预报、发电调度、防洪调度、节能考核。经济运行系统的组成及各应用的物理部署位置，如图 4–1 所示。

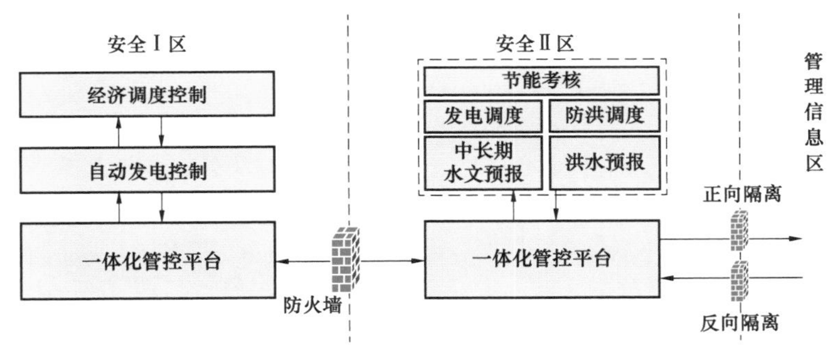


图 4–1　经济运行系统组成示意图

### 二、实现方式

方式一：具有在多个水电厂之间优化分配负荷权限的梯调中心/集控中心经济运行系统，如图 4–2 所示。

在安全Ⅰ区的计算机监控系统（也可以采用一体化管控平台）上开发水电厂 AGC 软件和流域 EDC 软件，在安全Ⅱ区的水情测报系统上开发水文预报系统和调度决策支持系统。其中水文预报系统实现中长期水文预报和洪水预报功能，调度决策支持系统实现发电调度、防洪调度和节能考核功能。

水情测报系统从计算机监控系统获取实时工情信息，为水文预报系统及调度决策支持系统提供基础水情信息。水文预报系统为调度决策支持系统提供预报来水信息。调度决策支持系统辅助制定各类发电计划，并向上级电力调度机构提交发电计划申请。EDC 从上级电力调

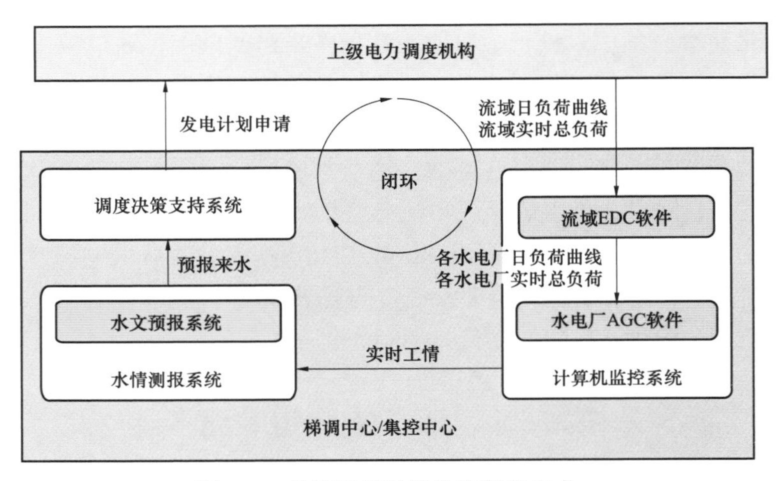


图 4–2　经济运行系统典型实现方式一

度机构接收经过调整后的流域日负荷曲线或流域实时总负荷。各水电厂 AGC 从流域 EDC 接收经过本水电厂的日负荷曲线或实时总负荷设定值，并将各机组有功分配值下发至计算机监控系统。通过各个子系统的协同运行，共同构建涵盖非实时水库调度与实时电力运行的闭环经济运行系统。

方式二：不具有在多个水电厂之间优化分配负荷权限的梯调中心/集控中心经济运行系统，如图 4–3 所示。

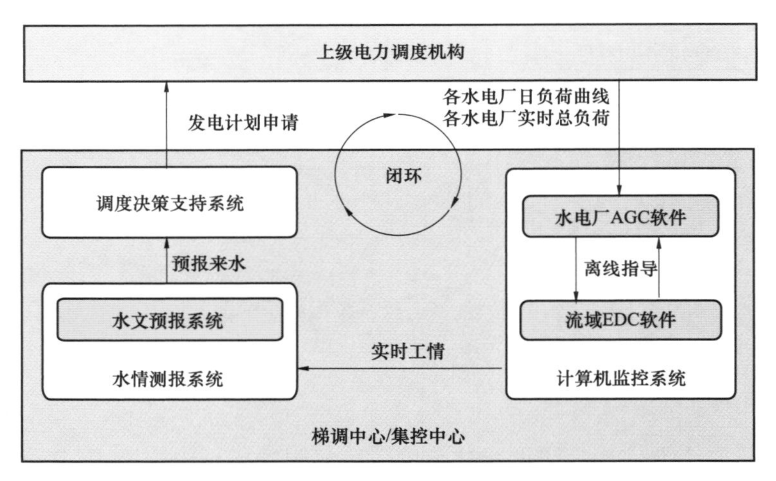


图 4–3　经济运行系统典型实现方式二

该实现方式下，各水电厂 AGC 直接从上级电力调度机构接收该水电厂的日负荷曲线或实时总负荷。流域 EDC 软件通过与水电厂 AGC 软件交互实现离线指导功能和 EDC 正确性校验功能。其中离线指导功能主要包括各水电厂负荷分配合理性校验和经济性评价，全流域有功可调范围等电力运行参数实时统计，以及对流域后期发电情况的预测预警等。

方式三：独立水电厂经济运行系统，如图 4–4 所示。

该实现方式不需要 EDC 软件，由水电厂 AGC 软件直接从上级电力调度机构接收日负荷曲线及实时总负荷设定值。

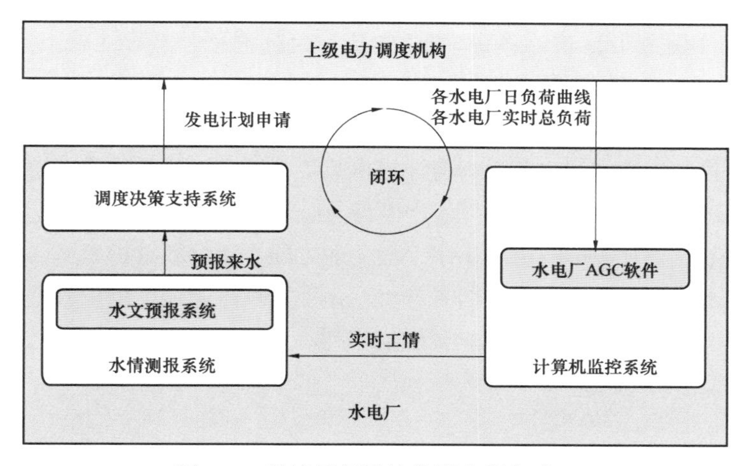


图 4–4　经济运行系统典型实现方式三

## 三、网络结构

经济调度与控制系统是以一体化管控平台为软硬件基础的高级应用系统。一体化管控平台采用开放式分区分布系统、全分布数据库、星形网络结构，整个系统分为四个安全工作区：实时控制Ⅰ区，非控制生产Ⅱ区，生产管理Ⅲ区，管理信息Ⅳ区系统。

经济调度与控制系统是由Ⅰ区和Ⅱ区上各节点计算机单元组成，各节点计算机采用局域网（LAN）连接，通过不同的软/硬件体系结构与功能结合，完成智能水电厂众多复杂的实时监控和经济调度等功能。系统与外部系统采用光纤以太网连接，同时通过数据通信服务器完成数据交换。经济调度与控制系统网络结构如图 4–5 所示。整个经济调度与控制系统分布在

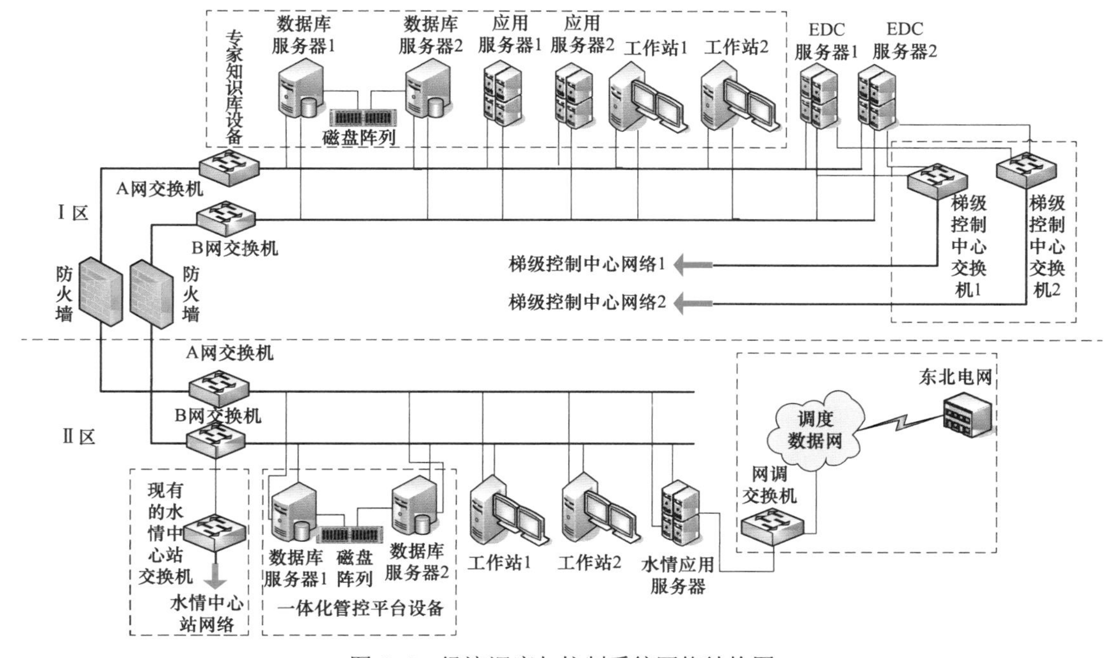


图 4–5　经济调度与控制系统网络结构图

一体化管控平台的Ⅰ区和Ⅱ区内，其中EDC和实时监控系统分布在Ⅰ区，水调平台和水调高级应用分布在Ⅱ区内，Ⅰ区和Ⅱ区通过防火墙连接通信和安全防护。

整个系统从安全性、可靠性出发考虑，水调数据库服务器、历史数据服务器、EDC应用服务器等均为双机冗余热备工作方式，任何一台计算机故障，不会影响系统的正常运行。在主用机发生故障时，备用机迅速接管其工作，可以不中断任务且无扰动地成为主用机运行，保证系统高可靠性。同时服务器节点的状态即时反映出来，极大地方便了运行和维护人员的监视和处理。另一方面，考虑到智能水电厂监控设备多，信息量大，为了更长时间保留历史数据，便于故障分析和趋势分析，经济调度与控制系统配备了一台磁盘阵列，专门用于记录监控的数据。

## 四、数据流程和系统关系

水调系统需要与多个系统之间交换数据和发生联系，包括网省调水调系统以及机组监控系统，各项关系及数据流程如图4–6所示。

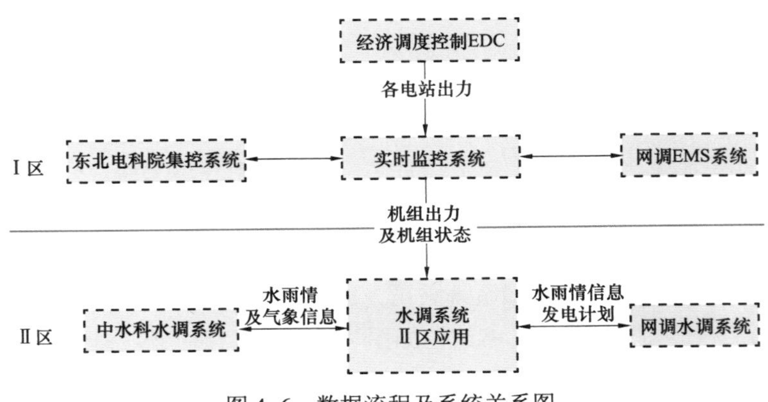


图4–6　数据流程及系统关系图

## 五、功能组成

系统的主要功能包括水调平台应用、水调高级应用、经济调度控制、实时监控四项工作，各个工作之间有一定的关联，共同构成一个有机整体，如图4–7所示。

## 六、基础数据

系统建设前应收集与系统建设相关的基础资料，主要包括以下内容：

（1）流域地形、地貌、气候及水文等自然流域特征；

（2）流域河流基本情况、河道断面、水电厂位置、流达时间；

（3）流域水文站点和水文信息采集情况，包括站网分布、采集方式等；

（4）水电厂装机台数及装机容量等基本概况；

（5）水电厂泄洪设施类型、数量、泄流曲线资料；

（6）水库调节性能、特征水位、水库调度图及水位库容特性曲线；

（7）水库设计洪水，各频率典型入流过程资料；

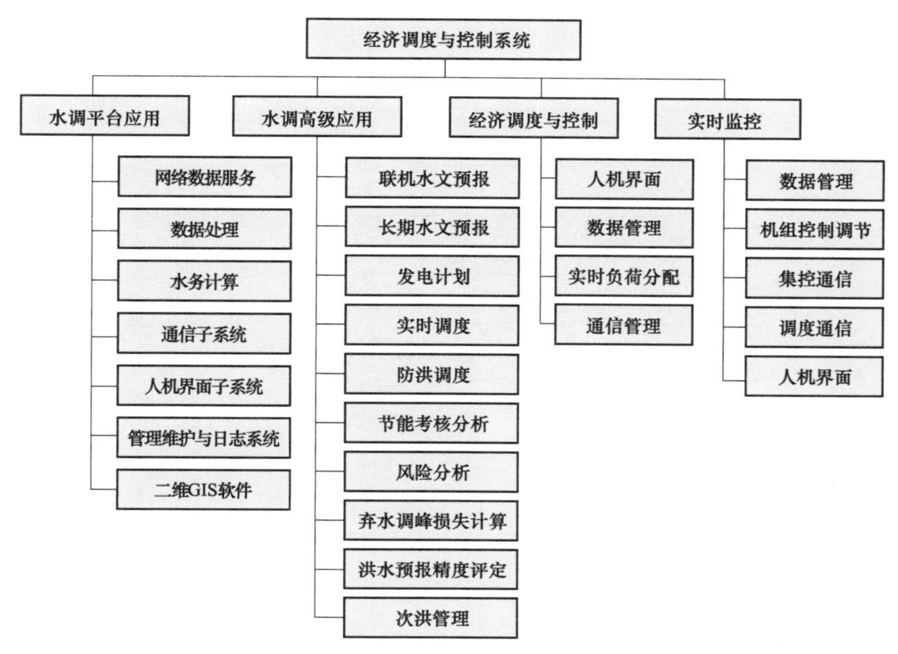


图 4–7　系统功能示意图

（8）水库综合利用要求；

（9）下游水位流量特性曲线；

（10）水库及水电厂历史运行资料；

（11）水电厂典型日负荷过程线；

（12）水电厂电力负荷给定方式；

（13）上级电力调度机构对水电厂 AGC 的要求；

（14）电网正常频率范围及紧急调频范围；

（15）电网有功功率、无功功率设定值范围；

（16）电网及现地有功功率、无功功率设定值与实发值差限范围；

（17）全厂旋转备用要求；

（18）全厂有功功率调整死区、电压调整死区；

（19）机组特性曲线。

## 第二节　水　调　平　台

水调平台的主要功能包括通用交互平台、数据处理、水务计算、网络数据通信和服务、报警等。

### 一、通用平台

通用平台是面向用户、与用户实现功能交互的基础使用平台，是所有用户的通用系统入口。通用平台主要包括查询平台、画面及报表编辑系统，其在系统功能模块结构图中的定义范围，如图 4–8 所示。

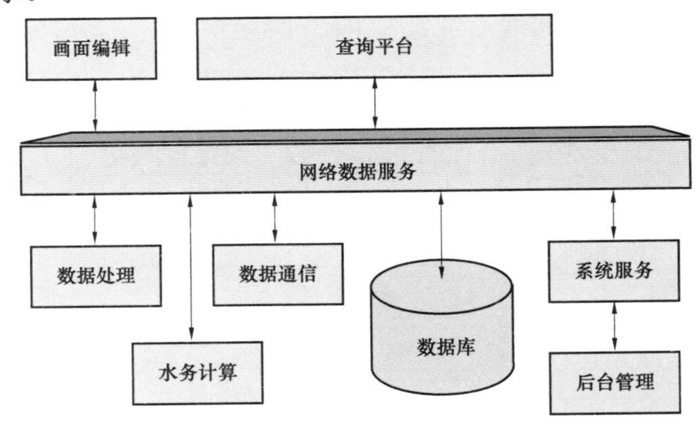


图 4–8　通用平台模块示意图

## 二、数据处理模块

### （一）实时数据处理模块

实现实时数据处理 7×24h 在线运行，接收网络广播包中的实时数据，计算实时流量、雨量数据，完成传感器主备选择计算、多极传感器计算、差值计算、合成计算等功能。提供网络接口，向前台监控中心发布实时信息。

主要功能包括传感器的主备选择计算、多级传感器选择计算、水位差值计算、合成计算、实时雨量数据计算、实时流量数据计算、删除实时数据库中过期数据、提供与监控中心通信的网络接口、数据库间的连接具有网络中断恢复后自动重连机制，无须人工干预恢复、运行日志等功能。

实时流量和雨量算法如图 4–9、图 4–10 所示。

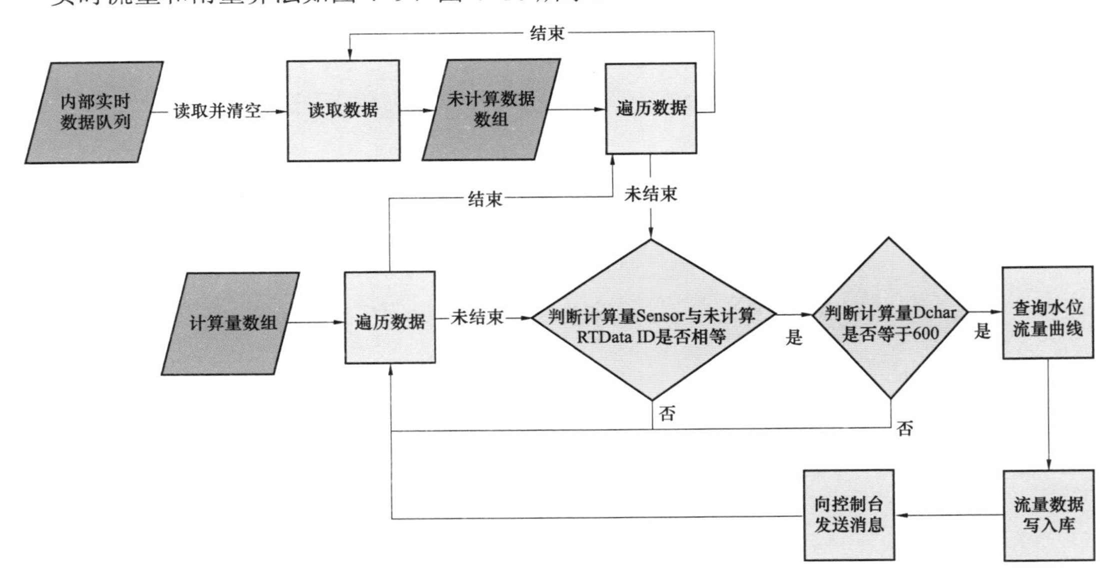


图 4–9　实时流量算法示意图

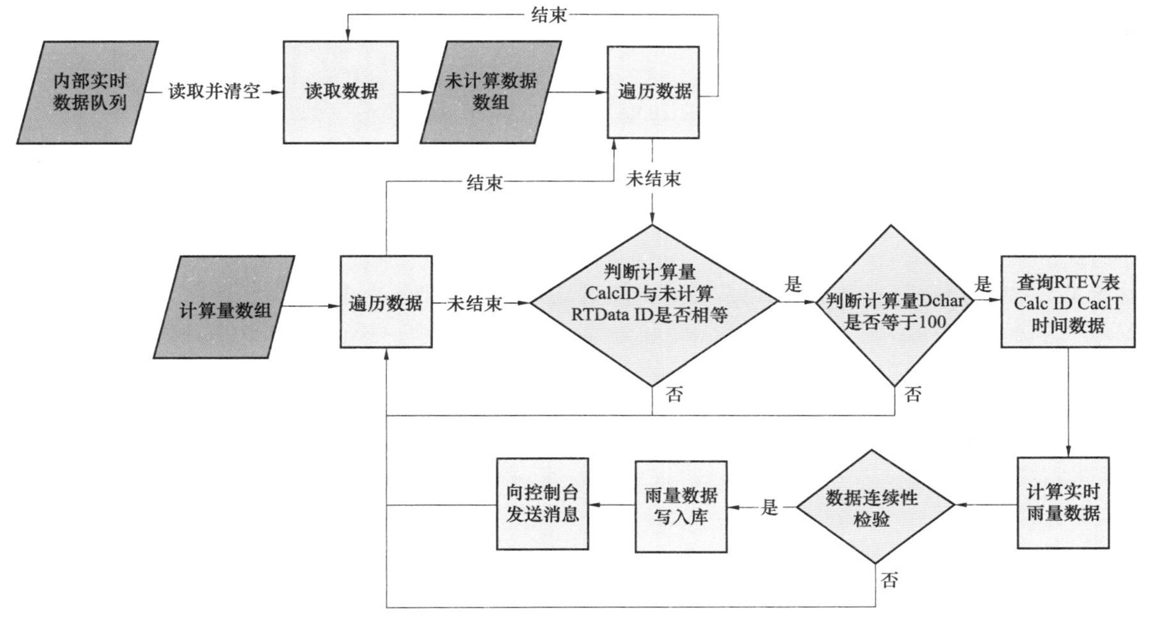


图 4–10　实时雨量算法示意图

**（二）时段数据处理模块**

时段数据处理分为小时累计模拟量处理模块、小时瞬间模拟量处理模块、日累计模拟量处理模块、日瞬间模拟量处理模块、旬/月/年瞬间模拟量处理模块、旬/月/年累计模拟量处理模块、面雨量小时统计模块、计算报警和日志记录模块。

主要功能包括处理瞬间模拟量和累计模拟量数据；能够根据区间面雨量定义，对遥测和报汛站点雨量数据分层次进行区间平均面雨量时段计算，面雨量计算采用加权平均算法；时段数据处理后生成的小时数据、日数据、旬数据和月数据包含整点瞬时值、平均值、最大值、最大值出现时间、最小值、最小值出现时间等信息；对于实时数据和较短时段统计数据的修改，时段数据处理能级联计算小时和较长时段统计数据；由于水情测报数据存在传输延时，时段数据处理能对延时到达数据进行自动重算；时段数据处理在整点过 5min 前数据入库以后完成出入库计算所需的所有小时统计值；对于时段统计数据，具有手工修改标记，自动计算不能修改标明手工修改的数据，但提供日志和报警功能；时段数据处理提供不大于 5min 延时的当前小时、日、月的数据统计，这些统计数据在当前时段内随实时数据的增加反复重算；对于连续性越限和上下限越限的实时数据，在进行时段计算时具有自动数据筛选功能，对连续性越限和上下限越限的实时数据不进行统计。

## 三、水务计算管理模块

水务计算管理软件为 24h 在线运行程序，日常无人干预方式下以运行监视模式显示。水务计算管理软件分别运行年调度线程、月调度线程、日调度线程、小时调度线程、分钟调度线程，根据用户设置的任务，在不同的时间内执行水务计算算法文件。水务计算管理软件同时提供历史水务数据补算界面。

## 四、网调数据通信系统结构

网调数据通信采取后台运行方式，常驻内存运行。采取一主机只运行唯一实例，双机互备模式。设计支持双机双网结构，支持双机热切换。

网调数据通信软件由五个模块：网调通信主模块、报警记录模块、日志记录模块、运行状况监视模块，数据补传模块组成。其中网调通信主模块是系统的核心处理部分，处理和通信中心的数据上传下发工作。报警记录模块记录程序运行中出现的网络中断，数据库中断等异常信息，发送至报警服务中心。日志记录模块记录所有发送和接收的数据信息。运行状况监视模块通信的状况并发送至系统监视管理程序。数据补传模块根据用户的选择，补传指定时段内数据，如图 4–11 所示。

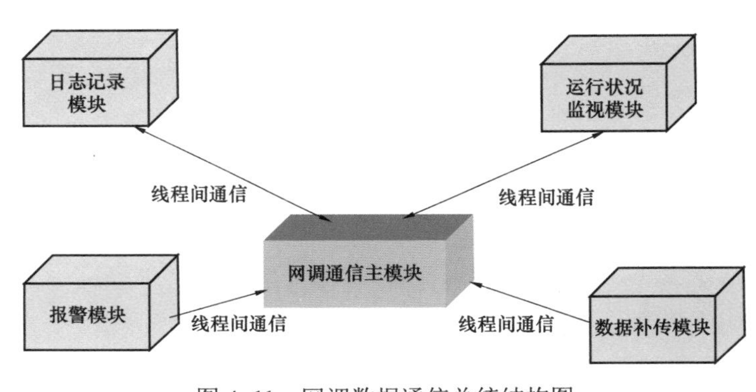


图 4–11　网调数据通信总统结构图

## 五、网络数据服务模块

网络数据服务采取后台运行方式，常驻内存运行，采取一主机只运行唯一实例，并发处理多个应用服务程序的网络连接和数据库操作。

网络数据服务软件由四个模块：数据服务主模块、报警记录模块、日志记录模块、运行状况监视模块组成。其中数据服务主模块是系统的核心处理部分，通过网络方式接受应用程序请求，处理请求并发送至数据库，再将结果返回至应用程序。报警记录模块记录程序运行中出现的网络中断，数据库中断等异常信息，发送至报警服务中心。日志记录模块记录所有数据库操作和用户访问信息等。运行状况监视模块记录数据库操作和用户访问的实时信息并发送至系统监视管理程序，如图 4–12 所示。

## 六、报警服务模块

报警服务中心的操作主要是输出类型的配置、应用程序报警类型和输出类型的对应关系，以及内部规则、报警规则的配置等界面。

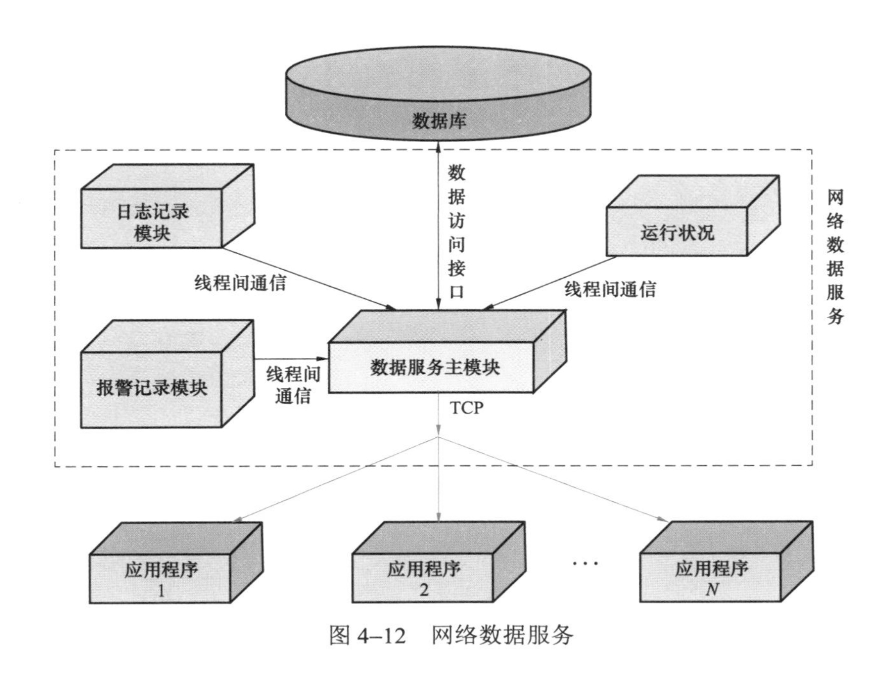


图 4–12　网络数据服务

## 七、短信平台模块

### 1. 短信生成处理模块

短信生成处理软件模块包含定时发布及不定时查询处理、数据越限、数据中断、数据不变化、数据报警解除、网络设备通断、个别程序故障等运行异常信息报警。

### 2. 短信服务模块

根据配置信息的定义，确定 GSM 模块的类型、工作的串口、速率、网络数据服务等一系列信息，按照这些信息调整工作方式。定期按照设定发送时间查询“短信发送表”，检索到要发送的信息，按照设定策略进行发送工作。发送完成后填写发送时间并把该记录存入“短信发送记录表”中。运行中同时对关键信息进行日志记录，如图 4–13 所示。

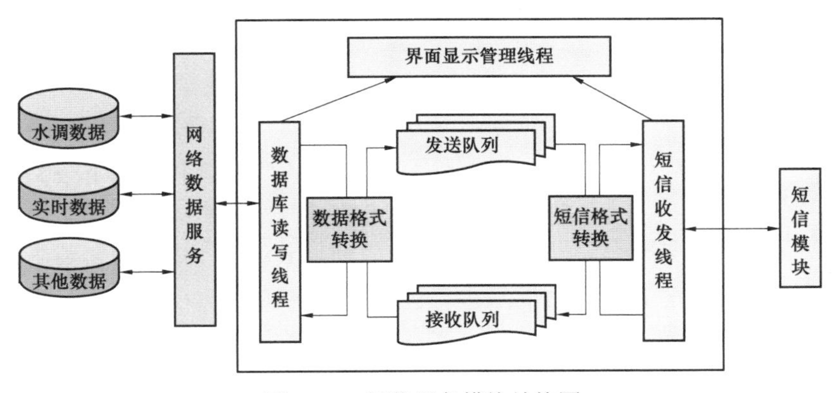


图 4–13　短信服务模块结构图

## 第三节　径流和洪水预报

根据经济调度与控制的需要，水库的来水预报分为三个层次的预报，一是以年、月、旬为时段单位的长期径流预测，主要为长期发电计划提供入库来水依据；二是以日为时段单位的日径流预报，主要为水库的中期运行提供入库来水依据；三是以时段为单位的短期洪水预报，主要为短期发电计划、防洪调度、实时调度及梯级经济调度控制提供入库来水依据。

### 一、中长期径流预报

径流的中长期预报已经成为当今水资源开发利用中不可缺少的非工程措施，它对于水库调度、科学治水等方面都起到不可替代的作用。就水电厂水库及水利系统控制运用而言，一定精度的径流中长期预测将是实现水库优化运行、提高水资源利用效率、增加水电厂发电效益的重要基础。

根据发布预报的预见期，通常把预见期在3～15天的称为中期预报，15天以上1年以内的称为长期预报，1年以上称为超长期预报或者称为水情展望。径流的中长期预报方法，现阶段基本分为数理统计法、大气与非大气因子法以及模糊数学法三大类，分别侧重于寻求径流中长期变化的随机性、确定性和模糊性规律。

预报的成果不只局限于入库流量，还包括在一定置信度下的可能的误差范围，并统计预报成果的累积频率，预报成果为中长期调度提供原始数据来源。

长期径流预测的方法大致可分为成因预测和统计预测两大类型。

从广泛实用的模型和采用的算法来看，长期径流预报实际应用主要有定性预测法、时间序列分析预测法、历史经验分析法、非线性方法、动力预测方法、组合预测方法。

#### （一）主要预报技术

针对流域的实际情况及预测所需资料获取的便利性，根据长期水文预报的不同特点，以人工神经网络、门限多元回归及支持向量机等单一预报模型为基础，通过最优组合预测手段，完成中长期水文预报，并保证必要的精度。

1. 神经网络模型

在水文资源分析计算中应用最多的神经网络模型是BP网络模型。一般三层（一个输入层、一个隐层和一个输出层）BP网络模型（见图4–14）可刻画水文水资源研究对象。

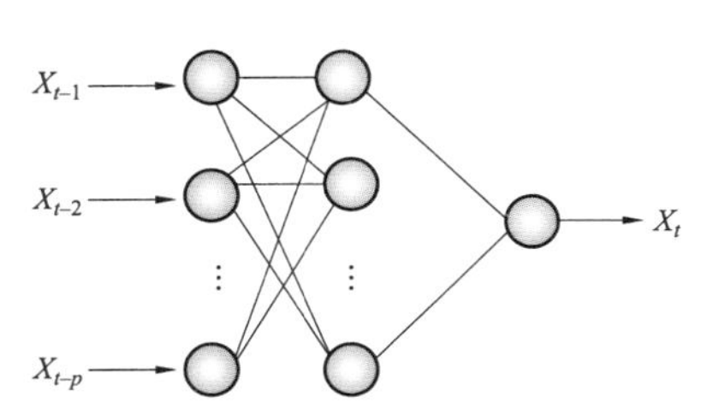

图4–14　人工神经网络模型结构图

受天体因素、降雨天气系统和流域下垫面系统综合作用的影响，长期径流时间序列是非线性的、强相关、高度复杂、多时间尺度变化的动力系统。其模型的参数率定也是一个复杂的优化问题，建议采用自适应遗传算法进行模型的参数率定。

2. 门限多元回归

水文水资源系统为一非线性系统。在多元线性回归模型中的自变量与因变量线性关系的假定不符合客观规律，门限回归模型就是近似解决非线性问题提出来的。

3. 支持向量机

支持向量机方法是建立在统计学理论的 VC 维理论和结构风险最小原理基础上的，根据有限的样本信息在模型的复杂性和学习能力之间寻求最佳折中，以期获得最好的推广能力。支持向量机方法的几个主要优点有：

（1）它是专门针对有限样本情况的，其目标是得到现有信息下的最优解而不仅仅是样本数趋于无穷大时的最优值；

（2）算法最终将转化成为一个二次型寻优问题，从理论上说，得到的将是全局最优点，解决了在神经网络方法中无法避免的局部极值问题；

（3）算法将实际问题通过非线性变换转换到高维的特征空间，在高维空间中构造线性判别函数来实现原空间中的非线性判别函数，特殊性质能保证机器有较好的推广能力，同时其算法复杂度与样本维数无关，解决了耦合模型输入变量维数增加的问题。

4. 组合预测

组合预测的提出就是为了弥补单个预测模型的片面性，它从集结尽可能多的有用消息触发，充分利用不同模型的优点，从而使预测模型具有对环境变化的适应能力。目前常用的组合预测方法可以分为两类：

（1）权系数组合预测法，在组合预测中，权重的选取十分重要，合理的权重会大大提高预测精度。常用的权重选取方法有最优加权法、均方倒数法、离异系数法等。

（2）模型组合预测法，即以各单一模型的预测结果作为输入，或考虑进系统预测因子的输入，再构造预测模型进行预测，常用的有最小二乘法、人工神经网络法、小波变换等方法。

### （二）功能设计

1. 参数率定

预报时段的因子设置及相关系数的计算排序，可选用多种因素作为输入因子，如不同的时段长的径流、降雨等；历史径流序列特征值计算；径流长序列的 P–III 曲线参数估计，方法包括最优适线法、距法等，也可进行手工调整；各预报模型的参数率定功能，可选择率定多时段或单一时段的参数率定；模型预报误差分析及精度评定；组合预测分析，方法选择。

2. 预报

时段长为年、月、旬的入库径流的趋势预报，以及最大、最小等特征值的预测，用户可以根据实际需要，选择预报的时段长及预报预见期长度；长序列径流统计，预报结果展示项目可进行人工选择，包括上包线、下包线、均值、实际值、模型预报值及历史径流序列等特征值进行对比分析；预报结果累计频率查询；历史预报结果的统计查询及精度评定；径流长序列的查询及特征值计算；可按设定频率的流量数据序列生成功能；展示结果包括图形、表格等，且可根据需要对其属性进行修改，具有良好的人机交互界面，预报结果允许人工修正和干预；随着资料的积累，预报系统能够将运行资料自动纳入预报的资料系列中，实现对预报资料系列的自动延长。

## 二、日径流预报

日径流过程是衡量一个地区水资源多寡的很重要的指标，准确预测日径流过程对水资源管理、调度、开发利用以及抗旱减灾等有很重要的意义。日径流预报是以日为时段单位，利用前期和现时水文、气象等信息，以及假想降雨预报结果，对未来数日的来水情况所做的预报。由于受降雨天气系统和流域下垫面系统的综合影响，日径流过程是非线性的、强相关、高度复杂、多时间尺度变化的动力系统，具有空间上的分布性、时间上的变异性等特点。

**（一）预报方法**

日径流预报介于短期洪水预报与长期预报之间，因此它所采用方法也多为两种方法，一种是结合流域特性、气象降雨等因素的概念性水文模型，另一种是分析长期径流序列的系统模型。概念性水文模型以洪水预报中广泛采用的新安江模型为代表，将计算时段改为日即可，通常称为新安江日径流预报模型；系统模型中比较有代表性的如时间序列方法、小波分析方法及人工神经网络方法等，在日径流预报中都有一定的应用。

预报分析采用物理概念模型与系统模型相结合的预报方法，尽量兼顾日径流过程的物理成因和周期特点。同时，流域日径流预报不论采用何种模型，其预报结果与实时观测流量之间必然存在误差，采用一定的技术手段，尽量减小误差是水文学界长期研究的方向。

针对汇流速度快、径流时间短的水库，发布预报的时间长度跨越了流域的自然预见期，需要以合适的方式引入气象预报降雨才可满足日径流预报需求。为更好地进行日入库径流预报，应考虑在汛期有气象降雨信息时，采用概念性水文模型进行计算；在非汛期采用神经网络、门限多元回归、支持向量机、组合预测等方法进行计算。

**（二）主要技术**

1. 降雨径流预报

流域降雨径流预报是研究流域内一次降雨将产生多少径流量，以及这些径流量如何形成出口断面的径流过程，前者称流域降雨产流量预报，后者称流域汇流预报。

短期降雨产流预报通常采用概念性水文模型进行，如果需要将气象预报信息、流域已发生降雨、水库流量及蓄水等相关因素纳入预报模型中，可以考虑采用新安江日模型进行中期径流预报。新安江日模型的特点之一是可以根据需要任意选择时段，时段为 1 日的新安江日模型也是常用的，它可用于枯水预报和展延系列。日径流预报模型在结构设计上与洪水预报模型一致。

2. 流域汇流预报

流域汇流预报主要使用单位线法。我们常用的单位线法，是指根据水文资料分析的地面径流单位线，即谢尔曼单位线。在一个特定的流域上，单位时段内均匀分布的单位净雨量所形成的流域出口站的地面径流过程线，叫单位线。

（1）河段流量预报。河段流量预报是指根据河段上断面的洪水过程推求河段下断面未来的洪水过程，常用的方法有相应流量法和流量演算法等。

（2）河段日径流综合预报。河段径流综合预报是在日径流预报中，将流域降雨径流预报成果（$q$ 区）、河段流量演算（相应流量）预报成果进行同时叠加，同时考虑流量预报现时校正值（$\Delta Q$）而形成出口站的流量过程预报成果。

（3）气象降雨应用。气象降雨预报对象通常为区间或气象站点，譬如沅水流域以分区方式提供定量降雨预报，将气象分区与水文分区进行了耦合；澜沧江流域提供了若干气象站点的降雨预报，将气象站点与水文站点或与水文分区进行匹配，应用于中期径流预报。

3. 预报方案配置

由于中期径流预报时段长度为日，对于调节能力小的电站在预报分区中可不予考虑，预报区间较洪水预报增大。

与调度相结合的日径流预报流程，如图 4–15 所示。

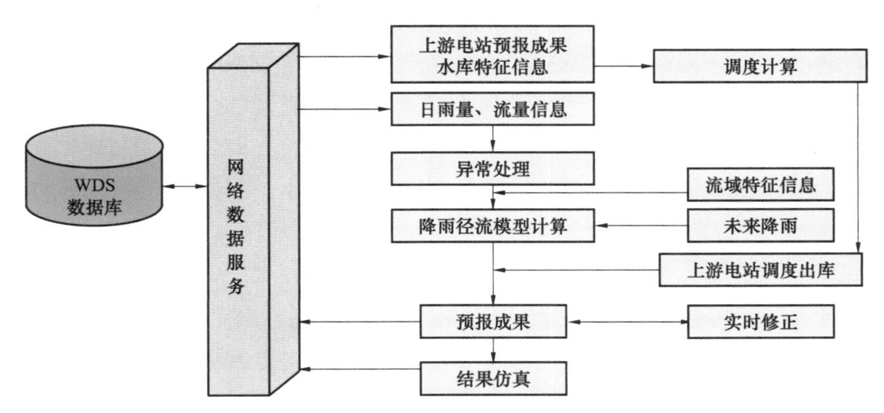


图 4–15　日径流预报流程示意图

### （三）功能设计

日径流预报软件包括定时日径流预报、人工干预日径流预报、模型中间变量初值估计、模型参数设置修正、实时校正，共 5 大模块。功能结构如图 4–16 所示。

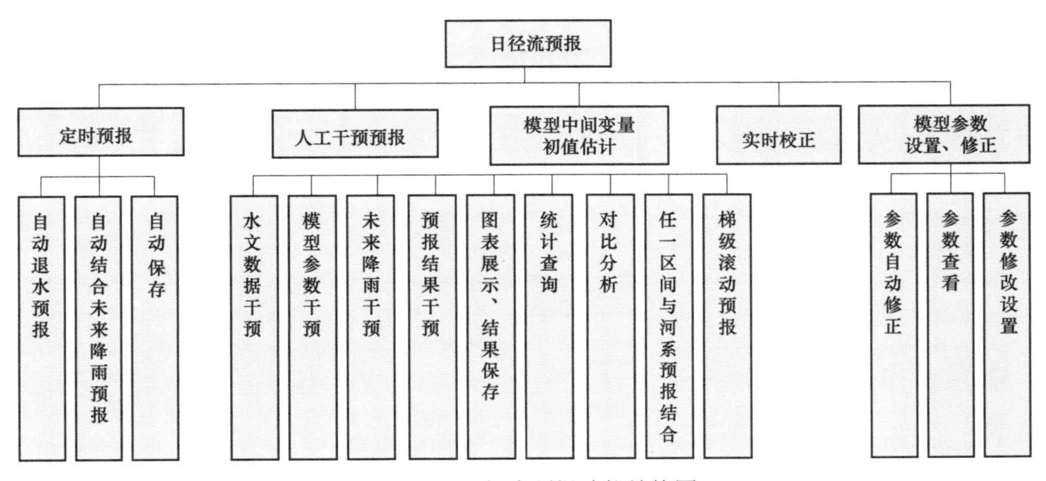


图 4–16　日径流预报功能结构图

## 三、洪水预报

洪水预报是指根据洪水形成原理及运动规律，利用前期和现时的水文、气象等信息，对未来的来水所做的预报，不考虑未来降雨情况下其预见期不超过流域汇流时间，通常为数小时至数天。

洪水预报主要功能包括定时洪水预报、人工干预洪水预报、梯级滚动预报、模型中间变量初值估计、模型参数设置修正、实时校正共六大模块。

**（一）主要预报方法**

1. 河道洪水演进法

这是根据河段上断面的洪水过程推求河段下断面未来的洪水过程，河道洪水演进方法包括相应流量法、合成流量法和流量演算法等，流量演算法分为水文学方法和水力学方法两类。其中水文学方法以马斯京根河道汇流模型为代表，它结构简单、参数物理意义明确，在我国有着广泛的应用，它通常与新安江三水源模型结合进行大流域的预报。它的缺点是对于复杂河道演算效果不好，譬如有回水影响的库区、受潮汐影响的入海口等。水动力学河道流量演算的效果较好，但其需要的资料较多，应用比较复杂，因此一般应用于资料条件较好的库区或复杂流域。

2. 实时校正研究方法

按修正内容划分，可分为模型误差修正、模型参数修正、模型输入修正和综合修正四类。模型误差修正，以自回归方法为典型，即据误差系列，建立自回归模型，再由实时误差，预报未来误差；模型参数修正，有参数状态方程修正，工业、国防自动控制中的自适应修正和卡尔曼滤波修正等方法；模型输入修正，主要有滤波方法，典型的卡尔曼滤波、维纳滤波等；综合修正方法，就是前三者的结合。自适应滤波算法、反馈模拟实时校正和基于卡尔曼滤波的马斯京根矩法是应用较好的三种校正方法，但针对不同流域和不同的洪水场次，其校正效果不同。为了在实时预报时自动寻求当前最适合的校正方法，可以采用集 3 种实时校正技术为一体的自适应实时校正技术，自上而下逐级进行预报校正，减少预报误差。

此外，计算机、遥感等技术的发展为水文预报提供了新的平台，结合 RS、GIS 等最新技术提取流域特征信息，进行面雨量计算等都为预报精度的提高提供了保障。流域洪水预报采用 ARCGIS 软件生成数字流域，可进行流域分区、分单元、水系生成等，并提取流域河长、坡度等特征信息；面平均雨量将采用数字单元与泰森多边形叠置分析获得。

流域洪水预报应用的模型和方法，见图 4–17。

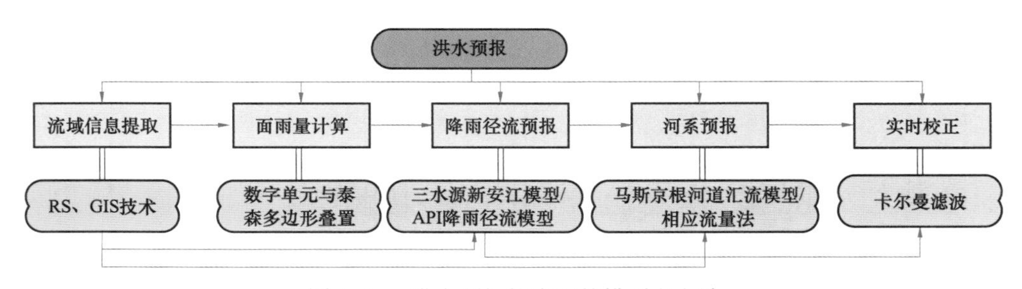


图 4–17　洪水预报拟应用的模型和方法

3. 面雨量计算

降雨直接决定着洪水总量的大小，雨量分布和面雨量是洪水预报和防汛决策的重要依据，其精度的高低直接影响到产汇流的模拟精度，在大多数实际的实时洪水预报中，其常常是决定预报精度的主要因素。传统的计算方法是以雨量站为中心，采用泰森多边形法划分单元，以所属的雨量站作为对应单元的代表站，其基本原理是认为降雨在空间上是呈线性分布的。该方法的主要问题是没有考虑地形对降雨空间分布的影响。

4. 流域信息提取技术

数字流域信息提取、单元划分、雨量处理等可与预报采用的模型结合，既能有效减小降雨分布不均和下垫面条件不同对预报的影响，同时又保留了水文模型的精髓，为特大流域的高精度预报奠定了基础。

目前，利用数字高程数据提取流域信息的方法很多，由 Martz 和 Garbrecht（1992）研制的数字高程流域水系模型；美国 RSI（Research System Inc.）公司的 RiverTools 软件；美国环境系统研究所 ESRI 开发的 Arcview、Arc/Info 软件，也具有提取流域信息的功能。通常进行流域信息提取的一般步骤如下：

（1）对 DEM 进行预处理。DEM 在离散化过程中的插值误差和采样误差，造成许多洼地（凹陷形洼地和阻挡型洼地），这些洼地将在水流方向计算时，造成有些水不能流出流域边界，从而产生很大的误差或不能计算出合理的结果。流域信息的提取需要高质量的 DEM，要求没有坑和坝，这就要预处理，即对原始的 DEM 进行填洼处理，得到无洼的 DEM。

（2）计算水流方向矩阵。对处理后的 DEM 按照某种算法计算水流的路径及方向，得到一个与 DEM 维数相同的水流方向矩阵。

（3）计算集水面积。根据水流方向矩阵，计算集水面积，用上游累积集水面积来表示，得到一个与 DEM 维数相同的集水面积矩阵。

（4）生成水系和单元。根据集水面积矩阵，设置给养面积阈值，大于这个值的认为是河道，从而在集水面积矩阵上标注出河道的位置，这样就生成了栅格形式的河网。经过矢量化，即可得到水系。水系间的分水岭就构成了单元。

5. 新安江三水源模型

新安江三水源模型是一个完整的降雨径流模型，其产流部分是蓄满产流模型，可以用于湿润和半湿润地区。当流域面积较小时，新安江三水源模型采用集总模型，面积较大时，采用分单元模型。分单元模型把流域分为若干单元面积，对每个单元面积，利用河槽汇流曲线计算到达流域出口断面的流量过程。然后把每个单元的出流过程相加，从而获得流域出口断面的总出流过程。它具有概念清晰、结构合理、使用方便和计算精度较高等优点，在我国湿润半湿润地区有着广泛而有效的应用，如图 4–18 所示。

6. API 型模型

API 型模型的特点是组合经过水文预报实践、行之有效的一些预报方法，成为连续径流模型。API 型模型的特点是组合经过水文预报实践、行之有效的一些预报方法，成为连续径流模型。模型框图见图 4–19，它包括四个预报方法。

（1）API 型降雨径流增量关系。由时段降雨增量预报直接径流增量 $r_d$。

（2）单位线。将 $r_d$ 转换为直接径流过程 $Q_d$。

（3）地下水入流过程 I 计算。

（4）地下水线性水库演算，将 I 转换为地下径流过程 $Q_G$，将 $Q_d$ 与 $Q_G$ 过程叠加，为流域总出流过程。

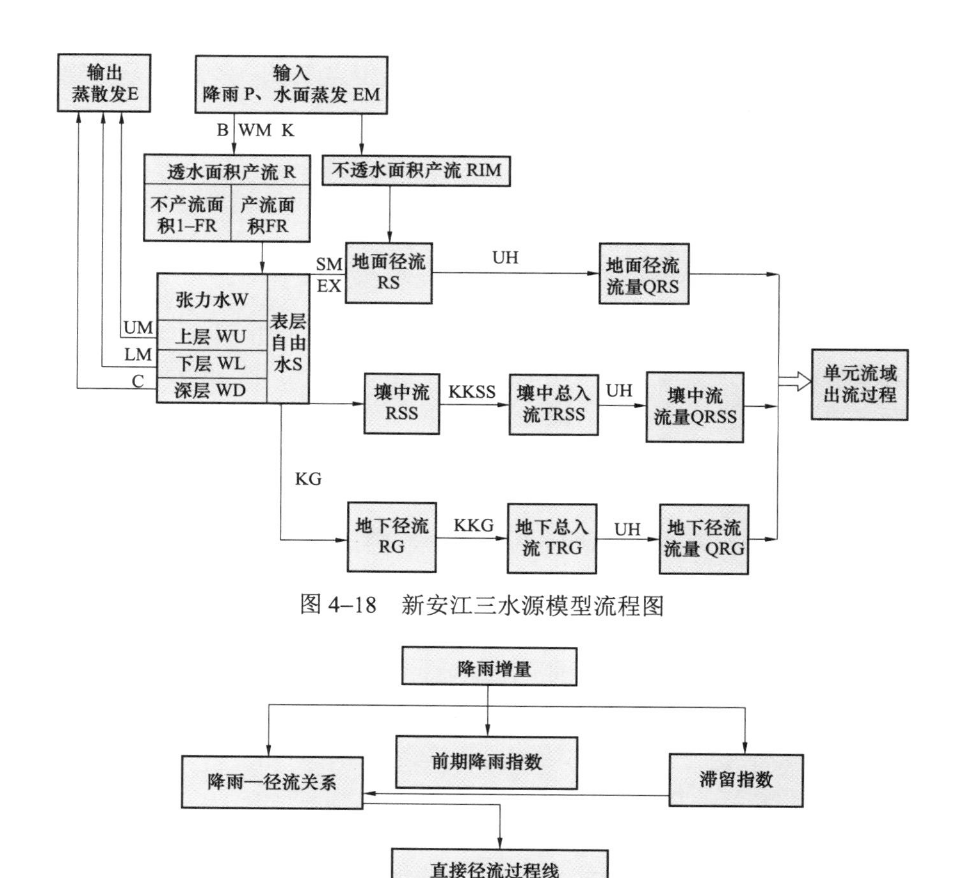


图4–18 新安江三水源模型流程图



图4–19 API型流域模型示意图

7. 马斯京根河道汇流模型

马斯京根法（简称M法）是一种基于槽蓄方程和水量平衡方程的河道流量演算法。由于使用方便，精度也较高，在生产实践中得到了广泛的应用。

8. 实时校正技术

实时修正技术按修正内容划分，可分为模型误差修正、模型参数修正、模型输入修正和综合修正四类。综合修正方法，是前三者的结合。遥测系统实时的水位、流量信息是实时校正的基础，作为实时校正的一部分就是在进行预报计算时，若下游预报计算所需的上游信息已有实测数据产生，应采用上游的实测值向下游演进；同时根据实时获取的最新信息，对预报模型的结构、参数、状态变量、输入向量或预报值进行自上而下的逐级校正。

## （二）洪水预报精度评定

洪水预报精度评定即在洪水发生后将预报过程与实测洪水过程进行对比分析，从而评定该场洪水预报结果的优劣。精度评定的项目包括洪峰流量（水位）、洪峰出现时间、洪量（径流量）和洪水过程等。可根据预报方案的类型和作业预报发布需要确定。

1. 结构设计

精度评定结构见图 4–20。

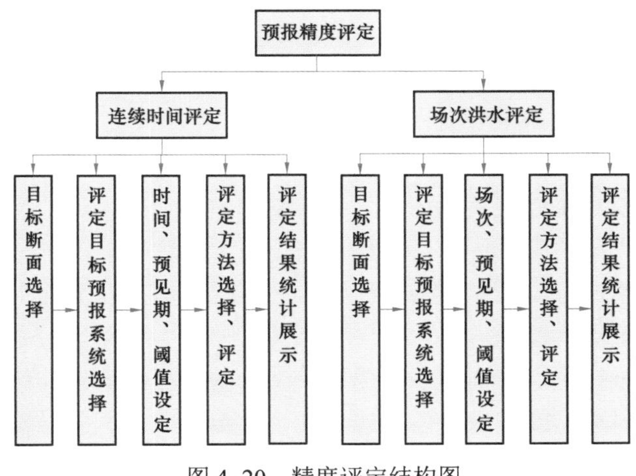

图 4–20　精度评定结构图

2. 精度评定方法

在洪水预报精度评定前应依据预报成果的使用要求，和实际预报技术水平等综合确定误差的允许范围，一般称为许可误差。由于洪水预报方法和预报要素的不同，对许可误差的规定也不同。在针对某一场洪水进行预报精度评定时，将对预报过程与实测过程的评定项目进行对比计算，得到预报误差。预报误差小于许可误差即为合格预报，否则为不合格。洪水预报误差的指标可采用以下 3 种：

（1）绝对误差：水文要素的预报值减去实测值为预报误差，其绝对值为绝对误差。多个绝对误差值的平均值表示多次预报的平均误差水平。

（2）相对误差：预报误差除以实测值为相对误差，以百分数表示。多个相对误差绝对值的平均值表示多次预报的平均相对误差水平。

（3）确定性系数：洪水预报过程与实测过程之间的吻合程度。

预报项目的精度按合格率或确定性系数的大小分为三个等级，精度等级按表 4–1 规定确定。

**表 4–1　　　　预报项目精度等级表**

| 精度等级 | 甲 | 乙 | 丙 |
|---|---|---|---|
| 合格率 OR（%） | QR≥85.0 | 85.0>QR≥70.0 | 70.0>QR≥60.0 |
| 确定性系数 DC | DC≥0.90 | 0.90>DC≥0.70 | 0.70>DC≥0.50 |

3. 预报方案的精度评定规定

当一个预报方案包含多个预报项目时，预报方案的合格率为各预报项目合格率的算术平均值。其精度等级仍按表 4–1 的规定确定；当主要项目的合格率低于各预报项目合格率的算术平均值时，以主要项目的合格率等级作为预报方案的精度等级；洪水预报方案的精度评定可参照《水文情报预报规范》（SL 250—2000）对预报方案精度等级的评定要求。

4. 功能设计

可以选择不同的预报断面进行精度评定；可以通过洪号选择对话框，选择单场或多场洪水进行精度评定；可显示单场洪水的实测、预报过程图形；对洪峰、洪量、洪峰滞时等多要素进行统计；可以统计单场洪水的预报要素、预报精度，同时可对多场洪水进行预报精度和预报合格率的统计。

## （三）次洪管理

次洪管理是对历史洪水的整编和管理，为防洪调度决策和仿真模拟调度、预报方案制作提供服务。它提供了方便的历史洪水过程提取功能，并对洪水的各项要素进行统计，包括洪水起止时间、洪峰流量、洪峰频率、洪水总量、1 日洪量等洪水特征值。

1. 结构设计

次洪管理设计包括洪水摘录、次洪查询两部分。洪水摘录主要对历史洪水进行提取、整编、获取相关特征值，并将整编结果存库；用户通过设置起止时间，从数据库中检索出相应时段的面平均降雨过程、历史洪水过程，以及水位等数据。这些数据以图形或者方式显示，用户可以从中直接判断洪水的变化趋势，在界面上勾画出洪水发生的时间范围，方便准确摘录洪水过程。

次洪查询用于对已摘录洪水的过程的查询、修改和各种特征值的查询。用户可以通过选择时间或者设置条件的方式，从数据库中调出已摘录的满足条件的各场次洪水，用户可在界面上选择其中的一场，可直接在界面上对该场洪水进行修改、删除等操作。次洪管理结构设计图见图 4–21。

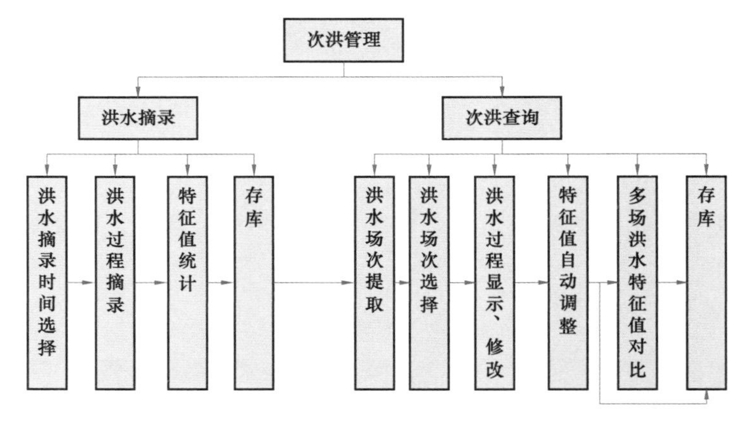


图 4–21　次洪管理结构设计图

2. 功能设计

次洪管理主要功能包括提供年份、月份选择或摘录条件设置方式选择需提取的数据范围时间，并自动提取雨量、水位、流量等相关数据；提供直观的鼠标拖动统计方式获得洪水摘录的起始、结束时间；鼠标拖动选择后，将自动进行各种特征值的计算、显示功能；提供丰富的图形、表格显示界面，方便的图形/表格切换显示功能；提供历史洪水场次的查询显示和过程修改；提供灵活、丰富的操作方式，允许预报调度人员对洪水过程进行人工干预，洪水过程修改后，将自动进行各种特征值的重新计算、显示；提供多场洪水特征值的综合显示功能，可将多场洪水特征值进行对比、分析；提供预报重要信息的输入窗口，方便后期进行洪水特性了解、分析；预报结果可以存入数据库，也可将预报表格保存为 excel 文档，将图形存为 bmp 格式文档。

# 第四节 防洪和发电调度

## 一、防洪调度

水库防洪调度主要任务是根据规划设计、防洪复核选定的水库工程洪水标准、下游防护对象的防洪标准，以及水库当年的大坝质量、泄洪设备与供水设备等的实际情况，按照水库与下游河道堤防和分、滞洪区防洪体系配合运用原则及控泄方式，在确保工程安全的前提下，对入库洪水进行拦蓄和控制泄放，保障下游防护对象的安全，并尽可能地发挥水库最大的综合效益。

如何安排水库对入库洪水进行蓄泄是防洪调度的主要问题，水库建成后水库库面变化如图 4–22 所示。

### （一）防洪调度软件的主要作用

合理、完善的水库防洪调度软件，对确保水库大坝安全、充分发挥水库错峰调洪功能就有着非常重要的作用。结合水库防洪特性、采用合适的防洪调度模型、借助于计算机语言编写的防洪调度软件可大大提高水库防洪调度的时效性和自动化程度，解放人力、物力，从而提高水库防洪的经济效益，其主要作用如下：

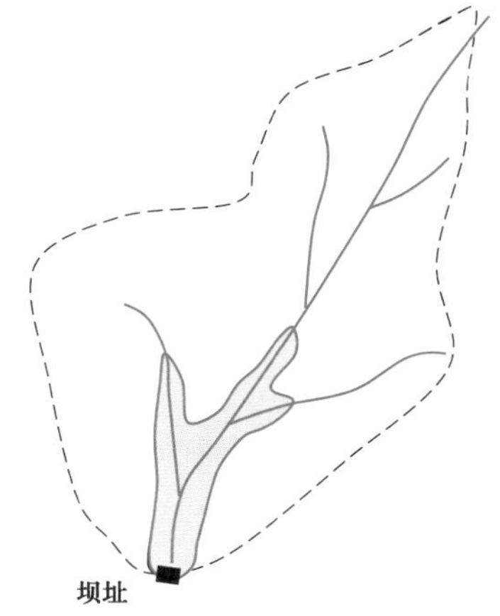

图 4–22　建库后流域面组成示意图

1. 充分发挥水库防洪兴利综合效益

水库防洪在基于大坝自身安全的基础上，通过合理的调度实现错峰、削峰的目的，在一定程度上减轻下游防洪对象的防洪压力及上下游的淹没损失。通过雨水情自动测报系统、洪水实时预报系统、防洪调度系统，实现应用的自动化、实时化，做到科学调度，减少损失、增加经济效益。

2. 提高水库流域的整体抗洪能力

通过合理的防洪调度实现最佳的放水、蓄水时机，从而减轻水库的防洪压力，最大程度的发挥水库防洪效用，提高水库流域的整体抗洪能力。

3. 增强水库运行管理的科学性、系统性和高效性

水库运行管理，常有大量的水文数据、闸门操作数据、大坝安全变化情况、电站运行情况、蓄放水运行情况记载资料，运用“梯级水库防洪调度软件”，可以把许多手工操作的内容由计算机来自动完成，这样不仅减少了大量的人力工作，也大大增强了运行管理的科学性、系统性和高效性。

### （二）调度模型

洪水调度主要是制定洪水调度方案，在水库的调洪计算中，入库洪水过程线、水位库容曲线、泄洪建筑物的形式尺寸及调度规则作为已知的基本资料，防洪调度方案制定的主要目的是推求下泄流量过程和库水位过程，以及结合闸门的启闭规则将下泄流量分配到各闸门，形成闸门开度的决策支持方案。

对于下游有防洪点的单库防洪问题，洪水调度关心三个主要指标，分别为水库的最高水位，

最大下泄量与调度期末的水库控制水位。其中，水库最高水位最低体现了水库自身和上游防洪（如果库区有淹没）的效益，而最大泄量最小体现了下游的防洪效益，调度期末的水位反应水库兴利与防洪的协调关系。这些指标之间是相互矛盾的，如在调度期末控制水位给定时，水库最高水位最低与最大下泄量最小本身是相互矛盾的。因此，在实际调度过程中可根据情况的轻重缓急选择其中一种控制模式制定水库防洪调度方案。防洪调度的主要调度模式如下。

1. 水位控制模型

水位控制模型是以调度期末的库水位作为目标，对调度期内的水库运行情况进行分析，得出方案及各个决策变量的特征值。

目标函数：

$$\text{Min}\quad F=\sum_{t=1}^{m}(q_t)^2$$

式中　$m$——调度期的时段数；

$q_t$——$t$ 时刻的下泄量。

其约束条件有以下几个因素：

（1）水库水位不超过防洪限定水位。

$$Z_t \leqslant Z_m(t)$$

式中　$Z_t$——$t$ 时刻水库水位；

$Z_m(t)$——$t$ 时刻容许最高水位。

（2）泄量不能超过水库泄水设备的容量限制。

$$q_t \leqslant q(Z_t)$$

式中　$q_t$——$t$ 时刻的下泄量；

$q(Z_t)$——$t$ 时刻相应于水位 $Z_t$ 的下泄能力，包括溢洪道、泄洪底孔与水轮机的过水能力。

（3）受到下游防洪断面的防洪控制（水位或流量）因素的影响。

（4）发电流量优先的原则。

（5）水库泄水设备的泄量变幅限制。

$$|q_t-q_{t-1}| \leqslant \Delta q_m$$

式中　$|q_t-q_{t-1}|$——相邻时段下泄量的变幅；

$\Delta q_m$——相邻时段泄流量变幅的容许值。

在水位控制模型的水库防洪调度过程中，当时段数固定，调度期末的水库水位及入库洪水过程确定时，水库泄洪设施的泄流总量是确定的，水库的泄流过程实际上是水库应泄水量的时段分配。在这种条件下，可以证明，水库最大泄量最小化等价于水库泄流量在调度期内尽可能地均匀。因此，水位控制模型的目标函数就相应的变为求最大泄量最小化的问题。

2. 出库控制模型

出库控制模型是指在洪水不超过下游防洪标准的情况下，以水库的下泄量作为目标，对调度期内的水库运行情况进行演算，得出方案及各个决策变量的特征值。

目标函数：

当最高容许水位约束与出库控制条件矛盾时：

$$\text{Min}\quad \text{Max}\ \{z_t\quad t \ni [1,m]\}$$

当最高容许水位约束与出库控制条件不矛盾时：

$$\text{Min}\quad \text{Max}\ \{Q_t\quad t \ni [1,m]\}$$

泄量控制模型的约束条件有：

（1）水库水位不超过防洪限定（最高、最低）水位。

$$Z_t \leqslant Z_m(t)$$

（2）水库泄水设备的容量限制。

$$q_t \leqslant q_m(t)$$

式中　$q_m(t)$——$t$ 时刻容许出库流量。

（3）下游防洪断面的防洪控制（水位或流量）。

（4）有发电任务的水库发电流量优先的原则。

（5）水库泄水设备的泄量变幅限制。

$$|q_t - q_{t-1}| \leqslant \Delta q_m$$

在泄量控制模型的水库防洪调度过程中，由于下泄量是给定的，那么确保大坝安全和上游库区域淹没不受影响就成为泄量控制模型的关键问题。由于大坝安全和上游库区域淹没范围是通过水库的最高水位限制来控制的，所以泄量控制模型就转化为下泄量和最高限制水位双重控制的模型。当该模型中下泄量起约束时，防洪调度演算的目标就转化为使水库最高水位最低；当下泄量不起约束时，防洪调度演算的目标就转化为尽可能利用由允许最高水位规定的允许调蓄库容来削减洪峰。

3. 预报预泄模型

预报预泄模型是根据流域平均汇流时间或者实时预报软件能提供的预见期，确定一个计算预见期 $T$，在其他条件允许的前提下，面临时刻 $t$ 的出库流量等于 $t+T$ 时刻的预报入库流量乘以预报精度 $\beta$ 得出的流量。该模型能体现大水大放、小水小放的优点，在短期洪水预报可靠时，可以保证预泄的可靠性，防治由于预泄过度导致水库水位难以恢复的消落。

预报预泄是一种折中的非优化调度方式，因此，没有确定的目标函数，但在调度调节时需要考虑以下条件的限制。

（1）相邻时段出库流量允许变幅。

$$|q_t - q_{t-1}| \leqslant \Delta q_m$$

（2）泄洪设备的溢洪能力限制。

$$q_t \leqslant q(Z_t)$$

（3）水库最高水位限制条件。

$$Z_t \leqslant Z_m(t)$$

（4）调度期末水位约束。

$$Z_{end} \leqslant Z_e$$

式中　$Z_{end}$——调度期末计算的库水位；

$Z_e$——调度期末的控制水位。

4. 闸门控制模型

闸门控制模型是指通过指定闸门的开启状况，模拟出水库的水位变化和流量的出库过程，确定防洪方案。该方案比较适用于对上级下达的闸门指令和上述三种模型求出的闸门开度修改后的模拟调度。

**（三）基本结构**

梯级水库防洪调度软件，主要有方案计算、会商、基础资料分析和设置、方案管理和方案输出五部分组成，基本结构如图 4–23 所示。

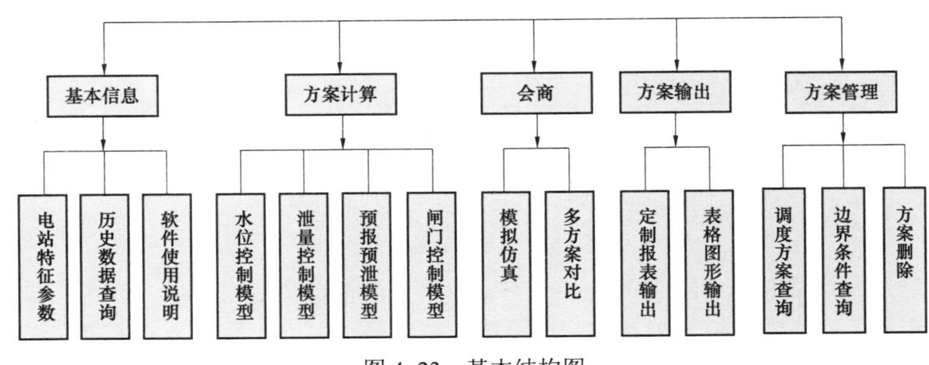


图 4–23　基本结构图

## 二、发电调度

**（一）概述**

发电调度主要任务是在确保大坝安全的前提下，处理好发电和防洪之间的关系，充分运用龙头水库的调蓄能力，寻求科学合理的单站和梯极联合优化运行策略，实现对天然入库径流进行有计划地蓄泄，达到充分利用水能资源、保证电站安全稳定运行、获取更大经济效益的目的。

发电调度模式有多种，从调度期长短上来分，主要分成：以月或旬为时段制定一年左右的长期发电调度，计算方法分为常规调度和优化调度；以日为时段制定一周以上的中期发电调度，计算方法是确定性的优化调度模型；以 15、30min 或 1h 为时段制定未来 1 日至数日（大于 5 日）的短期发电调度；而实时调度是以 15min 或 30min 或 1h 为时段的滚动实时监视各电站执行电网下达负荷的情况，并可对计划进行修正；梯级出力分配则是根据流域或梯级电站总负荷过程确定各厂站机组的出力过程及水库一天内的蓄放水过程。发电调度模式分类图（实时调度见实时调度部分）如图 4–24 所示。

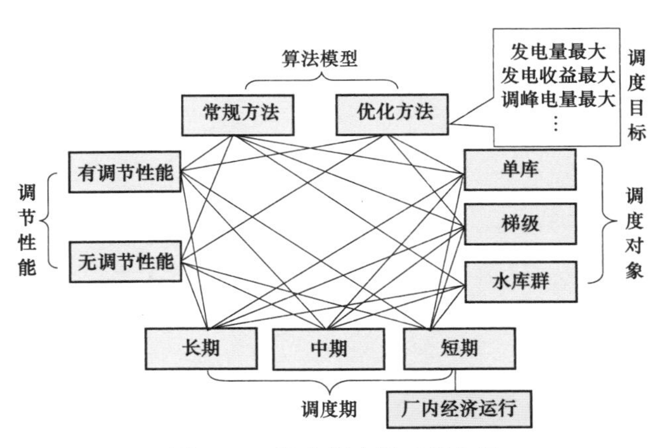


图 4–24　发电调度模式组合图

（任意一个回路形成一种调度模式）

由于水库调度涉及因素比较多，特别是短期调度、实时调度、梯级负荷分配对计算速度和实用要求比较高。因此，在解决实际问题时，在对结果影响不很大的情况下，如何研究对系统的部分内容和约束进行概化和预处理，寻求一种满足模型解算时间与模型解精度均衡的方法。需要从以下几个方面进行综合考虑。

1. 系统概化

根据各水库的特性和系统运行要求，长期发电调度不考虑梯级水电厂间的水流传播时间问题；在短期发电调度计划中，如果梯级水库区间面积较大，且下游水库的调度性能较好，可忽略上游水库的出库流量对下级电站入库的影响，直接引用下级水库的预报成果进行计算，即认为上下游无水力联系；在给定负荷过程的调度中，尽可能让调节性能好、装机容量大的电站作为系统的负荷平衡电站，承担系统的变动负荷。

2. 简化约束

电力过网能力（受各开关、线路约束、负荷备用等影响）、保证出力转化为电站出力上下限限制约束；水库坝上综合利用要求（发电、灌溉、淹没和防洪）简化为水库最高最低水位约束；水库坝下综合利用要求（坝下航运、河道冲刷）简化为最小出库流量约束和最大出库流量变幅约束；水库冲沙、排漂等要求转化为水库当前泄量约束；梯级水库间水流传播在不影响计算精度前提下可按照钢体平移方式考虑。

3. 预处理

在不影响精度的情况下采用最小二乘法对 NHQ 曲线进行拟合，转化为多项式关系式，避免由于曲线的不光滑性导致结果的不稳定性和不合理性，以及提高求解计算的速度；梯级水库间水流特性研究，如水流传播时间，考虑分为流量和传播时间的阶梯关系或两维的关系曲线；各调度参数分析和确认。

4. 水电厂网络拓扑关系图

电网中水电厂群不是一成不变的，尤其是近年来水电的快速发展，基于对于固定电站的水电厂群调度模式已经不能满足现有运行的要求，因此，要求能自动建立水电厂群之间的网络拓扑结构图，使计算模型能自动识别梯级水力联系进行计算。通过给各水电厂编号的方法和下级对应唯一的厂站号，利用递归和逆序法自动确定出电站群的网络拓扑结构图：

$$\begin{cases}\text{上下级梯级关系：} S_i(Sd_i) \\ \text{梯级电站描述：} S_i(Sd)\end{cases}$$

图中，$S_i$、$Sd_i$、$Sd$ 分别为 $i$ 电站、$i$ 电站的下级电站和 $i$ 电站所在梯级的最后一级电站的厂站编号。具有梯级联系水库主要考虑采的是水力联系和水流传播问题对调度目标的影响。

5. 运行套接关系和余留效益

水电厂发电主要受来水多少的影响，而来水在一定时间内是一定的，并且后期来水具有随机性，从电站发电运行关系上看电站的发电除与引用水量有关外，还与水头有关。因此，在安排水电运行计划时，如果前期安排出力过多，后期不来水时，会损失水头而降低单位水量的能量；反之，如果安排过少，则增加后期的弃水风险，所以，水电厂运行调度安排是一个长期套接中期、中期指导短期和实时，以及实时、短期反馈到中期和长期的一个过程，发电调度运行的关系流程，如图 4–25 所示。

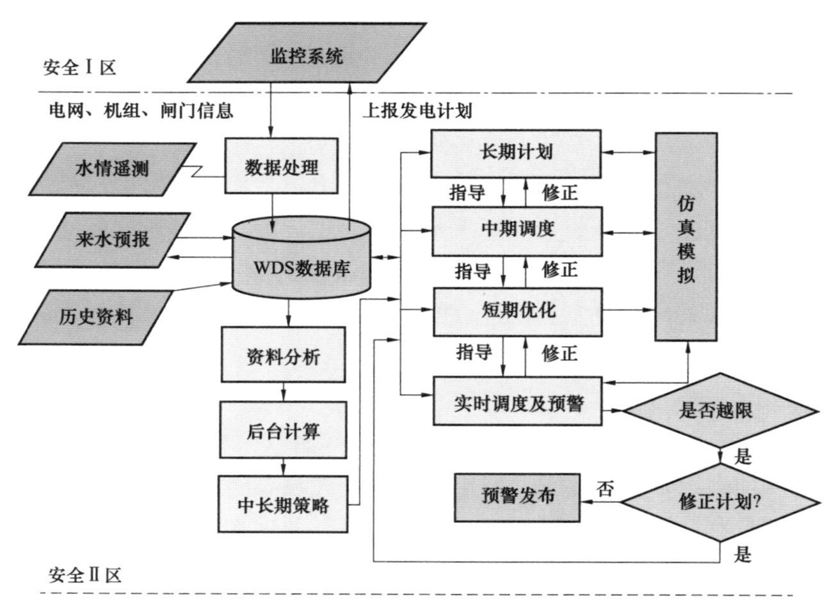


图 4–25　发电调度套接关系

6. 中长期计划和传播时滞问题

水电厂运行的余留效益主要反映在中短期调度过程中，集中体现为中长期计划和水流传播时滞处理问题：

（1）中长期计划问题。短期调度无法解决有调节性能水库中长期的调控问题，只能以边界条件来处理，即以调度期末水位为边界来指导水库的短期运行，反映了日可用水量的约束，但为了表现中长期运行的指导，期末水位默认值可从中长期运行计划中获得，中长期计划指导期末水位可结合水库调度图、调度规则和优化调度线，结合调度期预报来水计算得到。

（2）传播时滞问题。由于水电厂群调度期是一致的，梯级水电厂间存在由于水流传播时间不同而导致部分水量无法参与本次调度期的计算，这直接影响到下一个调度周期的日计划。在处理此问题上通过将时滞水量转化为余留电量方式带入目标函数中，即 $i$ 电站的目标值为：

$$E = E_i + Ed(Wc_{i-1})$$

式中，余留电量 $Ed$ 是上级水库时滞水量 $Wc_{i-1}$ 的函数。

## （二）解算方法

针对水库调度模型求解的数学优化算法种类较多，归纳起来主要有动态规划法（DP）及各种变体动态规划法，如逐步优化算法（POA）、离散微分动态规划法（DDDP）等、神经网络法（BP）、遗传算法（GA）、蚁群算法（ACO）、人工鱼群算法（AFSA）、微粒群算法（PSO）等。

同时考虑到电站间、梯级电站间、蓄能电站上下库间水力联系密切、相互关系复杂，运行方式和发电计划协调分配复杂，模型建立和求解复杂等问题，因此，在问题求解上采用综合权衡了解计算精度和速度上的大系统分解协调法及 DDDP 逐次逼近法，该算法配合水电厂网络拓扑关系结构图能较好处理电站增减的软件自适应问题，配合模型计算合理性检验规则库，可以得到求解问题的非劣解。具体求解方法步骤为：

（1）初始解确定：中长期发电调度中采用基于常规调度（季调节能力以上的为按调度图操作）获得初始解，此解不一定为可行解，可行解在优化过程中通过罚函数值进行求解；

（2）数学寻优计算：寻优廊道建立：以初始解为初始运行轨迹，采用 3 点法建立廊道，采用 DDDP 法进行最优方案求解。

### （三）长期发电调度

长期发电调度是以月、旬为时段，制定未来一年或多年水电厂的长期发电调度计划，以满足电网的电力电量平衡、机组检修计划安排、调度运行分析和年度电量合同制定等。水电由于受来水大小影响较大，而天然来水的不确定性必然决定了水电长期发电调度计划必须根据水情和负荷需求的不断变化而进行调整，即在实际运用中可结合水库调度过程是采用根据来水预报进一步精确和起始状态的不同，对调度线不断进行修正的向前滚动的计算过程。

其调度思路是：根据调度期内各时段的来水流量，已知水库的起始水位、调度期末库水位等边界条件，按一定的调度方法计算出各时段的调度决策 $X_{1t}(t=1,2,\cdots,T)$， $X_{1t}$ 可作为发电计划。

1. 调度模型

（1）调度图调度模型。主要针对季调节能力及以上水库，由于长期入库来水的不确定性，为避免人为因素所带来的决策失误，通常以调度图与调度规则来指导水库的运行调度。即在水库调度图上按时段初水位控制原则，根据时段初水位在调度图中的位置决定本时段的出力，按无弃水原则反算电站出力，并考虑如下调度规则：

当时段末水位超过最高水位时，按最高水位进行控制，全部水量用来发电；

当水位低于最低水位时，按最低水位进行控制安排发电。

（2）混合控制调度模型。由于各水库不同的运行特点及多变的综合利用要求，而且在长期发电调度计划制定中，基本上是基于确定性的来水预报进行计算，而来水在长期预测中具有不确定性的因素，因此，在电网实际运行的调度计划中，必然要求考虑不同水库在不同时期的计算要求的不同性和水库来水的多变性处理问题，因此，计算模型采用基于水位控制、出库流量控制、电站出力控制和水库调度图控制及混合控制方式进行调度。

水位控制模式：控制各时段的时段末水位值，通过水量平衡计算出库流量，在考虑水头受阻、电站、电站机组可用台数等情况下，将全部水量用来发电（可适当扣除不参与发电的引水等综合用水情况），多余的水才为弃水；当来水满足不了水位控制要求时，按实际来水计算水位；

出库流量控制模式：控制各时段的出库流量，将全部水量利用来发电，当全部满发后，多余的水量为弃水；当水位突破上下限约束时，按实际上下线水位控制，重新拟定本时段的出库流量用来发电；

出力控制模式：控制各时段的出力，在水位没有达到最高水位时，按无弃水原则反算水库水位，异常情况考虑以下几个方面：

由于水头或装机限制电站发电满足不了给定出力时，按限制出力发电；

当水位低于最低水位时，按最低水位控制发电；

当水位高于最高水位时，按最高水位进行控制，出力为给定出力，多余的水为弃水。

调度图模式：按调度图模型计算。

水量平衡模式：针对季调节能力以下水库，水库按核定水位运行，考虑库容差水量，按水量平衡模式计算出库流量，将全部出库流量（综合用水除外）用来发电，多余水量为弃水。

（3）发电量最大/发电收益最大模型。控制各水库调度期末蓄水量或电量，追求水电厂群总发电量达到最大的各电站运行方式。

目标函数：

$$Obj:\max \quad E=\sum_{t=1}^{T} P_t \times \Delta t$$

约束条件：

$$St.\begin{cases} Z_{t,\min} \leqslant Z_t \leqslant Z_{t,\max} \\ P_{t,\min} \leqslant P_t \leqslant P_{t,\max} \\ Qout_{t,\min} \leqslant Qout_t \leqslant Qout_{t,\max} \\ Z_T = Z_C \\ W_{t+1} = W_t + (Qin_t - Qout_t - \Delta Q_t) \times \Delta t \times 3600 \end{cases}$$

以上式中 $E$——调度对象电站的发电量；

$P_t$、$P_{t,\min}$、$P_{t,\max}$——电站 $t$ 时段的平均出力、最小出力和最大出力；

$\Delta t$——$t$ 时段的时段小时数；

$Z_t$、$Z_{t,\min}$、$Z_{t,\max}$——水库 $t$ 时段末水位、最低水位和最高水位；

$Qout_t$、$Qout_{t,\min}$、$Qout_{t,\max}$——水库 $t$ 时段平均出库流量、最小出库流量和最大出库流量；

$Z_C$——水库调度期末控制水位；

$W_t$、$W_{t+1}$——水库 $t$ 时段初、末蓄水量；

$Qin_t$、$Qout_t$、$\Delta Q_t$——水库 $t$ 时段的入库、出库、损失流量。

在电站的实际最大出力计算中，除最大出力约束外，还受到预想出力、可用机组台数和机组的额定容量等限制，即电站的最大允许出力为：

$$\max \quad P_t = \min\left\{P_{\max}, \sum_j Num_j \times P_{j,y}(H), \sum_j Num_j \times P_{j,c}\right\}$$

式中 $Num_j$——电站 $j$ 类型机组的可用台数；

$P_{j,y}(H)$——电站 $j$ 类型机组在水头 $H$ 下的预想出力；

$P_{j,c}$——电站 $j$ 类型机组的额定容量。

解算方法：主要采用 DDDP 法。

（4）保证出力最大模型。保证出力最大模型为：已知各水库的控制期初始水位、期末水位和预报入库来水过程，在满足各种约束条件下，求各水电厂的出力过程，使控制期内总出力过程中最小值达到最大。

目标函数：

$$Obj:\max\left(\min \quad P=\sum_{t=1}^{T}\sum_{t=1}^{N} P_{i,j}\right)$$

约束条件：

$$St.\begin{cases}Z_{i,\min} \leqslant Z_{i,t} \leqslant Z_{i,\max} \\ P_{i,\min} \leqslant P_{i,t} \leqslant P_{i,\max} \\ Pb_{t,\min} \leqslant \sum_{i=1}^{T} P_{i,j} \leqslant Pl_{t,\max} \\ Q_{i,\min} \leqslant Q_{i,t} \leqslant Q_{i,\max} \\ Z_{i,T} = Zc_i \\ W_{i,t+1} = W_{i,t} + (Qin_{i,t} - Qout_{i,t} - \Delta Q_{i,t}) \times \Delta t_t \times 3600 \\ Qin_{i,t} = Qout_{i,t} + Qq_{i,t}\end{cases}$$

式中 $P_{i,t}$、$P_{i,\min}$、$P_{i,\max}$ ——$i$ 电站 $t$ 时段的平均出力及 $i$ 电站调度期最小出力和最大出力约束；

$Z_{i,t}$、$Z_{i,\min}$、$Z_{i,\max}$ ——$i$ 水库 $t$ 时段水位及 $i$ 水库调度允许最低水位和最高水位；

$Q_{i,t}$、$Q_{i,\min}$、$Q_{i,\max}$ ——$i$ 水库 $t$ 时段出库流量及 $i$ 水库调度允许最小出库和最大出库流量；

$Zc_i$ ——$i$ 水库调度期末控制水位；

$W_{i,t+1}$、$W_{i,t}$ ——水库 $i$ 时段初和时段末蓄水量；

$Qin_{i,t}$、$Qout_{i,t}$、$\Delta Q_{i,t}$ ——$i$ 水库时段 $t$ 的入库流量、出库流量和损失流量；

$Q_{\varpi,t-\pi_{\varpi}}$、$Qq_{i,t}$ ——$i$ 水库上游 $u$ 水库传播时间为 $\pi_{\varpi}$ 时段前的出库流量和区间来水流量，在长期调度计划中 $\pi_{\varpi}$ 为 0。

解算方法：

通过转换约束法将保证出力最大目标转换成发电量最大目标和各时段保证出力约束。

2. 功能设计

通常以月、旬为时段单位制定未来一定时期的梯级水电厂发电优化调度计划，发电调度的对象可以是单库、梯级水电厂群，主要功能要求如下：

调度时段（旬、月）可进行选择，调度期的起始时间和结束时间可进行设置；根据不同时期的调度需求，调度目标可选；应能方便地修改各电站的约束条件及计算参数，即调度边界参数可人工进行方便干预；调度对象可进行选择，分为单库、梯级；支持多种来水方式提取功能，包括长期来水预报结果可自动提取，也可对长序列历史资料通过频率分析获得，分析过程和结果可人工进行干预；考虑投运机组和检修后的机组可利用台数，可人工对台数进行干预，以适应临检的需求；制定出来的调度结果可通过图表进行展示，其中水位过程可在调度图中进行显示；调度结果的图表信息可进行选择输出，在本地具有记忆功能，也可另存为其他文件格式和打印；调度方案保存，可保存至数据库，也可保存为本地文件，支持多方案存储，可保存为调度预案；可同时进行多方案制作和对比；可对历史存库方案进行管理，如查询、删除和再计算等；可对调度结果的图形或数据表格进行人工仿真拖动和数据修改调整，并计算出相关量（含梯级）的计算结果。

**（四）中期发电调度**

中期水电厂发电优化调度是以日为时段，配合中期日径流预报，制定未来一周或一个月左右的水电厂群发电调度方案，以满足各电站的日电量计划制定和制定短期调度计划运行指导需求。由于流域日径流不如长期来水那样具有丰枯规律，也没有短期电网负荷峰谷需求和分时电价，是介于长期和短期之间的一种特有的调度方式，是发挥水库运行效益的关键环节。

1. 调度模型

（1）混合控制调度模型。计算模型采用基于水位控制、出库流量控制、电站出力控制和水库调度图控制及混合控制方式进行调度。

1）水位控制模式：控制各时段的时段末水位值，通过水量平衡计算出库流量，在考虑水头受阻，电站、电站机组可用台数等情况下，将全部水量用来发电（可适当扣除不参与发电的引水等综合用水情况），多余的水才为弃水；当来水满足不了水位控制要求时，按实际来水计算水位。

2）出库流量控制模式：控制各时段的出库流量，将全部水量利用来发电，当全部满发后，多余的水量为弃水；当水位突破上下限约束时，按实际上下线水位控制，重新拟定本时段的出库流量用来发电。

3）出力控制模式：控制各时段的出力，在水位没有达到最高水位时，按无弃水原则反算水库水位，异常情况考虑以下几个方面：由于水头或装机限制电站发电满足不了给定出力时，按限制出力发电；当水位低于最低水位时，按最低水位控制发电；当水位高于最高水位时，按最高水位进行控制，出力为给定出力，多余的水为弃水。

4）调度图模式：按水库水位在调度图中的出力区位置安排电站出力。

（2）期望发电量/发电收益最大模型。逐日滚动发电计划由于计算的是日平均的概念，没有短期发电调度那样具有负荷峰谷的概念。其计划制定主要考虑水库的中长期运行计划指导、来水情况的大小及规律、电网的电量需求等信息。

调度目标：

$$Obj:\max\ E_p=\sum_{i=1}^{I}\sum_{t=1}^{T}\sum_{j=1}^{Mq}P_{i,t}\times P_{i,t}[Qin_{i,j,t},Qin_i(tk)]\times\Delta t\times\gamma_t$$

$$tk=t-1,t-2,\cdots,Time(Qc)$$

约束条件：

$$St.\begin{cases}Z_{i,\min}\leqslant Z_{i,t}\leqslant Z_{i,\max}\\Z_{i,T}=Zc_i\\P_{i,\min}\leqslant P_{i,t}\leqslant P_{i,\max}\\Q_{i,\min}\leqslant Q_{i,t}\leqslant Q_{i,\max}\\W_{i,t+1}=W_{i,t}+(Qin_{i,t}-Qout_{i,t}-\Delta Q_{i,t})\times 24\times 3600\end{cases}$$

以上式中 $Mq$ ——划分不同流量级别个数；

$P_{i,t}$ ——流量级别是 $Qin_{i,j,t}$ 时在已知过去一段时间的流量过程 $Qin_i(tk)$ 下的条件概率，其值与时段 $t$、流量级别 $Qin_{i,j,t}$ 大小、$tk$ 的长度和来水的涨落有关；

$\gamma_t$ ——$t$ 时段的季节电价；

$Time(Qc)$ ——流量变化的拐点时刻。

（3）发电量最大模型。控制各水库调度期末蓄水量或电量，追求水电厂群总发电量达到最大的各电站运行方式。目标、约束和求解方法同长期。

（4）发电用水量最小模型。即给定水电厂群调度期内各时段总负荷过程，实现总负荷过程在各时段的经济分配，满足耗能最小的目标。

调度目标：

$$Obj:\max\ Ew=\sum_{i=1}^{I}(W_T-W_0)(\bar{h}_i+\bar{h}_{down})+\sum_{i=1}^{I}Wq_i(h_{i,T}+\bar{h}_{down,T})$$

约束条件：

$$St.\begin{cases}Z_{i,\min}\leqslant Z_{i,t}\leqslant Z_{i,\max}\\P_{i,\min}\leqslant P_{i,t}\leqslant P_{i,\max}\\|P_{i,t+1}-P_{i,t}|\leqslant \Delta P_i\\Q_{i,\min}\leqslant Q_{i,t}\leqslant Q_{i,\max}\\|Q_{i,t+1}-Q_{i,t}|\leqslant \Delta Q_i\\\sum_{i=1}^{I}P_{i,t}=P_t\\W_{i,t+1}=W_{i,t}+(Qin_{i,t}-Qout_{i,t}-\Delta Q_{i,t})\times\Delta t\times 3600\\Qin_{i,t}=\sum_{\varpi=j}^{U}Q_{\varpi,i-\pi_{\varpi}}+Qq_{i,t}\end{cases}$$

以上式中 $Ew$——蓄能值；

$W_0$、$W_T$——水库调度期初和调度期末蓄水量；

$\bar{h}_i$、$\bar{h}_{down}$——$i$ 水库调度期的平均水头和 $i$ 水库下游所有水库平均水头之和；

$Wq_i$——$i$ 水库上游水库时滞调度期内未到达 $i$ 水库的水量；

$h_{i,T}$、$\bar{h}_{down,T}$——$i$ 水库最后时段的平均水头和 $i$ 水库下游所有水库最后时段的平均水头之和；

$P_{i,t}$、$P_{i,\min}$、$P_{i,\max}$——$i$ 电站 $t$ 时段的平均出力及 $i$ 电站调度固定最小出力和最大出力；

$Z_{i,t}$、$Z_{i,\min}$、$Z_{i,\max}$——$i$ 水库 $t$ 时段水位及 $i$ 水库调度允许最低水位和最高水位；

$Q_{i,t}$、$Q_{i,\min}$、$Q_{i,\max}$——$i$ 水库 $t$ 时段出库流量及 $i$ 水库调度允许最小出库和最大出库流量；

$W_{i,t+1}$、$W_{i,t}$——水库 $i$ 时段初和时段末蓄水量；

$Qin_{i,t}$、$Qout_{i,t}$、$\Delta Q_{i,t}$——$i$ 水库时段 $t$ 的入库流量、出库流量和损失流量；

$Q_{\varpi,i-\pi_{\varpi}}$、$Qq_{i,t}$——$i$ 水库上游 $u$ 水库传播时间为 $\pi_{\varpi}$ 时段前的出库流量和区间来水流量；

$P_t$——$t$ 时段给定调度对象总负荷。

在实际应用中，模型求解结果将导致梯级龙头水库尽可能少发电，下游电站将发电比较多，这样的结果并不符合水电厂中长期运行调度，因此，必须考虑各水库中长期计划对该目标的影响，引入期望用水量的概念，在调度中调度目标转化为均匀用水达到最小，即：

$$\frac{Wuse_1}{W_1}=\frac{Wuse_2}{W_2}=\cdots=\frac{Wuse_1}{W_1}\Rightarrow \min$$

式中　$Wuse_i$、$W_i$——分别为水库实际用水量和期望用水量。

2. 功能设计

调度期的起始时间和结束时间可进行设置；根据不同时期的调度需求，调度目标可选；能方便地修改各电站的约束条件及计算参数，即调度边界参数可人工进行方便干预；调度对象可进行选择，分为单库、梯级；支持多种来水方式提取功能，包括水预报结果可自动提取，也可对提取历史同期和实际历史值，可人工进行干预；考虑投运机组和检修后的机组可利用台数，可人工对台数进行干预，以适应临检的需求；调度结果的图表信息可进行选择输出，在本地具有记忆功能，也可另存为其他文件格式和打印；调度方案保存，可保存至数据库，也可保存为本地文件，支持多方案存储，可保存为调度预案；可同时进行多方案制作和对比；可对历史存库方案进行管理，如查询、删除和再计算等；可对调度结果的图形或数据表格进行人工仿真拖动和数据修改调整，并计算出相关量（含梯级）的计算结果。

### （五）短期发电调度

短期发电调度是以 15、30min 或 1h 为时段，制定未来 1～5 天的水电厂群日发电调度计划过程，在计算中考虑了水流传播时间和中长期调度所带来的后效性问题，水电厂短期发电计划依据的短期预报入库来水目前精度还比较高，但计划结果要求更贴近生产实际，除水库运行本身的约束外，还受到电网安全和负荷需求的制约。

1. 调度模型

（1）余留负荷后移法。目的是从充分利用水能和参与调峰，即给定电站总发电量和系统总负荷过程，考虑电站的出力约束，按余留负荷从高峰到低谷按最大的发电能力排序安排电站的发电出力，直至满足给定发电量为止。

数学模型如下：

$$\begin{cases}\sum_{t=1}^{N_k} P_{k,t}=E_k\\ \underline{P_k}\leqslant P_{k,t}\leqslant \overline{P_k}\\ P_{k,1}\geqslant P_{k,2}\geqslant\cdots\geqslant P_{k,N_k}\end{cases}$$

式中　$P_{k,i}$——第 $k$ 水电厂 $t$ 时段的工作容量；

$E_k$——$k$ 水电厂日可发电量；

$\overline{P_k}$、$\underline{P_k}$——$k$ 水电厂技术出力上下限；

$t$——按负荷由大到小的时段排序。

余留负荷后移法的基本思想是各水电厂在日发电用水量给定的条件下，在水电厂的可用容量控制下，尽可能地利用日可调发电量，以达到系统吸收水电厂电量最大，同时余留给火电站负荷尽可能地平坦，以降低火电机组单位千瓦时的发电燃耗率和火电发电量，使整个系统燃耗最小。

（2）调峰电量最大模型。考虑到日内有早高峰、晚高峰、平时段和低谷时段的负荷，以及日内可用水量有多有少问题，因此，通过该模型以期达到在有限的水量和电量下，在满足其他运行约束条件下，将负荷尽可能安排到最高峰的时段运行。所以，建立了基于日典型负荷的日计划运行方式解决调峰电量最大问题。

调度目标：水电厂群调峰电量最大，发电量尽可能地多。

$$\begin{cases} obj1:\max \quad \sum_{i=1}^{N}\sum_{t=1}^{T_k} Pk_{i,t}\Delta t \\ obj2:\max \quad \sum_{i=1}^{N}\sum_{t=1}^{T} P_{i,t}\Delta t \end{cases}$$

式中　$Pk_{i,t}$ ——$i$ 电站在峰负荷时段 $t$ 的出力；

$P_{i,t}$ ——$t$ 时段的出力；

$\Delta t$ ——时段小时数。

约束条件：

$$St.\begin{cases} Z_{i,\min} \leqslant Z_{i,t} \leqslant Z_{i,\max} \\ P_{i,\min} \leqslant P_{i,t} \leqslant P_{i,\max} \\ |P_{i,t+1} - P_{i,t}| \leqslant \Delta P_i \\ Q_{i,\min} \leqslant Q_{i,t} \leqslant Q_{i,\max} \\ |Q_{i,t+1} - Q_{i,t}| \leqslant \Delta Q_i \\ Z_{i,T} = Zc_i \text{ 或 } \sum_{i=1}^{T} P_{i,t}\Delta t = E_i \\ W_{i,t+1} = W_{i,t} + (Qin_{i,t} - Qout_{i,t} - \Delta Q_{i,t}) \times \Delta t_t \times 3600 \\ Qin_{i,t} = \sum_{n=j}^{U} Q_{\varpi,i-\pi_\varpi} + Qq_{i,t} \end{cases}$$

式中　$E_i$——所有调度对象电站的发电量；

$P_{i,t}$、$P_{i,\min}$、$P_{i,\max}$ ——$i$ 电站 $t$ 时段的平均出力及 $i$ 电站调度固定最小出力和最大出力；

$\Delta t$ ——时段小时数；

$Z_{i,T}$、$Z_{i,\min}$、$Z_{i,\max}$ ——$i$ 水库 $t$ 时段水位及 $i$ 水库调度允许最低水位和最高水位；

$Q_{i,t}$、$Q_{i,\min}$、$Q_{i,\max}$ ——$i$ 水库 $t$ 时段出库流量及 $i$ 水库调度允许最小出库和最大出库流量；

$\Delta P_i$、$\Delta Q_i$ ——$i$ 电站时段出力变幅和水库时段出库流量变幅约束；

$Zc_i$、$E_i$ ——$i$ 水库调度期末控制水位和电站调度期控制电量；

$W_{i,t+1}$、$W_{i,t}$ ——水库 $i$ 时段初和时段末蓄水量；

$Qin_{i,t}$、$Qout_{i,t}$、$\Delta Q_{i,t}$ ——$i$ 水库时段 $t$ 的入库流量、出库流量和损失流量；

$Q_{\varpi,i-\pi_\varpi}$、$Qq_{i,t}$ ——$i$ 水库上游 $u$ 水库传播时间为 $\pi_\varpi$ 时段前的出库流量和区间来水流量。

（3）耗能最小模型。

给定水电厂群总负荷过程，实现总负荷在各电站的经济分配，达到发电耗能最小（或期末蓄能值最大）的目的。

调度目标：

$$Obj:\max \quad Ew = \sum_{i=1}^{I}(W_T - W_0)(\overline{h}_i + \overline{h}_{down}) + \sum_{i=1}^{I} Wq_i(h_{i,T} + h_{down,T})$$

约束条件：

$$St.\begin{cases} Z_{i,\min} \leqslant Z_{i,t} \leqslant Z_{i,\max} \\ P_{i,\min} \leqslant P_{i,t} \leqslant P_{i,\max} \\ |P_{i,t+1} - P_{i,t}| \leqslant \Delta P_i \\ Q_{i,\min} \leqslant Q_{i,t} \leqslant Q_{i,\max} \\ |Q_{i,t+1} - Q_{i,t}| \leqslant \Delta Q_i \\ \sum_{i=1}^{I} P_{i,t} = P_t \\ W_{i,t+1} = W_{i,t} + (Qin_{i,t} - Qout_{i,t} - \Delta Q_{i,t}) \times \Delta t_t \times 3600 \\ Qin_{i,t} = \sum_{\varpi=j}^{U} Q_{\varpi,i-\tau_\varpi} + Qq_{i,t} \end{cases}$$

式中　$Ew$ ——蓄能值；

$W_0$、$W_T$ ——水库调度期初和调度期末蓄水量；

$\overline{h}_i$、$\overline{h}_{down}$ —— $i$ 水库调度期的平均水头和 $i$ 水库下游所有水库平均水头之和；

$Wq_i$ —— $i$ 水库上游水库时滞调度期内未到达 $i$ 水库的水量；

$h_{i,T}$、$h_{down,T}$ —— $i$ 水库最后时段的平均水头和 $i$ 水库下游所有水库最后时段的平均水头之和；

$P_t$ —— $t$ 时段给定调度对象总负荷。

2. 功能设计

功能设计可以灵活选择调度对象，包括单库、梯级；可以灵活选择调度时段和调度期，调度期可为1～5天，也可对历史进行反算模拟；可以根据实际需要，选择优化调度模型；能够根据优化结果，人工干预中间和计算结果，实现图表联动的人工仿真干预；能够方便调整输入、约束条件，包括入库过程、出力范围、水位范围、检修过程等；能够保存多种调度方案，可具有多方案间的对比功能；能够查询、管理调度方案，方案管理需要一定的权限要求。

### （六）实时发电调度

实时调度主要基于执行电网下达的负荷计划为基础，结合预报、实时水情信息，综合了实时监视、趋势预测、报警预警、计划调整等功能为一体，实现技术是依据水量平衡计算和结合短期发电计划进行调整。实时发电调度流程如图4–26所示。

1. 调度模型

（1）趋势预测。执行电网下达的负荷计划，采用水量平衡模式进行预测，即：

$$Z_{t+1} = Z[W_t + (Q_t - q_t - \Delta Q_t) \times \Delta t]$$

式中　$Z_{t+1}$ —— $t$ 时段末水位，m；

$Q_t, q_t$ —— $t$ 时段入库流量和出库流量，$m^3/s$；

$\Delta t$ ——时段长，s；

$\Delta Q_t$ —— $t$ 时段损失流量，取0，$m^3/s$；

$Z(W)$ ——水位—库容关系曲线，插值方式采用线性插值。

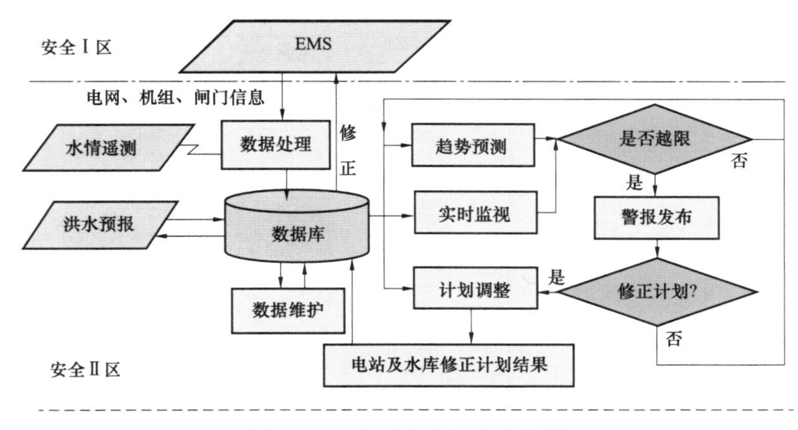


图 4–26　实时发电调度流程图

（2）计划调整。采用水位控制、出力控制、出库流量控制三种仿真混合调度模式进行计划调整，各种仿真控制模式计算方法同长期及中期混合控制模型。

2. 功能设计

实时发电调度应能实时滚动监视统调电站入库来水、出库用水情况，滚动监视下达的日计划执行情况。应能根据预报入库来水变化，对水库的运行趋势进行预测并判断越限情况，针对越限可自动提前进行预警，以丰富的图表方式输出与调度结果相关的各调度过程值和特征统计值对决策者进行提示。同时，可利用短期优化调度模型实现发电计划自动滚动修正，为决策者提供支持。实时发电调度主要功能有：实时监视功能，能够实时显示各统调水电厂的当前水库水位、入库流量、发电流量、泄洪流量、出库流量、发电出力等；趋势跟踪和预测功能，根据电网下达到各厂的 96 点日负荷计划和短期预报对水库和电站运行趋势进行跟踪计算，对水库未来数小时内的水库水位、发电流量等运行趋势进行预测，对入库流量趋势或水位趋势变化较大的，能及时告警并进行提示；预警功能，在水库和电站的运行趋势预测中，对未来可能越限的值在设置的提前时间内进行警告。预警的内容有水位越限、出力越限或不足等；计划滚动修正，对越限的计划可手动重新制定和修正原调度计划功能；实时调整，若区间来水有较大变化，对下游电厂发电计划造成影响，能实现实时梯级流域联合优化调度。

## （七）总体设计

1. 结构设计

根据发电调度计算需求，该模块系统结构如图 4–27 所示。

2. 功能设计

（1）发电计划方案。根据调度期长短和时段类型不同，水电厂发电计划方案一般可分为三类：长期发电计划、中期发电计划、短期发电计划。

1）长期发电计划：调度期一般为一年（可根据需要灵活设置），计算时段为旬或月，主要根据调度期内的水库来水过程（由长期径流预报、历史频率分析等确定，可人工修改），在满足各类综合利用和边界约束的前提下，按指定目标（由模型选择确定）合理安排水库的蓄放水计划，同时确定各时段的电站出力过程，以指导水库的年度运行。

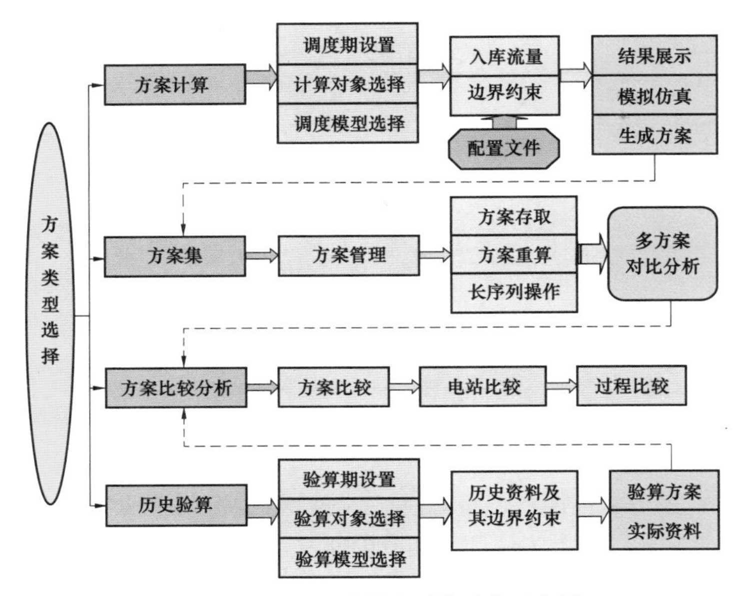


图 4–27　发电调度模块系统结构示意图

2）中期发电计划：调度期一般为 5～10 天（可根据需要灵活设置），计算时段为日，主要根据调度期内的水库来水过程（由中期径流预报确定，可人工修改），在满足各类综合利用和边界约束的前提下，按指定目标（由模型选择确定）合理安排水库逐日蓄放水计划，同时确定电站逐日出力过程，以指导水库的中期调度运行。

3）短期发电计划：调度期一般为 1 天（可根据需要灵活设置），计算时段为 15min 或 1h，主要根据短期预报确定的水库来水过程（可人工修改），在满足各类综合利用和边界约束的前提下，按指定目标（由模型选择确定）合理安排水库的日内蓄放水计划，并计算电站的逐时段出力过程（通常为 96 点计划），为水库电站的日运行提供决策支持。

水库电站的长、中、短期发电计划互为参照，相互影响：长期发电计划指导中期发电计划、中期发电计划指导短期发电计划；短期发电计划又根据实际运行情况对中期发电计划进行修正，中期发电计划根据自身的调整对长期发电计划进行修正。

（2）计算方案。在进行方案计算时，要满足以下功能需求：

1）调度期和计算时段：可根据需要进行灵活设置和选择；

2）计算对象：可制作单站计划，也可进行梯级联算；

3）调度模型：对不同方案类型提供多种调度模型，调度人员可根据不同的调度目标进行模型选择；

4）入库流量：自动提取相应预报流量，也可根据历史频率分析计算（长期发电计划），可人工修改；

5）边界约束：可通过配置工具在配置文件中编辑各模型需考虑的详细边界和约束条件，对应数据自动从数据库获取，可人工修改；

6）结果展示：可通过图形和表格显示，并支持图、表的导出和打印等功能；

7）模拟仿真：方案计算完成后，可修改各时段的出力、末水位、出库流量、入库流量等指标，然后进行模拟仿真计算；

8）加入方案集：对新建方案，无论是否计算完成，均可添加到方案集中，此时会自动切换到方案集功能节点。

（3）方案集。方案集是对方案计算功能的扩展，主要包括以下功能：

1）方案存取：可对方案进行本地或数据库的存储、提取操作；

2）新建方案：可重新建立新方案进行计算，此时会自动切换到方案计算功能节点；

3）方案重算：对于某选中方案，可重新计算；

4）方案复制：提供方案的复制功能；

5）方案移除：可从方案集中移除选定方案；

6）比较分析：对与选中的多个方案，可进行多方案比较分析，也可与历史实际值对比，此时自动切换到方案比较分析功能节点，生成方案比较集。

（4）方案比较分析。方案比较分析主要提供方案对比功能。方案比较主要对比各方案的概要信息，包括起止时间、时段类型、总电量等；电站比较主要对比各方案中各电站的概要统计信息，包括起止时间、时段类型、平均入库、平均出库、调度期初末水位、平均弃水、平均出力、总电量等；过程比较主要对比各方案各电站中各统计指标的详细过程值。

（5）计算流程设计。根据前述发电计划结构和功能设计，其计算流程如图 4–28 所示。

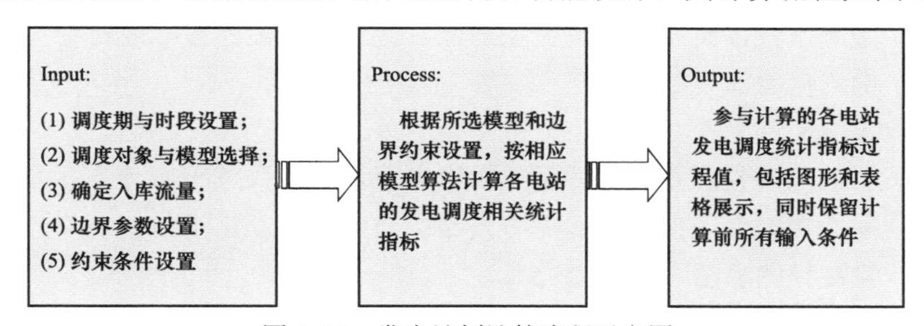


图 4–28　发电计划计算流程示意图

## 第五节　风险分析和效益考核

### 一、风险分析

水库调度过程中，由于众多因素的不确定性，如来水预报的随机性和电网负荷需求的随机变动、上（下）游用水量随机变化、管理决策方式、各种设备异常等，从而给水库调度、电网安全运行、发电效益和防洪决策等带来一定的风险。调度风险分析，指在水电厂水库群的调度过程中，对产生的各类风险要素及其相互之间的联系进行辨识分析，定量或定性地确定风险变量的概率分布，并进行风险评价，提出最终的风险决策方案。

水库调度方案风险分析的对象是一个调度方案，目的是掌握调度方案中调度结果的不确定性，从而减少因其不确定性导致的损失。由于当前水库调度过程中存在许多的不确定性，在制作水库调度方案时并未很好地考虑这些不确定性。为了掌握调度方案的不确定性，需要分析其各种调度结果的不确定性，从而为调度决策提供更多的调度信息，更加科学地做出水库调度决策。

### （一）风险指标

主要研究发电调度方案在决策过程中存在的不确定性，导致调度结果的不确定性，如发电量、出力达不到预期结果，就会造成相关损失。所以能产生损失就意味着存在风险，相应的也就确定了电量不足、电站弃水、出力受阻和调峰不足等相关风险指标。

#### 1. 电量不足风险

水电厂是个系统工程，兼顾了防洪、发电等多种功能，当然发电是其功能之一，根据电站实际情况每个水电厂都有一定的发电能力，电网在统一调度全局的考虑下对每个电站都会下达发电计划。电量不足就是水电厂实际运行中，由于来水情况估计不准确，电站实际发电量不能满足电网下达的发电计划，这就是电量不足。

#### 2. 电站弃水风险

水电厂是个综合的大系统，兼顾防洪、发电、航运、灌溉等任务。为了考虑防洪和大坝安全，汛期经常会出现弃水。

水库在调度过程中，由于防洪要求或正常兴利水位的限制，设定库水位在某一定时段不得超过某一水位，这一水位称为限制水位，在汛期时称为防洪限制水位，非汛期称为兴利水位。水库按发电计划或一定的运行调度规则运行时，若在某一时期入库流量大于某一值，并且库水位超出了限制水位，将按指定的流量下泄，此时的下泄流量一般将会大于发电的引用流量，而多出发电流量的部分，没有产生效益，因此视为弃水。

#### 3. 出力受阻风险

水力发电机组的出力受阻是指水力发电机组因流量、水头或机械等方面的原因，不能发出额定出力的现象。出力受阻值是实际能够发出的最大值与额定出力的差值。如果发电机组出现出力受阻，就会导致水电厂的出力受阻。

水电厂的出力过程要符合电力系统的需要，即随着电力系统负荷变化而变化。特别是电力系统负荷过程的日周期性非常明显，实际运行中电网调度都要做日电力电量平衡和各电站的日调度计划。出力平衡的关键期是负荷尖峰期，只要尖峰期出力够，非尖峰期即使电站发不了额定出力，电力系统一般不会受影响。因此，对于出力受阻风险的分析，只需要统计负荷高峰期的出力受阻情况。

#### 4. 调峰不足风险

水电厂的调峰能力，主要受来水、电站水头、水库的调节能力、电站装机容量、机组类型等影响。本课题根据电网未来预测负荷的变化，给水电厂一个固定的调峰任务，研究水电厂相对于某个调峰任务的风险。对一个具体的调峰计划，如在调度期的某个时段给予一个调峰量或者某几个时段给予几个调峰量，水电厂在该调峰出力的情况下仿真运行，如果电站出力不满足或者水位越下限，即认为该电站调峰不足。

### （二）主要技术和方法

#### 1. 风险分析的主要方法

（1）蒙特卡洛模拟法：将影响工程的风险变量依各自的分析进行随机取样，然后用各变量的随机值来计算目标值，需要具有较完备的统计数据；

（2）离散状态组合法：基本原理是首先给出风险变量的离散型估计值，然后按照概率组合原理由离散的估计值来求得目标值；

（3）统计参数解析法：基本思路是依据多元随机变数的有关理论，由风险变量的统计参数（均值、方差）来推求统计参数；

（4）灰色系统方法：强调对风险率的灰色不确定性的描述和量化，引入灰色概率、灰色概率分布、灰色概率密度、灰色期望以及灰色方差等，可以较好地体现和度量风险率的不确定性；

（5）贝叶斯风险决策：其理论为解决风险决策提供科学方法，要采取的行动取决于某种自然状态，而该自然状态是未知的，也不受决策者的控制，然后通过判断和实验，获得有关状态的信息；

（6）极值统计学：主要是处理一定样本容量的最大值和最小值，可能的最大值与最小值将组成各自的母体，从而用各自概率分布的随机变量来模拟。

2. 风险分析方法的选择

水库是一个综合性的复杂系统，其中存在很多非线性、不确定的关系，在水库调度过程中无法用完整的数学模型来进行描述，因此转换或者忽略了一些次要因素。水库调度方案风险分析重点关注重要的不确定性因素。通过综合考虑，我们选择采用成熟且实用的蒙特卡罗模拟方法来进行水库调度风险分析。

运用蒙特卡罗模拟法进行分风险分析主要是以下几个步骤。第一，依据所研究的问题构造模型（主要是确定研究对象的概率分布）。第二，根据确定的模型结构（概率分布及其结构关系）进行随机抽样，故又称作数值模拟。第三，根据模型的随机模拟结果，统计各风险因素发生的频数，得出要求的统计量。如图 4–29 所示。

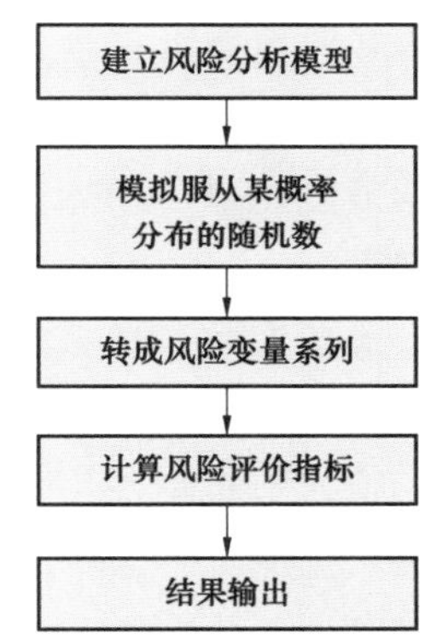

图 4–29　蒙特卡罗法风险分析的一般步骤

利用随机模拟技术，通过预调度方案的调度仿真运行，针对不同的预报来水可以得到水电厂不一样的出力过程、水位过程、弃水过程等调度运行过程，其中出力过程是否能满足电网下达的发电任务，统计这个不满足的概率就是该方案的电量不足风险；对所有的模拟仿真运行结果进行弃水频次统计，就可得到水电厂按分析方案调度时的弃水风险；利用预分析方案的仿真运行结果，对所有的仿真运行结果进行统计，得到出力受阻的频次即为该方案的出力受阻风险；对预分析方案在一定调峰出力的要求仿真运行，如果电站出力不满足或者水位越下限，即认为该电站调峰不足，统计电站出现调峰不足事件的频次，就得到该调峰任务下的调峰不足风险。

**（三）功能设计**

风险分析模块的功能主要是分析已计算的方案在执行过程中的风险性，其主要功能有方案可选择，可对不同时段、不同电站的计划方案进行风险分析；实现水库弃水风险的分析计算；实现电站出力受阻风险的分析计算；实现电量不足风险的分析计算；实现调峰不足风险的分析计算；计算结果的展示，不同模拟来水条件下的水位、出力等的曲线和图表展示。

风险分析结果保存、查询和删除。

## 二、效益考核

效益考核模块主要是进行节水增发电量、弃水调峰损失电量等经济运行指标计算，对水库的运行情况进行考核与评估。

### （一）节水增发电量考核

1. 计算方法

考核计算方法按国家电网公司节水增发电量管理办法要求，参考东北电网《东北电网有限公司生产单位经济效益和效率考核办法（试行）》的相关要求进行计算。

节水增发电量考核主要是以计算单个水电厂水能利用提高率进行考核，计算涉及考核时段、余留效益、运行约束、计算参数和水库调度图使用等问题，其主要核心是考核电量和节水增发电量计算。

考核计算遵循以下原则：计算使用的装机容量、水库特征水位等技术参数，以水电厂技术设计文件为主要依据；为满足大坝安全和上下游防洪要求，计算使用由流域和地方防汛主管部门制定的汛前及汛期的限制水位；考虑水库的综合利用，在满足防洪、供水、下游用水要求同时，尽可能多发电，提高经济效益；尽可能减少弃水，以提高发电效益；在考虑电站运行实际的基础上，对调度图的应用相对统一的调度规则和方法。

节水增发电计算主要分为两大类：即季、年及多年调节性能水库调度考核计算模型和周调节及以下调节性能水库调度考核计算模型。

（1）计算相关数据及参数。考核计算时段包括日时段、旬时段。日为时段：适用于日及日调节能力以下水库，部分季调节能力水库汛期考核；旬为时段：适用于季及季调节能力以上水库。

考核参数：按核定的参数进行考核计算，包括出力系数、日负荷率、考核水位等，以及设计的水库调度图。

（2）节水增发电量计算。水电厂节水增发电量为该电站在考核时段内实际发电量与考核电量之差加上时段末库容差电量，计算公式如下：

$$E_{SA} = E_{TG} - E_{CH} \pm \Delta E_C$$

式中　$E_{SA}$ ——考核时段内水电厂节水增发电量；

$E_{TG}$ ——考核时段内水电厂实际发电量，为电能量计量系统数据；

$E_{CH}$ ——考核时段内水电厂考核发电量；

$\Delta E_C$ ——考核时段末水电厂实际水位与评价水位之间的库容差电量（若考核时段末实际水位高于评价水位，则库容差电量为正值，反之则为负值）。

（3）考核发电量计算。季调节能力及以上水库以旬为计算时段时，按调度图操作进行考核计算；季调节能力汛期和季调节能力以下水库以日为计算时段时，按核定运行水位计算。考核电量计算为：

$$E_{CH} = \sum_{i=1}^{T} N_i \times \Delta t_i$$

$$N_i = K \times Q_i \times H_i$$

式中 $N_i$ ——$i$ 时段电站平均出力，kWh；

$K$ ——出力系数；

$Q_i$ ——$i$ 时段平均发电引用流量，$m^3/s$；

$H_i$ ——$i$ 时段平均发电水头，m；

$\Delta t_i$ ——$i$ 时段小时数，h。

其中：

$$N_i \leqslant N_{\max}(H_t, n) \times \gamma_i$$

即电站考核出力不能大于电站预想出力 $N_{\max}$ 和负荷率 $\gamma$ 的乘积，预想出力是水头和机组可利用台数 $n$ 的函数。

（4）库容差电量计算。考核期末计算水位 $Z'_{\mathrm{T}}$ 和实际水位 $Z_{\mathrm{T}}$ 的蓄能值之差，通过查水库水位蓄能曲线 $E(Z)$ 获得，即：

$$\Delta E_{\mathrm{C}} = E(Z'_{\mathrm{T}}) - E(Z_{\mathrm{T}})$$

式中 $Z'_{\mathrm{T}}$ ——考核期末计算水位，m；

$Z_{\mathrm{T}}$ ——考核期末实际水位，m；

$\Delta E_{\mathrm{C}}$ ——库容差电量。

（5）水能利用提高率计算。水能利用提高率是反映水电经济运行和电网节能调度水平的综合指标。水电厂水能利用提高率计算公式为：

$$\eta_s = \frac{E_{\mathrm{SA}}}{E_{\mathrm{CH}}} \times 100\%$$

式中 $E_{\mathrm{SA}}$ ——考核时段内水电厂节水增发电量；

$E_{\mathrm{CH}}$ ——考核时段内水电厂考核发电量；

$\eta_s$ ——考核时段内的水能利用提高率。

季以上调节性能电站，采用旬为时段，按调度图进行考核计算；石龙水电厂为日调节电站，采用日为计算时段，按核定运行水位进行考核计算。

（6）计算模型。节水增发电量考核计算的核心为节水增发电量的计算。对于季调节能力及以上水库按常规调度图方法计算，当突破约束时按照约束流量或水位运行；季调节水库汛期和季调节能力以下按核定水位方法计算：

考核电量： $$Obj: E = \sum_{t=1}^{T} K q_t H_t$$

约束条件：

水量平衡约束 $$V_{t+1} = V_t + Q_t - q_t - S_t$$

出库约束 $$q_{t,\max} \geqslant q_t \geqslant q_{t,\min}$$

水位约束 $$Z_{t,\max} \geqslant Z_t \geqslant Z_{t,\min}$$

电站出力约束 $$N_{t,\min} \leqslant K q_t H_t \leqslant N_{t,\max} \eta_t$$

以上式中 $E$——计算考核电量；

$K$——电站出力系数；

$q_t$——电站 $t$ 时段决策发电流量；

$H_t$——电站 $t$ 时段水头；

$V_{t+1}$——水库 $t$ 时段末库容；

$V_t$——水库 $t$ 时段初库容；

$q_{t,\max}$——水库 $t$ 时段出库流量上限；

$q_{t,\min}$——水库 $t$ 时段出库流量下限；

$Z_{t,\max}$——水库 $t$ 时段水位上限；

$Z_t$——水库 $t$ 时段水位；

$Z_{t,\min}$——水库 $t$ 时段水位下限；

$\eta_t$——电站弃水期负荷率；

$H_t$——电站 $t$ 时段水头；

$N_{t,\max}$——电站 $t$ 时段最大出力。

1）常规调度图方法。以调度图和调度规则作为指导，根据当前时间和水库时段初水位在调度图中所在区的位置，结合相关约束条件和综合利用要求，决策该时段的出力，常规调度图方法计算流程示意图如图 4–30 所示。

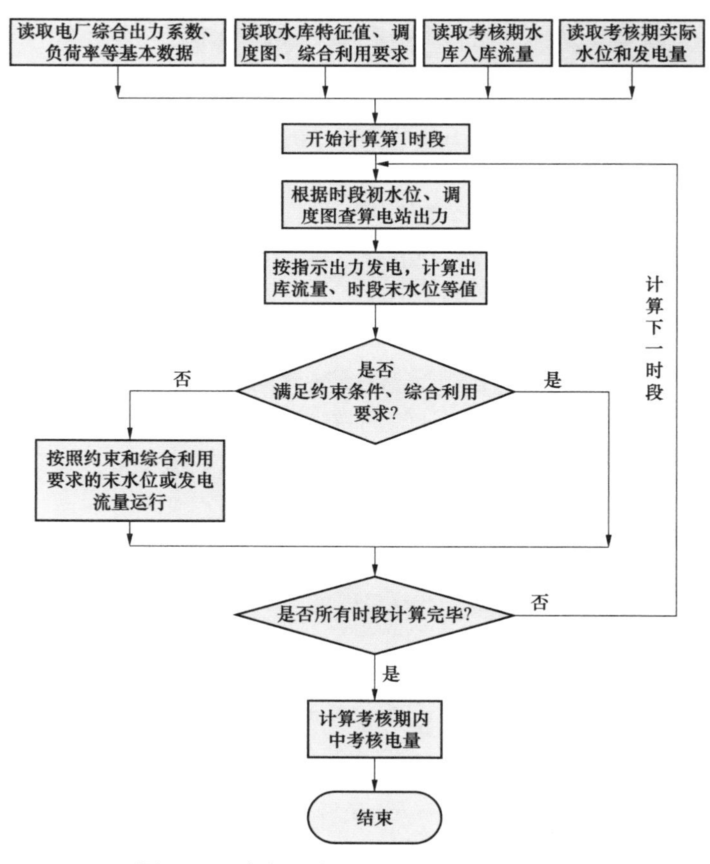


图 4–30 常规调度图方法计算流程示意图

2）核定水位方法。按照水库的核定水位指示的时段初、末水位，结合相关约束条件，决策该时段的出力，核定水位方法计算流程如图 4–31 所示。

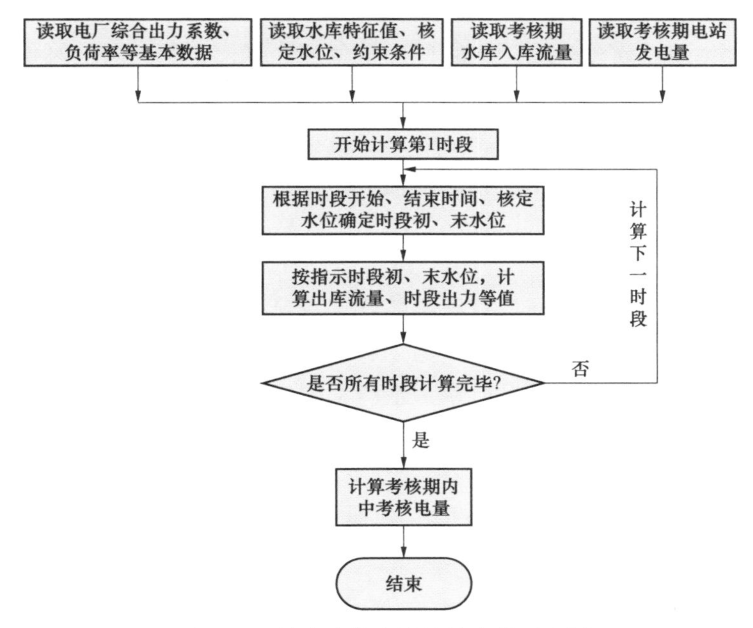


图 4–31　核定水位方法计算流程示意图

2. 结构设计

节水增发电考核模块由水调 WDS 数据库、节水增发电数据库、数据接口模块、资料配置数据管理模块、考核计算模块、结果管理模块组成，结构如图 4–32 所示。

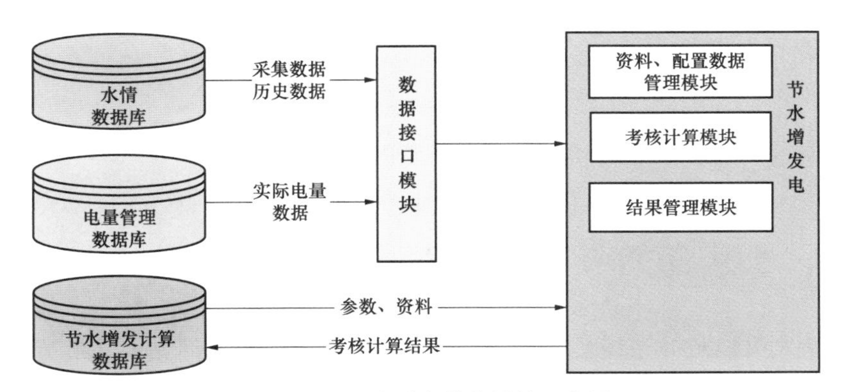


图 4–32　节水增发模块结构示意图

（1）数据接口模块。数据接口模块由节水增发电控件调用，实现对水情数据库和电量管理数据库中水情、电量等测量数据的读取。

（2）资料、配置管理模块。实现对节水增发电使用的参数、资料和配置的查询、增加、删除、修改等实现相应的权限认证和管理。管理的资料包括：电站设计资料（调节性能、特征水位、机组容量、保证出力等），电站有关曲线资料（水位库容曲线、尾水位流量曲线等），水库调度图。管理的配置数据包括：电站运行有关经济指标（综合出力系数 $K$、弃水期平均负荷率 $\gamma$ 等）、考核计算时段设置、计算方式设置等。

（3）考核计算模块。实现考核计算时段和对象的选择，初始化考核对象的参数和配置、资料曲线和初期水位、期末水位、入库流量、发电量等历史数据，对考核对象初始化数据修改确认后，进行考核计算并以图形、表格的方式显示考核计算结果。结果内容包括：输入参数和约束条件、节水增发电量、水能利用提高率、考核期内的运行过程值、水位过程在调度图的对比显示图，考核计算结果可以导出为图形或表格，也可以保存入节水增发电量考核数据库。

（4）结果管理模块。实现考核计算结果的管理，包括可根据电站、开始时间、结束时间进行筛选、查询考核计算结果，打开考核结果可以图形、表格方式查看考核计算结果的具体内容，包括计算初始条件、节水增发电量、水能利用提高率、考核期过程值等，结果内容可以导出。

**（二）弃水调峰电量计算**

按照国电调［2001］161 号文发布的统一计算办法进行计算。

水电厂某日调峰弃水损失电量由下式确定：

$$\begin{cases} E_{qt} = \min\{E_{qt1}, E_{qt2}\} \\ E_{qt1} = N_{max} \times 24 - E \\ E_{qt2} = W_q / \varepsilon \end{cases}$$

式中 $E_{qt}$——调峰弃水损失电量；

$E_{qt1}$——按实际最大出力计算的调峰弃水损失电量；

$E_{qt2}$——按实际弃水量计算的调峰弃水损失电量；

$E$——当日发电量；

$N_{max}$——实际最大出力；

$W_q$——当日弃水水量；

$\varepsilon$——当日平均耗水率。

## 第六节 经济调度控制实例

经济调度控制（EDC）系统负责将流域总负荷实时分配至各厂站，其负荷分配主要基于梯级负荷调整策略表或动态规划算法，并考虑工程因素实时地将梯级水电厂当前的总负荷分配至各厂站，由各厂站 AGC 程序接收并负责实施控制调整。梯级水电站经济调度控制（EDC）模式以松江河公司为例，如图 4–33 所示。

**（一）结构设计**

EDC 程序包包含了 EDC 核心进程 edc、服务器端 EDC 加载程序、EDC 组态界面、EDC 调试界面、EDC 用户端加载及接口程序等，其结构如图 4–34 所示。

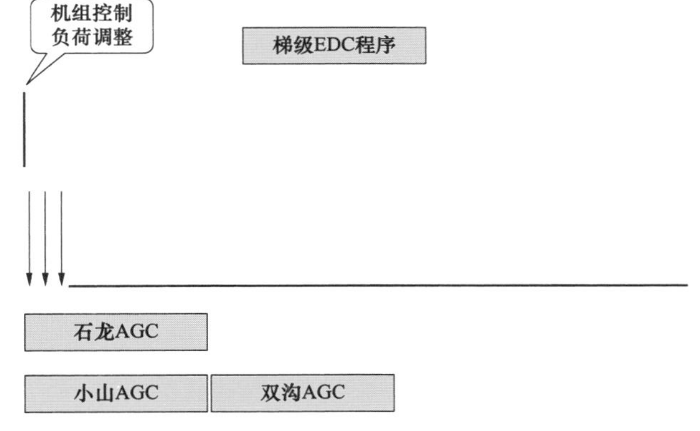


图 4–33　经济调度控制模式示意图

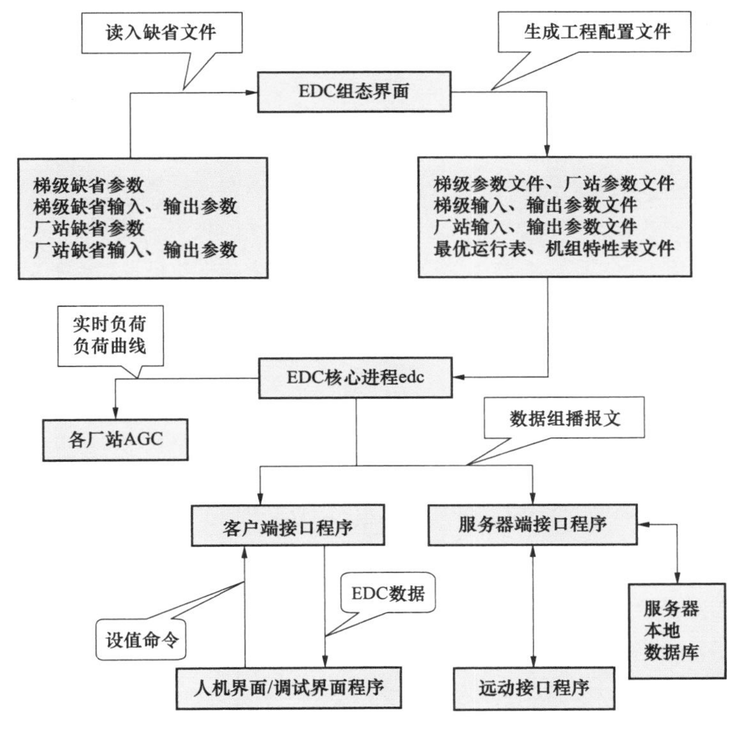


图 4–34　EDC 结构图

### （二）EDC 数学模型

松山水库及双沟电站水库库容较大，具有年调节能力，且松山水库和小山电站水库通过漫松引水洞级联，因此可以将小山电站水库看作年调节水库；石龙电站水库库容较小，为日调节水库，基本不具备调节能力。此外冬季须保证北江电厂水位不漫坝。各级电站区间用水量很小，一般情况下不考虑区间耗水问题。区间入流可根据实际情况设定。

针对松江河公司梯级水电站分布、库容、装机容量等特点，建立了基于优化运行原则的松江河公司 EDC 参考数学模型。

1. 目标函数

$$\min_{Q_1,\cdots,Q_N}\sum_{i=2}^{N}|Z_{ui}-Z_{si}|\times\xi_i \tag{4-1}$$

式中 $N$——水电站的个数；

$Z_{ui}$——第 $i$ 级电站上游水位；

$Z_{si}$——第 $i$ 级电站上游设定水位；

$Q_i$——第 $i$ 级电站发电流量。

当$|Z_{ui}-Z_{si}|\geqslant\Delta Z_i$时，$\xi_i=1$；当$|Z_{ui}-Z_{si}|<\Delta Z_i$时，$\xi_i=0$。$\Delta Z_i$为第 $i$ 级电站上游设定水位的死区值。

2. 约束条件

（1）电网负荷平衡：

$$\sum_{i=1}^{N}P_i=P_s \tag{4-2}$$

式中 $P_i$——第 $i$ 级水电站出力；

$P_s$——整个梯级电网调度给定负荷。

（2）水量平衡条件：

$$V_{i,t+1}=V_{i,t}+(Q_{INi,t}-Q_{i,t})\Delta t \tag{4-3}$$

式中 $V_{i,t}$——第 $t$ 时段初 $i$ 水库库容；

$V_{i,t+1}$——第 $t$ 时段末 $i$ 水库库容；

$\Delta t$——时段间隔；

$Q_{INi,t}$——第 $i$ 级电站 $t$ 时段入库流量；

$Q_{i,t}$——第 $i$ 级电站 $t$ 时段综合利用流量。

$$Q_{INi,t}=Q_{IZi,t}+Q_{i-1,\tau_{i-1}}\ (i\geqslant1) \tag{4-4}$$

式中 $Q_{IZi,t}$——第 $i$ 级电站 $t$ 时段的区间天然来水；

$\tau_{i-1}$——第 $i-1$ 级电站到第 $i$ 级电站的水流流达时间。

（3）水库库水位约束：

$$\underline{Z}_{ui}\leqslant Z_{ui}\leqslant\bar{Z}_{ui} \tag{4-5}$$

式中 $\underline{Z}_{ui}$——第 $i$ 级电站上游水位下限；

$\bar{Z}_{ui}$——第 $i$ 级电站上游水位上限。

（4）电站出力约束：

$$P_{i\min}\leqslant P_i\leqslant P_{ijl}\ (j=1\sim m) \tag{4-6}$$

$$P_{ijh}\leqslant P_i\leqslant P_{ikl}\ (j=1\sim m,\ k=j+1) \tag{4-7}$$

$$P_{imh}\leqslant P_i\leqslant P_{i\max} \tag{4-8}$$

$$P_i\leqslant P_{i\max Line} \tag{4-9}$$

以上式中 $P_{ijl}$——第 $i$ 级电站第 $j$ 个不可运行区域的出力下限；

$P_{ijh}$——第 $i$ 级电站第 $j$ 个不可运行区域的出力上限；

$m$——不可运行区的个数；

$P_{i\max\mathrm{Line}}$——第 $i$ 级电站的线路送出出力上限。

3. 求解算法

求解上述模型的方法有很多，比如线性规划法、非线性规划法、动态规划法等，但是随着不等式约束条件的增多，必然导致求解难度增大及求解时间增多，甚至得不到可行解。为此，采用了简单实用的工程化算法。

（1）计算水轮发电机组的工作水头。$H_i$ 的一般计算公式为：

$$H_i = Z'_{\mathrm{u}i} - Z_{\mathrm{d}i} \tag{4–10}$$

式中 $Z'_{\mathrm{u}i}$——第 $i$ 级电站拦污栅后的上游水位；

$Z_{\mathrm{d}i}$——第 $i$ 级电站尾水位。

因电站尾水位不易测准，根据伯努力方程，可得到实用且较准确的水头计算公式：

$$H_i = R_i + a_i \tag{4–11}$$

式中 $R_i$——第 $i$ 级电站各台正在发电的机组涡壳水压均值；

$a_i$——第 $i$ 级电站水头修正系数。

（2）计算各级电站发电流量。因梯级各电站各台机组型号、容量基本一致，可将某个电站等效成一台机组，由机组出力计算公式可得到某级电站发电出力：

$$P_i = 9.81\eta_i H_i Q_i \tag{4–12}$$

式中 $\eta_i$——等效机组的效率。

由式（4–2）、式（4–4）、式（4–12）可得首级电站的发电流量：

$$Q_1 = P_{\mathrm{s}} \Big/ \sum_{i=1}^{N} 9.81\,\eta_i H_i - \sum_{i=1}^{N-1} (N-i)\Delta Q_i \tag{4–13}$$

根据式（4–4）可计算得到其他各级电站的发电流量。

（3）计算各级电站发电出力。在得到 $\eta_i$、$Q_i$ 的条件下，根据式（4–12）可计算得到各级电站发电出力，称为初始解。

（4）负荷调整。针对上述初始解，需检查非首级电站库水位，并根据其库水位适当调整电站的出力以尽量使库水位在正常范围内运行。梯级水电厂 EDC 负荷调整策略的主要思想是当非首级的某级电站库水位过高时，该级水电厂多带负荷，反之，该级电站少带负荷。对于某级电站库水位来说，可能出现过高、正常、过低三种状态，那么非首级的各级电站库水位的状态组合就有 3（$N$–1）种。

梯级电站的最大调整负荷 $\Delta P_{\max}$：

$$\Delta P_{\max} = \rho \Delta Z_{\max} \tag{4–14}$$

式中 $\rho$——单位库水位的负荷调整值；

$\Delta Z_{\max}$——梯级各级电站中库水位与正常水位差值绝对值的最大值。

根据负荷调整策略可以确定某种库水位组合下的各级电站负荷增减情况，增加负荷值与减少负荷值相等，具体增加负荷值 $\Delta P_{+i}$、减少负荷值 $\Delta P_{-i}$ 分别见下式：

$$\Delta P_{+i}=K_{+i}\Delta P_{\max} \tag{4–15}$$

$$K_{+i}=n_{+i}\Big/\sum_{i=1}^{N}n_{+i}$$

式中 $n_{+i}$——第 $i$ 级电站增加负荷份数（即“+”个数），若第 $i$ 级电站负荷不变或需要减少，则 $n_{+i}$ 为 0。

$$\Delta P_{-i}=K_{-i}\Delta P_{\max} \tag{4–16}$$

式中 $K_{-i}=n_{-i}\Big/\sum_{i=1}^{N}n_{-i}$，$n_{-i}$——第 $i$ 级电站减少负荷份数（即“–”个数），若第 $i$ 级电站负荷不变或需要增加，则 $n_{-i}$ 为 0。

这里以松江河公司负荷调整策略为例，见表 4–2。

**表 4–2　松江河公司负荷调整策略表**

| 库水位组合号 | 库水位 | | | | | 负荷调整策略 | | |
|---|---|---|---|---|---|---|---|---|
| | 松山 | 小山 | 双沟 | 石龙 | 北江 | 小山 | 双沟 | 石龙 |
| 1 | – – | 高 | 高 | – – | – – | – – – | + | ++ |
| 2 | – – | 高 | 正常 | – – | – – | – – | + | + |
| 3 | – – | 高 | 低 | – – | – – | 0 | + | – |
| 4 | – – | 正常 | 高 | – – | – – | – | – | ++ |
| 5 | – – | 正常 | 正常 | – – | – – | 0 | 0 | 0 |
| 6 | – – | 正常 | 低 | – – | – – | + | + | – – |
| 7 | – – | 低 | 高 | – – | – – | 0 | – | + |
| 8 | – – | 低 | 正常 | – – | – – | ++ | – | – |
| 9 | – – | 低 | 低 | – – | – – | +++ | – | – – |

注 “+”“++”“+++”均表示增加负荷，标记“++”“+++”的电站增加的负荷是标记“+”的电站增加的负荷 2 倍、3 倍；“–”“– –”“– – –”均表示减少负荷，标记“– –”“– – –”的电站减少的负荷是标记“–”的电站减少的负荷 2 倍、3 倍；“0”表示负荷不变。

（5）负荷校核。在非首级电站库水位处于最低水位与最高水位之间时，若出现控制其水位与满足调度负荷要求相矛盾的情况，优先考虑满足调度负荷要求；反之，在非首级电站库水位高于最高水位或低于最低水位条件下，优先考虑控制其库水位。因上述调整造成调度设定值与 EDC 分配值相差大于调度设定值与梯级水电厂 EDC 分配值差值的允许值时，需对库水位处于最低水位与最高水位之间的电站负荷重新调整，直到最大限度地满足调度负荷要求。

特别是当松江河流域处于冬季时，由于北江电站溢洪道弧门结冰不能开启，因此，石龙电站机组下泄流量不能超过北江电站的最大发电引用流量，以避免造成北江电站漫坝事故。石龙电站单机引用流量为 123.59m³/s，而北江电站的最大发电引用流量 100m³/s，因此必须以北江电站的流量控制石龙电站机组流量，必须保证石龙电站所有机组流量不超过北江电站机组流量，相应的双沟电站的机组发电流量也不能超过北江电站机组流量，小山电站机组流量则可以不受限制（保证双沟电站水位保持正常的前提下）。如图 4–35 所示。

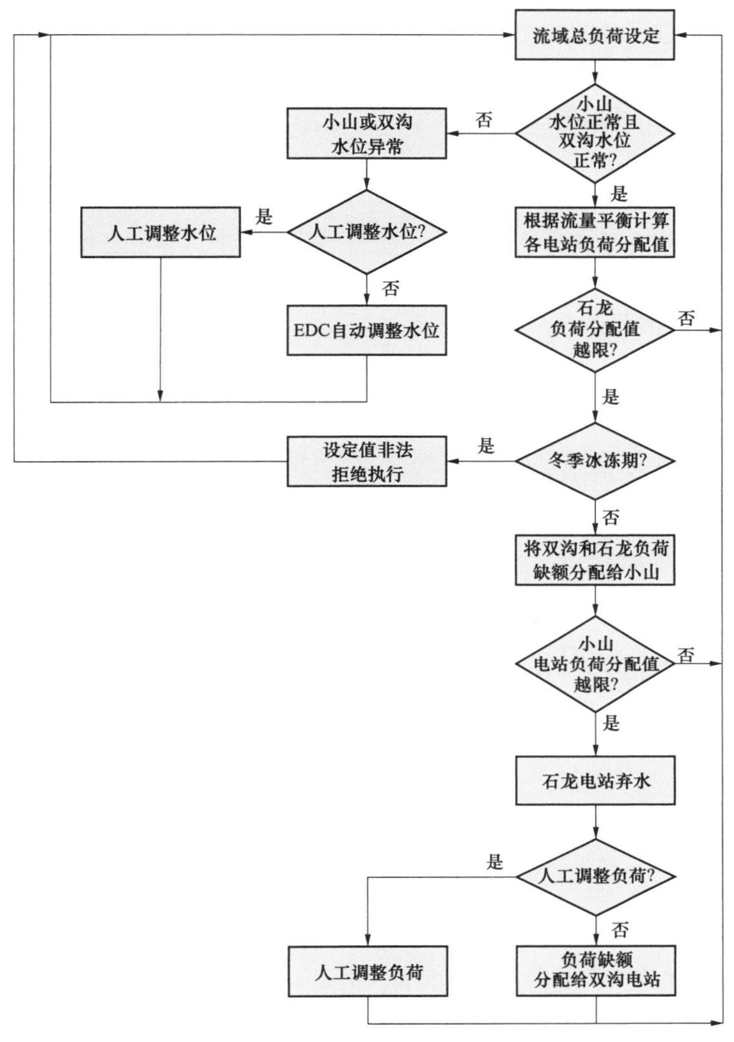


图 4–35　流域实时分配框图

## （三）EDC 运行模式

1. 控制模式

（1）调度控制。控制方式在调度时，由电网调度中心通过远动通道自动下发流域总负荷设定值，EDC 进行优化计算后将各电站负荷设定值下发给各电站 AGC。

（2）集控控制。控制方式在集控中心时，由集控中心运行人员根据流域实时需求或者调度电话指令进行流域总负荷的设定，EDC 进行优化计算后将各电站负荷设定值下发给各电站 AGC。

（3）电站控制。控制方式在电站时，由电站运行人员根据网调指令或实时负荷需求进行电站负荷的调节。

2. 调节模式

（1）定值方式。调节模式在定值方式时，可以由电网调度中心或者集控中心进行流域总负荷的设定，EDC 将根据设定值进行负荷调节。

（2）曲线方式。调节模式在曲线方式时，可以由电网调度中心或者集控中心进行负荷曲线的设定，EDC 将根据负荷曲线进行负荷调节。

**（四）自动预警**

经济调度控制（EDC）具有自动预警功能，能够根据各电站及电网的实时运行状态进行预判，提示运行人员相关重要信息，保证 EDC 系统的安全、可靠、稳定的运行，如图 4–36 所示。

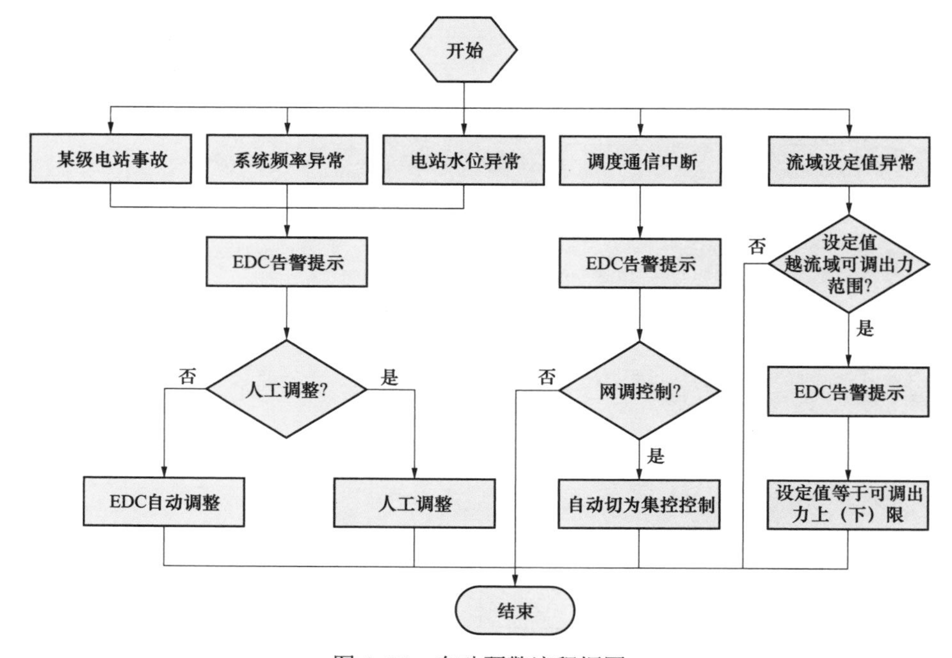


图 4–36　自动预警流程框图

某级电站事故，EDC 自动告警，并允许运行人员选择由 EDC 自动调整流域负荷或者人工调整流域负荷；

系统频率异常，EDC 自动告警，并允许运行人员选择由 EDC 自动调整流域负荷或者人工调整流域负荷；

调度通信中断，EDC 自动告警并切换至集控中心控制；

某级电站水位异常，EDC 自动告警，允许运行人员选择由 EDC 自动调电站水位或者人工调整电站水位；

流域设定值异常，EDC 自动告警并拒绝执行。

# 第五章

# 状态检修决策支持系统

状态检修是针对发电机、水轮机、变压器等重要设备，利用状态监测系统、故障诊断技术、生产管理系统提供的设备状态信息和管理信息，根据设备状态的发展趋势，结合管理信息，进行系统的分析和科学地判断设备的异常，或预测设备的故障，评估设备的状况，使设备在故障发生前得到处理的检修方式，从而达到根据设备的健康状态来科学地安排检修计划和检修内容，以最大限度地防止设备过修或失修。

状态检修决策支持系统是集设备状态监测、设备状态评估、检修决策建议等为一体的综合管理决策系统，是实现状态检修的先决条件之一，它涉及智能化测试技术、数字信号分析技术、模式识别与分析技术、故障诊断技术和计算机技术等多学科的内容，为不同设备提供统一的数据接入模型和分析诊断模型，包括数据调用和处理、监测预警、状态评价、预测评估、风险评估、故障诊断和维修策略等。

系统主要实现水电厂主设备状态数据的采集、特征计算、实时监测、故障录波、性能试验记录及技术诊断；应具备数据获取、数据处理、监测预警、状态分析、状态诊断、状态评价、状态预测、风险评估及决策建议等功能；建立设备状态主题数据库和设备状态健康履历，运用智能分析诊断方法实现设备的状态评估、故障诊断及状态预测；能够提供水力发电主设备状态历史数据、设备监测预警信号、设备状态评价结果、设备故障诊断结论及设备维修决策建议等信息；能够接收水力发电主设备状态监测信息及台账信息，分析诊断过程和结果可被外部系统调用。

# 第一节　系　统　设　计

## 一、需求分析

智能水电厂状态检修决策支持系统从一体化管控平台数据中心获取水力发变电主设备相关基础资料、设备实时/历史数据等反映设备健康状态的特征参数，评价设备当前健康状况，并进行有效的风险评估，最终通过优化检修策略模型进行综合分析、推理、诊断，给出维修建议，并将分析结论及维修建议通过服务总线传输给一体化管控平台数据中心，供生产信息管理系统查询引用，从而有效支持状态检修工作的具体实施。

状态检修决策支持系统处于状态检修体系中的高级应用服务层，整个状态检修系统自成一体，可以独立运行。为生产管理者提供状态检修决策建议，亦可作为一体化管控平台的一个高级应用，为制定设备检修维护计划提供支持。

实现水力发电主设备的状态检修决策支持系统是智能水电厂建设的重要部分，为了达到这个目标，首先需通过各种手段获取现场状态监测设备对象的状态信息。状态检修决策支持系统高级应用软件功能需求，如表5–1所示。

表5–1　　状态检修决策支持系统高级应用软件功能需求表

| 序号 | 功能要求 | 说　明 |
|---|---|---|
| 1 | 数据获取与处理 | 从智能一体化管控平台获取反映设备健康状态指标的各类水力发变电主设备基础数据、实时数据、检试数据和其他数据。根据状态检修监测诊断的需要进行必要的数据过滤、换算、组合等数据加工和处理过程，使其成为反映设备健康状态的状态量数据。提供完整的信息资源，以供监测预警、状态评价、风险评估和维修策略等使用 |

续表

| 序号 | 功能要求 | 说　明 |
| --- | --- | --- |
| 2 | 监测预警 | 实时监测状态量指标变化，对于超出状态评价导则和规程规定阈值范围的劣化指标，根据不同的类别和等级及时向一体化管控平台及东北电科院状态检测中心传输告警及预警信息，同时启动设备状态诊断模块，辅助分析故障位置和原因 |
| 3 | 状态评价 | 对反映设备健康状态的各指标项数据进行分析评价，并最终得出设备总体健康状态等级 |
| 4 | 风险评估 | 通过识别设备潜在的内部缺陷和外部威胁，分析设备威胁发生概率及遭到失效威胁后的资产损失程度，通过风险评估模型得出设备的风险等级 |
| 5 | 故障诊断 | 对于状态评价结论为异常及以上状态的设备，以及状态监测报警的设备，用故障诊断方法诊断设备可能存在的故障原因和故障部位，并给出依据和解释等，指导故障处理和故障恢复 |
| 6 | 维修策略 | 以设备状态评价结果为基础，综合考虑风险评估结论，建立设备状态和设备失效风险度二维关系模型，综合优化水力发变电主设备检修次序、检修时间和检修等级，安排确定设备维护管理方案 |
| 7 | 试验分析工具 | 系统提供一系列的在线试验和诊断分析工具对设备试验进行分析，给出诊断分析建议。分析工具通过多样的显示界面（图示、列表）能定量和定性地分析设备的状态及设备状态的发展趋势 |
| 8 | 其他功能 | 具有对系统及一体化管控平台收集到的相关试验数据进行分类管理的能力；具有高级功能接口和处理能力，具有（第三方）二次开发能力，如预测评估、数据挖掘等功能 |

## 二、总体设计

### （一）设计思路

基于设备可靠性检修技术，参照设备全寿命周期资产管理理念，构建设备状态主题数据模型，打造设备状态健康履历；打造状态分析平台，构建灵活开放的状态量模型、专家规则库和算法模型库，采用模糊算法、专家系统及神经网络算法实现设备的状态分析，实现灵活的算法管理及调用；构筑闭环的状态监视、评估分析、预警和检修建议、生产维护的管理机制和体系；通过构建数据平台、分析平台以及开放的应用架构实现平台化的设计；基于个性化的门户设计打造良好的人机交互环境。

### （二）系统架构

作为基于一体化管控平台的一个高级应用软件，状态检修决策支持系统利用一体化管控平台与水轮机、发电机、变压器、开关站等设备状态监测系统的信息交互接口，实现对机组振动、摆度、压力脉动、气隙、磁通量、局部放电、变压器油色谱、开关站设备温度及状态、调速设备、励磁设备等发变电主设备运行状态数据的信息的实时监测、越限告警，并对这些状态监测数据进行统一汇总及存储，为在线监测状态检修系统提供数据来源。

通过一体化管控平台Ⅱ区状态监测功能模块及平台共享的图表、曲线展现工具，实现对上述状态监测数据的多种形式的展示分析；通过一体化管控平台的数据汇总及存储接口，实现上述数据的联合历史趋势分析、故障诊断等高级数据挖掘功能；通过一体化管控平台Ⅲ区状态检修辅助决策模块实现对设备健康状态的分析、评估、推理及诊断，在此基础上制定科学合理的水电厂主设备的检修维护策略。状态检修决策支持系统典型架构，如图 5–1 所示。

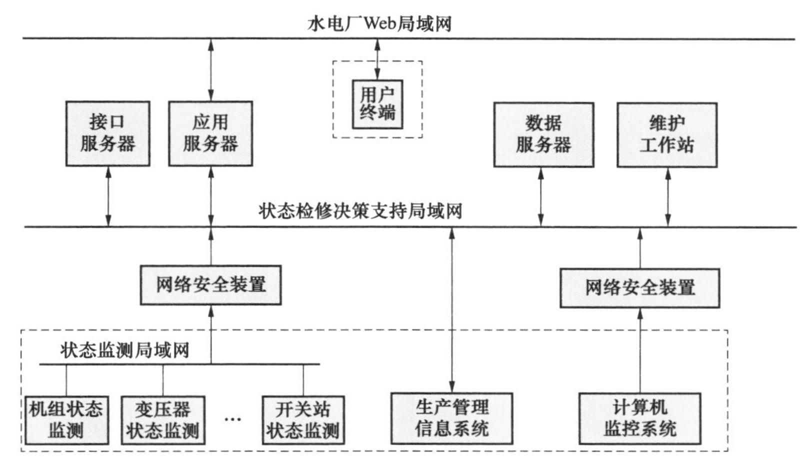


图 5–1　状态检修决策支持系统典型架构图

### （三）网络结构

状态检修决策支持系统网络结构，如图 5–2 所示。

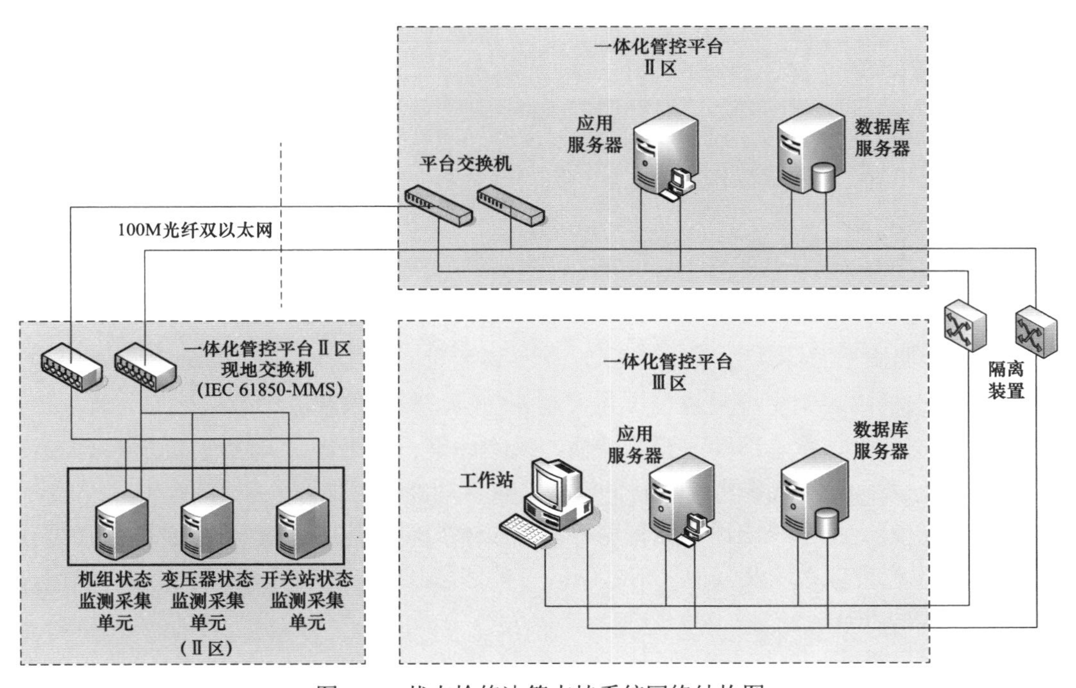


图 5–2　状态检修决策支持系统网络结构图

### （四）数据流拓扑

状态检修决策支持系统数据流拓扑，如图 5–3 所示。

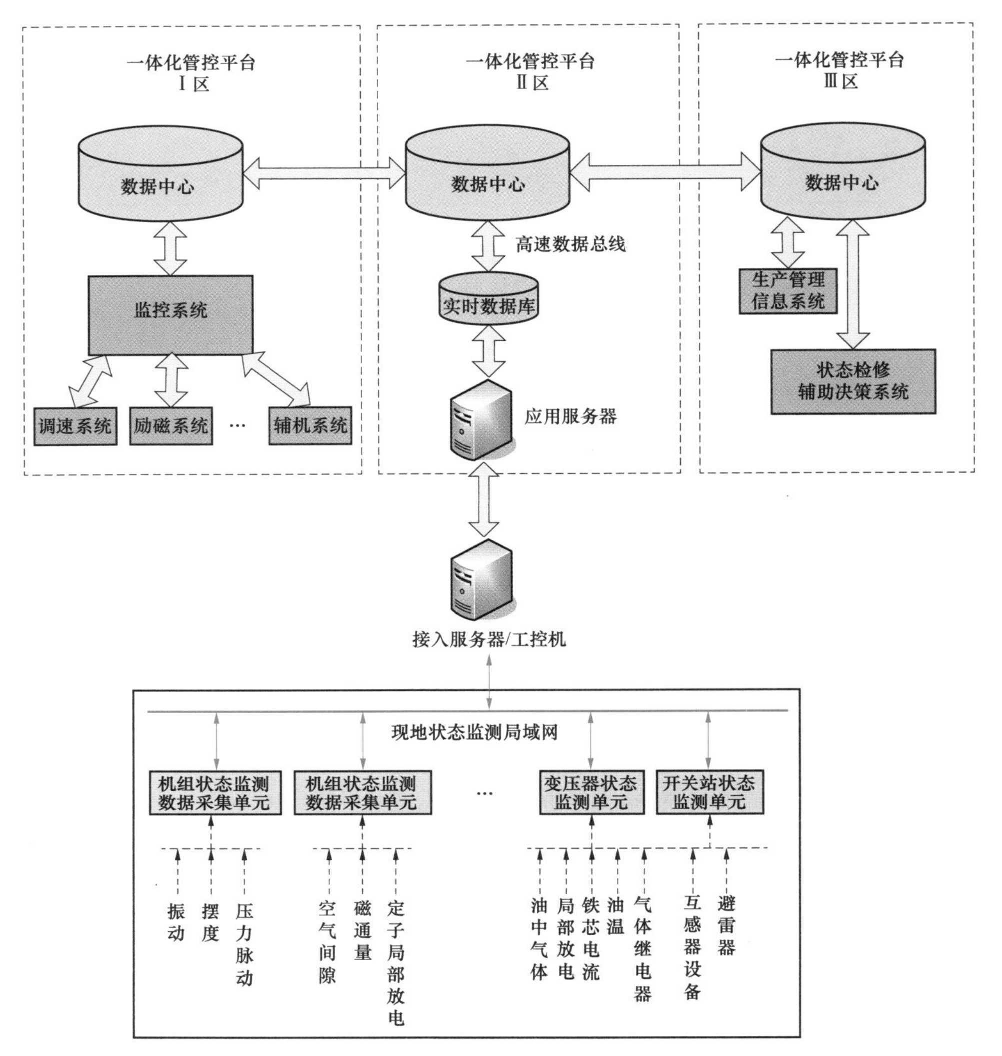


图 5–3　状态检修决策支持系统数据流拓扑图

**（五）软件架构**

完整的状态检修决策支持系统包含九大业务功能，即数据获取、数据处理、监测预警、状态分析、状态评价、状态诊断、预测评估、风险评价、决策建议。功能的划分只表示逻辑意义上功能的分类，并不代表实际的软件模块，软件功能框架如图 5–4 所示。

状态检修决策支持系统应通过数据服务总线技术实现对外部系统异构数据的访问调用，并完成与安全生产管理系统及其他外部系统的有效信息互联。

**（六）数据库结构**

1.“黑匣子”数据

第一级为一体化管控平台数据库服务器，该机的硬盘上保存 30min 内采集到的全部数据，以便在发生事故时进行事故录波和进行事故追忆。该数据也就是所谓的“黑匣子”数据，采用内存映射文件的方法进行存储。状态监测及故障诊断系统启动初始化过程将“黑匣子”数

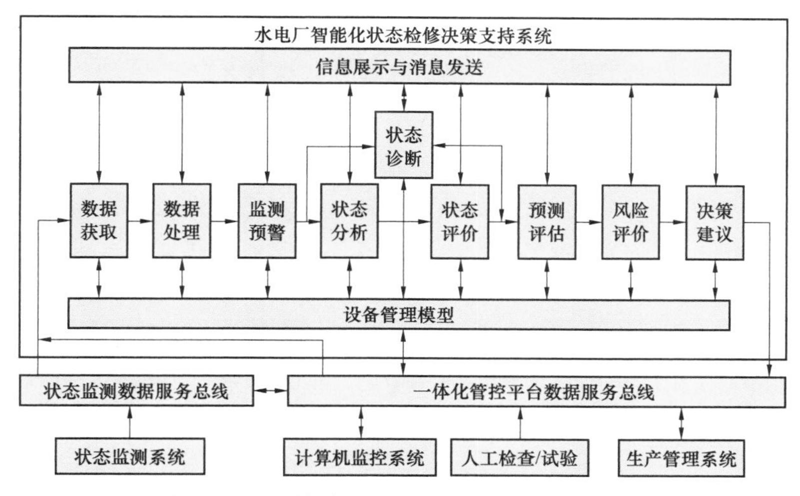


图 5–4　状态检修决策支持系统软件功能框架图

据文件载入内存中，在采集过程中相当于直接对内存操作，减少了对硬盘 I/O 操作，提高数据存盘速度。黑匣子系统只保存最近 30min 数据，因此数据采用循环链表形式存放，并且定时保存为数据文件，时间间隔可配置，默认为5min，删除最远时刻数据（在数据已经保存好30min，否则直接在链表中追加一个节点数据），采用可配置间隔时间定期保存策略，或者事故、告警信息触发保存策略。

连续采样，按照配置的采样方式实施，一段连续时间的数据，入库的密度最大。

2. 实时库

第二级保存水电机组监测实时数据，假若一个现地在线监测采集单元上有 24 个通道，采集频率为 1024Hz。这样，1s 共产生 24K 数据，在计算机内存开辟一个环形缓冲区。当该缓冲区的数据存满时，重新定位到开始，用数据覆盖的方式，继续工作。

由于数据采集通信模块设计为可以与多个现地在线监测采集单元交互的模式，环形缓冲区的大小由监测的信号数、现地在线监测采集单元数量决定，如果有 24 个信号、$n$ 个现地在线监测采集单元，每秒采集频率为 1024Hz，那么就需要在内存中开辟如下的缓冲区：

```
short * m_pData;
m_pData=(short*)malloc(sizeof(short)*n*24*1024);
```

当前时刻的数据，入库的密度与“黑匣子”数据同级。

3. 当前库

当前库保存最近一段时间机组运行监测数据，通常以周或月为时间周期。数据来源于监测实时数据，通过 C/S 模式在电厂局域网传输到一体化管控平台数据库服务器上构建数据库，采用覆盖方式追加数据，主要用于电厂职能部门和一些诊断专家方面查看机组最近时刻运行记录，为机组性能评价提供参考。

当前库的入库密度仅次于实时库。

4. 特征库

定时对一定时间段（通常设定为 1min 以上，时间间隔可配置）内的数据进行分析，提取特征值（如主频、次频、峰值、熵、轴心轨迹、熵等），然后将这些特征值以及必要的波形数据写入数据库，它们保存时间比较长，到期后转存到备份设备。

机组运行特征数据的入库密度次于实时库数据。

5. 历史库

数据来源于实时数据和机组运行特征数据，将一些对机组性能评价和趋势分析有价值的数据入库。主要保存下列情况下机组数据：工况发生改变、定时保存或者操作人员指定保存时刻、工况运行不稳定、该工况保存记录没有达到要求记录数等。历史库数据主要用来从机组整个运行期综合来评价机组性能和对机组运行情况做中长期趋势分析。

入库的密度最小，目前是选择定期入库策略，今后可选择拉大入库时间间隔。

水电机组监测诊断综合数据库体系采用分层保存策略，主要是考虑到不同层次的数据用途不一样，保存周期和频率也不同，而且采用数据库技术也不一样。“黑匣子”数据和实时库采用实时数据库构建，而其他三种考虑到实时性能要求相对低些，采用传统关系数据库体系结构构建。数据分级保存，主要根据数据时间效应定不同的；远期时应考虑选择性入库策略。

6. 异常告警库

报警策略采用通频二级报警和分频报警策略，记录告警的类型、时间和信号数据等信息，采用事件触发模式。

事故追忆（“黑匣子”）数据采用内存和文件存放模式，即事故发生前和事故发生后若干分钟的数据追忆，时间跨度可控；实时库采用原始数据存储方式；当前库采用数据库存储、压缩循环存储模式，时间周期暂定为 1 周，入库时间间隔为 1min；特征库采用数据库存储、原始数据存储模式，入库时间间隔为 1min。历史库采用数据库存储、压缩数据存储模式，入库时间间隔暂定为 5min。数据库存储参数配置见表 5–2。

**表 5–2　数据库存储参数配置表**

| 分析主题 | 采集通道 | 定时采集频率（Hz） | 原始数据存储速率（Kb/s） | 压缩数据存储速率（Kb/s） | 存储方式 | 时间间隔 | 时间 | 存储数据量 | |
|---|---|---|---|---|---|---|---|---|---|
| | | | | | | | | 不压缩 | 压缩 |
| 黑匣子 | 120+30（冗余） | 1024 | 600 | 60 | 内存、文件 | 1s | 72h | 约 150GB | 约 15GB |
| | | | | | | 1s | 30min | 约 1GB | 约 100MB |
| 实时库 | 120+30（冗余） | 1024 | 600 | 60 | 内存 | 1s | 1s | 可选择原始数据存储方式 | |
| 当前库 | 120+30（冗余） | 1024 | 600 | 60 | 数据库 | 1min | 1 个月 | 约 25GB | 约 2.5GB |
| | | | | | | | 1 周 | 约 6GB | 约 600MB |
| 特征库 | 120+30（冗余） | 1024 | 1 | — | 数据库 | 1min | *N* 个月 | N*42MB | — |
| 历史库 | 120+30（冗余） | 1024 | 600 | 60 | 数据库 | 5min | *N* 个月 | 约 5GB×*N* | 约 0.51GB×*N* |

## （七）技术架构

综合采用网络技术、数据库技术、J2EE 开发技术、人工智能技术和专家系统技术，系统技术架构如图 5–5 所示。

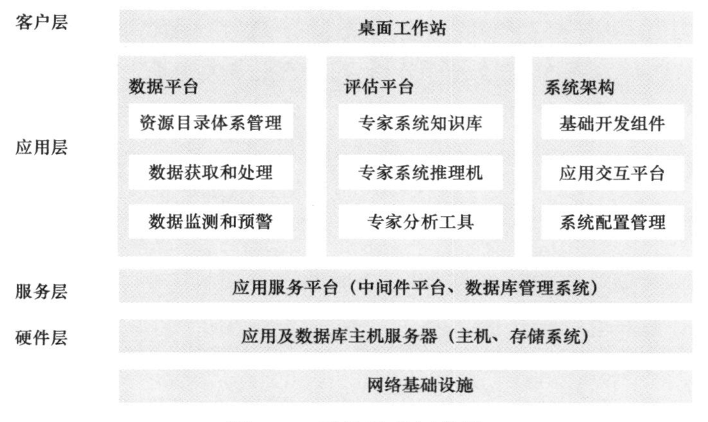


图 5–5　系统技术架构图

# 第二节　在线监测分析诊断

## 一、振动摆度状态监测分析

振动摆度状态监测分析是通过一体化管控平台数据总线获取现地机组在线监测屏采集的数据，并进行相应处理、计算和特征提取，在状态检修管理系统相应终端上以发电机、水轮机结构示意图、棒图、数据表格、曲线等多种图形和数据形式实时动态显示所监测设备的状态数据、健康状况及其参数越限故障发生位置，界面丰富直观，机组信息和状态一目了然；提供时域波形分析、频域分析、轴心轨迹图、空间轴线图、瀑布图、趋势分析等多种专业分析手段，分析机组稳态数据，以评价机组在稳态运行时的状态；提供相关性分析、瀑布图分析、连续波形等多种分析手段用于分析和评价机组在启停机、甩负荷、变励磁、变负荷等过渡过程中的状态。

## 二、压力脉动状态监测分析

压力脉动状态监测分析是通过一体化管控平台数据总线获取各过流部件的压力脉动并进行监测，实时显示压力脉动的波形和频谱分析压力脉动的频率成分以及压力脉动随工况的变化情况，分析各压力脉动及其频域特性与负荷、开度之间的关系；监测机组运行过程中尾水压力及压力脉动的大小，分析引起机组异常振动的水力因素。

1. 主要监测参数

转轮/顶盖外侧压力脉动、转轮/泄流环压力及脉动、转轮与导叶进口压力脉动、压力钢管压力脉动、尾水管进口压力脉动、转轮与顶盖内侧压力脉动及蜗壳进口压力脉动。

2. 主要监测故障

尾水管压力脉动过大、尾水管涡带。

3. 应用

利用现地状态监测装置测得的机组发电工况数据，分析压力脉动大小和相对值，主要频率成分等；根据压力脉动频率成分和大小的动载荷，进行疲劳寿命校核、设计或进行寿命预测，指导状态检修；通过对各个信号进行分析，确定在多大负荷时机组发生显著振动的涡带。涡带振动发生后，对机组有何影响，以及传递路径和范围，为机组故障诊断、状态检修提供了机理研究成果。

## 三、推力轴承磨损状态监测分析

机组推理轴承的磨损将直接造成机组振动加剧、稳定性变差；推力磨损的增加与老化和水轮机转轮空蚀磨损加剧也有一定的关系。

1. 完整监测参数

推力轴承润滑参数，即油膜压力、油膜温度（瓦温）和瓦体温度（油温）；推力轴承受力特性参数，主要是轴承的负荷特性和轴承支承结构受力；推力轴承的辅助参数，即机组运行振动稳定性参数和机组运行的相关参数（如上下游水位、水头、功率、转速等）。

2. 一般监测参数

推力瓦的磨损量、抬机量、推力瓦瓦温、润滑油进出口温度、冷却水进出口温度等。

3. 分析方法

分析方法有轴承负荷与油膜压力的关系曲线、轴瓦负荷与瓦温的关系曲线、轴承负荷脉动与镜板镜面不平度的颤动量的关系曲线、轴承受力负荷分配关系曲线。

## 四、能量特性状态分析

能量特性状态分析是通过一体化管控平台数据总线获取机组流量、功率、上下游水位等信息，经过计算，实现对机组能量特性的实时监测，显示发电机及水轮机的当前运行工况，进而分析机组能量特性与机组的振动、摆度以及压力脉动等的关系，使用者就可以随时掌握机组特性，有利于机组优化运行；通过长期的数据积累，逐步形成实际的运转特性曲线。

## 五、发电机气隙状态分析

发电机气隙不均会引起电磁拉力不平衡，通过气隙和磁极的形貌，可得出转、定子的圆度、偏心及气隙状况，从而分辨出磁拉力不平衡的真正原因。

发电机气隙状态监测分析模块主要用来分析定转子气隙的变化趋势，从而对电机定转子性能做出相应判断。

发电机气隙状态分析是通过一体化管控平台数据总线获取现地机组在线监测屏，采集的安装于发电机定子内壁的空气间隙传感器信号并进行相应处理计算，得到发电机定转子气隙数据，形成各种图谱，监测各磁极气隙变化趋势，分析判断异常情况或故障，并通过一体化管控平台进行及时的告警输出；通过气隙图实时监测机组运行过程中定转子的最小气隙、最大气隙、平均气隙及其发生的准确角度和磁极号，给出转子中心和定子中心的偏移量，并模拟磁极周向形貌；真实描述发电机结构情况，以及在机械和电气的影响下的运动情况；分析最小气隙、最大气隙以及平均气隙的趋势，提供丰富的信息，及时发现和鉴别转子磁极松动等异常情况；监测包括开机、甩负荷、停机等工况转换过程中各参数及其所反映的发电机定子转子结构的变化过程；显示定转子圆度曲线、磁极形貌、工况转换过渡过程曲线等，分析气隙不均匀性，为评价机组制造、安装和检修质量，制定最佳运行工况提供依据。

## 六、发电机磁场强度状态分析

发电机磁场强度状态分析是通过一体化管控平台数据总线获取现地机组在线监测屏采集的磁场强度数据，并与磁极的气隙测量值对应，以数据表格、棒图、磁场强度比较图等方式进行显示，直观监测磁场强度的变化；形成磁场强度随时间变化的趋势图及磁场强度随负荷等工况变化的“工况—磁场强度”相关趋势图；通过分析各磁极磁通密度的绝对值和相对变化，判断转子绕组匝间短路现象和磁通量不平衡故障。

## 七、发电机局部放电状态分析

发电机局部放电状态分析是通过一体化管控平台数据总线获取现地发电机局部放电监测系统，采集分析安装在发电机定子高压出线端的电容耦合器的输出信号，连续并自动检测水轮发电机正常工作时的定子绕组绝缘状态，得到发电机局部放电脉冲的各相放电量、放电相位、放电次数；持续检测发电机定子绕组各相的最大局部放电量，指示当前绝缘状态；进行放电量变化率分析，提供放电的谱图分析手段，绘制二维或三维曲线，以便更形象地了解发电机局部放电各相关参量的关系；根据历史资料进行趋势分析。

## 八、发电机运行参数状态分析

发电机运行参数状态分析是通过一体化管控平台数据总线获取监控系统LCU采集的机组各部位瓦温、油温、油位、定子绕组及铁芯温度、冷却水温度、发电机定子绕组温度、定子电压和电流、转子电压和电流、有功功率和无功功率、负序电流和零序电流，发电机内功角和电势等电气参数，深入分析发电机的运行状态。

## 九、变压器状态监测分析

变压器状态监测分析是通过一体化管控平台数据总线获取变压器在线监测系统，采集的变压器状态数据进行实时状态分析、评估、预警等，实现变压器油中溶解气体含量、套管及铁芯绝缘、局部放电、变压器油温、变压器油流及瓦斯等状态监测。

以变压器油中溶解气体含量分析为例，采用特征气体法、三比值法、电研法等方法分析监测油中所含气体的种类、含量及增长情况等，有利于发现局部过热、电弧放电等潜伏性故障。

## 十、互感器设备及避雷器绝缘状态分析

互感器设备及避雷器绝缘状态分析是通过一体化管控平台数据总线获取变压器在线监测系统互感器设备及避雷器绝缘状态采集数据，实现对TA、CVT、OYC等互感器设备的绝缘介质损耗 $\tan\delta$，避雷器设备的 $I_d$、$I_r$ 等绝缘参数的监测。

## 十一、报警与预警

当测量得到的参数超过设定限值后发出报警信号。由于水电机组的运行工况比较复杂，不同工况下各参数变化很大，用一个限值来判断是否报警容易产生误报警和漏报警。为此，在限值报警基础上，系统开发基于工况的限值报警技术、趋势预警技术和样本预警技术，对水电机组的不同运行工况设定不同报警值和样本数据，为机组提供准确的报警信息。

预警是指系统根据监测到的有关参数的变化，在报警之前提前发现机组缺陷或故障，给出预警提示。预警主要采用趋势预警和样本预警技术，趋势预警指当某一参数在同一工况下变化趋势大于设定值后发出预警提示，样本预警技术采用海量数据比较技术，将当前数据与该工况下样本数据进行比较，发现异常发出预警提示。

基于工况的报警和预警技术可充分满足水轮发电机组运行工况变化频繁的特点，可以有效实现机组异常现象的早期预警提示和故障报警。

系统自动建立机组在各个运行工况（不同水头和负荷）下的标准样本频谱图和矢量图，在通常的一级报警和二级报警的基础上增加了灵敏的频谱靶图报警和矢量靶图报警，可以及时发现故障的前期征兆。

系统应提供实时的机组报警信息一览表，从中可方便浏览到机组的报警信息。

系统的报警/预警平台基于一体化管控平台开发，当机组出现报警/预警或系统模块出现故障时，报警平台窗口将自动弹出，并以醒目的颜色变化提示相关人员注意，同时系统根据相关报警信息提供相应的处理意见和可能的故障。系统所有报警事件均会自动存储，用户可以通过事件列表调取事件记录。

系统所有报警信息还可以通过一体化管控平台共用的短信平台以短信形式发布到相关人员的手机上。

系统监测的所有参数都可以作为报警/预警参数，通常参与系统报警/预警的参数有各工况参数的当前值、趋势变化、振动、摆度和压力脉动各特征参数值及变化趋势（频谱靶图、矢量靶图、峰峰值、平均值、有效值、转频幅值、转频相位、2 倍频幅值、50Hz 及其倍频成分、1/2～1/6 涡带频率、导叶数和叶片数倍频成分、发电机磁极对数倍频成分、水轮机叶片数倍频成分、法兰连接螺栓个数倍频成分）、轴心位置变化趋势、气隙最小值、气隙变化值、局部放电 *NQN* 值和 $Q_m$ 值。系统报警和预警平台工作流程见图 5–6。

系统参考 ISO、IEC、GB 等国内外水轮发电机组性能指标评价标准和主设备性能保证值来设置参量一级、二级报警。由于机组在不同工况下参数变化较大，纯粹由单一报警值进行报警显然是不够的，对此系统有特别的考虑。① 根据机组的运行工况及系统获得的相关样本数据，系统自动设定各工况下的报警值，负荷工况分为空载、10%、20%～100%额定负荷共 11 个工况，水头工况每变化 1m 为 1 个工况；② 按照重要参量一级报警 80%～100%区间提示（监测）或变化率（历史趋势）预警，即监测参量合格的情况下用趋势分析和预测对主要参量预警；③ 通过状态评价报告对机组的性能和状态指标进行功能层级的预警，体现在日、周、月的状态报告中。

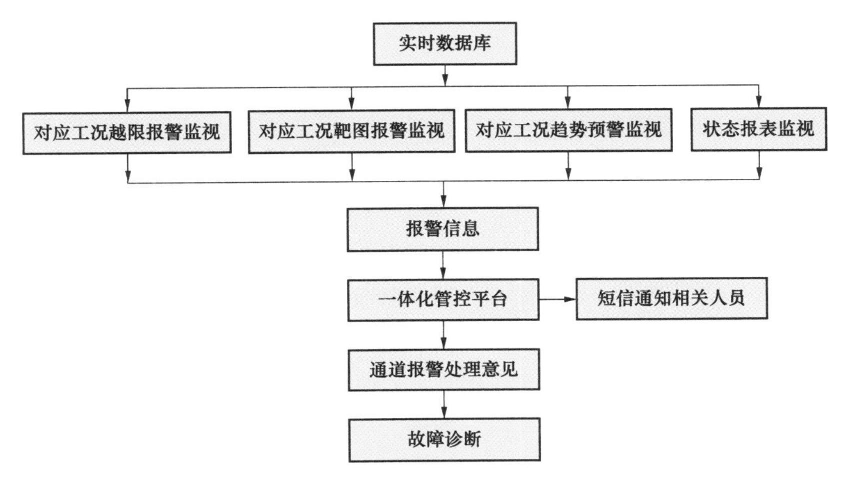


图 5–6　系统报警和预警平台工作流程图

发生报警预警时，系统自动对机组进行诊断，并给出处理意见。报警功能技术特点表如表 5–3 所示。

表 5–3　报警功能技术特点表

| 序号 | 技术特点 | 描　述 |
| --- | --- | --- |
| 1 | 系统提供的报警等级 | 应提供三级报警输出 |
| 2 | 可以用于报警的参量 | 所监测的所有参数均可以参与报警，可通过设置确定参与报警的参数 |
| 3 | 是否具备区分不同工况设置不同报警限值 | 根据水头、负荷等工况将机组运行状态分成不同工况，各工况单独设定报警值 |
| 4 | 报警事件输出形式 | 报警事件可通过报警继电器节点输出，同时通过系统软件报警平台醒目提示，可实现短信发布 |
| 5 | 能否自动记录报警事件 | 可自动记录报警事件 |
| 6 | 报警事件能够检索浏览 | 可以方便检索浏览，可检索某一时间段内事件，也可检索某参数的报警记录 |

## 十二、机组瞬时过程状态分析

水轮机组的瞬时过程也称为过渡过程，是了解水轮机组性能的重要窗口。系统具备实时在线自动记录机组启机、停机、甩负荷过程中的全部数据，瞬时分析模块对这些记录数据进行整理、回放和分析。该功能完成以下一些瞬时过程状态分析：

（1）过渡过程机组稳定性分析；

（2）调速器性能分析；

（3）励磁系统性能分析；

（4）启、停机过程设备动作分析；

（5）过渡过程故障分析；

（6）过渡过程高速录波和数据回放。

## 十三、调速油系统性能分析

水轮机调节系统油压装置是水电厂中重要的辅助设备之一，它的主要作用是提供液压能源，以实现对水轮机调节机构进行操作和控制，进而进行机组的启动、停机、自动调节负荷等操作。它主要由压力油罐、回油箱、油泵及其驱动装置、保护装置、控制装置和压缩空气补给装置等元件构成。油压装置也作为液压操作的主阀、调压阀及管路系统中液压阀门的操作能源。因此，对油压装置的工作状态及其设备性能监测、诊断与分析是水电机组状态监测与诊断的一个重要内容。

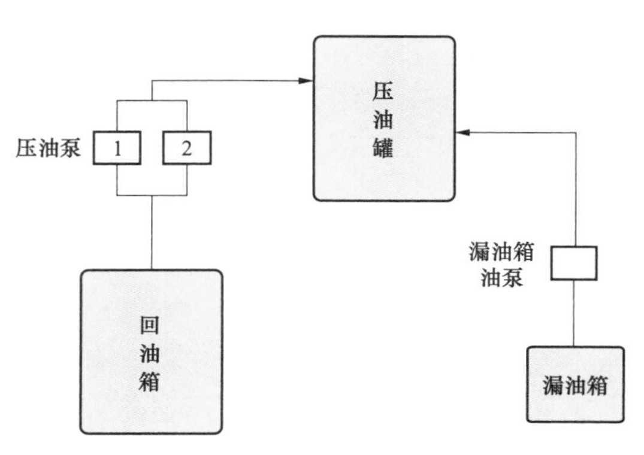


图 5–7　水电厂压油装置构成示意图

水电厂压油装置主要包括压油罐、压油泵、回油箱、漏油箱、漏油箱油泵、阀组及其监测控制仪表、过滤器等。水电厂压油装置构成示意图如图 5–7 所示。

调速油系统的工作原理是通过压油罐存储来自压油泵的压力油及压缩空气，并通过监测和仪表使罐内油和空气的容积维持在一定比例，以随时满足调速系统的正常工作油压。压力油罐内稳定的工作油压由压油泵组动作作用于回油箱和压油罐达到供给值，并定期补偿少量的压缩空气。

### （一）调速油系统状态监测

系统通过一体化管控平台获取来自于各站计算机监控系统的机组调速油系统相关的状态量，各监测对象及其监测内容如表 5–4 所示。

表 5–4　调速油系统状态监测量表

| 序号 | 监测对象 | 监测内容 | 信号来源 |
|---|---|---|---|
| 1 | 压油罐 | 压油罐油压及其油位 | 监控系统 |
| 2 | 回油箱 | 回油箱油位 | 监控系统 |
| 3 | 漏油箱 | 漏油箱油位 | 监控系统 |
| 4 | 1、2 号压油泵 | 各压油泵运行状态（启动/停止）及其告警信号 | 监控系统 |
| 5 | 漏油箱油泵 | 泵运行状态（启动/停止）及其告警信号 | 监控系统 |
| 6 | 机组运行状态量 | 机组有功功率、导叶位移、接力器行程 | 监控系统 |

对这一系列物理量实现状态监测为对调速油系统的状态分析和设备的性能评价提供了条件。

### （二）调速油系统状态分析

1. 实时特征数据的记录

由于调速油系统的各模拟量变化相对缓慢，没有必要对每一个实时数据点都进行数据分析和数据存储，只需要在调速油系统中的各油泵有动作时，记录下相应的实时数据点就能满足油系统相关分析的要求。

2. 调速油系统特征参数指标量的计算

在调速油系统缓慢变化的过程中，各模拟量是在发生变化的，这些变化过程可以用一些特征参数指标来体现。例如，在一个调速油系统的打油周期内，动作油泵的启动时间、打油速度等特征参数能够在一定程度上反映该油泵的性能，这些特征参数如图 5–8 所示。

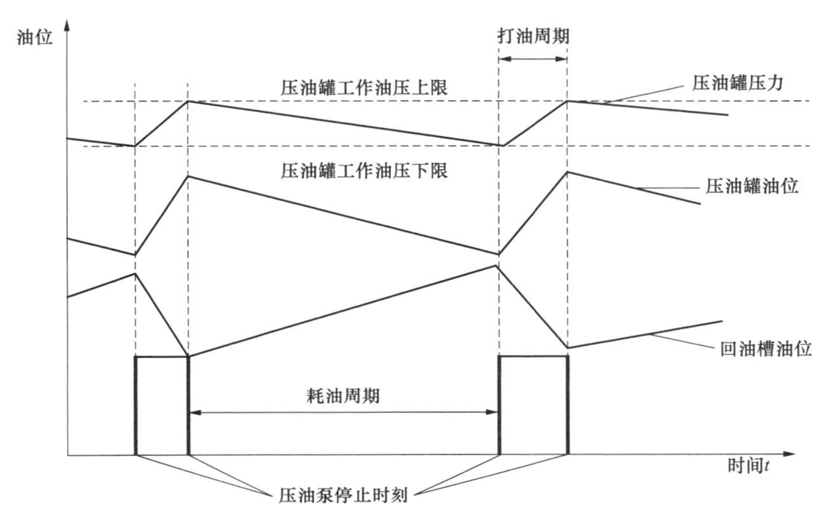


图 5–8 调速油系统特征指标分析示意图

3. 特征量的统计与分析

实时运行状态统计是状态数据分析的一种方法，可以通过对各油泵运行时间和启动次数的统计，为对各油泵设备的性能评价提供依据。

4. 事件记录

在调速油系统的日常运行中，有很多操作事件、报警事件和故障事件可以通过状态数据来分析识别出来，如油罐的平油、补气操作，油压的越限报警，油泵的启动失败、油系统漏油报警等，能够记录下这些事件的发生时间、记录时间等信息，以方便系统进行事件分析。

**（三）调速油系统性能评价**

在水轮机调速油系统状态监测的基础上，按照上述状态分析方法可以获得水电机组运行过程中调速油系统的一些特征时间点的实际数据、特征参数数据、性能指标数据、运行状态统计数据等，给调速油系统的性能评价提供状态分析数据。

由于设备性能降低的缓慢性，可按照时间段的长短对调速油系统的各种性能指标进行纵向对比，从而对设备的性能进行评价。对应不同的时间段，对设备性能指标关注侧重程度各不相同。故分别以日、周、月、年为时段对性能指标进行统计、对比分析，并自动生成水轮机调速油系统运行状态报告数据。

系统通过任务定制的方法调用运行报告生成程序，生成水轮机调速油系统运行日报、周报、月报、年报，通过一体化管控平台Ⅲ区的状态检修辅助决策模块实现已经生成的运行报告在线查看功能，这些运行报告可使技术人员对水轮机调速油系统的运行状况进行快速、直观的了解，为水轮机调速油系统的状态检修提供参考。

## 十四、顶盖排水系统性能分析

在水电厂设备布置上，顶盖相对机组的其他部件较低，为了及时排出大轴工作密封的排水和其他部位的漏水，避免水淹水导，必须设置顶盖排水系统。表面看来，顶盖排水系统原理简单，功能单一，但是由于得不到设计、制造、施工、运行等各有关方面的足够重视，顶盖排水系统故障造成水淹水导被迫停机的事件，在全国范围内时有发生，小小故障往往造成不应有的巨额损失。为此，有必要对顶盖排水系统运行状态进行分析。

水电厂计算机监控系统通常可以对表5–5所示的顶盖排水系统的运行状态量进行了监测，这些量基本能满足系统对顶盖排水状态监测分析的需要。

**表5–5　　顶盖排水系统的状态监测量表**

| 序号 | 监测对象 | 监测内容 | 信号来源 |
|---|---|---|---|
| 1 | 顶盖水位 | 水位、水压及其相应告警信号 | 监控系统 |
| 2 | 顶盖排水泵 | 水泵运行状态（启动/停止）及其告警信号 | 监控系统 |
| 3 | 机组运行状态 | 机组运行工况 | 监控系统 |

顶盖排水系统监测量比较少，系统结构和功能比较单一。以顶盖水位从最低水位上升至最高水位后再下降到最低水位作为一个周期，在状态监测的基础上，可以计算的特征参数指标如表5–6所示。

**表5–6　　单个排水周期内顶盖排水系统状态分析特征参数**

| 序号 | 特征参数名称 | 特征参数法 |
|---|---|---|
| 1 | 水位上升速度 | 顶盖水位从最低点上升至最高点的速度 |
| 2 | 水位下降速度 | 顶盖泵启动，水位从最高点下降到最低点的速度 |
| 3 | 最高水位 | 一个计算周期内顶盖水位的最高值 |
| 4 | 顶盖排水泵启动数量 | 一个排水周期内，顶盖排水泵启动排水的台数 |
| 5 | 每台顶盖排水泵运行时间 | 一个排水周期内，每台排水泵运行的时间长度 |

通过对这些特征指标参数的计算，可以对顶盖泵运行时间和启动次数进行统计，在机组长期的运行过程中，可以进行趋势对比分析，通过同一机组相同工况下的计算性能指标对比，可以对顶盖排水系统的性能做出评价。

顶盖排水系统运行状态数据的自动记录和分析，以及运行报告的自动生成采用与水轮调速油系统相同的实现方法。

## 十五、机组优化运行状态分析

机组优化运行状态分析是通过一定时间段数据积累，自动统计各个工况下的参数，并根据这些参数生成实际运行的运转特性曲线图；分析各工况点下的效率、振动、摆度、压力脉动、气隙、磁通量值，可以逐步得到机组运行的良好工况区域，明确危险或不良工况区，从而指导机组尽可能避开危险工况区运行；在机组运行过程中，通过对机组运行数据分析，随时警示机组是否在危险工况点运行，提醒使用者通过调整负荷来避开危险点等措施，保障机组寿命；利用机组实测效率曲线等性能测试结果，合理调度机组，优化经济指标；自动统计某一时间段内的机组运行工况点、各工况累计运行时间和开停机次数，并可自动生成运行报表。

## 十六、性能评估与试验分析

性能评估与试验分析利用系统长期自动积累的机组不同工况下的稳态运行数据和试验数据，通过系统提供的各种分析工具，动态评估机组的动、稳态性能；利用多维相关趋势分析功能生成机组稳定性参数和转速、负荷、水头、励磁电流、励磁电压之间的相互关系性能曲线，为了解机组特性和查找故障原因提供直接依据；通过各性能曲线掌握机组不稳定运行工况区和特殊振动区，指导机组优化运行；自动或通过人工辅助完成各种现场试验，如机组稳定性试验（变转速试验、变励磁试验、变负荷试验）、机组启停机试验（机组启机过程、停机过程）、过渡过程试验（扰动试验、超速试验、甩负荷试验）、相对效率试验、水头试验、动平衡试验、电磁不平衡试验、发电机惰性停机测试、盘车轴线测量等。通过系统性能曲线生成工具，使用者不需复杂的操作即可获得以下机组各种动稳态性能的试验报告和特性曲线：

（1）机架振动、摆度、压力脉动随负荷瀑布图；
（2）机架振动、摆度、压力脉动连续波形分析图；
（3）机架振动、摆度、压力脉动、效率随负荷变化曲线；
（4）机架振动、摆度、压力脉动随转速变化曲线；
（5）机架振动、摆度、压力脉动、效率随水头变化曲线；
（6）机架振动、摆度随励磁电流变化曲线；
（7）有功、流量、效率随导叶开度变化曲线；
（8）流量、效率、耗水率随负荷变化曲线；
（9）瓦温、油温变化曲线；
（10）甩负荷过程性能分析；
（11）甩负荷过程振动、摆度、压力脉动变化过程；
（12）接力器行程关闭规律；
（13）机组开机过程与惰性停机过程转速变化特性；
（14）机组扰动试验负荷、导叶开度、振动、摆度、压力脉动变化过程；
（15）三维特性曲面。

## 十七、历史趋势分析

历史趋势分析是通过对历史数据的处理，动态生成饼状图、柱状图和趋势图，实现状态监测趋势的图形化显示；根据历史数据库中的历史数据，实现温度、液位、压力、振动、流量等过程量的偏差分析、相关量分析、趋势分析，利用直方图、散点图等工具进行分析并给出分析结果；按照用户需求，自动生成趋势分析报告和报表，为电厂的预防性维护提供可靠的依据；提供电站事故、故障或异常情况的历史追溯，方便生产管理和技术人员调用各历史数据曲线并进行直观的分析、判断；对电厂各台机组设备的运行状态做对比评价，方便掌握机组运行性能，有效获得机组检修、技改所需的各种状态信息；电厂运行、维护和技术管理人员可通过系统做定期趋势分析，及时发现异常，提出预警，做好预控，避免发生设备非停，如通过分析测点数据序列的变化趋势，对油槽设备缓慢漏油、轴瓦损坏造成的瓦温缓慢上升等隐患进行分析；为重要性能试验提供技术支持，如机组稳定性试验、甩负荷试验、机组效率试验、动水关闭进水阀试验等。

## 十八、状态报告分析

系统提供实用的状态报告功能，便于使用人员方便地了解和掌握机组的运行状态，充分利用在线监测与状态检修管理系统。

系统全面支持状态报告的自动制作，全面提供反映机组动稳态特性和机组各部件运行状态变化，使用人员无需烦琐的操作即可得到完整的报告，所有报告采用与 Excel、Word 等标准处理程序兼容的文件格式存储。

系统提供的状态报告包括反映机组稳定性的相关特性报告；各种水力能量参数的相关特性报告；机组性能试验评价报告；同工况特征参数趋势检查报告；典型故障定期分析检查报告；主轴状态分析报告；盘车效果检查报告；发电机绝缘状态分析报告；各种量化分析报告（质量不平衡、电磁拉力等各种因素对机组稳定性影响分析）；事件分析报告；定期状态分析报告；实时状态报告等；客户需要的专门分析报告。

## 十九、检修指导分析

系统具备定期评价机组各部件运行状态，了解哪些部件状态正常，哪些部件异常，根据各部件状态合理制定和安排检修计划；对比机组检修前后的设备状态历史数据，直观评价设备检修效果；通过检修后的各种机组常规试验数据，综合评价检修后机组各部件特性。

利用系统建立的状态检修完善评估体系，通过机组检修前后各种机组动稳态性能的试验报告、设备状态分析报告、设备检修评估报告、统计报表及特性曲线等多样化的评估手段，实现对设备状态检修前后的综合对比和评价。

当某部件出现异常现象时，利用系统提供的各种试验分析工具，可以辅助分析异常原因，指导检修。

利用系统可以分析评价导轴承轴瓦安装间隙是否适当、盘车摆度测量校验、机组轴线调整质量、三导轴承是否同心、主轴法兰连接状态、定转子对中水平、定转子不圆度、水力部件状态、水轮机和发电机动平衡状态、电磁拉力不平衡状态、辅助系统运行状态、发电机绝缘状态等，对常见故障提供量化分析，定量给出其对机组稳定运行的影响，为检修提供可靠依据，为实现状态检修打下基础。

## 二十、远程分析诊断

远程分析诊断技术是设备诊断技术、计算机网络技术、通信技术、数据库技术和数据发布技术相结合的产物，它是随着网络建设和发展的一项综合性新技术。基于 Internet 的远程分析诊断技术的成功应用得益于数据高效压缩存储技术和实时高速发布传送技术难题的解决，从而实现水电机组运行状态的远程监测、分析和诊断。

基于 Internet 的水电机组远程监测分析技术带来了水轮发电机组状态监测与诊断方式的巨大变革。具有基于 Internet 的远程分析诊断接口技术；水电行业的各领域专家在千里之外就可以“随时随地”帮助水电厂监测、分析、诊断、评估机组运行状态，打破了现有的以“事后服务，现场服务”为主的诊断服务模式，变被动服务为主动服务；能够实现对水轮发电机组的早期故障预警、检修指导以及远程专家会诊，从而大大提高诊断效率，节约服务成本，具有很好的社会效益和经济效益。

# 第三节　状 态 检 修 管 理

状态检修管理主要功能包含输入、算法和输出三大基本功能，模块可以从上级模块输入数据、执行模块功能并向下级模块输出数据。功能模块图示意方法如图 5–9 所示。

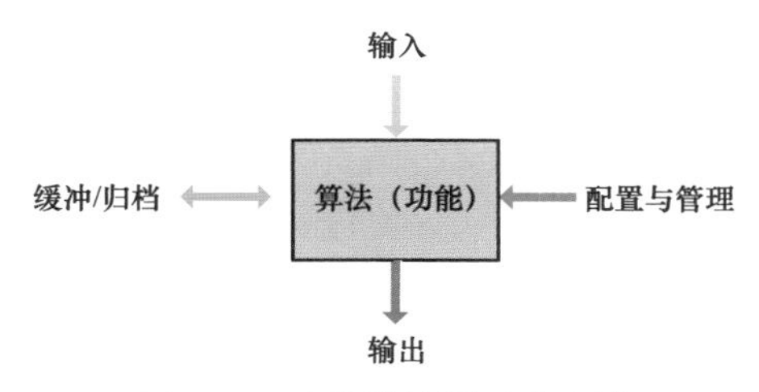


图 5–9　功能模块图示意方法

状态检修管理的数据获取、分析、处理和决策流程如图 5–10 所示。

## 一、数据获取与处理

数据获取与处理的主要任务是从智能一体化管控平台数据中心有效获取，反映设备健康状态指标的各类设备基础数据、实时数据、检试数据和其他数据，在数据获取后得到分析对象的原始数据，根据监测、分析诊断的需要进行必要的过滤、换算、组合等数据加工和处理过程，使其成为反映设备健康状态的状态量数据，提供完整的信息资源，以供监测预警、状态评价、风险评价和维修策略等使用。可采取定期自动触发方式（周期可调）、人工触发方式及后台自动处理。

### （一）数据获取

数据获取模块功能如图 5–11 所示。

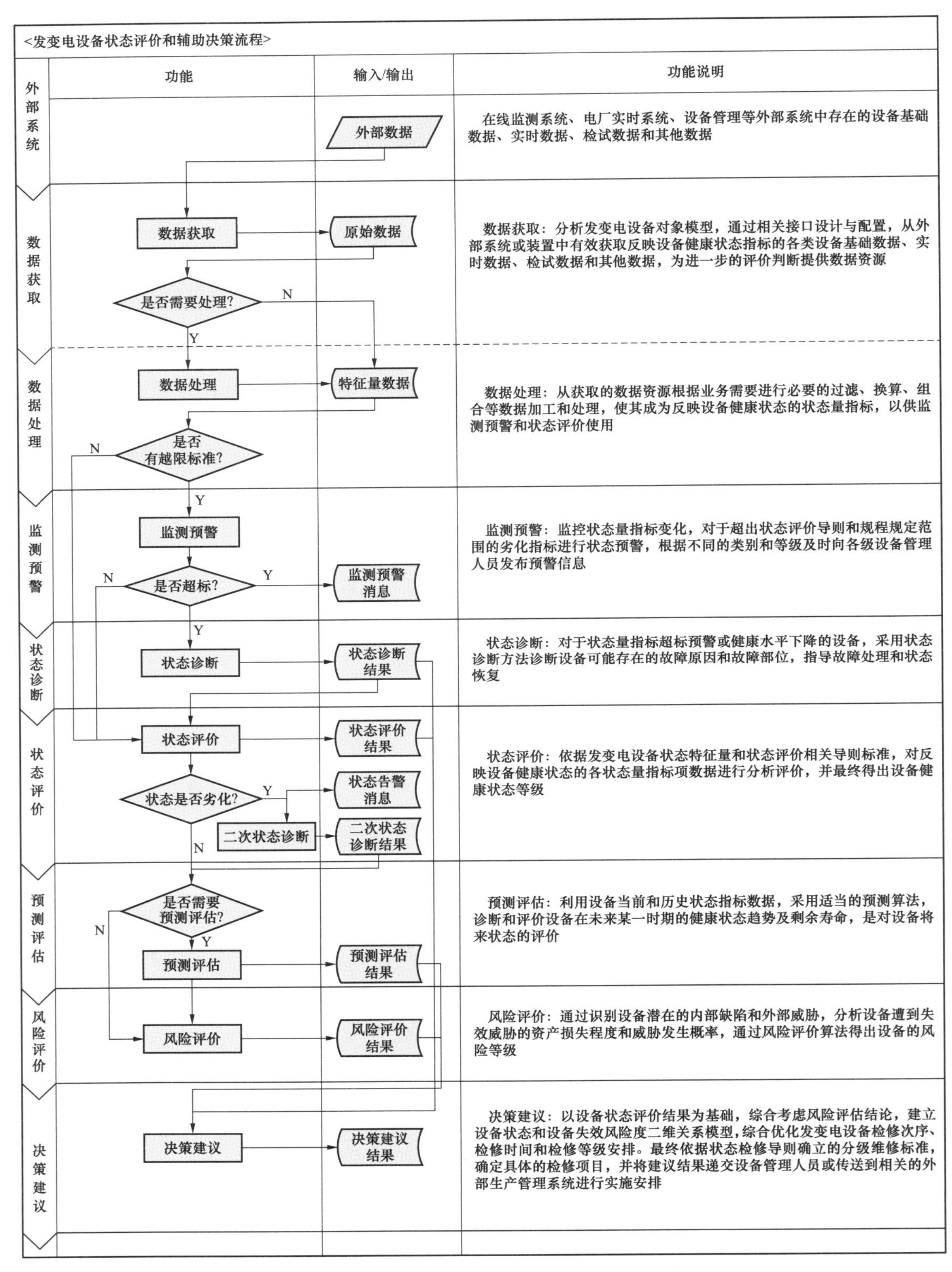


图 5–10　状态检修辅助决策系统业务流程图

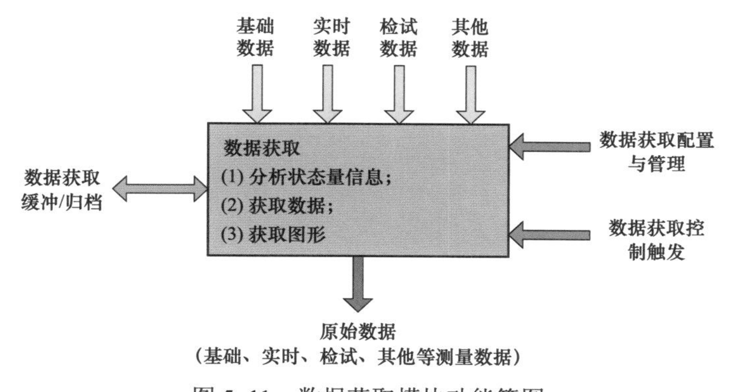


图 5-11　数据获取模块功能简图

1. 模块输入

从外部数据源获取原始测量数据以及其他模型数据，按照数据来源和数据特性不同可分为基础数据、实时数据、检修试验数据（简称检试数据）和其他数据四类。

（1）基础数据：包含设备类型、电压等级、设备型号、制造厂、出厂日期、投运日期、安装位置、容量、价值、设计寿命等在内的水力发变电主设备的主要技术特性数据。

（2）实时数据：各类在线监测数据、SCADA 数据及保护测控装置信息等时间序列数据。

（3）检试数据：各级检修及预防性试验采集的检修、高压试验、油务、继保、直流、远动自动化等数据。

（4）其他数据：各类运行巡视数据、缺陷信息（含家族性缺陷信息）、检修信息、技改信息、红外测温信息以及污秽、雷电、气象等外部环境影响数据和根据实际情况需要参考的数据信息。

2. 模块功能

（1）分析状态量信息：依据《输变电设备状态评价导则》（Q/GDW 171—2008）中设备状态量定义和信息来源要求，建立最终影响设备状态的原始采集量和分析对象之间的关系，使相关采集量对应到各自的设备对象中。

（2）数据获取：通过统一的数据接口规范，以一定的触发方式（定时触发、控制触发）从外部系统或装置中获取反映设备技术特性的量测量信息，必要时可手工输入数据信息。获取的数据集被放入系统缓存或进行归档，供数据处理模块使用。

（3）获取图形：获取反映设备运行工况的图形信息，如红外测温图、历史故障图及相关图档资料等。

3. 模块输出

模块输出主要包括设备模型数据，形成反映设备技术特性指标的原始数据集。

## （二）数据处理

数据处理是对数据获取层获得的分析对象原始数据，根据评价业务需要进行必要的过滤、换算、组合等数据加工和处理过程，使其成为反映设备健康状态的状态量数据，以供监测预警和状态评价使用。数据处理功能模块如图 5-12 所示。

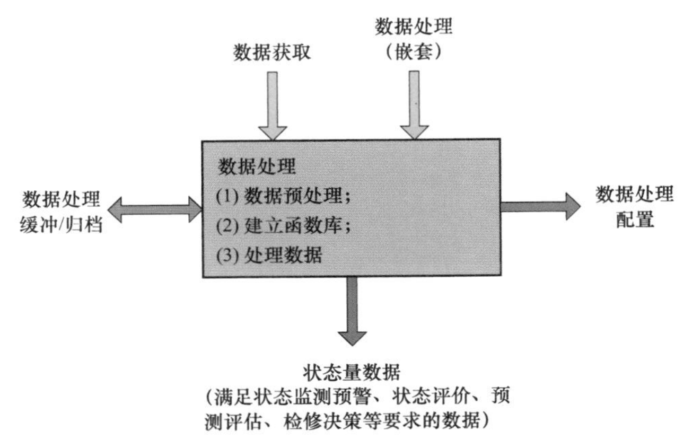


图 5-12　数据处理功能模块简图

1. 模块输入

从数据获取层输出的设备技术特性指标原始数据集；从数据处理层（嵌套）产生的设备特征量数据。

2. 模块功能

（1）数据预处理：依据《输变电设备状态评价导则》（Q/GDW 171—2008）要求，对获取的设备对象原始数据，特别是实时系统数据采用信号处理算法有效去除坏数据和干扰信号。

（2）建立函数库：根据状态评价要求，建立满足现有业务并具有可扩充性和可外挂的函数库，以供数据过滤、换算、组合等数据加工和处理过程使用。

（3）处理数据：处理并形成满足设备状态监测预警、状态评价、状态诊断、预测评估、决策建议等后续模块要求的状态量。

3. 模块输出

（1）符合标准的设备模型数据；

（2）反映设备健康状态指标的状态量数据集。

## 二、监测预警

监测预警模块实时监控状态量指标变化，对于超出状态评价导则和规程规定阈值范围的劣化指标，根据不同的类别和等级，及时向一体化管控平台或生产管理决策支持系统传输告警和预警信息，同时启动设备状态诊断模块，辅助分析故障位置和原因。该功能模块需和前端在线监测设备监测预警软件功能进行协调管理，实现功能的同一化。监测预警模块功能简图如图 5-13 所示。

### （一）模块输入

从数据处理层获得的设备状态量数据；从状态评价层获得的设备状态评价数据；从监测预警层（嵌套）产生的设备特征量数据。

### （二）模块功能

设定预警阈值、级别和机制：依据状态评价导则和相关试验规程规定的状态量指标注意值，设置告警阈值区间、配置消息类别、消息级别和消息发送方式。

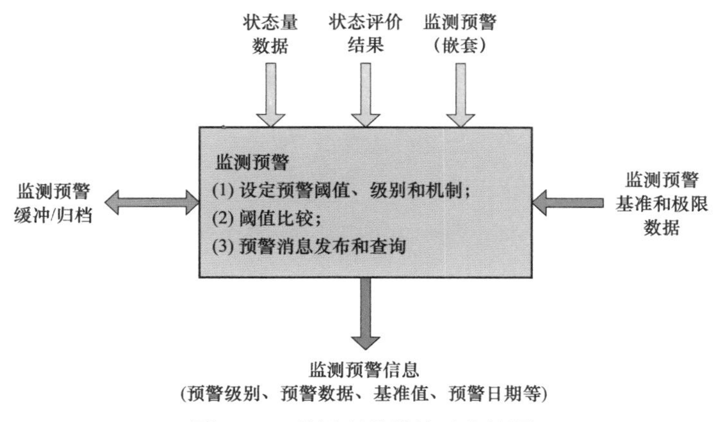


图 5–13　监测预警模块功能简图

（1）阈值比较：采用适当的方式（定时或触发）监控设备状态量指标变化，通过与基准值或极限值比较，触发产生各类预警信息。

（2）预警消息发布和查询：预警信息可通过多种信息平台进行发布，按照告警信息类别、预警级别发送到各级设备管理人员。预警消息可分层监控并可查询到详细信息。

**（三）模块输出**

输出反映设备状态量指标劣化的预警消息数据集；输出预警消息。

## 三、状态评价

状态评价模块通过建立设备状态评价模型，并依据系统知识库和专家系统推理机，对反映设备健康状态的各指标项数据进行分析评价，并最终得出设备总体健康状态等级。可实现自动触发和人工触发功能，对单个设备或多个设备，根据多种导则方法灵活配置，进行评价。状态评价模块功能简图如图 5–14 所示。

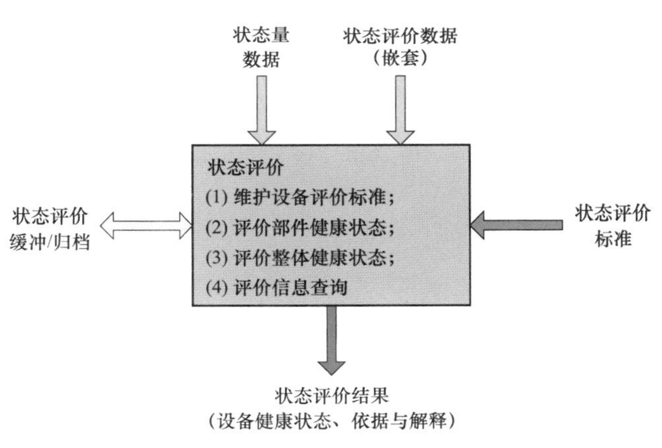


图 5–14　状态评价模块功能简图

设备状态评价模型如图 5–15 所示。

设备的评价模型层次为：设备—部件/单元—状态量—判断依据组成，各层次的典型维护如下：

（1）系统知识库模型。系统知识库规则定义模块提供了一个规则定义的统一界面和接口，用于规则定义和规则解析，规则定义可用于周期定义、状态分析规则、家族缺陷、试验标准定义等。

（2）系统推理机模型。系统推理机解析加载的知识库规则，并根据知识库中所引用的设备状态量数据和判断依据进行推理，采用正向推理的推理机模型，如图 5–16 所示。

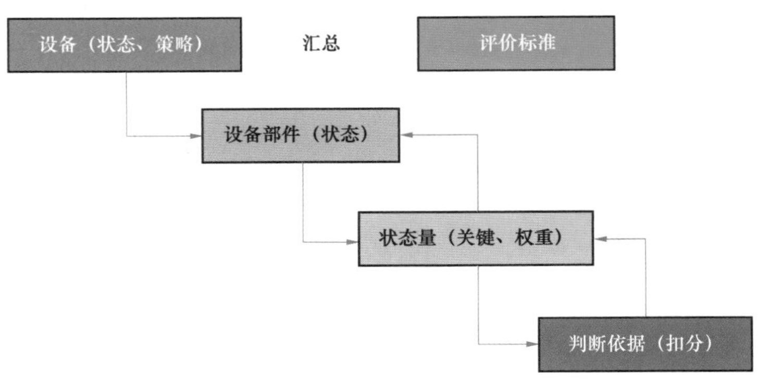


图 5–15　设备状态评价模型

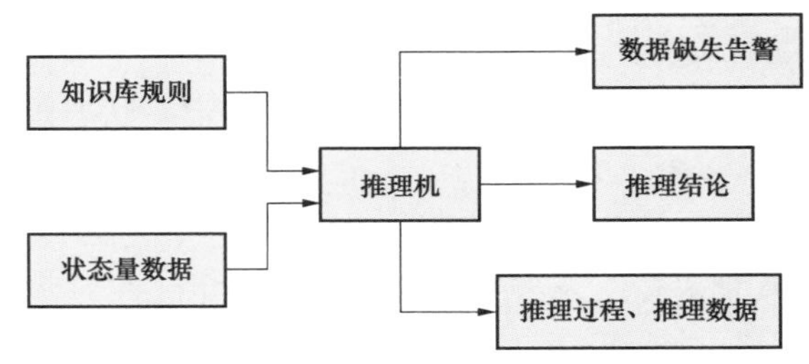


图 5–16　正向推理的推理机模型

（3）状态信息评价展示。状态评价展示了设备状态评价的结论、过程数据，以及各类状态量原始数据列表和数据曲线等。

## 四、预测评估

采用时间序列算法对各类连续数据进行预测，并将预测后的数据用专家系统知识库进行分析判断，从而获取设备预测的状态。预测评估模块功能简图如图 5–17 所示。

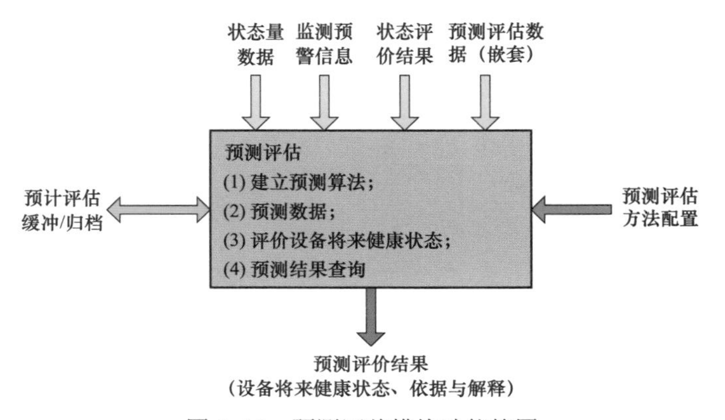


图 5–17　预测评估模块功能简图

### （一）模块输入

从数据处理层获得的设备状态量数据；从监测预警层获得的设备状态量指标预警信息数据；从状态评价层获得的状态评价结果数据；从预测评估层（嵌套）产生的预测评估数据。

**（二）模块功能**

（1）建立预测算法：根据设备状态量数据变化特点，建立满足现有业务并具有可扩充和可外挂的预测诊断算法。预测算法库中应包含算法必备的知识库。

（2）预测数据：通过设备状态量与预测算法的配置，采用适当的预测算法，通过对设备当前和历史状态指标数据分析，预测今后一段时间内设备状态相关参数的可能值。

（3）评价设备将来健康状态：依据状态评价标准，对预测后的数据进行状态评价，得出预测时间的设备健康状况。

（4）预测结果查询：可查询设备及各部件健康状态预测评价结果，并可详细了解评价过程及各状态量评价信息。

**（三）模块输出**

预测结论，包括设备健康状态等级（或分值）、依据和解释。

## 五、风险评价

风险评价模块通过识别设备潜在的内部缺陷和外部威胁，分析设备遭到失效威胁后的资产损失程度和威胁发生概率，通过风险评价模型得出设备的风险等级，可自动或人工触发。风险评价模块功能简图如图 5–18 所示。

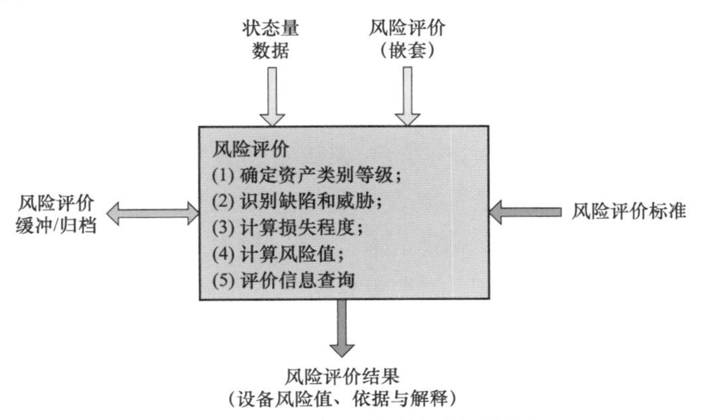


图 5–18　风险评价模块功能简图

**（一）模块输入**

从数据处理层获得的设备状态量数据，从风险评价层（嵌套）产生的风险指标及评价数据。

**（二）模块功能**

（1）确定资产类别：考虑设备自身的价值、设备对电网提供电源的重要等级和设备在电厂中所处位置的重要等级三个方面确定设备的资产类别等级。

（2）识别缺陷和威胁：分析设备功能，识别设备潜在的内部缺陷和外部威胁对设备功能的影响，并统计分析发生各类缺陷和威胁的发生概率。

（3）计算损失程度：通过关联设备与缺陷（或威胁）因素，从安全性、可靠性、成本和社会影响等方面的计算威胁造成的损失程度。

（4）计算风险值：综合考虑资产类别、资产损失程度和发生概率得到该设备的风险等级或分值。

（5）评价信息查询：可查询设备风险评价结果，并可详细了解评价过程及各风险指标评价信息。

**（三）模块输出**

风险评价结论，包括设备风险值、依据和解释。

## 六、故障诊断

对于状态评价结论为异常及以上状态的设备，以及状态监测报警的设备，用故障诊断方法诊断设备可能存在的故障原因和故障部位，并给出依据和解释等，指导故障处理和故障恢复。该功能模块需和前端在线监测设备厂故障诊断软件功能进行协调管理，实现功能的同一化，同时需制定设备的相关故障诊断导则。

故障诊断的实质就是由故障征兆和故障库共同推动推理机进行故障诊断，一个实用可靠的故障诊断系统，必须具有强大的信号分析与征兆获取能力、来自故障机理深层的故障库、高效可靠的故障诊断方法。

信号分析与故障征兆获取主要包括轴心轨迹图形特征征兆、关系型征兆、趋势型征兆等技术手段。

故障库由故障知识库和专家系统共同组成。水电专家通过对水电机组水力振动与稳定性、关键部件应力与裂纹以及发电机绝缘等故障状态进行重点研究，对变电设备油中气体含量、局部放电、介质损耗、红外热像等故障状态进行综合研究，不断丰富与完善故障知识库。知识库是专家系统的核心组成部分，知识库的知识源于领域专家，又是决定专家系统能力的关键，知识库中知识的质量和数量决定着专家系统的质量水平。此外，水电专家通过广泛调研（实地调研、会议、函调、专家咨询）收集故障案例，通过建立开放式的可扩展的故障诊断知识库框架，通过分类整理收集的故障案例和专题研究的故障知识，积累故障诊断知识库。

故障诊断的主要方法是故障树决策树诊断法。它是根据设备故障部件、故障部位和故障现象对设备故障机制进行分析，从而形成设备的故障树，根据决策树理论对设备故障现象进行分析定位，从而确定设备的故障原因和检修方式。故障诊断模块功能简图如图 5–19 所示。

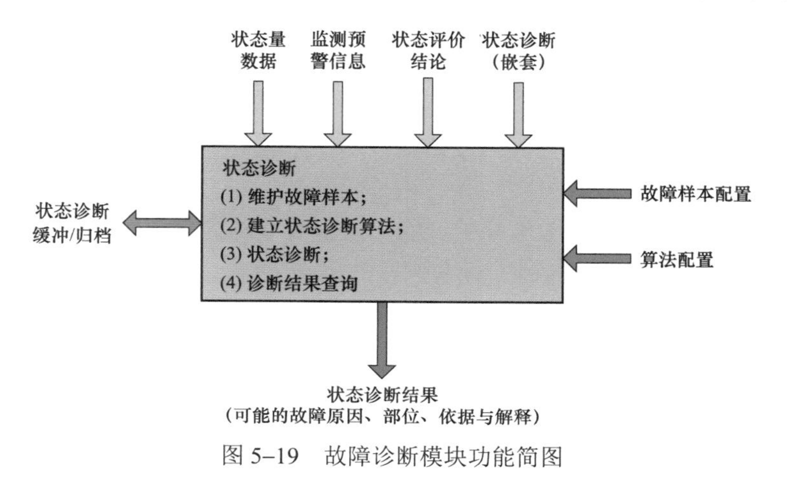


图 5–19　故障诊断模块功能简图

### （一）模块输入

从数据处理层获得的设备状态量数据、从监测预警层获得的设备状态量指标预警信息数据、从状态评价层获得的状态评价结果数据、从状态诊断层（嵌套）产生的状态诊断数据。

### （二）模块功能

（1）维护故障样本：按照设备类型、型号、厂家等分类创建故障样本库，积累知识并为故障诊断算法提供训练和验证样本。

（2）建立状态诊断算法：根据状态诊断要求，建立满足现有业务并具有可修改、可扩充和可外挂的状态诊断算法。结合设备状态量的横向（同类型设备）和纵向（历史数据）比较结果，实现诸如故障决策树法、咨询诊断法、神经网络算法等有效的诊断算法。诊断算法库中应包含必备的专家知识库。

（3）状态诊断：采用适当的方式（手工或触发）启动状态诊断，分析设备可能存在的故障原因和故障部位，并给出依据和解释。

（4）诊断结果查询：查询状态诊断结果以及诊断所依赖的数据，并可详细追溯状态诊断过程。

### （三）模块输出

状态诊断结论，包括可能的故障原因、部位、依据和解释。

## 七、维修策略

维修策略模块以设备状态评价结果为基础，综合考虑风险评价结论，建立设备状态和设备失效风险度二维关系模型，综合优化水电厂发变电主设备检修次序、检修时间和检修等级安排确定设备维护管理方案，可自动或人工触发。

以可靠性（RCM）为中心的检修：以管理设备故障影响和后果为基础的检修分析理论，区别于传统的以设备运行时间为基础的定期解体检修理论。

建立水电厂主设备状态好坏的标准，并建立设备状况标准库；建立设备故障状态识别、设备信息综合管理、检修风险分析等信息模型；建立精确的成本估算模型；应用设备健康状态、可靠性、可用性等效益因子评价设备检修前的效益，以及采用各种可能的检修策略后的效益情况，建立效益估算模型；通过分析检修策略对成本、效益的影响，研究全部更换、大修、局部修理、继续状态检修（即延期修理）四类检修策略的选择模型。

设备维修策略定义如表 5–7 所示。

表 5–7　　设备维修策略定义

| 设备状态 | 检修策略 | | | |
|---|---|---|---|---|
| | 正常状态 | 注意状态 | 异常状态 | 严重状态 |
| 推荐周期 | 正常周期或延长一年 | 不大于正常周期 | 适时安排 | 尽快安排 |

决策建议模块功能简图如图 5–20 所示。

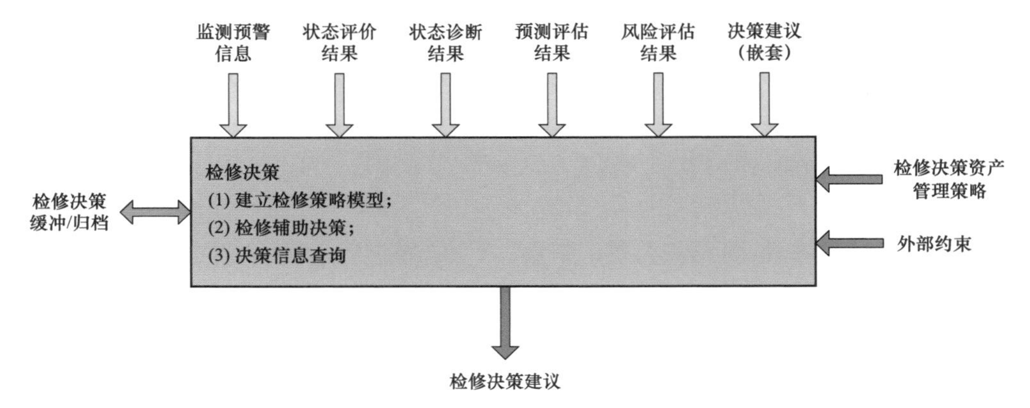


图 5–20　决策建议模块功能简图

**（一）模块输入**

从监测预警层获得的设备状态量指标预警信息数据、从状态评价层获得的状态评价结果数据、从状态诊断层获得的状态诊断结果数据、从预测评估层获得的预测评估结果数据、从风险评估层获得的风险评估结果数据、从决策建议层（嵌套）产生的检修决策建议数据。

**（二）模块功能**

（1）建立检修策略模型：遵循设备状态评价结果越差、设备风险等级越高则越优先安排检修的原则，建立综合考虑设备状态评价结果和设备风险评价的二维关系模型，并设定相关参数。

（2）检修辅助决策：通过检修策略模型，分析计算某一区域各级设备检修优先级指标，提出设备检修次序、检修级别、检修时间，并根据 A、B、C、D、E 分级维修标准确定具体的检修项目。

（3）决策信息查询：查询决策结果，可展示详细决策信息并可追溯辅助决策过程。

**（三）模块输出**

辅助决策建议结果，包括设备维修优先次序等级、建议维修时间、维修等级安排等。

## 八、其他功能

具有对（状态检修管理系统及一体化管控平台收集到的）相关试验数据进行分类管理的能力，具有高级功能的接口和处理能力，具有（第三方）二次开发能力，如预测评估、数据挖掘等功能。

**（一）分析工具**

系统提供一系列的在线试验及诊断分析工具对设备试验进行分析，给出诊断分析建议。分析工具通过多样的显示界面（图示、列表）能定量和定性地分析设备的状态及设备状态的发展趋势。

**（二）人机交互界面**

应用软件操作界面应简单明了、操作方便；应用各模块的计算结果展现界面应丰富多彩，且组合清晰；具备友善完好的人工输入界面。

### （三）参数设置

在软件菜单中可以进行参数设置，如数据处理函数库管理、预警阈值、状态评价等级、设备状态评价导则、维修策略参数设置等。

### （四）软件升级

软件可进行升级，在使用年限中，通过软件升级、更新，保持与远程监测诊断中心技术的同步。

### （五）帮助文件

显示帮助文件目录，可按目录逐层定位所需的信息，提供帮助内容。提供系统的用户使用手册、系统参考相关的规程及各评价导则的查看与下载。

### （六）系统信息及编码

各类代码与现有国家标准、国家电网公司标准一致；采用统一的系统代码和信息编码，在系统应用中对于可扩充代码统一进行扩充。代码标准参考国家电网公司最新信息分类与代码以及生产管理系统设备代码体系。

将编码定位成系统分析对象（所有系统涉及的数据）的信息，而不应盲目地将某一个编码原则确定为分析对象的终生唯一码。

### （七）数据库设计原则

数据库的设计应与信息模型完全相符，并充分考虑信息的可扩展性。

充分考虑系统数据量大而绝大部分数据生成后只查询不改写的特点，合理建立索引和存储参数，及时归档卸载早期数据。

在应用服务器上设立数据库连接缓冲池和数据缓冲池，提高数据访问效率。

### （八）出错设计

系统高级应用软件有详细出错提示能力：能确切、及时地提示错误代码、错误原因及可能的纠正措施；错误代码均应在维护手册或操作手册中有说明；对最终应用业务人员的提示均应使用中文。在系统运行日志中包含出错记录，详细记录出错时间、操作用户、操作内容、出错代码、相关环境数据等。

系统高级应用软件具有较强的纠错能力：对用户输入数据均进行合理性检查；对源数据条件不足导致算法结论准确度下降时，有相应提示或建议；源数据非法不会导致算法崩溃，系统要具有较高的容错性。

在系统运行日志中包含出错记录，详细记录出错时间、操作用户、操作内容、出错代码、相关环境数据等。

### （九）应用安全设计

系统应用建立完整的用户认证与权限管理体系。非认证用户不得访问系统；通过认证用户需根据模块授权和责任区权限受限访问系统功能。

系统最小化授予应用服务器访问数据库用户的权限；数据库用户密码、最终用户密码均不明码保存。

在系统运行日志中包含安全记录，包括应用服务器进程启动停止、用户端用户登录（不论成功与否）与注销、用户口令变更（不论成功与否）、权限调整、重要配置参数变更、重要业务操作和算法执行、警告、错误等。

**（十）软件文档**

系统高级应用软件在调研阶段、设计阶段、开发阶段、测试阶段、验收阶段有完备的文档，包括需求说明、设计报告、系统配置文档、安装维护手册、操作使用手册、技术总结报告等。

### 九、系统联动

**（一）状态检修与经济调度联动**

系统实时计算的机组振动区指导全厂经济调度与控制系统（EDC）自动发电控制（AGC）子功能避开机组实际振动区运行，从而真正提高机组运行效率，延长机组运行寿命。

**（二）状态检修与生产管理系统联动**

状态检修系统从生产管理信息系统获取水力发电主设备资产的基础数据、运行巡视、检试、缺陷、故障等数据，同时向生产管理信息系统提供水力发电主设备状态历史数据、设备监测预警信号、设备状态评价结果、设备故障诊断结论及设备维修决策建议等信息。

状态检修系统生成的设备状态分析诊断报告，可以作为设备档案管理的一部分自动被生产管理系统进行设备归档存储及其查阅调用。

## 第四节 数据和信息管理

采用 IEC 61850 标准的 MMS 协议进行传输。不具备条件的可以采用 ModBus_TCP 协议，现地状态监测系统为从站。

### 一、数据交换

**（一）现地机组状态监测系统测点**

现地机组状态监测系统测点包括振动、摆度、压力脉动、气隙、磁通量、局部放电等信号，如表 5–8 所示。

表 5–8　　现地机组状态监测系统测点清单及传输要求（标准配置）

| 序号 | 测点名称 | 单机数量 | 传输要求 |
|---|---|---|---|
| 1 | 上机架 $X$、$Y$ 向水平振动 | 2 | 位移特征值：峰峰值、有效值、平均值；<br>频谱分析特征值：主频、次频、季频信号对应的频率、幅值及相位 |
| 2 | 上机架 $Z$ 向垂直振动 | 1 | |
| 3 | 下机架 $X$、$Y$ 向水平振动 | 2 | |
| 4 | 下机架 $Z$ 向垂直振动 | 1 | |
| 5 | 顶盖 $X$、$Y$ 向水平振动 | 2 | |
| 6 | 顶盖 $Z$ 向垂直振动 | 1 | |

续表

| 序号 | 测点名称 | 单机数量 | 传输要求 |
|---|---|---|---|
| 7 | 上导 $X$、$Y$ 向摆度 | 2 | 位移特征值：峰峰值、有效值、平均值；<br>频谱分析特征值：主频、次频、季频信号对应的频率、幅值及相位；<br>机组轴线动态弯曲量及弯曲方位角度；<br>推力轴承动态波浪度及动态垂直度 |
| 8 | 法兰（下导）$X$、$Y$ 向摆度 | 2 | |
| 9 | 水导 $X$、$Y$ 向摆度 | 2 | |
| 10 | 轴向串动（抬机量） | 3 | |
| 11 | 蜗壳进口压力 | 1 | 位移特征值：峰峰值、有效值、平均值、最大值、最小值 |
| 12 | 尾水管出口压力 | 1 | |
| 13 | 蜗壳差压 | 1 | |
| 14 | 导叶后压力脉动 | 1 | 位移特征值：峰峰值、有效值、平均值；<br>频谱分析特征值：主频、次频、季频信号对应的频率、幅值及相位 |
| 15 | 顶盖下水压脉动 | 1 | |
| 16 | 尾水管进口压力脉动 | 1 | |
| 17 | 空气间隙 | 4 | 气隙平均值，各磁极气隙当前值、相对变化量及变化率，最大气隙磁极号、对应气隙值及其方位，最小气隙磁极号、对应气隙值及其方位，定子及转子不圆度，定子、转子偏心距及偏心角 |
| 18 | 磁通量 | 1 | 各磁极动态磁场强度值、各磁极动态场强相对差，转子磁极磁场强度不均匀度、最大及最小磁场强度 |
| 19 | 局部放电 | 6 | 局部放电脉冲各相正向和反相放电量、放电相位、放电次数，各相最大局部放电量 |
| 20 | 转速（键相） | 1 | 当前转速值 |
| 21 | 机组效率 | 1 | 当前机组效率 |
| 22 | 通道越限告警信号 | 数量待定 | 各通道越高限及高高限告警信号 |
| 23 | 系统分析诊断告警信号 | 数量待定 | |
| 24 | 系统设备故障信号 | 数量待定 | |
| 25 | 其他信号 | 数量待定 | 类型待定 |

对于机组振动、摆度、压力脉动、导叶位移、机组转速、机组效率信号，特征数据的传输频率不大于 1 次/2048 个原始样本数据（如等周期采集，每周采 256 个点，每采集 8 个周波传输一次特征数据）。

机组稳定运行时，对于气隙、磁通量及局部放电信号，特征数据的传输频率为 1 次/32r。对于机组振动、摆度、压力脉动信号，一体化管控平台采取召唤的方式获取每个通道 2048 个原始样本数据，召唤频率不大于 1 次/32r；对于机组气隙及磁通量信号，一体化管控平台采取召唤的方式获取每个通道 2048 个原始样本数据，召唤频率不大于 1 次/1min。

当一体化管控平台召唤机组状态监测通道原始样本数据时，状态监测设备需保证需传输的多个通道数据为召唤发生当前同一时刻的采样数据，且状态监测设备需将当前一个完整计算样本的键相信号一并上传；一体化管控平台可召唤状态监测设备记录的事故追忆数据，且事故发生前后时间跨度可由一体化管控平台控制；一体化管控平台可召唤状态监测设备记录的每次开机到稳定运行、稳定运行到停机数据，且数据时间跨度可由一体化管控平台控制；

一体化管控平台可召唤状态监测设备记录的每次甩负荷及机组稳定性试验（开机试验、变转速试验、变励磁试验、停机试验、变负荷试验等）数据，且数据时间跨度可由一体化管控平台控制。

在保证网络传输不丢包的前提下，一体化管控平台召唤上述信号的召唤频率可根据各站现地在线监测接入网实际带宽做灵活调整。

**（二）电气一次设备状态监测测点**

可以按照《输变电设备状态评价导则》（Q/GDW 171—2008）开展设备状态监测及评价。

1. 变压器状态监测系统

变压器油色谱中气体含量、套管及铁芯绝缘、局部放电、变压器油温、变压器油流及瓦斯等状态监测，如表 5–9 所示。

**表 5–9 变压器油色谱状态监测系统变压器油中溶解气体组分**

| 组分 | 分析该气体组分的主要目的 |
|---|---|
| $O_2$ | 了解密封、脱气情况：过热严重时 $O_2$ 少 |
| $N_2$ | 了解充氮的饱和程度 |
| $H_2$ | 了解热源温度、有无受潮、局部放电 |
| CO | 了解固体绝缘有否热分解 |
| $CO_2$ | 了解固体绝缘的老化或温度是否过高 |
| $C_2H_4$、$CH_2$、$C_2O_6$ | 了解热源温度 |
| $C_2H_2$ | 了解有无放电或很高温的热源 |
| 其他 | 变压器油色谱分析诊断告警信号及系统设备故障信号 |

2. 开关站状态监测系统

断路器、互感器设备及避雷器等设备绝缘、操作及油泵、储能设备、分合闸线圈等辅助设备状态数据：TA、CVT、OYC 等互感器设备的绝缘介质损耗 $\tan\delta$ 等参数，避雷器设备的 $I_d$、$I_r$ 绝缘等参数。

## 二、系统信息

系统信息主要包括从一体化管控平台获取来自于生产管理信息系统中发变电设备资产的基础数据，包括功能位置的主数据和分类特性等；从一体化管控平台获取来自于生产管理信息系统中发变电设备资产运行巡视、检试、缺陷、故障等数据；从一体化管控平台数据库系统中获取来自于计算机监控系统的电厂资源参数和电厂实时信息，包括遥测、开关量、保护信号、告警、SOE 等时标数据、限值等参数，包含关系、拓扑关系等模型数据；从一体化管控平台获取来自于现地状态监测系统的发变电设备在线监测信息；通过一体化管控平台向生产管理信息系统提供设备状态历史数据、发变电设备检修决策建议等。

## 三、交互接口

交互接口包括历史数据查询接口、算法接入接口、异构数据接入接口。

（1）历史数据查询接口：主要由外部系统发起，系统根据用户端的具体要求，建立涉及请求的应答机制；

（2）算法接入接口：主要由内部系统发起，系统可根据状态评价要求调用不同的算法库，并返回算法结果；

（3）异构数据接入接口：主要采用基于 RPC（远程过程调用）软件技术来实现与实时数据的交互，这种技术同样适用于从外部数据源获取数据。

对于历史数据的查询服务，考虑到服务提供还需解决跨平台调用和跨软件语言的问题，建议通过数据总线方式，采用目前比较流行的 Web Service 实现服务接口，特殊方式可采用 API 接入。

## 四、数据管理

在线监测与状态检修管理系统的数据管理主要依靠一体化管控平台提供的强大完备的数据库管理功能，位于Ⅱ区和Ⅲ区的数据中心可统一存储覆盖水轮机、发电机及主要辅助设备的所有参数的原始数据、特征数据及样本数据。数据库采用高效数据压缩技术，可以长期存储机组稳态、过渡过程数据及高密度录波数据。应提供黑匣子记录功能，可记录机组出现异常信息前后的完整数据，确保机组发生事故时能提供完整、详尽的数据供状态检修分析诊断之用。

数据管理包括利用数据库专门管理模块对在线监测及状态检修数据进行自动管理，在运行过程中对数据进行维护，检查和清理无效数据；实时监测硬盘容量信息，在硬盘容量不够时自动向使用者发出警告信息；提供定时自动和手工备份数据功能，并提供备份数据回放功能；提供数据检索功能，以便对数据进行检索。

## 五、信息交互

智能化一体化管控平台建成后，在线监测与状态检修管理系统除与各机组现地状态监测系统进行数据交互，获取其采集分析的振动、摆度、压力脉动、气隙、磁通量、局部放电等信号特征数据、越限告警信号及状态诊断信息外，还需通过一体化管控平台获取各站计算机监控系统采集的其他信号，以供联合展示、查询、分析、诊断之用。这部分信号均来自于第三方系统，部分由各站监控系统 LCU 以 4～20mA 信号输入方式直接采集，部分由各站监控系统与第三方系统通过数据通信方式完成。

根据水电厂计算机监控系统测点清单，在线监测与状态检修管理系统需要通过一体化管控平台接入的信号包括机组状态、机组事故、压力、开度、功率、电压、电流、频率、水位、转速、温度等。

# 第五节　主 要 支 撑 技 术

## 一、设备故障诊断技术

### （一）故障诊断模块组成

故障诊断模块主要由五个子模块组成，即数据库模块、诊断知识库模块、推理机模块、自学习功能模块及解释模块。

1. 数据库模块

数据库模块主要存储数据文件稀疏（有效数据特定提取）得到的数据，每个数据都有自己的记录号及时间。数据文件是通过各站机组及高压设备在线监测系统采集的数据，经过处理计算得到的。稀疏过程主要是对一周前的数据采取每 4h（暂定）采样的一个数据作为记录样本，每 20 天（暂定）的数据采样的一个作为分析样本。通过这些数据可以了解机组设备的状态变化，为合理安排机组检修提供完备的信息。

2. 诊断知识库模块

诊断知识库模块主要由混合神经网络自动学习到的知识及网络模型参数和故障描述性知识构成。混合神经网络获得的知识以权值和阈值形式及网络参数存储在数据库文件中。不同问题的网络参数及权值、阈值以不同的数据文件名保存，而故障描述性知识直接存储在知识库中。知识库可方便地进行扩充、维护和修改，便于知识的运用和输入、输出。

3. 推理机模块

推理机模块采用正反向混合推理，该推理是根据实时处理得到的信息与知识库中的原始数据或证据进行向前推理，得出可能成立的故障结论，然后以这些假设为结论，进行反向推理，寻找支持这些假设的事实或证据。

4. 自学习功能（智能学习）模块

自学习功能模块也叫智能学习模块，该模块主要通过混合神经网络算法学习实现。输入标准样本，经过混合神经网络算法学习，得到输出值，如果输出值与期望值方差小于规定极值，学习结束。否则调整权值和阀值，再次进行学习，直到输出值与期望值方差小于极值为止。并将学习样本存储到知识库中，故该模块可以扩充、修改、更新诊断知识库，以及根据异常情况修正判定条件。

5. 解释模块

以推理机模块为依据，对用户提出的询问做出解释，并对自己的问题求解过程或对自己当前的求解状态提供说明。

### （二）故障诊断及维修流程

水电机组故障诊断过程是一个判断分析的过程，从数据采集、计算到对故障检修维修分析，其流程如图 5–21 所示。

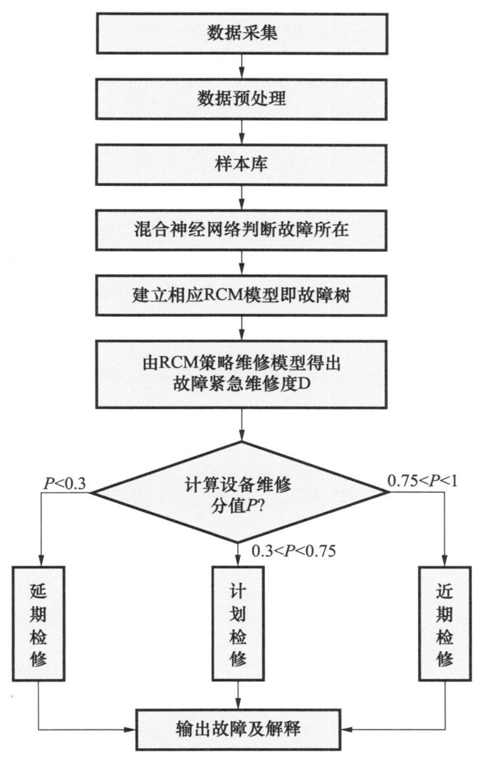


图 5–21　故障诊断及维修流程图

## （三）故障树诊断

根据设备故障部件、故障部位和故障现象对设备故障机制进行分析，从而形成设备的故障树。根据决策树理论对设备故障现象进行分析定位，从而确定设备的故障原因和检修方式。水电机组常见故障决策树故障分类示意图如图 5–22 所示。

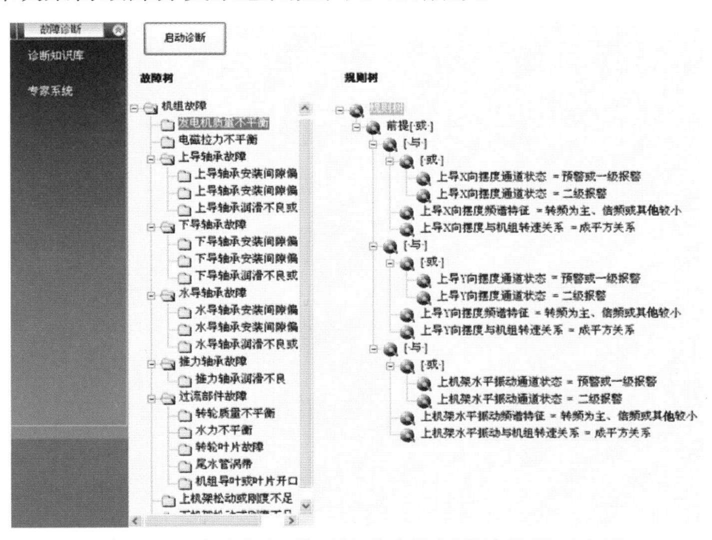


图 5–22　水电机组常见故障决策树故障分类示意图

1. 故障树分析法（fault tree analysis，FAT）

该方法是对系统故障的起因由总体到部分按树枝状逐步细化的一种演绎推理分析方法。在分析过程中，一般把最不希望发生的系统故障状态作为系统故障识别和估计的目标，这个最不希望发生的系统故障事件称为顶事件。然后在一定的环境和工作条件下，由上往下找出导致顶事件的直接成因，并作为第二级；依次再找出导致第二级故障事件的直接成因作为第三级；如此下去，一直到不能再深究的事件是基本事件，这些基本事件称为底事件。介于顶事件和底事件之间的一切事件称为中间事件。用相应的符号代表顶事件、中间事件、底事件，并用适当的逻辑门自上而下逐级连接起这些事件所构成的逻辑图，就是故障树。

2. 故障树建立的基本方法

正确构造故障树是故障树分析法的关键，故障树的完善与否将直接影响到故障树的定性分析和定量分析结果的准确性。故障树建造过程的实质是寻找出所研究的系统故障和导致系统故障的许多因素之间的逻辑关系，并将这种关系用故障树的图形符号表示，成为以顶事件为根。若干个二次事件和基本事件为干枝和分枝的倒树图形。

**（四）CBR 诊断**

CBR 诊断方法（也称为基于案例的诊断方法、基于范例的诊断方法、基于事例的诊断方法）是伴随着认知心理学的研究而逐步发展起来的一门新的推理方式。它直接模拟人类思维模式，使用以往解决类似问题的经验进行推理。在遇到一个需要求解新问题时，首先在历史事例库中检索与该问题最相似的事例，通过分析、修改相似事例解决问题的方法，从而对当前问题进行诊断，获取解决当前问题的方案。基于事例的诊断推理需要检索的是现场发生的故障案例，大大减少了从专家那里获取知识的必要，比较容易建立。在待诊断对象的故障与案例之间不完全匹配时也能给出相似的解；诊断结果是具体的案例，比较生动，容易理解。一个典型的 CBR 问题求解过程可以归纳为事例检索、重用、修正、评价和保留，CBR 诊断流程如图 5–23 所示。

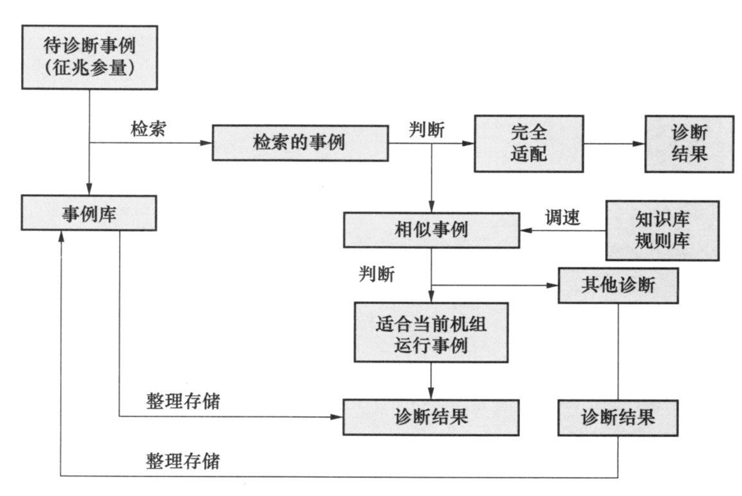


图 5–23　CBR 诊断流程

基于 CBR 的诊断方法中，如何检索到相似度高的事例，对于诊断结果准确性至关重要，首先数据库中的历史事例描述部分应清楚的描述该事例故障发生时机组状况的详细记录，包括时间、机组运行工况区、故障名称、经过、原因、征兆、处理措施、处理后效果等。

**（五）设备故障分析自动提示诊断**

系统状态评价模块以颜色的深浅代表设备健康状况的直观图形方式（绿色为健康，红色为故障），对设备目前健康水平及其未来的发展趋势进行展示；当鼠标巡航到人机界面上相应健康水平不佳的设备时，系统以自动提示的方式按概率大小分布，分析所有可能的原因并给出相应防止其发生故障的措施。

以水轮发电机组上机架振动过大导致通道及其设备越限故障告警为例，几种可能导致的原因及解决措施，如表 5–10 所示。

**表 5–10　水轮发电机组上机架振动过大几种可能导致的原因及解决措施**

| 序号 | 故障原因 | 概率 | 解决措施 |
|---|---|---|---|
| 1 | 发电机质量不平衡 | 30% | 关注测值，必要时重新进行动平衡配置试验 |
| 2 | 上机架松动或刚度不足 | 20% | 合适的时候停机检查并加固 |
| 3 | 电磁拉力不平衡 | 15% | 关注测值，检查励磁系统，关注气隙、磁通量分析的定转子空气间隙变化、定转子不圆度及其偏心距，有条件时检查转子匝间短路 |
| 4 | 机组进入振动区 | 10% | 机组快速通过振动区 |
| 5 | 机组轴线不对中 | 8% | 随时关注，有条件检修时调整轴线 |
| 6 | 尾水管涡带工况 | 5% | 调整机组运行工况 |
| 7 | 水力不平衡 | 4% | 有条件停机检查转轮叶片和流道 |
| 8 | 机组开停机过程中 | 2% | 注意观察 |
| 9 | 机组甩负荷过程中 | 1% | 事故追忆分析 |
| 10 | 转子几何中心和旋转中心不一致 | 1% | 随时关注，机组大修时调整 |
| 11 | 采集系统故障 | 1% | 系统软硬件状态检查 |
| 12 | 传感器故障 | 1% | 停机检查传感器 |
| 13 | 推力头松动 | 1% | 停机检查推力头 |
| 14 | 其他因素 | 1% | 待观察 |

## 二、专家辅助决策技术

专家辅助决策技术是进行设备状态综合分析的有力武器，专家辅助决策系统的核心是一整套基于规则的知识库。知识表述规则化是技术难点，为此需采用专门针对水电主设备开发的专家系统工具对设备试验进行分析，通过多样的显示界面（图示、列表）能准确地分析设备状态及设备状态的发展趋势，给出专家分析建议；同时充分利用经过广泛积累和验证的知识，使专家系统在状态检修方面的应用成为可能。

**（一）专家系统基本结构**

专家系统是一个知识处理系统，包括知识的获取、表示和利用三个基本问题。

基于专家系统的故障诊断过程是通过一个计算机智能程序实现的，它一般由数据库、知识库、推理机、解释机制以及计算机接口五部分组成。其中知识库中存储诊断知识，也就是故障征兆、故障模式、故障成因、处理意见等内容，数据库中存储了通过测量并处理得到的当前征兆信息，推理机就是使用数据库中的征兆信息通过一定的搜索策略，在知识库中找到对应征兆下可能发生的故障，然后对故障进行评价和决策。解释机制可以为此推理过程给出解释，人机接口用于知识的输入和人机对话。专家系统基本结构如图 5–24 所示。

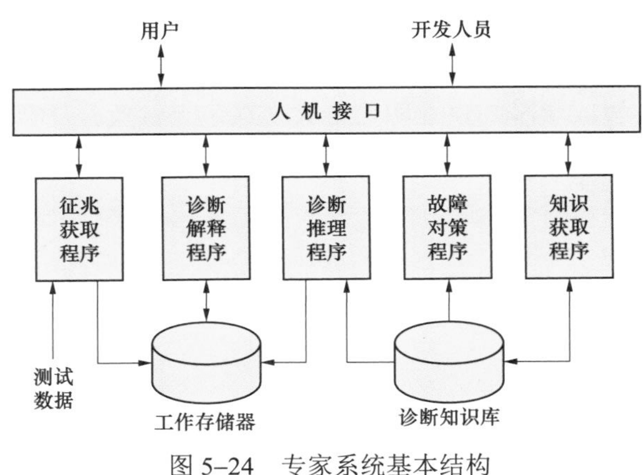


图 5–24　专家系统基本结构

**（二）诊断知识的表示和获取**

知识表示。是知识的符号化/形式化过程。对于同一种知识，可以采用不同的知识表示方法，但解决问题的效率不同。规则表示又称产生式表示，它是目前专家系统中最常用的一种知识表示方法，采用这种表示法的专家系统称为基于规则的专家系统（Rule-based Expert System）。

知识获取：专家系统的性能取决于它所拥有的知识的数量和质量，所以建立一个专家系统的主要任务就是将领域专家的经验知识从专家头脑中提取出来，存入计算机中，这个过程称为知识获取。知识获取的方式分为非自动型知识获取和自动型知识获取两种。

**（三）专家知识库**

专家知识库具备开放的规则编辑接口，可融合设备设计参数、设备状态监测历史数据、设备状态检修前后对比评价参照数据、设备运行维护手册参数、设备基础及家族缺陷数据、设备事故处理经验数据、相关检修维护规程参考数据、电厂运行维护人员经验数据、领域专家经验数据、国内外类似设备事故和故障处理案例等，从而丰富和完善设备故障诊断及状态评估专家知识库规则，进一步提高其分析诊断的准确度。

## 三、基于可靠性的设备状态评估技术

维修是为使产品保持或恢复到规定的状态所进行的全部动作，其方式可以分为被动维修、预防维修、预测维修和主动维修。

被动维修就是出了问题以后再维修，目的是排除故障；预防维修是以一定时间间隔为基础的维修，定期对设备进行维修，目的是把问题消灭在萌芽状态，又分为定期维修、状态维修、改进维修等；预测维修是建立在设备状态检测的基础上，有针对性地对设备进行不定期的维修，目的是达到更好的预防故障、降低维修成本的目的；主动维修是应用先进的方法和修复技术来显著地提高设备的寿命，立足于根除故障，从根本上改善系统的功能。

以可靠性为中心的维修管理（reliability centered maintenance，RCM）属于第三代维修管理中具有代表性的模式。这一设备管理模式强调以设备可靠性、设备故障后果作为制订维修策略的主要依据。

按照这一模式，首先应对设备的故障后果进行评价、分析并综合出一个有关安全、运行经济性和维修费用节省的维修策略；另外，在制订维修策略时，自觉地以故障模式的最新成果作为依据。也就是说，RCM是综合了故障后果和故障模式的有关信息，以运行经济性为出发点的维修管理模式。

RCM理念的总体思路是根据设备不同的可靠性状况采用不同的维修方式，以最少的维修资源消耗、运用逻辑阶段分析法来确定所需的维修内容、维修类型、维修间隔和维修级别，制订预防维修大纲，从而达到优化维修、设备状态最佳的目的，这与目前水电厂发变电主设备工作中广泛采用的被动维修方式是有本质区别的。

RCM状态维修策略模型：实际应用中，RCM状态维修策略基本框架如图5–25所示。

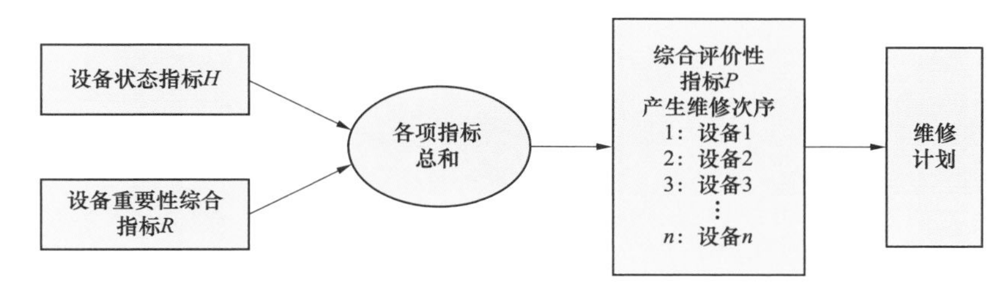


图5–25　RCM状态维修策略基本框架

根据RCM状态维修策略可以得到所有需要维修设备的排列顺序，其中$H$和$R$关系可用坐标系表示出来。不同设备的维修方式取决于设备的类型、性能、可靠性、重要程度、故障后果、监测手段、维修经济性等方面的因素。对于水电机组设备来说，维修方式主要有事后维修、定期维修和状态维修，RCM状态维修策略模型如图5–26所示。

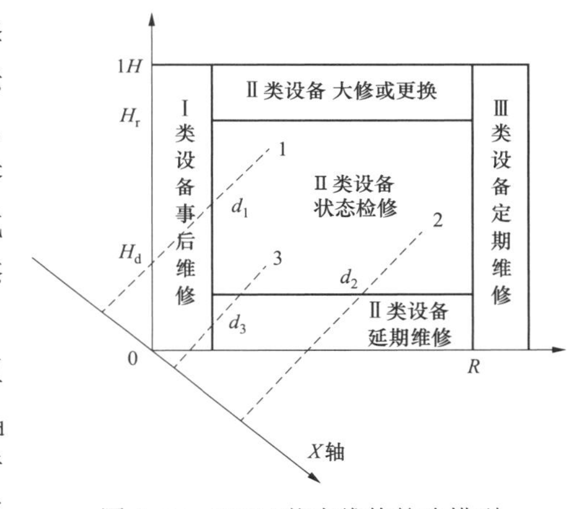


图5–26　RCM状态维修策略模型

$R$的值越大，表示设备的重要程度越高，$H$的值越大表示设备状态越好。两条垂直的基准线$H_r$和$H_d$来自于设备主管人员和专业技术人员的经验值。平行于水平轴$R$、夹于技术经验值$H_r$和$H_d$之间的特征区域决定了设备是需要常规维修还是需要更换。区域的划分如下：

$1-H>H_r$：设备必须更换；

$H_d<1-H<H_r$：状态维修；

$1-H<H_d$：不需维修或延期维修。

假设$X$轴与$R$轴间的夹角为$\theta$，$d$为由设备的重要性$R$和设备的健康状态$H$所确定的点到$X$轴的距离，表示设备需要进行维修的紧迫程度，即

$$d=\sqrt{(1-h^2)^2+r^2}\times\left|\sin\left(\arctan\frac{1-h}{r}+\theta\right)\right|$$

式中　$r$——设备重要性综合指标值；

$h$——设备状态指标值。

$d$ 越大说明设备需要维修的要求就越紧急；改变夹角 $\theta$，可以改变设备的可靠性 $R$ 和设备的健康状态 $H$ 对确定维修策略的影响权重。夹角 $\theta$ 增大，设备的可靠性 $R$ 对维修策略的影响增大，同时设备的健康状态 $H$ 对维修策略的影响减小；相反，夹角 $\theta$ 减小，设备的可靠性 $R$ 对维修策略的影响减小，同时设备的健康状态 $H$ 对维修策略的影响增大。若 $\theta=45°$，表示在确定设备维修策略时，对设备的可靠性 $R$ 和设备的健康状态 $H$ 同等考虑。

假设 $P$ 表示设备维修策略的比值，由此确定设备分级维修策略，如表 5–11 所示。

$$P=\frac{d}{\sin\theta+\cos\theta}$$

**表 5–11　　RCM 分级维修策略**

| 比值 $P$ | 0～0.3 | 0.3～0.55 | 0.56～0.75 | 0.76～0.85 | 0.86～1 |
|---|---|---|---|---|---|
| 检修策略 | 延期 | 计划 | 计划优先 | 近期检修 | 立即检修 |

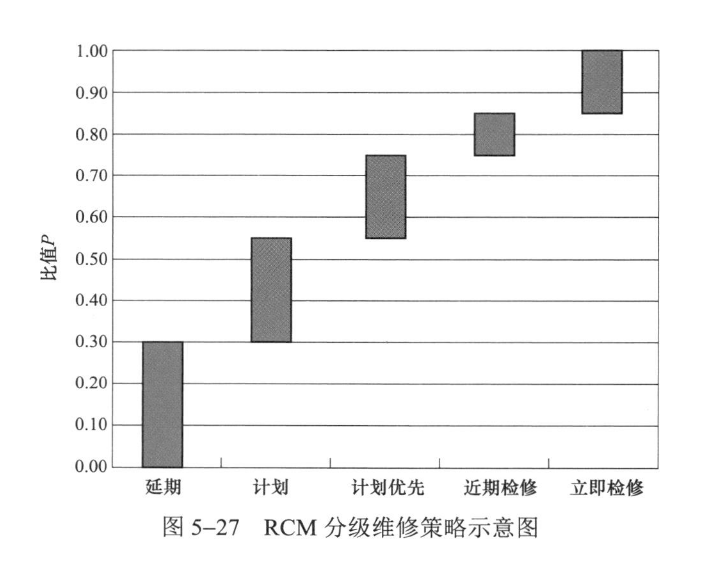


图 5–27　RCM 分级维修策略示意图

根据表 5–11、图 5–25、图 5–27，当设备 $H$=0.2，$R$=0.4，$P$=0.6，可采用计划优先方式；当设备 $H$=0.65，$R$=0.75，$P$=0.55，可采用计划或延期方式；当设备 $H$=0.8，$R$=0.4，$P$=0.3，可采用计划或延期方式。

因此，RCM 技术可以归结于一句话：在对设备信息详细掌握的基础上，采取的积极有效的措施，综合运用不同的维修方法，达到延长设备使用寿命，显著减少维修费用的目的。

## 四、设备全寿命周期资产管理技术

设备全寿命周期管理涵盖了资产管理和设备管理双重概念，它包括了资产和设备管理的全过程，从采购、安装、使用、维修、轮换、报废等一系列过程，既包括设备运维管理，也渗透着其全过程的价值变动过程，因此，考虑设备全寿命周期管理，要综合考虑生产设备的可靠性和经济性。

设备全寿命周期管理的目的是追溯设备全寿命周期的价值变动记录，分析企业生产运营中的关键成本环境，结合设备经济性分析，分析指出投资价值，为优化后续资本投入提供详实的数据；通过在役期的故障及维修记录，辅助检修策略的制定，挖掘设备潜力，使其可靠服役期得到最大限度的延长；通过维修费用及故障取消统计分析技术做出设备资产更换决策；削减支出管理中的盲区，使设备使用全过程可控、在控，规范二级库管理及设备资产报废管理。

智能水电厂状态检修决策支持系统高级应用软件，基于“设备可靠性管理”理念及“设备全寿命周期管理”思想构建设备状态主题数据模型，获取设备资产管理信息，打造设备状态健康履历。

参照水电厂主设备相关规程规范及管理策略，实现设备检修维护与设备状态监测诊断信息的联动。

按照资产全寿命周期管理设备建模标准构筑以水轮发电机为主的水电厂主设备台账模型、试验数据模型、缺陷信息模型、状态数据模型、存储访问及调用处理接口规范，参考主设备生产厂对其设计寿命、有效运行寿命、最大允许寿命的规定及其实际使用寿命的样本统计数据，实现基于全寿命周期管理设计思想的水电厂主设备状态检修辅助决策。

# 第六章

# 大坝安全分析评估与决策支持系统

大坝安全分析评估与决策支持是以保证工程安全可靠运行为原则，以大坝安全监测、人工巡视检查和检测成果为依据，进行定性分析和定量分析。根据分析结果综合评估大坝安全状况，并给出决策建议，主要包括工程安全监测、安全运行分析评估专家辅助决策支持、水电厂大坝安全信息报送等应用的综合系统。

# 第一节 系 统 设 计

## 一、设计原则

系统规划立足于高起点、高要求，充分借鉴和使用同行业成功管理经验，充分考虑未来工程安全监测的发展趋势和要求，保证整体设计的先进性和系统运行的可靠性。在系统设计和开发过程中，为系统的扩充和进一步完善提高留出空间，以确保其先进性留有充分的裕地。

系统的自动化设计充分利用现代计算机、自动化和通信控制先进的软、硬件技术对大坝进行安全监测，实现智能的数据采集、数据管理、信息分析和辅助决策，实时监测枢纽安全运行状况，对枢纽安全状况做出准确而高效的评判。为决策提供可靠的依据，以充分发挥工程的效益。

建立完善的数据管理体系，开发基于大中型数据库的数据存储、管理系统，实现安全监测数据管理的自动化；完成枢纽结构性态及安全监控指标的研究、确立及在线分析检验，实现资料分析的自动化；与一体化管控平台联网并实现观测数据整编结果的 Web 发布。实现对监测数据的基本分析、计划分析或智能分析，并将监测数据及分析结果供其他系统随时调用，实行与其他高级系统间的互动，以大坝安全运行信息为基础，建立大坝安全决策支持系统，成为智能化电厂高级应用的一部分，最终实现大坝监测的智能化。

系统具备的主要功能包括监测成果数据各类图形、报表的组态、动态展示和打印功能；监测数据分析功能，并能创建监测量物理模型；分析方法应包括时空规律分析、对比统计分析和相关回归分析；监测量预测预报、监测成果数据异常判别、监测部分或监测断面异常识别、大坝整体安全状况综合评估及决策建议功能；对外提供大坝安全监测实时数据、历史数据、监测成果评价结论和预警信息、大坝安全分析与综合评估结论信息、大坝运行维护决策建议信息等。

## 二、总体架构

大坝安全监测系统位于智能一体化管控平台Ⅲ区，通过 IEC 61970 协议和智能一体化管控平台交换数据，通过 Web Service 协议和区域大坝中心传输数据，如图 6–1 所示。

### （一）系统信息流程

大坝安全监测系统由大坝安全监测信息中心和现地大坝安全监测系统组成。大坝安全监测原始数据的主要来源是现地的大坝工程安全监测采集装置。为了实施智能水电厂生产信息全面的管理，并在此基础上做全局性的高级分析决策，需要将大坝的监测信息有机地集成，形成一体化管控平台的综合性数据管理中心，如图 6–2 所示。

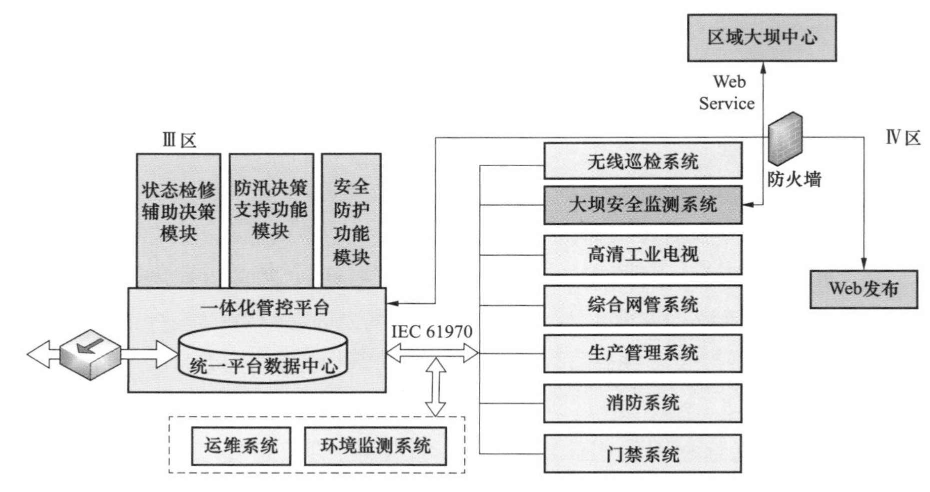


图 6–1　大坝安全监测系统与一体化管控平台的关系

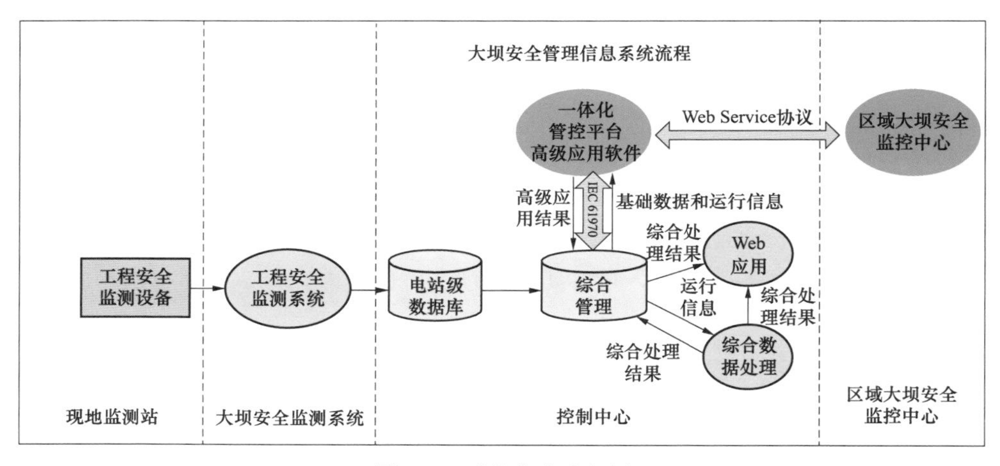


图 6–2　系统信息流程图

一体化管控平台大坝安全监测功能模块将实现大坝安全信息采集规范化、自动化，实现大坝安全实时监测，满足大坝安全运行规范的技术要求，实现无人值守下的远程分布式大坝安全数据采集与集中统一管理，主要包括工程安全监测、数据处理、图表展示、水电厂大坝安全信息报送等各种功能。

**（二）层次结构**

大坝安全分析评估与决策支持系统分为数据采集层、数据传输层、数据支撑层和分析决策层。数据采集层负责各种原始数据的采集；数据传输层由传输通道和数据网络组成，负责将采集的数据上传至一体化管控平台；数据支撑层分为数据库子层、数据处理子层和数据表现子层，数据库子层负责将数据传输层传送上来的数据进行分类储存，数据处理子层负责对数据进行关联、汇总和二次加工，数据表现子层负责提供表格、曲线和报表等功能；分析决策层负责综合分析并为用户提供辅助决策建议。系统层次结构如图 6–3 所示。

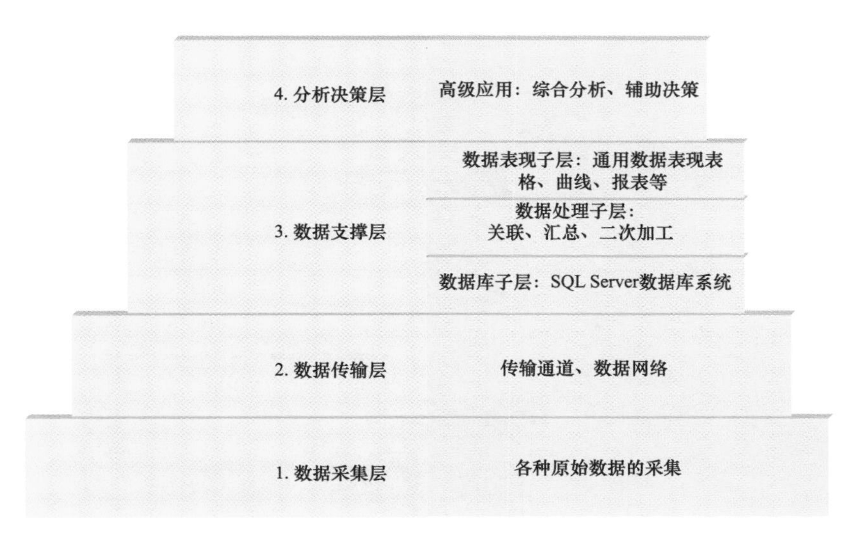


图 6–3　系统层次结构图

### （三）框架结构

大坝安全信息管理系统软件可以进行采集控制、系统管理和数据的初步整编工作，智能一体化管控平台的高级应用部分对数据进行进一步的分析评估，并可通过采集计算机控制大坝监测采集设备。系统框架结构如图 6–4 所示。

水电厂大坝安全监测系统的自动化硬件采集设备支持 IEC 61970 和 Web Server 协议，软件具有采集控制、系统管理、数据整编和分析评估功能。

### （四）软件系统结构

1. 分层设计

软件系统通常分为用户界面层、业务逻辑层和数据访问层。软件系统结构图如图 6–5 所示。

用户界面层包括设置和输出的界面，在大坝用户端软件和 Web 应用中分别实现不同的用户界面层；业务逻辑层用接口方式实现所有大坝资源操作的逻辑，按接口方式实现是为了将来聚合在服务中；数据访问层专门处理对数据库的操作，将这层从业务逻辑层分离出来，这样可以提高数据库的可移植性。

2. 组件设计

组件是一组对象的集合，通过面向对象的分析和设计，按重用原则划分大坝应用对象的颗粒，组件之间也是分层的，高层的组件中的对象可以引用本组件或低层的组件中的对象，如表 6–1 所示。

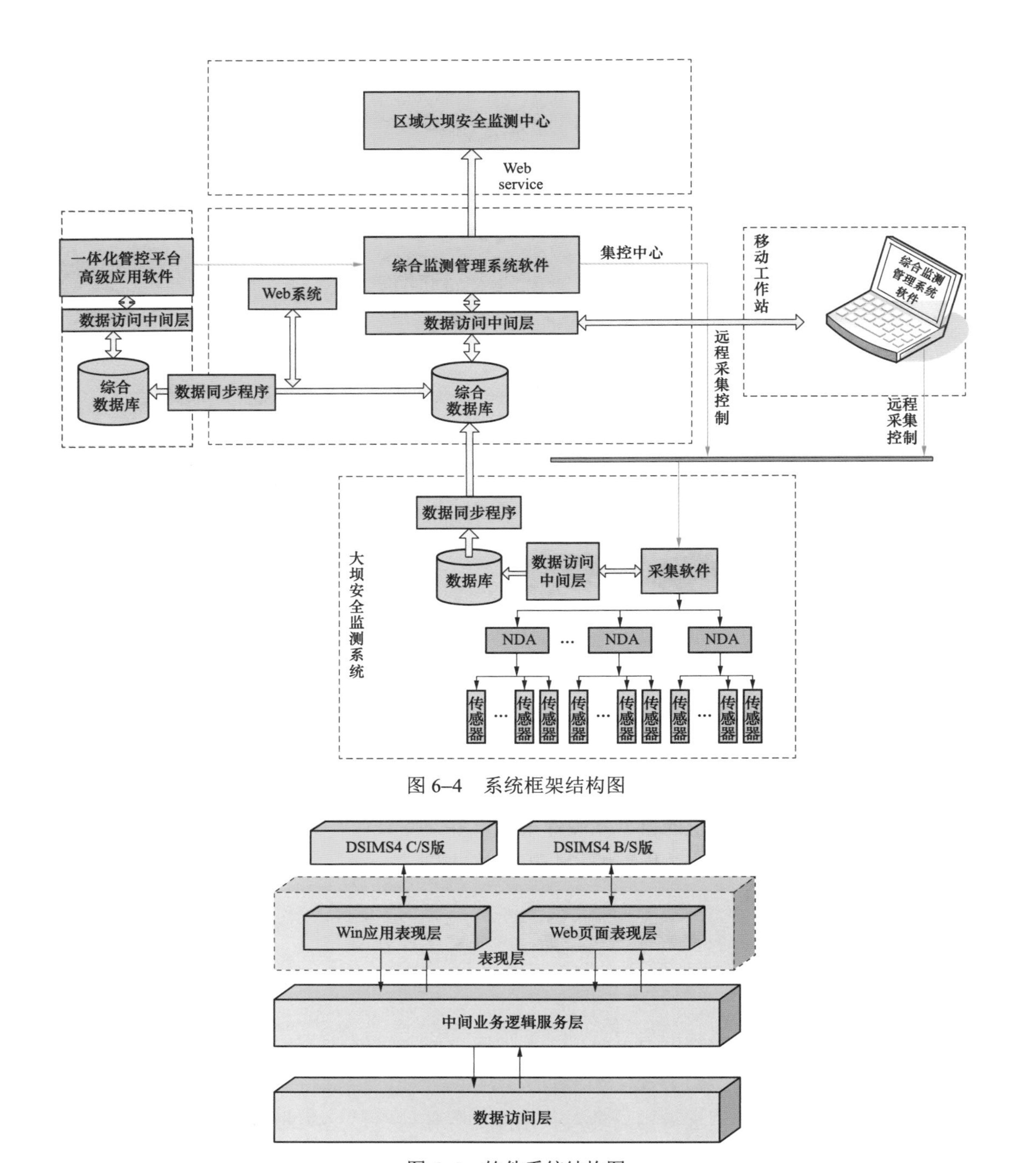


图 6–4　系统框架结构图

图 6–5　软件系统结构图

**表 6–1　　组件及应用范围**

| 组件名称 | 应用范围 | 备注 |
|---|---|---|
| 基础组件 | 大坝系统中所共用的基础类、结构和接口定义。业务实体；各种数据处理类；配置文件、注册表；实体数据通用交换类；其他小的基础应用类 | 可以在任何层中使用 |

续表

| 组件名称 | 应用范围 | 备注 |
| --- | --- | --- |
| 通信组件 | 为系统数据采集和通信服务；端口类（可以处理各种类端口的通信）；协议处理类（处理各种协议的编、解码）；采集通信框架类。通信路径管理类（在系统中提供自动通信路由处理）；远程通信服务类 | 用户界面层使用 |
| 数据访问组件 | 为数据库访问提供可移植性，通过统一接口访问各种数据库 | 为业务逻辑层提供服务 |
| 业务逻辑组件 | 提供通过接口访问和操纵大坝系统的信息；系统所有实体、数据的新增、删除、修改和访问；物理量转换、相关点的计算；系统设置中的关键业务逻辑；数据的删除和还原；特征值查询；模板的操作；大数据量的分页处理；远程服务的存储和查询；系统信息的备份和导出；系统文档的管理（上传、下载和删除） | 业务逻辑层 |
| 输入输出组件 | 提供大坝信息和各种文件之间的导入导出；邮件、短信发送 | 用户界面层使用 |
| 图形组件 | 提供用于图形输出的基础或高级对象；图形基类（图形的状态，接口）；图形对象的集合管理；图形应用对象（标尺、数据标志、标签等）；图形容器对象（过程线、分布图、布置图、相关图等） | 用户界面层使用 |
| C/S 用户界面组件 | 提供用户进行设置和输出的各种窗口；窗口之间的输出协调管理；各种任务定义；自动化任务管理；分布式通信的管理 | C/S 用户界面层使用 |
| Web 用户界面组件 | 提供用户进行设置和输出的各种 Web 页面 | Web 用户界面层使用 |

3. 数据访问设计

通过数据访问层提供的抽象的数据访问接口来完成对不同类型数据库操作，并能在 C/S 或 B/S 的业务层提供统一的数据访问服务。使用存储过程和自定义函数来屏蔽不同数据库系统间 SQL 语句的差异。

在面向服务的应用中要求可以跨越程序的边界来访问数据，这就要求数据是离线的，采用 ADO.NET 离线数据访问技术来实现这些系统要求。

4. 面向服务设计

随着 Web 服务技术的发展，越来越多的应用采用面向服务的架构，采用这种架构，小到局域网的应用，大到 Internet 网的应用，都可以伸缩自如。

面向服务的架构定义了构建软件架构的一种方法，使所有应用能够交换数据和处理过程，而无须考虑应用软件是用什么编程语言开发的或在什么操作系统下运行。在这种模式下，一个应用或应用的一部分是一种服务，其他应用和用户可以在无须编写大量代码的情况下使用这些服务。服务是通过消息通信和应用程序或其他服务进行交互。采用基于 XML 的消息，可以使服务跨平台。

将大坝的应用移植到面向服务的架构上可以改善系统在访问范围上的伸缩性外，还可以方便实现多坝系统集成管理，管理不同的系统只是使用的服务不同。如果系统是经过分层和组件设计实现的，就可以很方便地将大坝软件系统移植到面向服务的架构上去，只要将业务逻辑层的组件封装在跨程序边界的服务上，这样可以适应更大规模的应用。

# 第二节 资料处理与综合评估

## 一、资料处理

### （一）资料整编功能

1. 监测数据录入和导入导出

系统提供人工观测数据键盘录入界面，可以进行方便的插入、修改、删除等操作，并按照设定的规则进行错误检查，以防止人工录入数据时产生可能的粗差。数据录入后，须经审核后方可有效，也可提供从文件（如文本文件、Excel 文件等）导入数据的功能。监测数据的导出到文本功能，可将指定时间段内任意测点的测量数据导出到文本文件中。

2. 监测成果算法定义

各监测量监测成果计算的算法可任意定义，包括预置的多种常用计算公式（如内观差阻式仪器计算公式）、自定义计算公式、相关于其他监测量的相关性计算公式、查表算法等。算法公式中的参数可设置和修改，支持使用于不同时间段的多套算法和参数。算法任意定义功能可为系统建成后补充增加的监测量成果计算工作提供扩充。监测成果算法定义也包括复杂的混凝土应变计组计算。

3. 监测成果计算

在监测成果算法定义的基础上，通过定制自动化成果计算任务，实现监测成果计算工作的定时自动完成，也提供人工操作启动部分或全部监测量的成果计算。测点的计算公式可单独修改，也可根据已修改好的公式批量复制到其他测点测值上。提供所有测点计算公式的查询功能，测点号和公式等将显示在数据表格中，可以方便地检查和对比，在工具条上有导出到 Excel 的功能，实现公式的导出。

4. 监测成果报表制作

提供报表和表格设计工具制作生成各类常规报表、表格及报告，包括日报、周报、月报、季报、年报及各类统计表等，也可按自定义格式定制报表和表格。在生成的报表和表格中提供转换为 Excel 文档、打印输出等功能接口。报表模板制作过程满足简单易行的要增长，提供常用特征值函数和数学函数，并能满足资料整编规范的要求。

5. 监测成果过程线图绘制

提供监测量过程线的设计生成工具，通过过程线图设计工具可以定制单点和组合过程线图，实现多个过程线同时显示；过程图可以是折线图和直方图，过程图中可以嵌套子过程图，子过程图所占比例可以调整；滑动杆拖动操作，无级放大：提供多种显示方式来适合不同场合；在过程线上设置数据评估标记，根据标记对绘图数据进行筛选，以达到从图上剔除不合理数据的目的；借助于过程线能进行粗差检验；过程线图具有收藏功能。

6. 监测量相关图绘制

提供监测量相关图的设计生成工具，通过工具可以绘制任意两个监测量之间的相关图，图中显示散点和相关分析曲线（简单线性相关和多项式相关），绘图时间段可设置，当两监测量测量时间不同步时，能自动插值处理。

7. 监测量分布图绘制

提供监测量分布图的设计生成工具，通过工具定制和输出各种类型分布图（如张线分布图，扬压力分布图，静力水准分布图，土坝浸润线等各种分布图），可绘制二维和三维分布图；分布数据时间可以动态变化。可根据需要通过鼠标来选择，具有动态播放功能；具有快照功能，可以使不同时间的分布数据放在一起进行比较。

8. 监测量等值线图绘制

提供监测量等值线图的设计生成工具，通过工具选择要做等值线图的监测量，根据监测量所在的空间位置，自动将相同监测量数据连接并绘制成等值线。

9. 边坡水平位移分布图绘制

根据边坡水平位移两个方向的测值，求解位移矢量（唯一大小和方向），并绘制矢量分布图。

### （二）资料分析功能

1. 资料分析数据流程图

资料分析数据流程如图 6–6 所示。

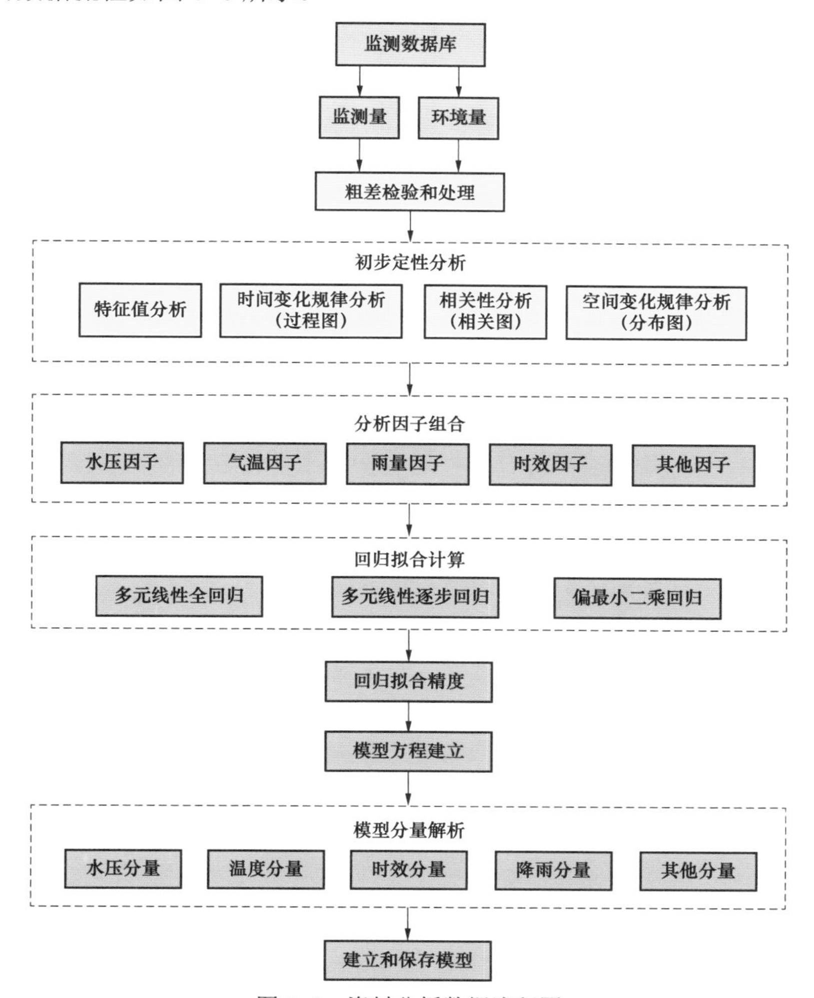


图 6–6　资料分析数据流程图

2. 监测量的粗差检验和处理

首先对环境量观测数据以及需进行分析的监测量观测数据自动进行粗差检验，然后提供交互操作界面显示检出的数据，并接受操作人员的重新确认。交互操作界面以过程线图和数据表格联动的方式显示粗差检验结果，可实现对粗差检验结果的人工干预，也可一次性选择多行数据进行人工干预操作。

3. 监测量的初步分析

（1）特征值统计分析。计算并按照需要的格式统计和输出（显示或打印）分析时段内的各种特征值数据，包括各年及全时段的平均值、最大值、最小值及其发生部位和时间、最大变幅及其发生部位等，为分析人员初步了解监测量的一般量值大小、变化幅度、变化趋势等提供支持。

监测量特征值统计和显示界面设计遵循图表联动的原则，通过监测布置图和特征值统计表的热点联动功能，帮助分析人员迅速掌握测点具体部位和特征值数据之间的关联关系。特征值统计表可以导出为 Excel 文件。

（2）过程线图和时间变化规律分析。按照需要对比绘制监测量及其影响量的实测成果过程线，为分析人员进一步了解监测量随时间变化的周期性和趋势性规律，分析其可靠性、一致性、合理性以及主要变化原因等提供支持。

（3）相关图和相关分析。绘制两个监测量之间的相关曲线图（拟合求得）和散点图，计算相关系数，为分析人员了解物理量之间的相关关系提供支持。

（4）分布图和空间变化规律分析。绘制监测量分布图，为分析人员了解物理量随空间位置的变化规律提供支持。

4. 监测量的定量分析和物理模型的建立

（1）分析因子。考虑常规的水位、气温、降雨量等影响因素，有条件的坝（有相应的监测项目）增加水温、坝温等影响因素，提供因子选取和组合的操作界面，供分析人员对分析因子进行各种任意组合，从而为分析人员根据上述初步分析的印象确定和调整分析因子，进行统计回归分析，建立物理模型提供支持。

（2）回归方法。提供全回归、多元线性逐步回归、偏最小二乘回归等多种回归计算方法，为分析人员对监测量进行定量模型分析提供数学方法支持。

（3）建模方法。提供建立监测量的统计模型、混合模型（基于水压荷载下的有限元计算结果）和确定性模型（基于水压和温度荷载下的有限元计算结果，并有齐全的温度观测设施）的多种建模方法。

（4）分布模型。对具有空间分布规律的变形监测量，提供分布模型的建模方法。

（5）模型用途。根据用途的不同，监测量的物理模型可分为监控模型、分析模型和预报模型。

（6）模型的建立和检验。包括选取一批监测量（可直接从布置图选取）、选取合理的时段、确定合理的因子组合、选择恰当的回归计算方法和适宜的建模方法，进行回归拟合计算，形成回归方程在内的一整套建模流程，为分析人员建立监测量的物理模型，对形成的模型的合理性、稳健性等进行检验，以保证模型的可靠实用，或对已建模型进行修正或重建提供支持。

建立的模型保存在模型库中供选用。模型库中的对象可以新建、更新、删除、查询、打印、导出。

（7）监测数据精度分析。根据回归结果的剩余标准差进行精度分析，计算和比较不同监测量的相对精度。

（8）模型的图表分析。对回归拟合结果数据进行列表对比分析。对拟合值进行分量分解、绘制各分解量的过程线、相关图、分布图等，统计各分解量的特征值，为分析人员对监测量进行定量分析提供支持。

（9）不可逆量分析。根据所建立的监测量的物理模型，计算某分析时段监测量的模型值、不可逆量值，并绘制模型值和实测数据的对比过程线、不可逆量过程线，为分析人员对实测数据进行对比分析，特别是分析其趋势性变化提供支持。

（10）模型检验准则。提供所建模型作为监测数据检验准则之一，参与建筑物工作状态评估。

## 二、综合评估

### （一）相关监测量

相关监测量的监测成果可以捕捉监测部位的异常信息，揭示异常原因。因此，综合评估功能最终将归结为对相关监测量的检验评判和综合分析。

### （二）检验准则和监测数据检验

采用若干检验准则对环境量以及上述相关监测量集合中的所有监测数据进行检验，判定数据是否越限。检验准则选用原则如下：

（1）所有相关监测量均选用历史极值检验准则，该准则上、下限分别为

$$y_{\max}+\sqrt{2}\varepsilon_{\mathrm{med}}$$

$$y_{\min}-\sqrt{2}\varepsilon_{\mathrm{med}}$$

式中　$y_{\max}$ 和 $y_{\min}$——分别为历史最大测值和最小测值（粗差等错误测值除外）；

$\varepsilon_{\mathrm{med}}$——监测量的观测中误差，其值按规范要求取用。

当监测成果大于上限或小于下限，则该准则检验结果为测值异常。

（2）能获得设计指标值的监测量，如钢筋或混凝土应力，增加选用设计指标值作为监控指标，当监测成果超过监控指标时，该准则按检验结果为测值异常。

（3）有条件的监测量，进行资料分析、建立监测量的物理模型，补充模型检验准则，该准则是先计算出与需检验的监测数据对应的模型值，再以该模型值为标准，以模型方程的剩余标准差为参照，界定出上、下限分别如下

$$y+K\sigma$$

$$y-K\sigma$$

式中　$y$——模型值；

$\sigma$——模型方程的剩余标准差；

$K$——可调系数，通常取2～3。

（4）根据工程具体问题和实际情况的变化，结合资料分析成果，对检验准则和指标及时进行补充和调整。

**（三）综合评估**

对经过准则检验发现相关监测量集合中大多数监测量越限的，包括与之相关联的巡视检查结果有异常的，即获得一致性印证，确认相应部位发生异常。否则为正常，或因设备故障、测量误差造成的越限，如图6–7所示。

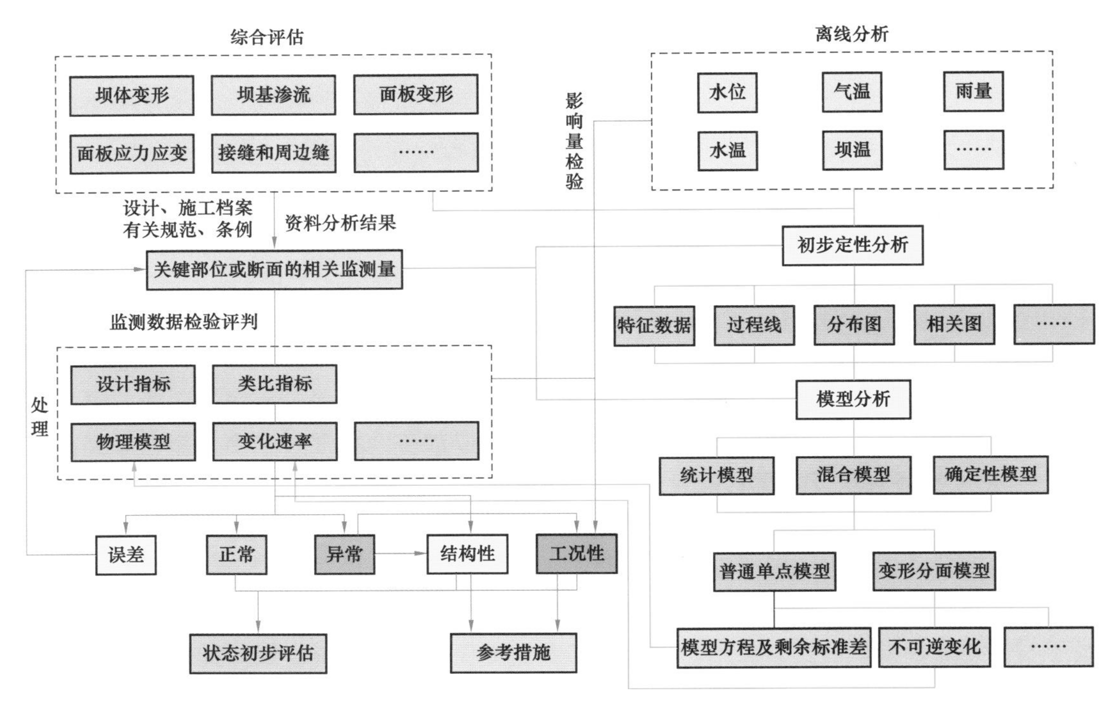


图6–7　资料分析及综合评估功能结构图

（图中蓝色线条代表状态评估过程，红色线条代表离线分析过程）

对确认为异常的测值及其相应部位进行综合评估，找出其明确的或可能的原因。

异常原因的推断有两个来源：一是相关监测量集合中环境量或内观监测量同时发生的异常，这类信息提取以后还需进行文字化处理，转换为描述；二是已经存储在知识库中的，和若干特定的监测量异常（包括它们的或和与）相对应的原因描述，这些描述是专家知识和经验的具体体现。

## 三、大坝实体观测数据的三维立体分析模型

分析模型功能主要包括能够结合高寒山区面板堆石坝的特点，对大坝、厂房及边坡的观测数据进行建模分析和评价，掌握大坝实体的变化趋势；能够通过建立各种预警判断标准，对观测数据异常和其他异常发出报警；建立对地震等自然灾害的重点监测机制，在灾害发生时，系统能接收来自微震系统等其他系统的信号和指令，自动加密采集数据；具备对大坝等

重点建（构）筑物观测数据的三维分析和展示功能。该模型分为工程运行安全评估支持系统和三维 GIS 系统两个子系统。

**（一）工程运行安全评估支持系统**

能够对大坝实体观测数据进行处理计算、定量分析、比较判断和综合统计，实现从测点数据到监测断面、监测部位的异常告警，并在此基础上对整个工程的安全状况做出综合评估。工程运行安全评估支持系统总体功能框架如图 6–8 所示。

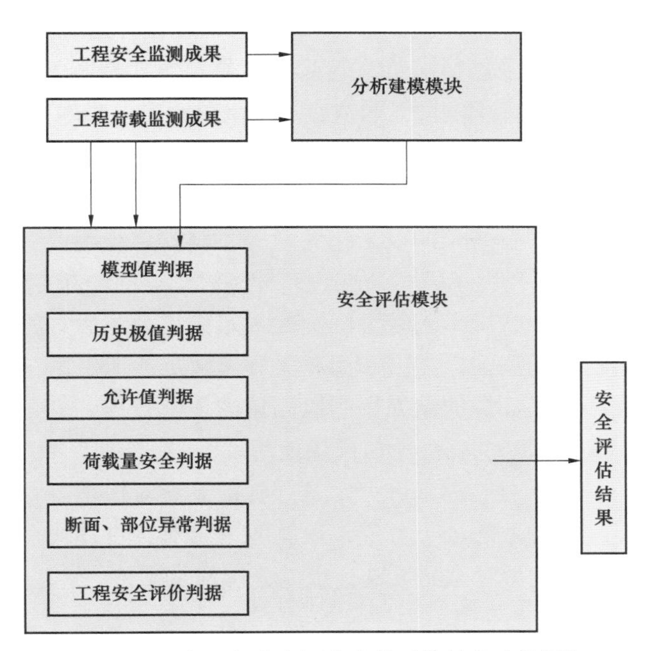


图 6–8　工程运行安全评估支持系统总体功能框架

1. 分析建模模块

分析建模模块的基本任务是在对工程运行一段时间以来的安全监测成果进行定性分析，初步了解各监测量变化的大小、规律、趋势、影响因素的基础上，进一步通过回归计算建立监测量物理模型，以定量描述各不同影响因素对监测量变化的影响。

分析建模模块的主要功能包括工程安全监测数据和工程荷载监测数据的粗差检验和处理；以丰富的图表为初步定性分析提供支持；监测量影响因子的确定和数据生成；回归计算和监测量模型方程的建立；在模型方程的基础上对监测量进行定量分析。分析建模模块功能框图如图 6–6 所示。

分析建模模块的基本功能是以工程安全监测数据和环境量监测数据为基础，在对各种监测数据进行定性分析，初步认识其变化规律、主要影响因素后，针对需建模的监测量，选择合适的时间区段，拟定合适的模型因子，采用合适的回归计算方法，建立监测量的物理模型。

（1）工程安全监测数据和工程荷载监测数据的粗差检验和处理：系统在一定程度上自动识别测量数据中包含的粗差并对之加以标记，以便后续分析中不予采用；系统提供人机交互操作功能，接受操作人员对粗差自动识别和处理结果的人工干预。

（2）丰富的图表功能，为初步定性分析提供支持：对安全监测及荷载监测成果进行特征值统计；过程线、相关图、分布图以及综合图形绘制；图表展现，为分析人员对监测成果的数值大小、变化规律、变化趋势以及相互之间的关系等特性进行定性分析提供丰富的图表支持，帮助分析人员初步判断监测量变化的主要影响因素。

（3）监测量影响因子的确定和数据生成：以人机交互的方式接受操作人员对影响因子组的设置，并依此自动生成因子数据序列。可生成的因子类型丰富、数量众多，依照实际需要可以随意组合。监测量影响因子包括水位、气温、水温、雨量等环境量，可以是当时的环境量数据，也可以是某一段时间的环境量平均值。对于水位而言，1～4 次方数据均可纳入因子范围。纳入环境量因子的前提条件是系统能够得到环境量监测数据。

（4）回归计算和监测量模型方程的建立：系统提供的回归计算方法主要包括多元线性逐步回归和偏最小二乘回归，前者是长期以来在大坝等工程安全监测资料定量分析中常用的、公认的比较成熟的方法，但是当因子间相关性程度较高时，该回归法存在难以克服的局限性，产生的模型方程可能会和实际状况出入较大。因此本系统还考虑后一种方法，即偏最小二乘回归法，它能有效克服前者的局限，在因子间相关程度较高的情况下，仍有望获得符合实际情况的监测量模型方程。回归计算的结果得到监测量的模型方程，模型方程中的有关因子信息、方程系数等存储到模型库，供安全评估模块使用。

（5）在模型方程的基础上对监测量进行定量分析：系统对模型方程按照因子分类进行分解计算，得到水位、温度、时效等因子分量，绘制各分量对比过程线，计算各分量变幅及其中总变幅的百分比，为分析人员对监测量进行定量分析提供支持。

2. 安全评估模块

安全评估模块的基本任务是：根据既定的标准，对安全监测成果进行检验评判，识别异常监测量。根据异常监测量的数量和分布情况，识别建筑物异常断面或部位。根据异常断面或部位的数量和分布，对整个工程安全状况做出分级评价。

安全评估模块的主要功能包括：识别异常监测量并给予告警；识别异常荷载量并给予告警；识别异常监测断面或部位并给予告警。

安全评估模块的总体功能框图，见图 6–9。

（1）监测数据异常告警：根据历史数据，对各监测物理量进行定量分析，建立合理的模型，然后将该模型作为评判标准之一，建立模型值判据，检验监测成果是否与模型相符，作为判断监测成果是正常还是异常的依据。

（2）监测断面、监测部位异常告警：在对各监测量的监测成果得出是否异常的判断结论后，综合统计某个监测断面或监测部位所有监测量成果的判断结论，若异常量的比例（异常百分率）超过预设的限制标准，则得出该断面或部位发生异常的结论，并给予告警。

（3）工程安全综合评估：在对各监测断面或部位得出是否发生异常的结论后，统计异常断面或部位的比例（异常百分率），将统计结果和预先设置的分级标准进行对比，得出整个工程的安全状况评价分级结论：正常—基本正常—局部异常—严重异常—失常。

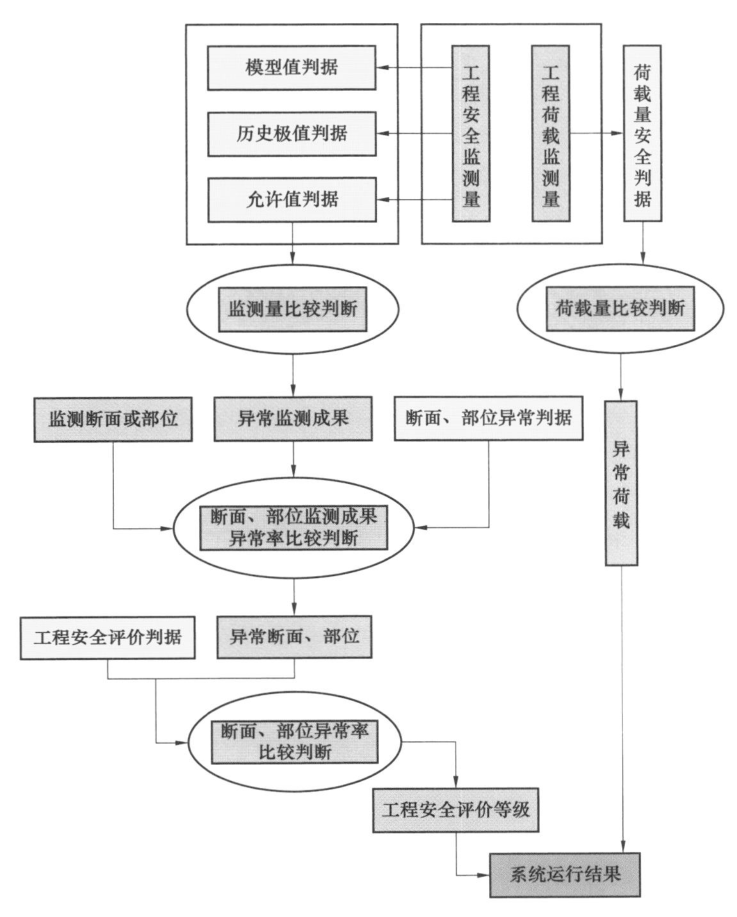


图 6–9　安全评估模块的总体功能框图

3. 实现系统功能所必需的基本资料

（1）监测布置图（最好提供 CAD 图件），用来确定监测断面或监测部位的测点集。

（2）包括各建筑物所有监测项目的人工观测和自动化观测数据。

（3）荷载量观测数据：库水位、坝区气温、水温和降雨量等观测数据。

（4）监测成果异常判据：提供各监测物理量的预警判据（设计允许值、专家经验值等）。

（5）工程安全评价等级分级判据：将异常监测部位（断面）的数量占总数量的百分比按从小到大分成不同区段，分别对应工程安全评价结论的五个不同等级：正常、基本正常、局部异常、严重异常、失常。

当异常部位（断面）百分率满足如下五个不同条件时，可得到工程安全评价不同等级的结论，如表 6–2 所示。

**表 6–2**　　　　工程安全评价等级划分

| 范　围 | 结　论 | 范　围 | 结　论 |
|---|---|---|---|
| $B$=0 | 正常 | $B_2$<$B$<100% | 严重异常 |

续表

| 范　围 | 结　论 | 范　围 | 结　论 |
| --- | --- | --- | --- |
| $0<B<B_1$ | 基本正常 | $B$=100% | 失常 |
| $B_1<B<B_2$ | 局部异常 | | |

注　表中 $B_1$ 和 $B_2$ 就是工程安全评价等级分级判据。

分级判据的确定是本系统开发实施的又一重点和难点，它的确定原则和方法同监测断面异常原因集和措施（方案）集的确定原则和方法基本相似。

（6）人工巡查记录。

（7）提供地震等自然害发生的信息。

### （二）三维 GIS 系统

针对工程的地理空间分布，根据地形数据和影像数据创建虚拟的三维仿真系统平台，通过对大坝等重点建筑等进行 3D 建模，以及创建可视化的空间要素（如天空、道路、河流、植被等），并将其载入三维场景中，从而将工程的全景再现在虚拟的三维空间中。

用户通过三维场景中的实时漫游，可以获取场景中各类水利枢纽、设备设施等建筑的相关参数、工况信息等，实时查询和展示各类监测数据，模拟相关的调度运行过程，以及对事故进行预警等，并为用户提供三维场景中的 GIS 空间分析功能，达到更加科学的管理目的，为用户提供辅助决策支持。

1. 系统功能

（1）地图漫游功能。实现放大、缩小、平移、旋转、视角的抬高与降低五种基本的地图漫游功能。地图漫游可以通过鼠标与屏幕交互、操纵导航控制盘两种方式进行。

（2）鹰眼功能。确定鹰眼地图的制作方法，为用户提供包含感兴趣和关注对象的鹰眼地图。用户通过点击二维的鹰眼地图，可以实现三维场景的快速导航。

（3）定位功能。为用户提供一个实现快速定位的面板界面。通过点击界面内已存储的预编辑好的定位点，可以快速切换至场景中的相应位置。另外通过界面为用户提供定位点的编辑功能，如新增定位点、编辑定位点名称、删除定位点等。

（4）路径飞行功能。为用户提供一个选择自动飞行路径的面板界面，通过选择所要演示的飞行路径，就可以进行场景的自动飞行。另外用户也可以通过界面来创建新的飞行路径、修改飞行速度等。

（5）多图层的分类组织与界面功能。

1）分类。GIS 地图图层分为水系图层、水工建筑物图层、测站图层（按传感器的种类可进行图层细分）、大型建筑物图层、道路图层等。分类方法需与用户进一步交流，确定用户所需的分类方式。

2）界面功能。以树状分层的形式组织各个图层，体现各类图层之间的和内部的关系。界面中各大类图层的节点（即包含有子节点的组节点）控制着相应类别图层所包含对象的属性，如控制该类图层所包含的场景要素的样式与可见性、数据标注的样式与可见性等。整个树状图层结构中的最底层节点，则与场景中要素一一对应，用户可以通过它来控制具体的场景要素的属性特征。

另外为用户提供点击树状图层结构中某一节点时，程序自动计算节点所对应场景要素的包围盒，并自动定位至相应位置的功能。

典型建筑物照片、工程主要指标、典型断面工程地质剖面图查询和输出，预留与工程基础资料库的接口。

（6）多数据查询功能组织。

1）分类：分为水情数据、水质数据、气象数据、闸门数据/油机、安全监测数据等，每个大类根据数据组成可进一步细分；

2）数据查询：系统实现了完整的数据库I/O接口，并可以根据预编辑的配置文件，每隔一定时间，对系统中所要读取的实时数据进行自动更新。

（7）数据的标注功能。用户除了手工查询数据外，系统还通过编程实现数据在三维场景中的自动标注。当在三维场景中漫游时，标注可以始终位于相应建筑或测站上方，标注的可见性、颜色、字体、大小、位置，以及所要显示的数据内容等均可以编辑控制。这样用户可以直接获取当前的实时数据及工况状态等信息。

（8）场景交互功能。系统实现了场景的交互引擎功能。用户通过操作鼠标与场景中的建筑物等要素交互时，可以自动显示当前鼠标所交互的物体的基本信息，如水工建筑物的一些基本参数、信息等。

（9）专题图制作与展示。确定系统所需要的专题图类型，为用户提供直接、自动生成相应专题图的功能。

（10）动态演示。对大范围的水位升降变化模拟，存在较多的限制因素，根据工程的实际情况，选择需要进行水位升降模拟的区域。

（11）空间分析功能。实现空间距离的测算功能、面积、体积计算、渠槽水量、水库库容。

2. 功能实现

首先进行数据库建设，包括空间数据库建设和专业应用数据库建设。空间数据库数据包括空间地理数据和地物模型数据。空间地理数据包括数字高程模型（DEM）、经纬度、投影方式、地形纹理贴图等；地物模型数据主要包括人造设施（如建筑物、运动场等）和自然景观（如树木、河流、山丘等）。

空间地理数据来源比较广泛，主要用于地形建模，通常有DEM数据和计算机辅助设计（CAD）图。将这些数据转换成栅格DEM，载入软件Scene Builder完成地形建模，生成Open Scene Graph支持的LOD格式的地形数据库，用正投影像作为地形纹理，存入空间数据库。将道路、河流等矢量数据和建筑物、树木模型等通过编辑在地形上定位，位置存成三维点信息，存入空间数据库，以便运行时调入定位。根据大坝、测站等建筑物的CAD图，采用3DSMAX和MultiGen Creator建立大坝、遥测站等建筑物模型，实景照片作为建筑纹理。用3DSMAX建立Bill Board树木模型，存进空间数据库。

专业应用数据库采用专用数据库，库中存有各应用对象的实时、历史数据以及各种曲线和应用算法库。数据库建成后，实时运行系统从数据库中调入所有地物模型，将每个模型作为一个节点挂载在根节点上，通过每个节点上的一个四维矩阵变换该节点的位置和姿态。模型数据加载成功后，各个对象模型根据点号与数据库中相应的数据完成连接，直观地在三维空间中展现。地形和地物模型在实时运行系统中实时渲染，用户与场景可以进行实时交互，完成各种操控和模拟展示。

系统开发使用 Microsoft® Visual Studio® .NET 和 .NET 框架，可提高应用程序的开发速度，并提供更高的稳定性和可靠性。采用先进的开源视景管理系统 Open Scene Graph，对场景图形进行管理和渲染，并基于国际先进的虚拟地形项目（visual terrain project，VTP）进行完全自主开发。该开发方式的特点是完全拥有知识产权、底层数据和功能接口粒度适宜，系统稳定可靠、扩展性强，易于后期维护，能与其他系统无缝集成。

3. 系统结构

三维 GIS 虚拟仿真系统由场景编辑系统 Scene Builder、实时运行系统 NRVRViewer 和数据库三部分组成。NRVRviewer 包括三维视景控制台、三维引擎、数学模型和数据库四部分。

数据库由空间数据库和专业数据库两部分组成，空间数据库中存有应用区域的基础地理空间数据和建筑物模型数据，以产生逼真的三维场景效果；专业数据库存储能得到各类水情水调、工程监测及工况的历史和实时的静态及动态数据信息，为信息查询与调度模型提供原始数据。数学模型从数据库获取各种曲线和算法，经过计算，向三维引擎输出计算结果。三维引擎作为前台显示控制和后台数据的接口，将各类空间数据按一定的方式组合，用图形接口软件 OpenGL 向前台输出图形；同时，接收前台传过来的用户对场景的控制动作，将其翻译成后台模型数据的状态。三维视景控制台是面向用户的显示和交互操作界面，通过该控制台用户能与三维场景实时交互，直观地查询各种数据。三维 GIS 系统结构，如图 6–10 所示。

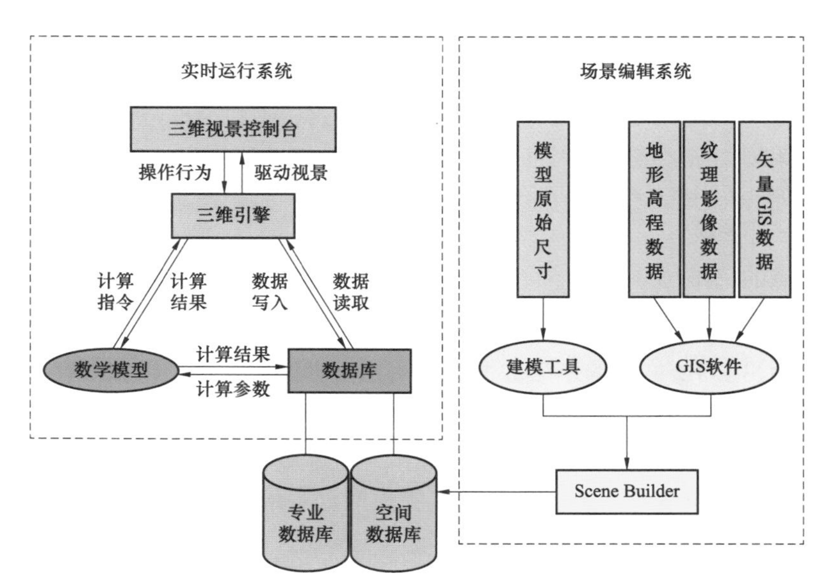


图 6–10　三维 GIS 系统总体结构图

# 第三节 主要支撑技术

## 一、现场外部观测系统相关技术

### （一）常规变形监测技术

常规变形监测技术包括采用经纬仪、水准仪、测距仪、全站仪等常规测量仪器测定点的变形值，其优点是：能够提供变形体整体的变形状态；适用于不同的监测精度要求、不同形式的变形体和不同的监测环境；可以提供绝对变形信息。但外业工作量大，布点受地形条件影响，不易实现自动化监测。特殊测量手段包括应变测量、准直测量和倾斜测量，具有测量过程简单、可监测变形体内部的变形、容易实现自动化监测等优点，但通常只能提供局部的变形信息。

摄影测量技术包括地面摄影测量技术和航空摄影测量技术。近十余年来，近景摄影测量在隧道、桥梁、大坝、滑坡、结构工程及高层建筑变形监测等方面得到了应用，其监测精度可达毫米级。与其他变形监测技术相比较，近景摄影测量的优点是：可在瞬间精确记录下被摄物体的信息及点位信息；可用于规则、不规则或不可接触物体的变形监测；相片上的信息丰富、直观又可长久保存，有利于进行变形的对比分析；监测工作简便、快速、安全。但摄影距离不能过远，且大多数的测量部门不具备摄影测量所需的仪器设备，摄影测量技术在变形监测中应用尚不普及。

### （二）GPS监测技术

利用GPS定位技术进行大坝变形监测具有下列优点：

（1）测站间无须保持通视。由于GPS定位时测站间不需要保持通视，因而可使变形监测网的布设更为自由、方便。可省略许多中间过渡点（采用常规大地测量方法进行变形监测时，为传递坐标经常要设立许多中间过渡点），且不必建标，从而可节省大量的人力物力。

（2）可同时测定点的三维位移。采用传统的大地测量方法进行变形监测时，平面位移通常是用方向交汇、距离交汇、全站仪极坐标法等手段来测定；利用GPS定位技术来进行变形时则可同时测定点的三维位移。虽然采用GPS定位技术来进行变形监测时，垂直位移的精度一般不如水平位移的精度好，但采取适当措施后仍可满足要求。

（3）全天候观测。GPS测量不受气候条件的限制，在风雪雨雾中仍能进行观测。这一点对于汛期的大坝变形监测是非常有利的。

（4）易于实现全系统的自动化。由于GPS接收机的数据采集工作是自动进行的，而且接收机又为用户预备了必要的入口，故用户可以较为方便地把GPS变形监测系统建成无人值守的全自动化的监测系统。这种系统不但可保证长期连续运行，而且可大幅度降低变形监测成本，提高监测资料的可靠性。

（5）可以获得毫米级精度。毫米级的精度已可满足大坝变形监测的精度要求，需要更高的监测精度时应增加观测时间和时段数。

正因为GPS定位技术具有上述优点，因而在大坝变形监测中成为一种新的有效的监测手段。

利用GPS定位技术进行大坝变形监测时也存在一些不足之处，主要表现在：

（1）点位选择的自由度较低。GPS信号固有的抗干扰性能差，不能通过水下、地下和障碍物，对测点位置有一定要求。为保证GPS测量的正常进行和定位精度，在GPS测量规范中对测站周围的环境做了一系列的规定，如测站周围高度角15°以上不允许存在成片的障碍物；测站离高压线、变压器、无线电台、电视台、微波中继站等信号干扰物和强信号源有一定的距离（如200～400m）；测站周围也不允许有房屋、围墙、广告牌、山坡、大面积水域等信号反射物，以避免多路径误差。

（2）自动化系统总费用较高。

### （三）分段激光准直自动监测技术

1. 结构原理

从起点（0号点）发射一束激光，在1号测点安置一个波带片，2号测点安置一个传感器。0号点发射来的激光经过1号测点的波带片衍射后，在2号测点的传感器上形成光斑，通过2号测点的检测电路测量出该光斑的位置，此为波带板激光准直的一个分段。

从1号测点再发射一束激光，在2号测点上安置一个波带片，3号测点安置一个传感器，1号测点发射来的激光经过2号测点的波带片衍射后在3号测点的传感器上形成光斑，通过3号测点的检测电路测量出该光斑的位置，这又是波带板激光准直的一个分段。

依次类推，最后传递到终点，测量出每个测点（包括终点）传感器上光斑的位置。用这些光斑位置的变化量，就可以计算出各个测点的位移，如图6–11所示。

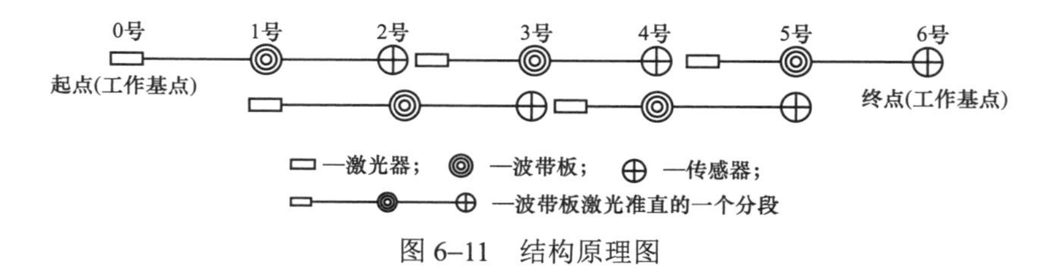


图6–11　结构原理图

2. 位移原理

分段激光准直的原理是在两个工作基点间形成两条激光准直光路，每条准直光路由若干个分段组成，每个分段由相邻3个测点组成激光准直光路。两条准直光路是半错开（半搭接）的。

位移符号和传感器的正方向均按《混凝土坝安全监测技术规范》（DL/T 5178—2016）规定，即水平方向向下游为正，垂直方向向下方为正；假定起点在右岸，终点在左岸，起点和终点都是工作基点，测点间距为$S$，各个传感器上的光斑位置变化量为$g_i$，各个测点的绝对位移为$X_i$，从图6–11中取出相邻的3个测点，见图6–12。

3. 精度分析

为了找出位移公式和测点精度的规律，需要将每个测点的位移公式推出来，根据误差传播定律进行分析。在实际应用中不必将每个测点的公式都推出来。

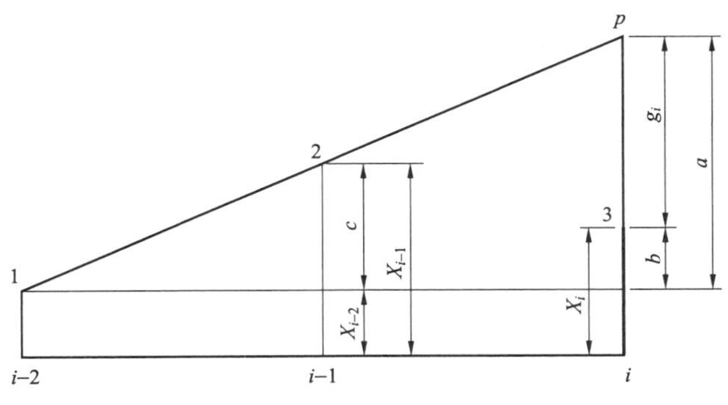


图 6–12　位移推导原理图

各个点的位移公式如下

$$X_1=(5g_2+4g_3+\cdots+1g_6)/6$$
$$X_2=(4g_2+8g_3+6g_4+4g_5+2g_6)/6$$
$$X_3=(3g_2+6g3+9g_4+6g_5+3g_6)/6$$
$$X_4=(2g_2+4g_3+6g_4+8g_5+4g_6)/6$$
$$X_5=(1g_2+2g_3+\cdots+5g_6)/6$$

$X_1$、$X_5$、$X_2$、$X_4$ 和 $X_3$ 的各项系数之和分别为 15/6，24/6，27/6。可见，本方案中起点和终点之间的测点数为奇数，则正中间的测点（3 号测点）精度是最差的，对称于中间点的每对点的精度是相等的，越靠近工作基点的测点，其精度越高。这个规律是合理的，因为起点和终点都是固定点，就像一条符合水准路线一样，中间点精度最差，越往两端精度越高。

每个传感器测值 $g_i$ 的精度是相同的，对于目前的 CCD 或者 PSD 而言，$g_i$ 的中误差 $m$ 可以达到正负 0.04mm，那么，根据误差传播定律，经计算各个测点的偶然中误差见表 6–3。

在 $g_i$ 中还包含系统误差。在本方法中，系统误差主要是折光差。因为每个分段的准直距离为 80m，根据折光差公式

$$\varepsilon=3.933UV\frac{P}{T^2}\frac{\partial T}{\partial Y}$$

式中　$\varepsilon$——测点偏离值的折光差，mm；
$U$——测点至点光源距离，取 0.04km；
$V$——测点至探测仪距离，取 0.04km；
$P$——大气压强，即工作真空度，Pa；
$T$——绝对温度，取 273℃；
$Y$——距离，m；
$\frac{\partial T}{\partial Y}$——温度梯度，取 0.5℃/m。

经计算得知每个测点 $g_i$ 包含的最大折光差为 0.1mm。

假定每个 $g_i$ 包含的折光差方向都相同（最不利的情况），则计算出的每个测点位移的折光

差和综合中误差见表 6–3。

从以上的分析可以看出，用本方法测量位移，其中误差最大只有±0.46mm，如果加上测墩转动的影响，其最大综合误差为±0.96mm。这个精度是满足大坝监测规范要求的。

表 6–3　每个测点位移的折光差和综合中误差　mm

| 位移 | $X_1$ | $X_2$ | $X_3$ | $X_4$ | $X_5$ |
|---|---|---|---|---|---|
| 偶然中误差 | 0.04 | 0.08 | 0.09 | 0.08 | 0.04 |
| 折光差 | 0.25 | 0.40 | 0.45 | 0.40 | 0.25 |
| 综合中误差 | 0.25 | 0.41 | 0.46 | 0.41 | 0.25 |

### （四）全自动全站仪（测量机器人）监测技术

测量机器人通过光学手段对各监测点进行精确测量，经过解析计算得出各监测点的精确坐标，且结构简单、可靠性高。监测点只需要安装一台棱镜，测点增减方便。全站仪监测系统由主机、棱镜、供电系统、通信系统和解析软件组成，如图 6–13 所示。

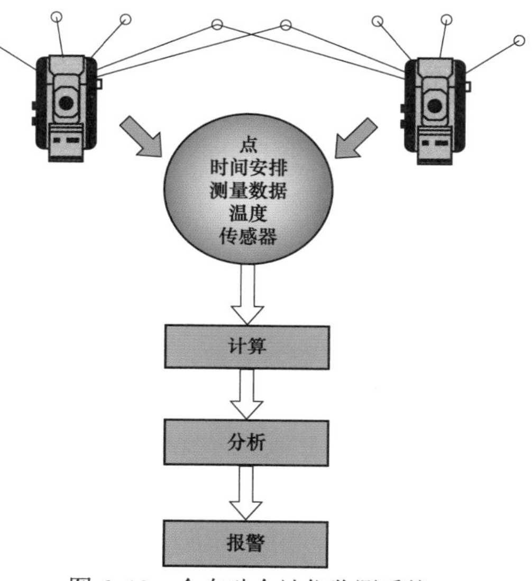


图 6–13　全自动全站仪监测系统

## 二、现场设备防雷

面板堆石坝等土石坝工程仪器设备的防雷保护很难，特别是已埋传感器防雷保护措施薄弱（如传感器未接地、仪器电缆未用钢管保护，钢管未接地和深埋等），接地网也明显不如混凝土坝。对于面板堆石坝这样的高强雷击环境，各种传感器及电缆直接暴露在雷击环境下，系统设备面对的综合瞬态扰动强度将远远高于《大坝安全监测自动化技术规范》（DL/T 5211—2005）标准，必须采取额外的防雷设备及防护措施。

### （一）总的防雷原则

（1）将绝大部分雷电流直接接闪引入地下泄散（外部保护）。

（2）阻塞沿电源线或数据、信号线引入的过电压波（内部保护及过电压保护）。

（3）限制被保护设备上浪涌过压幅值（过电压保护）。

这三道防线，相互配合，各行其责，缺一不可。

### （二）雷击损坏设备

雷击损坏设备的三个渠道（如图 6–14 所示）：

（1）通过闪电带来的电磁脉冲对设备产生干扰（扰动）。

（2）通过大地感应、传导而对设备产生地电位反击。

（3）室外传输线路遭受雷击，这种情况只占总雷击机会的 0.5%，如此大的雷击电流极少出现在建筑物电源进线处，但仍须重视对这种外来电涌的防范。

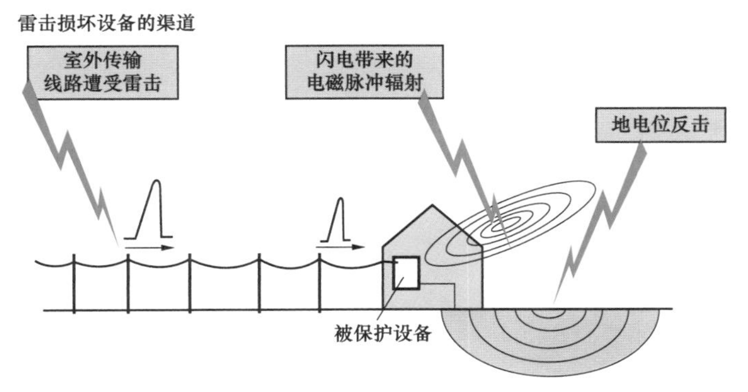


图 6–14　雷击损坏设备的三个渠道

外部电涌的另一个来源是公用电网开关在电力线上产生的过电压。每一次切换负载而引起的电涌都缩短各种计算机、通信设备、仪器仪表和 PLC 的寿命。

**（三）设置三级防雷体系**

（1）电源接入点配置稳压电源，稳压电源必须可靠接地；电源接入点为系统专用电源，不能和其他检修、照明电源混用，严禁接入电焊机等大功率施工电器。

（2）监测站接入端配备国标Ⅱ级（德国标准 C 级）的电源和信号防雷器，防雷器可靠接地。

采集单元内部安装符合《电磁兼容　试验和测量技术　浪涌（冲击）抗扰度试验》（GB/T 17626.5—2008）3 级（峰值 2000V）浪涌（冲击）和《电磁兼容　试验和测量技术　射频电磁场辐射抗扰度试验》（GB/T 17626.3—2016）3 级（强度 3V/m）射频电磁场辐射干扰的防雷模块；设备的各测量通道本身要采取了机械继电器开关（可承受短时间 1000V 冲击）等防护措施；采集单元和传感器之间安装 NSPD 设备。

# 第七章

# 防汛决策支持与指挥调度系统

通过智能调度中心网络总线接入实时和历史水雨情、空间数据、气象预报信息、工情等数据，由一体化管控平台中间件支撑层提供上述信息的统计、分析、查询、后台计算等逻辑处理，最终实现基于图形、报表、二三维地理信息系统的防汛预警、防汛值班管理、防汛短信平台、防汛物资与队伍、防汛抢险应急预案管理、洪水预报、防洪调度（预案管理）、防汛会商八个模块的业务应用。

防汛决策支持与指挥调度系统具备的功能：能够接收实时水雨情、气象、大坝监测和水工机械设施监测等信息；具备防汛信息管理、防汛值班管理和防汛决策支持三类基础功能，具备防汛指挥调度功能；防汛信息管理包括水雨情信息服务、防汛物资储备管理、防汛人员与队伍管理、防汛电话录音以及防汛信息短信发布功能；防汛决策支持包括防汛应急预警、洪水预报、防洪调度、防洪风险分析以及防汛会商功能；防汛指挥调度包括应急预案管理、防汛应急指挥以及防汛工作考评功能。

系统主要由防汛决策支持系统（flood control decision support system）、防洪调度系统（flood control operation system）两部分组成。其中，防汛决策支持系统以雨水情信息为基础，以通信为保障，以计算机网络为依托、以决策支持为核心，依据降雨、洪水预报成果，及时提供各类防汛信息，辅助决策者制定防汛决策方案，为指挥抢险救灾提供技术支持的信息系统。防洪调度系统则根据洪水特性和防护区的实际情况，发挥工程措施的防洪能力，实时调节洪水，达到防洪效果的信息系统。它主要包括防洪形势分析、方案制定、方案仿真、方案评价和调度成果管理等。

## 第一节　系　统　设　计

### 一、设计原则

系统总体采用 B/S 模式，用户使用浏览器能够完成所有操作，部分功能采用 C/S 模式，并遵循如下原则。

1. 先进性

系统在满足全局性与整体性要求的同时，能够适应未来技术发展和需求的变化，使系统能够可持续的扩展和发展。

2. 标准化

所有各项软件开发工具和系统开发平台符合我国国家标准、信息产业部部颁标准、水利部相关技术规范和要求，如空间数据分层与编码、水雨情数据存储标准、数据质量与元数据标准、公文标准等，并适当考虑与国际接轨。在没有标准与规范的情况下，参照国家、地方和行业有关标准与规范，制定相应的标准与规范。系统的分析、研究、设计、实现和测试要严格按照软件工程标准和规范，并尽可能采用开放技术和国际主流产品，以确保系统符合国际上的各种开放标准。

3. 安全性

用户认证、授权和访问控制，发生安全事件时，能以事件触发的方式通知系统管理员处理。系统与完善、周密的安全体系和信息安全支撑平台紧密配合，从物理、传输、网络、应用，采用多层次的安全保障措施。保证网络环境下数据的安全，防止病毒入侵、非法访问、恶意更改毁坏，采取完备的数据保护和备份机制，并具备审核功能，自动记录用户访问的情况和操作过程，以备日后查询。

4. 可靠性

从系统结构、技术措施、软件硬件平台、技术服务和维护响应能力等方面综合考虑，系统具有较高的性能。如在网络环境下对空间图形的多用户并发操作，要具有较高的稳定性和响应速度，综合考虑确保系统应用中最低的故障，确保系统的稳定性。

5. 兼容性

软件版本易于升级，能适应防汛指挥系统相关的标准，任何一个模块的维护和更新以及新模块的追加都不应影响其他模块，且在升级的过程中不影响系统的性能与运行。

6. 易用性

具有良好的简体中文操作界面、详细的帮助信息，系统参数的维护与管理通过操作界面完成。

## 二、结构设计

### （一）系统架构

防汛决策支持系统作为基于一体化管控平台的一个高级应用系统，利用一体化管控平台数据交换接口实现水情数据、雨情数据、预报结果数据、防洪调度数据、水库相关数据、应急预案、防洪物料数据、抢险队伍信息、值班信息、空间数据等的读取与存储；利用一体化管控平台的数据总线实现与水情水调平台部分防汛数据的数据交互。

通过一体化管控平台的支撑组件，提供对防汛服务管理平台中各类服务和管理功能组件的基础支撑，扩展业务应用层各系统的功能实现，如查询展现、统计分析、三维仿真、决策支持等功能。

防汛决策支持系统基于Ⅲ区一体化管控平台，共享数据库服务器、Web 服务器、交换机、KVM 等设备和装置。

### （二）网络结构

防汛决策支持系统依据统一规划、统一设计、统一实施原则，基于一体化管控平台架构，涉及防汛相关的各种应用。系统主要部署于Ⅲ区安全区域，与一体化管控平台存在业务关联。防汛决策支持系统网络结构，见图 7–1。

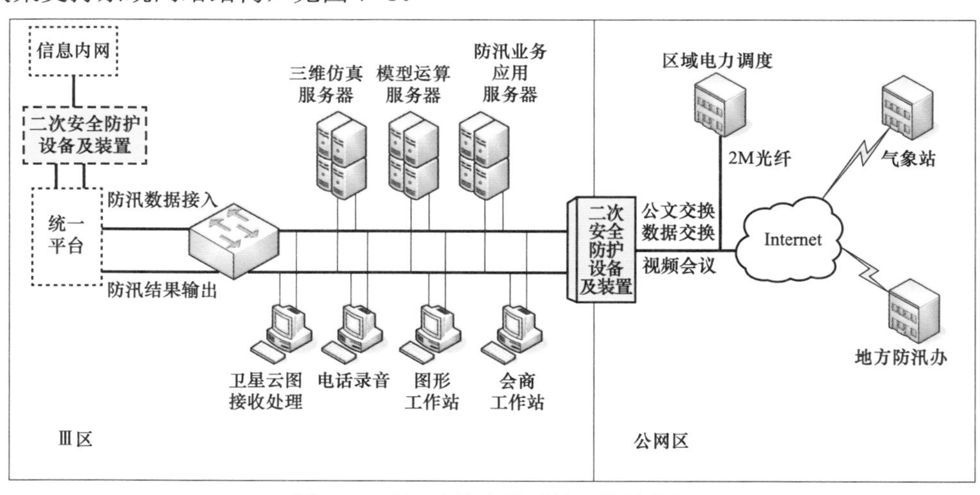


图 7–1　防汛决策支持系统网络结构图

### （三）体系结构

防汛决策支持系统体系架构总体上采用三层 B/S 和两层（或三层）C/S 相结合的体系结构。主要包括信息采集层、计算机网络层、数据资源层、应用支撑层、业务支撑层、业务应用层，如图 7–2 所示。

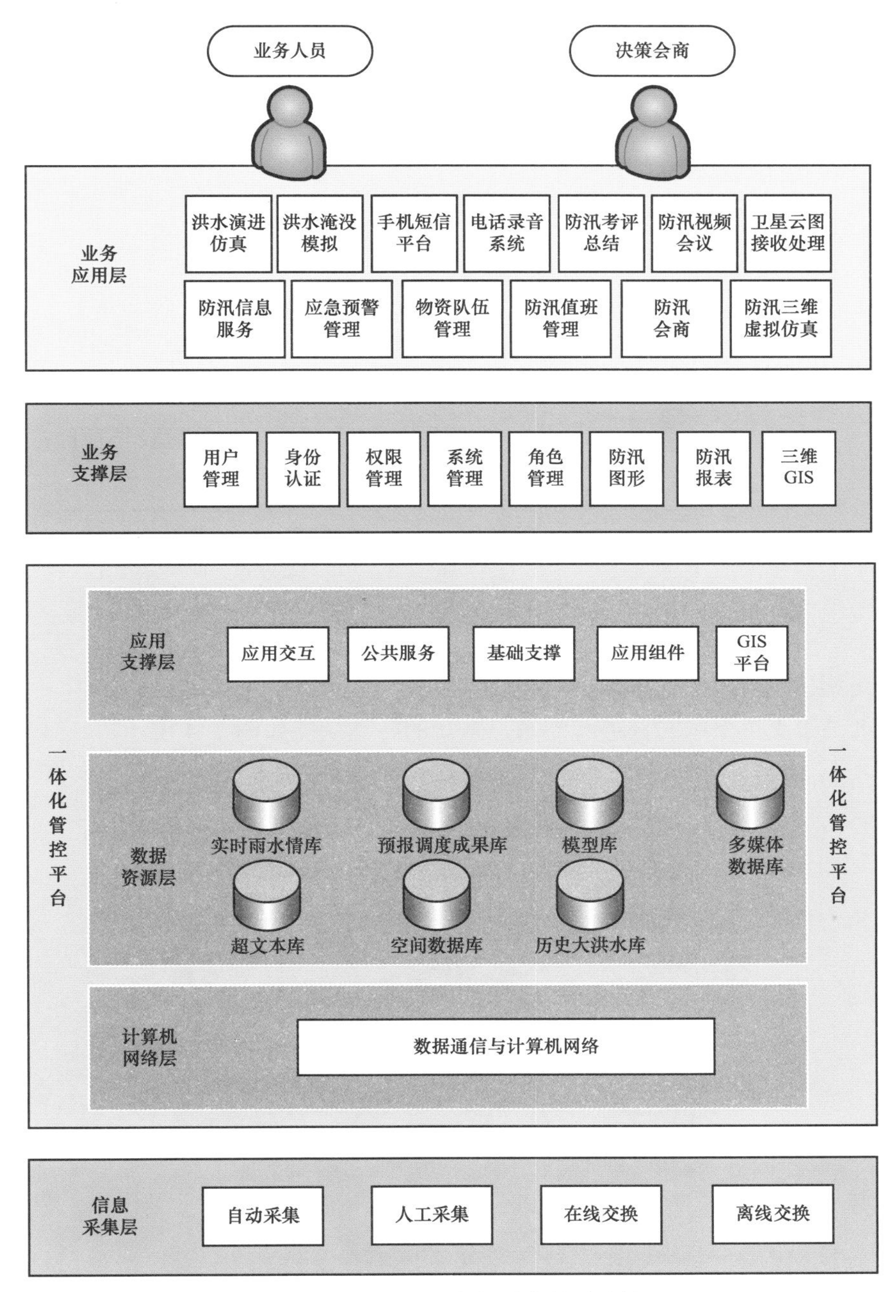


图 7–2　防汛决策支持系统体系结构

（1）防汛信息服务系统、防汛值班管理系统、防汛物资储备与队伍管理系统、防汛考评与总结系统、防汛会商系统、防汛业务管理平台以信息接收、信息查询、信息发布和统计分析、流程管理为主，这些系统或子系统采用三层 B/S 结构。

（2）三维虚拟仿真系统、洪水淹没模拟系统、河道洪水演进仿真系统、防汛应急预警系统、防汛电话录音系统、防汛手机短信平台、卫星云图接收处理系统以人机交互为主，有大量数据需要处理并需进行建模、模型计算等操作，采用三层 C/S 结构。

**（四）数据流程**

防汛决策支持系统需要与一体化管控平台和上级系统之间进行数据交换，数据流程及系统之间的关联关系，如图 7–3 所示。

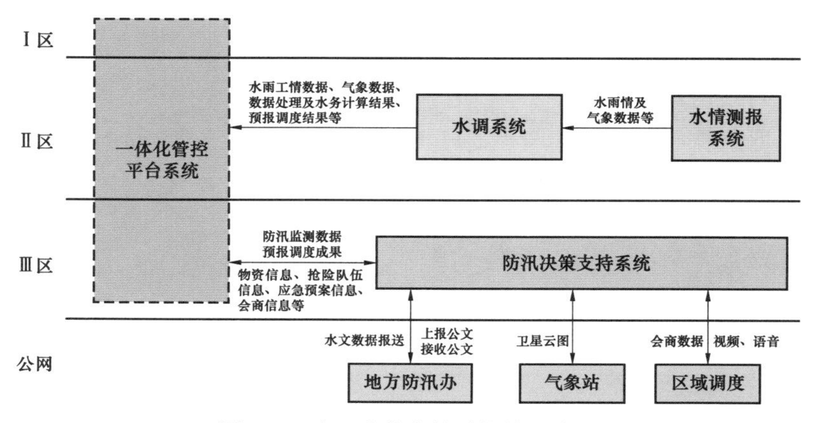


图 7–3　防汛决策支持系统数据流程

**（五）功能组成**

根据防汛决策支持系统的任务和需求，系统的各项功能如图 7–4 所示。

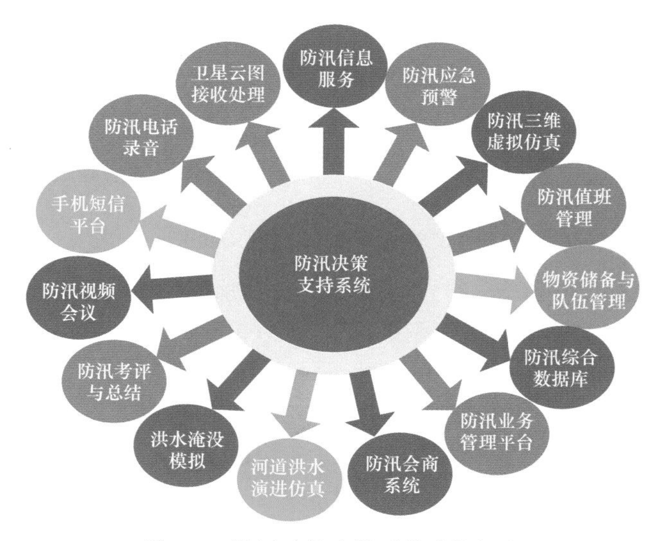


图 7–4　防汛决策支持系统功能组成

### （六）防汛综合数据库

防汛综合数据库是防汛决策支持系统各子系统的信息支撑层，存储和管理系统应用层各子系统共用的所有数据，是防汛决策支持系统的数据中心，为防汛指挥调度提供数据支撑服务。防汛决策支持系统数据信息按其数据结构可分为空间数据和非空间数据。

1. 空间数据

空间数据具有公共地理定位基础的数据，以地理信息系统为表现手段的图形库中的大多数数据都属于空间数据，也称地理数据，如流域矢量地图、数字高程模型、测站位置等，既具有可用关系模型描述的属性信息，又具有空间分布的地理特征。对这样的数据应由空间数据模型来对其进行存储管理。

2. 非空间数据

非空间数据从数据性质上体现为属性数据，包括表格型数据、文档数据和多媒体数据。按逻辑结构可分为结构化数据和非结构化数据，结构化数据主要是指有一定结构，可以划分出固定的基本组成要素，以二维表形式表达的数据，结构化数据可由关系数据模型来对其进行存储管理；而非结构化数据是指没有明显结构，无法划分出固定的基本组成元素的数据，主要是一些文档、多媒体数据，如影像文件、音频、视频文件、各种文本文件、法规等。

防汛决策支持系统综合数据库的组成包括实时水雨情数据库、历史大洪水数据库、预报调度成果库、模型数据库、空间数据库、多媒体数据库、超文本库、防洪物料信息库共 8 个数据库。数据形式包括表格、文本、图形、图像、声音等，是以地理信息系统为基础、多种数据形式共存的综合数据库，如图 7–5 所示。

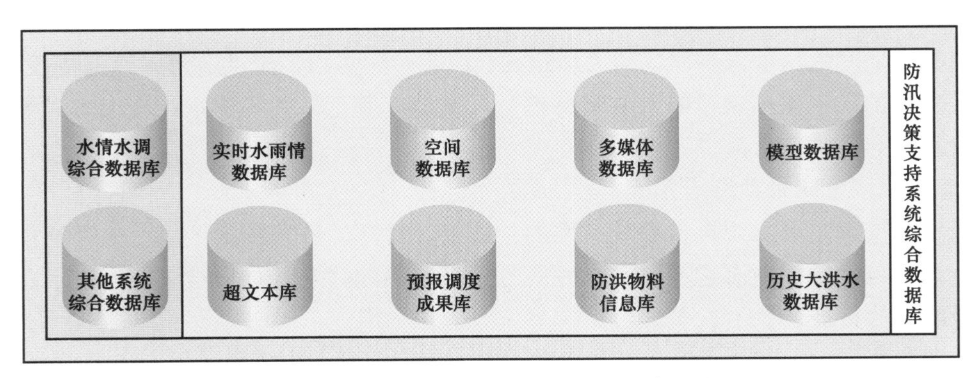


图 7–5 防汛决策支持系统综合数据库组成

## 第二节 防汛服务及管理

### 一、防汛信息服务系统

防汛信息服务系统主要功能是在数据库、一体化管控平台和 WebGis 的支持下，提供防汛信息服务，包括水情、雨情、水库等信息展示与查询服务。

### （一）雨情信息查询子系统

查询主要河流及水库的实时和历时雨情，单站多站过程关系曲线，指定时段的等雨量线图等。

1. 雨量查询

分时段、日雨量查询。在选定的站点（流域）和时间范围（可按站号和时间分别索引），显示（用户定制的）站点的时段雨量和日雨量，当时段或日雨量超 100mm 时以色彩闪烁显示。

2. 累计时段、日雨量

能显示流域平均降水量（按时段、日、旬、月），按大小列表（按时段、日、旬、月）显示流域雨量值。

### （二）水情信息查询子系统

主要是对实时、历史及预报水位、流量、水量信息进行查询和分析。包括单站、多站、河道，既包括某一时刻也包括旬、月、年的统计值，还包括超过某一域值（如警戒水位、保证水位值）的查询。信息的表示方式主要是表格的图示化结果和基于 WebGis 的信息展现，如各种示意图、过程线图、直方图、饼图、等值线、图表组合等。

### （三）卫星云图显示子系统

对卫星云图的查询、分析是防汛部门必不可少的工作。本系统可实现对不同采集来源的卫星云图、各种类型的卫星云图的查询、播放等功能；可实现针对卫星云图的放大、缩小、移动等基本操作；可保留任意时间长度的云图，供用户作为资料查询；可查询历次台风和暴雨期间的云团，并可动画演示其演变过程；可实现卫星云图的数据维护和档案维护。

### （四）水库信息查询子系统

水库基本情况信息的查询，包括大坝特征、库容、进水口、溢洪道附属设施特征等信息，水库特征时段的入、出库水量等水文特征信息以及调度运行规则等信息。查询方式为通过用户端查看水库的各类信息。

### （五）预报调度成果查询子系统

预报结果查询主要实现预报系统产生的长、中、短期的各项预报结果，允许授权用户对其进行查询，包括预报断面选择、预报时间、预报结果的筛选、预报结果图形显示、表格显示、预报结果的特征量显示。

调度结果查询实现防洪调度系统输出的调度方案，包括入库流量、出库流量、水库水位、闸门启闭、流量过程线等信息的实时查询、显示。

### （六）防汛信息报送子系统

依据《水情信息编码》（SL 330—2011）编制编报和译报程序，通过电力系统隔离装置传输和接收水情数据，防汛信息报送软件按照《水情信息编码》（SL 330—2011），进行报文的编制和翻译工作。防汛信息报送软件具有的功能：参与编码、译码的站点可定义；符合《水情信息编码标准》规范，支持对河道水情、水库水情、降水量、闸门启闭、特殊水情、特征值、沙情、冰情、水情预报等报文类的编制、翻译工作；报文编制、翻译结果以列表形式在程序界面上分类显示；提供报文查询功能，按照报文入库时间、发布单位、处理状态和检索字符串查询，查询结果以列表方式显示；软件全自动运行，无须人工干预，并提供人工调报、修改及译报功能；软件提供人工补报功能，通过编报模板补报；提供错误报文修改功能。其中，译码模块主要工作内容：接收报文文件、将报文入库、软件定时从库中读取未翻译的报文；按照《水情信息编码》（SL 330—2011）规范，对读取的报文展开翻译，翻译结果按照《水利部实时水雨情数据库》结构写库。编报模块主要工作内容：按照《水情信息编码》（SL 330—2011）规范，将水调数据库中的水情信息、水务信息，按照用户的需求，定制编码格式生成编码报文；编制后的报文写库，并按设定目录生成报文文件。

## 二、防汛值班管理系统

防汛值班管理系统设计符合《国家防总关于防汛抗旱值班规定》（国汛〔2009〕6 号）相关规定，该系统应能保证值班人员操作过程的安全性和可追溯性，所有操作记录将永久保留。主要有交接班管理、当班日志管理、日志管理、操作员管理和系统管理五个模块组成，如图 7–6 所示。

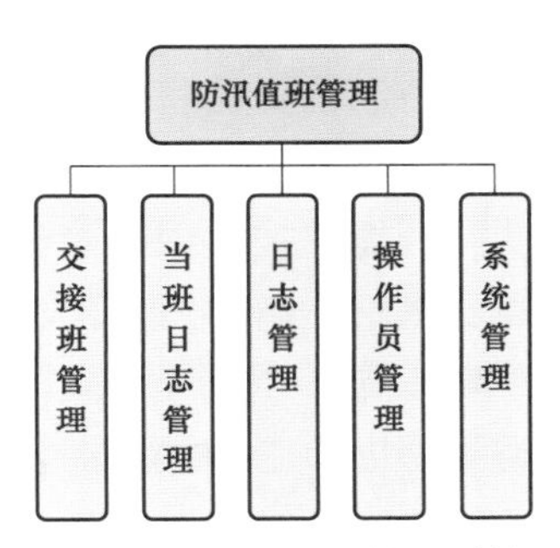

图 7–6　防汛值班管理系统

该系统主要具有的功能：严格的值班员登录控制；防汛值班起止时间可配置；班次可按实际情况配置；手动安排值班、换班功能；到时间提醒换班功能；提供值班过程中的实时雨水情、工情和防汛抢险救灾等情况的重要信息数据查询、修改、录入、报警提示等；能够以相关图形、报表方式进行数据展示，并能打印，形成值班过程的汇报资料；完善的当班日志记录功能，支持自动和手动方式记录值班员当值过程的全部工作，包括电话、传真、出险记录的填报，数据修正等各类值班信息的接收、登记和处理工作；提供交接班必读功能，将重要事项提醒接班的工作人员，引起重视；提供当班日志和历史日志查询，方便查看关注时段内的值班情况；提供防汛值班人员排班功能，在必要时按一定规则自动排班；提供值班过程中所有的常用联系电话的查询、增、删、改；提供系统管理功能，能够自动记录操作员登录、日志管理、管理员口令修改、当班工作检查等。

## 三、防汛应急预警系统

防汛应急预警系统根据设定的条件，自动启动数字化预案，开启防汛设施，按计划进行抢险救灾。主要功能包括应急预案管理（查询、增、删、改）、信息监视、信息预警、应急预案启动等。

系统将传统基于文本的纸质预案经过数字化抽象，解决传统纸质预案的存储、管理、升级和使用不便等问题，构建一个包括所有已编及未编的防洪应急预案相关信息的预案库，实现预案的查找、统计和汇总。

依据已经制定的重要防汛抢险应急预案的规定，在水雨情满足各种应急响应条件时，立即自动提示报警，并给出相应的应急预案响应等级与响应措施，当给予相关需求条件时，能自动从预案库中组合出辅助决策、调度参考提示的处置方案。

系统数据来源有水情监测系统、水调系统以及相关监控系统。

防汛应急预警系统主要由基础库、数据接口层、人机界面层组成。其中基础库主要存储有关高级应用的各种设计资料、告警规则、历史数据、模型参数、最终执行应急预案等。数据接口层主要包含决策支持系统信息交互接口，主要有气象、水情、雨情信息接口，告警规则接口，应急预案汇报机制接口，模型及算法库接口。

应急处理流程如图 7–7 所示。

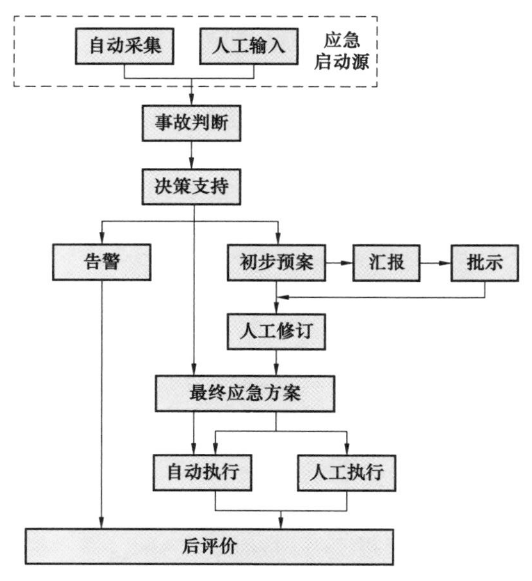


图 7–7　应急处理流程图

## 四、防汛物资储备和队伍管理系统

防汛物资储备和队伍管理子系统的设计符合国家防总和省防指相关的文件精神，并具有如下功能：能够按类型记录储备物资的品种，如编织袋、木材、砂卵石、土料、木桩、工程运输车、抢险工具、劳保用品、电喇叭等防汛抢险物资等；类型可以手工增加；对各类储备物资的定额详细记录；对各类储备物资的地点详细记录；对各类储备物资的储备方式详细记录；对管理各储备物资的抢险队伍的详细信息进行记录；能够存储各种储备物资的具体调度方案，当某地发生险情，能够提供调度路径分析，提出建议调度路径；当储备物资发生调拨后，系统自动更新维护库存情况；对低于基本库存保障的物资进行及时报警；可以按抢险队伍、储备物资等对系统信息进行查询和统计。

## 五、防汛电话录音系统

电话录音系统是指自动将电话通话内容记录在计算机硬盘上，以便日后进行查询、管理、取证和培训的专用设备。一般情况下主要包括计算机、语音采集压缩卡（俗称录音卡）、录音软件三部分，如图 7–8 所示。

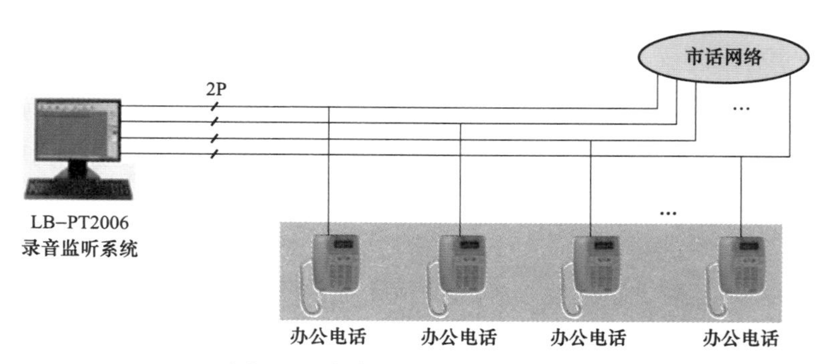


图 7–8　数字录音系统连接示意图

（1）计算机部分：由于有些部门需要常年 24h 不间断运行，所以经常采用工控机或高品质的服务器。

（2）语音采集压缩卡：采集电话上的语音信号，并按照国际电联（ITU）标准压缩成为数字信号，以便于存储，并在录音内容回放时将数字信号还原为模拟（音频）信号。

（3）录音软件：是系统的管理软件，负责判断每次电话录音的开始结束，把每次完整通话内容存为一个文件，并加上起始时间、结束时间、来电号码、呼出号码等便于查询的条件。

## 六、防汛手机短信平台

随着通信方式的不断发展，移动电话已经成为普遍的通信工具，短信通信已经逐步成为一种高效快捷的联络方式。短信平台利用移动电话短信功能的方便快捷特性，将实时气象，雨、水、工情信息，各类基本资料，汛情通报以及报警信息，关键数据信息按照制定的策略通知给用户，同时提供通过短信进行系统数据查询、发布、订阅等功能。

1. 信息的生成

为了能够灵活产生短信内容，引入“信元”的概念，信元是指为了获取同类型或类似信息的业务逻辑和模板，可以是从数据库、文件系统、OA 系统、汛情监视、防汛值班等系统或功能模块进行交互以获取信息。

通过设置信元的参数，用户可以对短信的内容进行自定义。提供的信息内容包括测点的实时雨水情数据，区域面雨量查询数据，防汛工情信息，各种办公、审批等信息，测点的历史雨水情数据，测点的历史闸门数据，数据越限、中断、不变化等报警信息，网络设备、数据库中断报警信息，程序故障、关键进程切换的报警信息及其他信息。

2. 定时任务

定时任务是定时发布的信息，有单次和重复任务之分。

3. 指令查询

短信平台支持对用户发送短信内容的处理，管理员可以定义指令和短信信元的对应关系。可以扩展短信指令的处理逻辑，将其定义为报警确认、办公审批等自定义逻辑。

4. 信息接收者

短信平台支持对信息接收者的灵活定义，信息发送的接收用户的组合称为信息接收者组。信息接收者组可以是用户组、用户、手机号码的组合，最终提交时将去除重复的号码。每个系统用户均可定义信息发送的优先级、对应的手机号码、网络类型、所属的用户组和禁发时段等参数。

5. 信息的收发

短信平台主要是通过短信 Modem 设备进行手机短信的收发，基于标准的 AT 指令集，全面支持移动、电信、联通的手机终端，主要功能：发送手动或自动生成的短信、接收查询短信、支持多个手机模块、多个串口的收发。

## 七、防汛考评与总结系统

防汛考评与总结系统是对汛期的基础工作、经常性工作、洪水预报和洪水调度这四大方面进行系统综合分析与评述，最终得出汛期防汛效果评价的等级和防汛总结报告，为加强汛期水库大坝洪水调度管理工作、促进水库科学合理地进行洪水调度，保证水库工程及上下游的防洪安全提供决策支持依据。

### （一）防汛考评子系统

1. 考评内容

（1）基础工作。基础工作考评内容包括技术人员配备、水情站网布设、通信设施、洪水预报方案、水库调度规程及洪水调度方案和技术资料汇编等。

（2）经常性工作。经常性工作考评内容包括洪水调度计划编制，日常工作，值班和联系制度，资料校核、审核和保管，总结等。

（3）洪水预报。洪水预报指标包括洪水预报完成率、洪峰流量预报误差、洪水总量预报误差、峰现时间预报误差和洪水过程预报误差。

（4）洪水调度。洪水调度指标包括次洪水起涨水位、次洪水最高洪水位、次洪水最大下泄流量和预泄调度等。

2. 考评指标

考评指标按照《水库洪水调度考评规定》（SL 224—1998）中规定的考评指标计算办法执行。

3. 考评方法

由于水库防汛产生影响的非线性，以及上述评价内容下的各个评价指标对不同时期和不同水库的重要性不同，需要一些评价者的主观意见。因此，采用美国运筹学家萨迪教授提出的层次分析法（AHP 法），AHP 法是一种定性与定量相结合，将人的主观判断数量形式表达和处理的评价与决策方法。

根据 AHP 法，将水库防汛评价体系分为目标层、准则层和指标层三个层次，如图 7–9 所示。

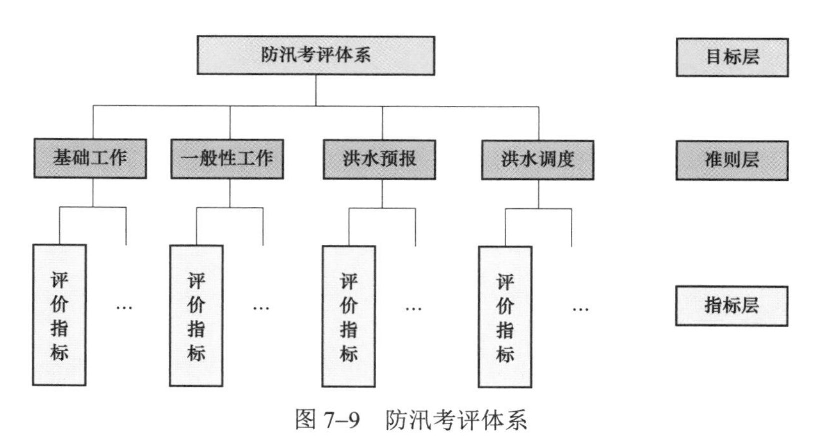


图 7–9 防汛考评体系

考虑计算方法的可操作性，为计算出水库洪水调度评测总得分，综合评价指数采用如下表达式

$$E=\sum_{i=1}^{3}\lambda_i\sum_{j=1}^{n}\lambda_j M_{\bar{i}}$$

式中 $n$——某准则层选取的具体指标数；

$\lambda_i$——第 $i$ 个准则层的权重；

$\lambda_j$ ——某准则层选取的第 $j$ 个指标在该准则层所占的权重；

$M_{\bar{i}}$ ——第 $i$ 个准则层中选取的第 $j$ 个指标的质量值（评分）。

**（二）防汛总结报表子系统**

能提供各项防汛总结所需的报表信息，如水库运行情况、水闸调度执行情况、洪水预报情况、洪水调度情况等。

防汛总结报表子系统可根据需求制订任意格式的报表，主要有报表编辑模块和报表运行模块组成。编辑部分作为人机界面编辑器的组成部分，通过报表系统函数库提供的时间函数、算术计算、字符串运算、水位雨量计算和各种考核指标函数等十几类约 300 个函数来制订防汛总结报表。可使用人机界面编辑器编辑报表，设计制作新的报表，无须编程。报表运行由人机界面运行器通过菜单调用、按钮切换、直接打开等方式进行。

## 八、防汛会商系统

防汛会商系统是指支持各级防汛工作人员根据实时和历史雨情、水情、工情等资料，结合防汛区域实际情况，对当前防汛形势进行综合分析和商讨的信息系统。该系统主要功能包括会商环境建立、会商信息收集整理、会议过程管理和会商决策处理等。

防汛会商系统紧密依托电子地图，结合水情、雨情、险情、应急资源等各个方面，按照防汛会商流程，集成各类信息、情况汇报、现场资料以及结构化文档管理功能，为防汛技术专家和决策者进行会商、决策提供辅助支持。防汛会商系统在地理信息系统和网络的支持下，以实时图像、成果表以及相关文字等为表现内容，向决策专家、指挥领导全面反映雨水情、洪水预报、调度方案、物资调运、抢险队伍集合组织等信息，并同时生成会商纪要、调度请示、调度命令等。系统由会商综合信息查询子系统、应急预案会商展示子系统、防汛会商管理子系统构成。主要为如下会商业务提供支持。

**（一）人力布置与调度**

在 GIS 地图上显示当前抢险组织的分布位置，可提供实时的人力、物力、抢险组织的分布情况。对当前各级领导及主要防汛人员所在的具体位置，及其行动路线的查询、抢险专家及相关人员责任分工等信息的查询，通过此部分可为各相关人员的任务落实、组织、安排提供依据。实现抢险队伍的组织与调度，及时、有效地掌握队伍组织情况，得到最新的队伍信息，提高防汛工作效率和队伍的快速反应能力。

**（二）物资储备与调度**

利用 GIS 地图动态显示目前全厂防汛物资的储备及分布情况，包括各物资仓库、物资储备点的位置与物资种类、数量等。

在电子地图上形象、直观地反映出各地防汛物资的储备与管理情况，以报表、文字及图形方式列出当前各灾区对防汛物资的需求信息，并可根据险情条件，查询统计在某一范围内的储备与调度方案，给出最佳的物资运输路径和财产撤离的最佳路线。

**（三）预报调度决策支持**

调用洪水预报成果和防洪度汛调度方案，以图、表、文字展现方式供专家、领导会商和决策。

1. 闸门操作流程指导系统

闸门操作流程指导系统提供泄洪时闸门操作流程的程序指导和提示，能够给出开闸站点和开闸顺序，并能够根据闸门开启情况调用河道洪水演进仿真系统和洪水淹没模拟仿真系统，实现洪水动态演进和相应受灾面积计算，用于指导洪水的科学调度。

2. 会商综合信息查询子系统

会商综合信息查询子系统的服务方式主要包括基于文字、图像、图表等 Web 页面方式，查询结果以表格、过程线、示意图等方式表示；基于矢量图形界面的信息查询，在矢量背景图上显示查询结果；基于 WebGis 的流域信息展现方式，动态查询实时、历时数据；将雨情信息、水情信息、水库信息和预报调度成果信息按照一定的逻辑和会商流程，以文字、图表和基于 WebGis 的综合方式展现给参与会商的领导和专家，为决策提供信息支持。

3. 应急预案会商展示子系统

调要防汛应急预案管理系统编制存储的对应应急预案，在调度会商环境下对汛情预案、地质预案、工程预案、抢险预案等进行展示。基于 WebGis 技术，展示各类储备物资的存储地点、定额、品种和储备方式以及调拨使用情况。在线实时展现基于 WebGis 调度方案、物资调运、抢险队伍集合组织等信息。

4. 防汛会商管理子系统

防汛会商管理子系统为会商现场提供决策支持环境和手段，满足决策者对防洪决策信息的需要。防汛会商管理系统的功能包括收集整理会商信息、支持会议汇报、会商结果处理、会商环境建立。

## 九、防汛业务服务管理平台

防汛业务服务管理平台基于 B/S 架构，遵循 J2EE 标准为防汛值班管理系统、防汛应急预警系统、防汛信息服务系统、防汛会商系统等系统提供统一入口，如图 7–10 所示。

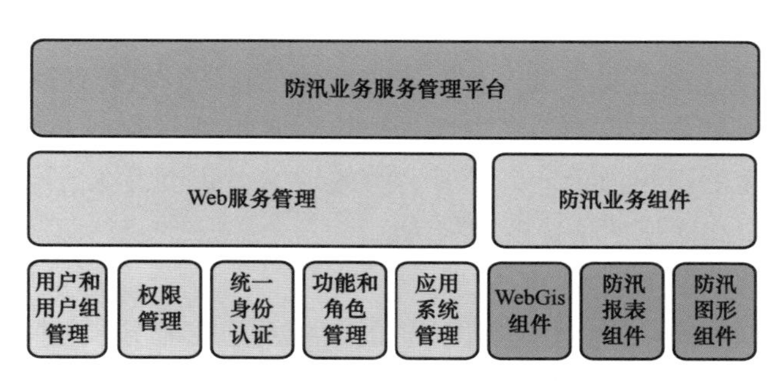


图 7–10　防汛业务服务管理系统功能组成

### （一）统一身份认证

统一身份认证也就是只需登录系统一次就可以访问所有其他的授权应用，这意味着用户无须再分别登录每一个应用，如防汛信息服务系统、防汛值班管理系统、防汛应急预警系统、防汛会商系统等，就可以直接访问授权功能，而无须再次登录这些应用系统。门户服务器会为用户分配一个通行证库。用户只需要在登录的应用中设定一次用户名和密码，这些信息将以加密的方式存储在通行证库中。在用户已登录到门户网站并要访问应用时，门户服务器会从通行证库中读取用户的通行证替用户登录到该服务器上。

**（二）防汛业务组件**

1. WebGis 组件

WebGis 组件提供基于地理信息的水雨情站网动态信息查询功能，提供地图的放大、缩小、漫游、导航、快速定位等基本功能，提供对水雨情信息的实时监视、历史数据查询、雨量等值线填色图生成与动态演进、任意多边形面积量算及面雨量计算、站点信息维护等功能。该组件主要功能包括：① 分级显示流域分区、水系、站点、电厂等基本信息；② 支持地理信息放大、缩小、漫游；③ 分区定位、导航；④ 动态水雨情信息的实时监视；⑤ 水雨情历史数据查询；⑥ 调用过程线等，进行水雨情信息查询、比较；⑦ 水雨情信息条件查询、定位；⑧ 越限信息报警显示定位；⑨ 雨量等值线填色图生成、区域填色；⑩ 雨量等值线填色图动态演进；⑪ 任意多边形面积量算，计算面雨量；⑫ 分区雨量柱状图动态演示。

2. 防汛报表组件

防汛报表组件支持报表显示打印、报表定制。其中，报表定制通过报表系统函数库提供时间函数、算术计算、字符串运算、水位雨量计算等几类函数，能满足各种常规报表计算需要。用户可按照自己的要求，使用报表定制设计制作新的报表。报表的数据来源于实时数据、历史数据、应用数据、人工输入及其他报表输出，与实时数据库、历史数据库连接。数据库中数据的改变自动反映在报表中，生成新的报表，每次生成的报表均可以保存。报表可以转换为 Excel 文件输出。防汛报表组件提供防汛部门常用的报表模板，可展示和定制用于打印的各类防汛数据报表。

3. 防汛图形组件

防汛图形组件主要提供如下功能：① 支持系统所需的各种图形；② 具备画面生成和修改功能，能方便直观地在屏幕上生成和修改画面，并直接在画面上定义数据点，在线连接到系统中去；③ 通过支持鼠标多屏间无缝滑动，多屏或超高分辨率显示系统的组合、分区、拖放，多种运行方案选择等功能，实现不同使用对象的应用需要；④ 用不同的颜色和线条反映系统中防汛信息，并在系统图形上显示出来；⑤ B/S 工作模式实现网上信息查询和发布的全部功能；⑥ 提供报表和图形混合展示功能，支撑业务应用层的业务展现。

## 第三节　卫星云图接收处理及仿真模拟系统

### 一、卫星云图接收处理系统

**（一）云图接收和处理**

接收中国风云–2 号或日本 MTSAT 静止气象卫星播发的数字高分辨云图信息，实现全年全天候正常自动收图。系统每天 24h 不间断接收气象卫星播发的红外、水汽、雾汽等卫星云图观测数据。根据卫星云图，系统自动进行某指定区域上空的云形分类和点、面平均降雨实况估算，预测该区域未来 3、6、12、24h 降雨等值线范围。系统能够接收处理得到红外 1、红外2、红外3、水气、可见光5种原始投影图；以上5种图的麦卡托投影图，以及海陆分区与兰勃托各5种投影图，并以1024×1024 256色的分辨率显示输出。卫星云图丢块互补功能，确保处理后的云图无一坏块和丢块。具有彩色云图动画演示功能，有三维立体云图、麦卡托投影图、兰勃托投影图的动画演示功能，可以改变动画的播放速率与图像张数。在云图上叠加城市、河流、岛屿以及国省界覆盖。具有云图的输出功能，对重要的云图资料作必要的保存功能。云图的处理，根据调色表，对云图调色处理。

**（二）精细化云图处理**

以能接收到的北半球云图为数据源，经过优化处理逐点计算，得到用户感兴趣的小范围的云图，如省一级、县一级或者某水库的流域一级云图，这样可以帮助用户实时清楚地监测某个站点上空的云变化情况，从而得到某个单点的预测可能形成的灾害性天气的预测数据。和传统云图的应用比较，极大地加强监测预报和预警，提高监测能力，优化预报调度模型，明显提高预报精度，增强和提高了云图在实际应用中的作用，为领导科学决策提供支撑。真正最大限度地发挥云图在防汛中的作用。

精细化云图处理软件以接收到的云图为数据源，经过优化计算，能形成流域内的不同精度的云图图像，分别以红外、水汽、雾汽3种图像显示，并具有如下功能：

（1）小区域内某个站点的可能最大降水；

（2）小区域内某个局部地区可能形成的局部最大降水；

（3）云剖面图：坐标方式显示云温、云高和相对应的经纬度；

（4）云距测量：测量任意两点间的直线距离和地理距离；

（5）云层信息：显示区域范围的总云量和高中低云的各云量；

（6）界值统计：显示区域范围内的各温度云系的所占的比例；

（7）增强显示：对台风暴雨的云系进行色彩增强；

（8）动画显示功能。

## 二、仿真系统

**（一）防汛三维虚拟仿真系统**

防汛三维虚拟仿真系统是以流域DEM和高分辨率卫星遥感影像为基础，在三维可视化集成环境的支持下，采用虚拟现实与仿真技术、多维多类型数据融合技术，对流域内重要信息进行三维可视化浏览、查询、分析与模拟。集成洪水预报调度结果实现松江河流域虚拟地理环境再现。系统采用先进的投影技术、计算机虚拟现实可视化技术为会商决策建立优质的虚拟现实环境。

系统将通过软件实现对海量地形和影像数据的支持，保证地理场景漫游的实时连续性。通过对水利枢纽、渠道、重点设施和建筑等进行3D建模，将其载入三维场景中，提供三维全景的漫游功能；系统提供各类水利枢纽、设备设施等建筑的相关参数、工况数据，以及各类监测数据的查询和展示。

在三维场景中数据浏览更加直观和真实，对于同样的数据，三维可视化将使数据能够展现一些二维图上无法直接获得的信息。可以很直观地对区域地形起伏及沟、谷、鞍部等基本地形形态进行判读。

通过建立全流域三维电子沙盘虚拟视景仿真平台，在三维电子沙盘中调用流域三维地形仿真模型和三维工程几何仿真模型，实现三维地形与三维几何仿真模型的拼接；提供三维虚拟场景各种类型的交互式漫游（包括局部详细浏览与全局俯视浏览），实现全方位的地图查看；通过使用飞行模式，可以得到身临其境的感受，使场景栩栩如生，能够通过视角、场景属性、地理位置以及时间的变化来查看对象。例如，可以用动画来模拟三维虚拟场景的各种环境效果，如天气、时间、光照等，如图 7–11 所示。

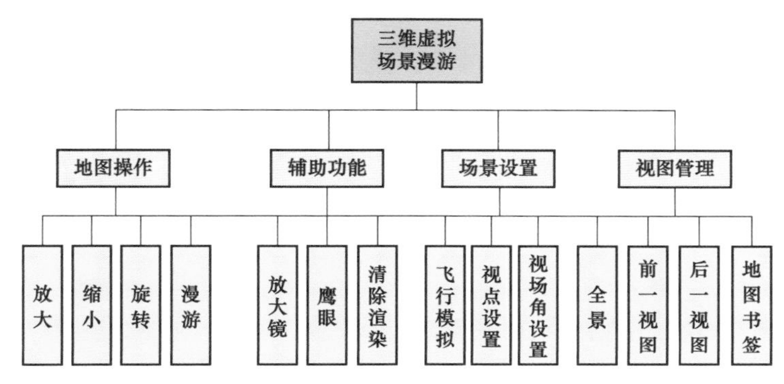


图 7–11　三维虚拟场景漫游功能模块

1. 地图操作

提供包括场景放大、缩小功能以及三维场景的 360° 旋转和地图漫游功能。

2. 辅助功能

提供三维场景浏览地图辅助功能。用户借助鹰眼功能确定当前视图在整个流域中的相对位置，二维地图只对处于三维空间中的各种地理对象进行二维平面投影的简化处理，导致第三维方向（即垂直方向）上的几何位置信息、空间拓扑信息和部分语义信息的损失，不能完整地反映客观世界。三维虚拟场景虽然有视觉效果逼真的优点，但一个重要缺点是在三维虚拟场景漫游时容易产生迷失感，用户往往只能看到视野范围中的物体，缺乏整体感。二维地图和三维虚拟场景的有机结合可以达到两者之间优势互补；清除渲染功能可以擦除用户选择地图要素的渲染。

3. 场景设置

根据不同分析需求，设置不同的场景参数，包括视点位置设定和视场角设置。飞行模拟动画可以使场景栩栩如生，能够通过视角、场景属性、地理位置以及时间的变化来观察对象。

4. 视图管理

提供流域内水系、分区、站点、水库等基本信息分级显示，包括流域层、预报分区层、河流层、水雨情站点层、注记层等图层。可对流域内水系、分区、站点、水库等图层对象实现独立的图层管理，如底图透明度以及各层显示属性（如颜色、显示比例）可以自定义调整，图层可见性的动态控制；可实现图层叠加显示与组合显示。

**（二）洪水淹没模拟系统**

将 GIS 技术与 RS 技术相结合，根据数字高程模型 DEM 提供的三维数据和遥感影像数据来预测、模拟显示洪水淹没场景。采用空间分析模型为防汛决策提供洪水和流域的洪水淹没成果，进而对洪水灾害进行初步评估。洪水淹没模拟系统的主要功能为根据水库调度的出库洪水过程，配合 DEM 数据，利用淹没范围模拟算法计算洪水淹没深度和淹没面积，并动态显示洪水淹没的演进过程。

1. 洪水淹没范围及淹没深度计算

洪水淹没由多种因素造成，降雨、上游来水、区间来水都可以造成淹没。按照洪水淹没的成因，可将其分为两大类：一类是无源淹没，另一类是有源淹没。无源淹没只考虑受淹区的高程与给定水位的高程情况，而不用考虑淹没区的连通问题，凡是高程低于给定水位的点都记入淹没区，算作被淹没的点。这种情形相当于整个区域大面积均匀降水，所有低洼处都可能积水成灾。其淹没面积计算比较简单，所有低于或等于预测水位高程的像元都将计入淹没区，经累加计算得出淹没面积。有源淹没中水流受到地表起伏特征的影响，在这种情况下，即使在低洼处，也可能由于地形的阻挡而不会被淹没。造成的淹没原因除了自然降水外，还包括上游来水、洼地溢出水等。面积计算稍微有点复杂，它是在无源淹没的基础上，考虑到连通要求的淹没面积的计算。

利用 DEM 数据以及遥感影像数据和建筑物属性数据，利用空间分析模型真实的模拟洪水淹没真实场景，计算淹没深度和淹没范围。主要针对电站防洪调度下泄洪水进行淹没模拟，不考虑其他类型成因，模拟运算模型选用有源淹没模型。

2. 洪水淹没评估查询

基于地理信息数据查询淹没耕地、村庄、道路等要素各类信息，淹没范围内标注处淹没深度，对淹没范围内各要素进行分类统计，通过三维虚拟仿真系统采用图、表、标注等形式展现。

**（三）河道洪水演进仿真系统**

河道洪水演进仿真是一种基于三维的动态立体仿真模拟，通用的 GIS 已经不能满足大量的对可视化技术的需求。因此，需要在 GIS 数据基础上开展包括流域地形仿真、洪水动态演进模拟等三维可视化研究。河道洪水演进仿真系统采用数值模拟技术对洪水演进状况进行模拟计算，利用一维非恒定流模型建立下游河道洪水演进数值模拟模型，对河道进行洪水演进模拟和系统分析，应用虚拟现实仿真技术和三维仿真的建模、制作等软件将正射影像与数字高程模型结合起来处理生成河道的基础三维地形，综合生成三维场景，将三维仿真地理信息系统与二维的地理信息系统有机结合起来，并与计算机网络技术结合起来，实现二维与三维无缝结合、相互补充的三维区间河道洪水演进仿真，河道洪水演进仿真系统组成，如图 7–12 所示。

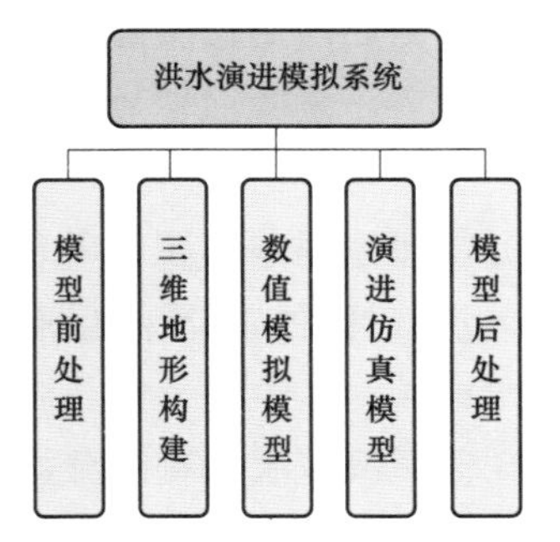

图 7–12　河道洪水演进仿真系统模块组成

河道洪水演进仿真系统采用基于 GIS 平台的虚拟仿真技术，对象包括 GIS 图层、数据库系统和模型文件系统。数学模型和 GIS 系统通过数据文件耦合，系统通过一定的数据结构设计，各模块高度集成，洪水演进仿真功能如图 7–13 所示。

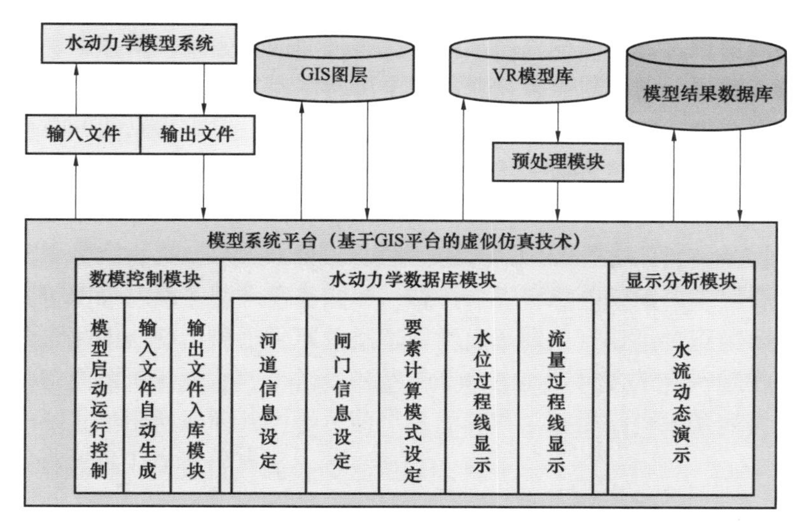


图 7–13　洪水演进仿真功能

# 第八章

# 信息通信综合监管系统

信息通信建设是建设智能水电厂的基础，随着通信与信息网络的规模不断扩大，通信设备、网络主机数量的逐渐增多，应用日趋复杂，通信设施、信息网络、主机和各种应用管理难、控制难、维护难等问题进一步突显。为节省人力管理成本、增加安全性，需要通过一套综合监管平台进行统一监控和集中运维，以提高预防、应急响应、故障定位处理能力，确保信息系统的安全稳定运行。建设综合监管平台对目前信息系统的运行实施集约融合、统一管理，提高运行维护水平，确保智能水电厂安全稳定运行。

信息通信综合监管系统为智能水电厂提供一个整体综合监管平台的解决方案，建设一套集中综合监管系统，实现包括一体化管控平台Ⅰ、Ⅱ区从网络环境到主机、安全设备在内所有设备的综合监管，对出现的异常及故障能够及时通过各种途径通知各专业人员及管理人员，使关键业务得以正常运转，以提高预防、应急响应、故障定位处理能力，确保信息系统的安全稳定运行，为智能水电厂提供坚实的技术支撑。对智能水电厂一体化管控平台在Ⅰ、Ⅱ区的网络设备、主机设备和安全设备以及性能数据和告警数据进行统一集中的综合监管。

基于二次安全防护体系的信息通信综合监管系统的总体目标，是实现对电力二次业务系统基础设施的统一监控与安全管理，在此基础上实现关联分析、安全审计、报警等基本功能。系统可以实现二次系统基础设施的监控、分析、审计、报警、响应、存储等基本功能归一化。通过规范化数据接口、结构形式、工作机理、使用风格、分析方法、开发方式等，实现关联分析、故障定位、数据展现、安全策略管理、安全风险管理，安全预警等智能化功能。

## 第一节　系　统　设　计

### 一、建设重点

（1）基于实时数据库技术实现信息采集系统的汇总并与信息模型结合，统一设备信息编码、统一系统间接口规范，实现不同设备信息采集，不同系统接入以及不同级综合管理系统的互联。

（2）对水电厂自动化系统及网络设备集中监控和管理，达到节省管理资源，方便维护的目的。

（3）提供各系统集中运维与审计的解决方案，解决维护分散、操作过程及内容不透明的问题，以及从技术上监督运行维护人员和厂家开发人员的行为。

（4）通过拓扑发现等手段来禁止私自接入。

（5）支持安全风险管理。通过获取统一信息库中资源的配置数据，对资源价值、安全脆弱性、安全威胁因素关联后进行风险分析，并对资产的风险值实现动态的管理，为实时监控提供相应的管理界面。

（6）实现对电网自动化所有系统跨安全分区的统一管理，且能保证通过物理隔离的系统性能。安全Ⅰ区的系统及网络设备由Ⅰ区服务器管理，安全Ⅱ区的系统及网络设备由Ⅱ区服务器管理，安全Ⅲ区部署的Ⅲ区服务器负责整个管理系统的建模并对外提供服务。通过正反向隔离装置与网管代理服务器通信，从而实现跨安全分区的统一管理。实现对各系统设备、应用系统关键进程及关键数据的统一监控和报警（短信、语音报警）等功能。

（7）实现跨安全分区的网络拓扑管理、拓扑拼接等功能。自动生成安全Ⅰ区，Ⅱ区的网络拓扑结构后，传送到安全Ⅲ区，并与安全Ⅲ区的网络拓扑结构合并，形成整个自动化系统的网络拓扑图（包括逻辑结构和物理结构）。当网络中有未经许可的设备接入时，系统自动探测并报警。当网络需要进行变更时，系统可以验证实际系统的拓扑变化与变更申请是否一致。实现跨安全分区的网络设备统一运维功能。

## 二、设计原则

1. 开放性和标准化原则

综合监管平台需具有很好的开放性和对标准的支持能力，支持各种主流平台，支持 C/S、B/S 体系结构。

2. 可扩展性原则

采用模块化结构，便于扩充和引入新的模块。系统应支持在线平滑扩容，不同阶段开发的产品系统应具有良好的兼容性。硬件设备及系统软件考虑了不同生产厂的一致性和兼容性。

3. 可靠性和安全性原则

系统支持容错处理，采用容错机制、达到高可靠性，能在软件发生故障时具有自控能力，不致引起全系统瘫痪。还具有自纠能力，即在故障发生后能迅速再启动，恢复正常运行，确保长期使用的高稳定性和高可靠性。

4. 借鉴 SCADA/电网管理监控系统的成功经验

灵活高效的系统架构通过长期积累与发展，SCADA/电网管理监控系统已建立了一整套成熟、完善的体系架构：毫秒级的数据采集，包括实时数据库、历史数据库在内的基于 CIM/CIS 的数据集成总线；专用的工具层提供图形平台支撑上层应用与展现。

5. 采用统一设备信息模型和编码及接口规范

（1）统一设备信息模型。DMTFCIM 是 DMTF 组织提出的一个公共信息模型（Common Information Model）规范，它是一个与具体实现无关的、用于描述管理信息的概念性模型。基于 DMTFCIM 模型构建的统一信息库是 IT 系统的数据核心，它的作用包括：① 保存 IT 系统的各类信息数据；② 从实时数据总线中获取性能、告警实时信息，并为实时数据总线提供联邦功能，为性能、告警关联配置信息；③ 从配置采集工具中获取配置信息、拓扑信息；④ 统一信息库为数据仓库提供性能以及告警的断面数据，通过 ETL 工具，构建数据仓库；⑤ 为展现平台提供数据支持；⑥ 存放安全分析数据以及流量分析数据；⑦ 提供数据的转换与统一功能。

统一信息库设计具备以下特点：

1）灵活性与可扩展性：统一信息库中的资源对象定义与对象属性可动态增加、删除、修改，同时这些操作不会影响原来的系统功能。

2）可读性：统一信息库中提供数据字典，可采用 SQL/HQL 方式直接访问信息库中的数据。

3）接口适应性：支持多种接口包括 API、webservice、XML 文件以及直接的数据库访问等。

（2）统一接口规范。为实现异构环境中集成目标，接口类型包括：

1）JMS 接口：用于进行综合网管、安全管理系统告警、性能以及配置数据采集数据的传输，以及与第三方系统进行松耦合式数据传输。

2）文件接口：用于进行综合网管、安全管理配置数据的传输。

## 三、结构设计

### （一）整体架构

采用柔性系统架构，由数据总线、统一信息库以及图形平台构成。数据总线实现采集数据的规范采集；统一信息库实现信息的规范化和标准化；图形平台提供个性化、灵活的展现方式。数据总线、统一信息库以及图形平台共同构成柔性系统架构。

柔性系统架构可以摆脱单一产品的依赖，降低自动化系统及网络综合管理平台的总体风险。在模块化设计下，单一模块的缺陷故障只能有限地影响其他模块的功能，而不易造成总体平台的崩溃。为系统的升级换代创造了有利的条件，在时间和资金允许的情况下，可以进行各个功能模块的功能增强或者升级，甚至在模块内重新整合，这种插件式的设计结构使得 IT 集中运行监控系统越来越强壮。

在Ⅰ区和Ⅱ区分别部署一台采集服务器，在Ⅲ区部署统一信息库服务器和综合展现服务器。通过Ⅰ区和Ⅱ区采集服务器分别实现Ⅰ、Ⅱ区网络及自动化系统采集和监控，并实时将Ⅰ、Ⅱ区采集的数据传送到Ⅲ区的统一信息库中，统一分析计算后，进行完整的综合展现。总体部署方案框架如图 8–1、图 8–2 所示。

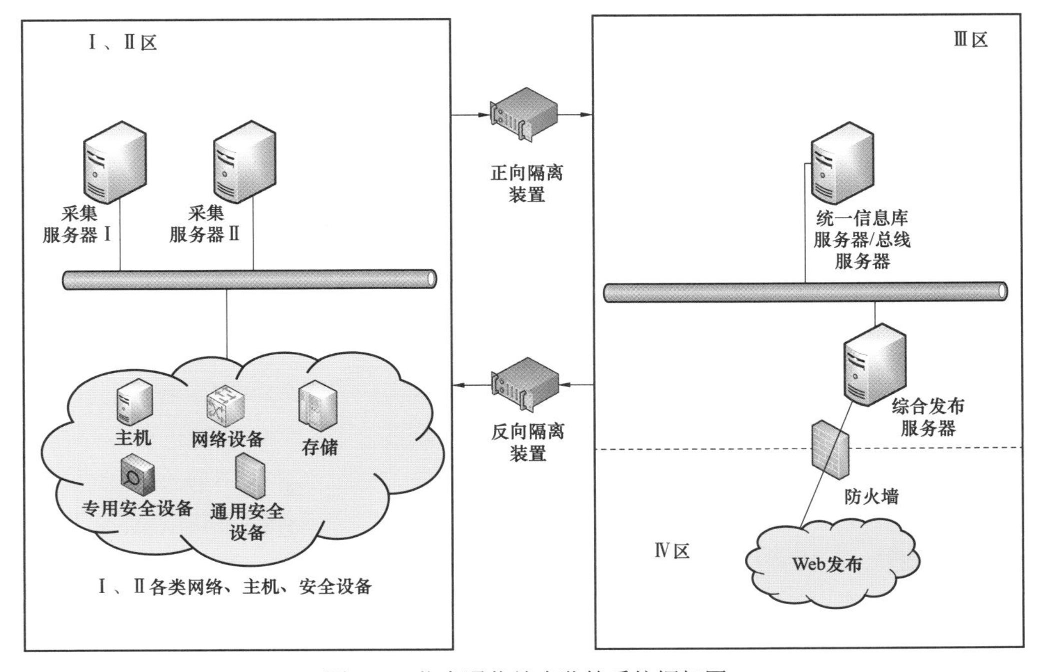


图 8–1　信息通信综合监管系统框架图

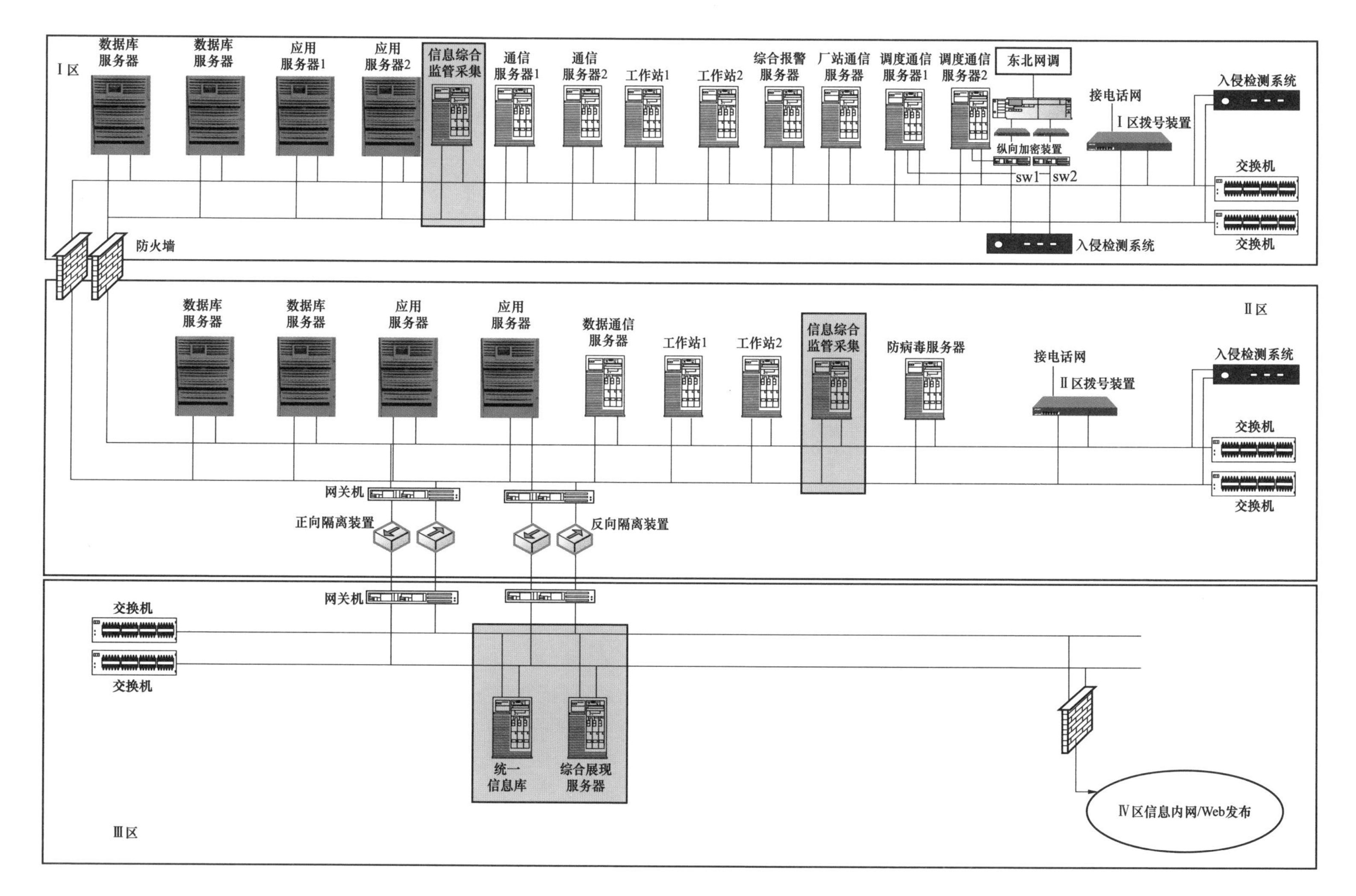


图 8-2 信息通信综合监管系统设备布置及采集图

## （二）逻辑架构

如图 8–3 所示，综合监管系统主要包括对象平台、图形平台、高速数据交换和报表平台。

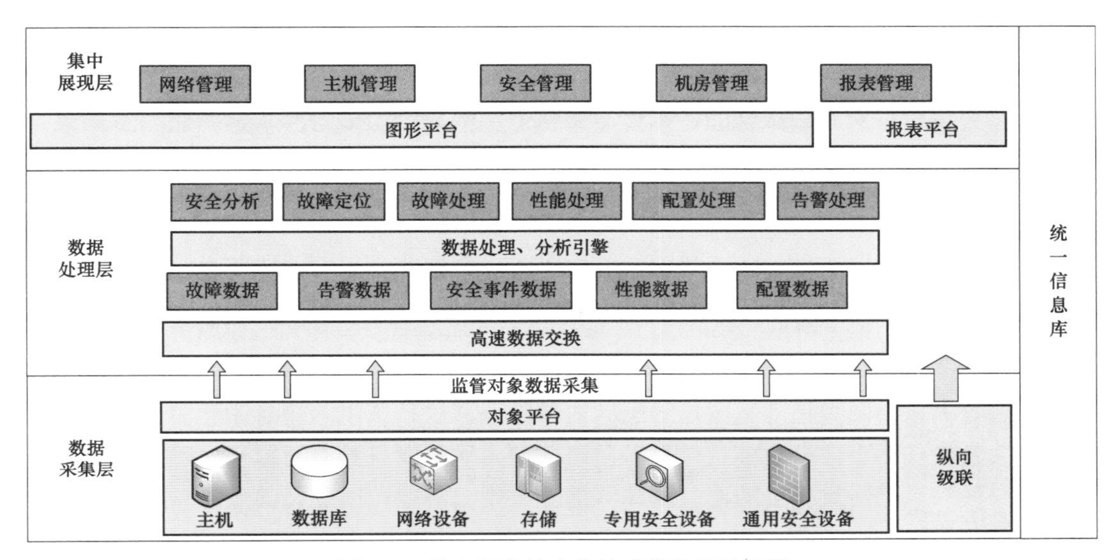


图 8–3　信息通信综合监管系统逻辑示意图

1. 对象平台

通常采用统一的 IT 资源管理模式。对象通过动态建模工具将原始业务需求抽象为业务对象的数据结构、关联关系、权限控制、表现方式等元素存储到自身的业务模型库中，并对业务模型不断地扩充和重构。对象平台运行时环境通过解析由建模工具生成的业务模型，自动拼装业务对象的结构、获取业务对象的数据、实施相关的权限控制、展现预定义或自定义的业务处理界面、执行自定义的业务规则，形成完整的业务处理场景。

2. 图形平台

图形平台位于综合监管平台的最上层，是系统和用户之间的接口，提供给用户监控、浏览、操作整个系统中全部信息数据资源的唯一通道。图形平台的设计与系统整体框架中的统一信息库是紧耦合的关系，做统一的对象建模和库表设计。

图形平台包括图形及视图编辑模块、统一展现视图模块两大块。图形及视图编辑模块是整个展现框架中的底层支撑平台，提供给用户的功能包括：① 编辑、管理不同类型的图档资料，实现“图—模—库”一体化绑定操作；② 定义、编辑不同类型的视图，提供灵活的展现方式。统一展现视图模块通过提供不同的视图展现形式，实现不同管理域数据的统一展现，具体如图 8–4 所示。

3. 高速数据交换

高速数据交换是各模块之间通信调度的平台，是采集层数据实时展现，各模块共同运作的基础，是交换数据的桥梁。

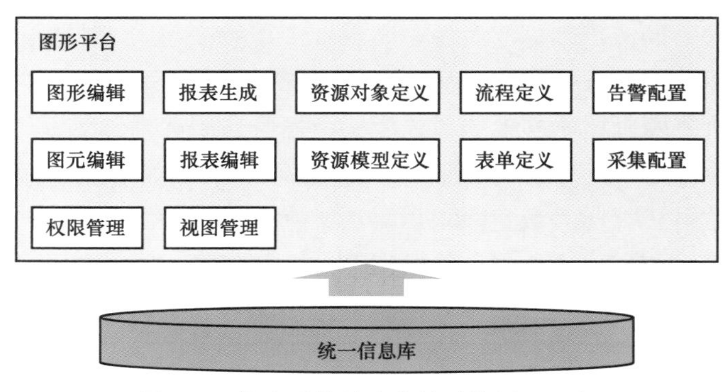


图 8–4　信息通信综合监管系统图形平台

平台基于高速数据交换，建立与数据采集层通信的纽带，分析、处理数据采集层采集的所有 IT 资源对象的运行状态情况（KPI）、资源配置数据、资产数据、安全数据、告警数据并将数据存储，供应用展现层统一展现，信息通信综合监管系统高速数据交换如图 8–5 所示。

高速数据交换作为采集器性能数据、告警数据、配置数据的接收者，是网管数据处理组件、安管数据处理组件、IT 运维数据处理组件数据处理后的接收者，同时也是图形平台、告警关联分析的数据提供者，具有较高的实时性、可靠性，支持大批量数据突发处理，支持多种数据交换格式等。

4. 报表平台

报表平台可以图形化界面定义报表模板，报表服务根据模板的定义对业务数据进行提取、加工、整理、布局后，生成符合最终用户要求的报表界面。

报表平台由报表定义器、报表浏览器、报表引擎服务、报表 Web 服务四部分组成，如图 8–6 所示。

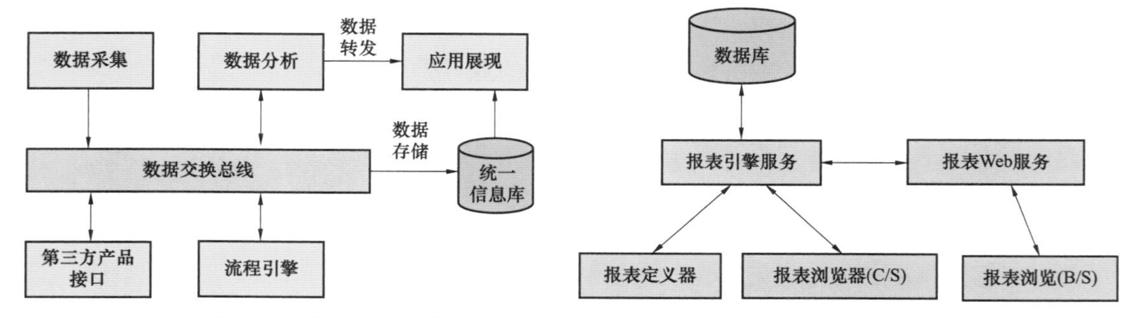


图 8–5　信息通信综合监管系统高速数据交换　　图 8–6　信息通信综合监管系统报表系统结构图

报表引擎服务：提供统一开放的报表模板存取、解析，报表实例的生成服务。

报表定义器：用于报表的数据源定义、数据集定义、参数定义、布局设计、预览等。

报表浏览器（C/S）：提供 C/S 模式下的报表浏览。

报表 Web 服务：与报表引擎交互，形成 Web 报表浏览站点。

报表浏览（B/S）：表现为 InternetExplorer，访问报表 Web 服务器，浏览报表。

报表平台的主要功能包括提供图表在内的形式多样的报表定义，支持布局灵活的可视化设计，提供设计期预览；支持动态参数化的报表；提供用户交互接口，可根据用户输入的预定义参数动态生成报表；支持多数据源定义，即报表的数据来源可分散在多个物理数据库中，而不必将所有数据集中在 DMIS 数据库中；支持自定义脚本，利用脚本可以从报表中实现自定义的业务规则，可动态控制显示样式；支持报表定义模板的导入导出，便于移植和复用；支持报表的定义和呈现分离，即在一次集中定义后，可以以各种形式浏览报表，包括 Excel、Html 等；提供 Web 上的类似于查询的报表浏览方式；提供开放的基于 WebService 的数据接口，可为其他应用系统提供报表服务。

**（三）功能结构**

基于二次安全防护体系的信息综合监管系统的总体目标是实现对电力二次业务系统基础设施的统一监控与安全管理，在此基础上实现关联分析、安全审计、报警等基本功能。系统可以实现二次系统基础设施的监控、分析、审计、报警、响应、存储等基本功能归一化。通过规范化数据接口、结构形式、工作机理、使用风格，分析方法、开发方式等，实现关联分析、故障定位、数据展现、安全策略管理、安全风险管理、安全预警等智能化功能，如图 8–7 所示。

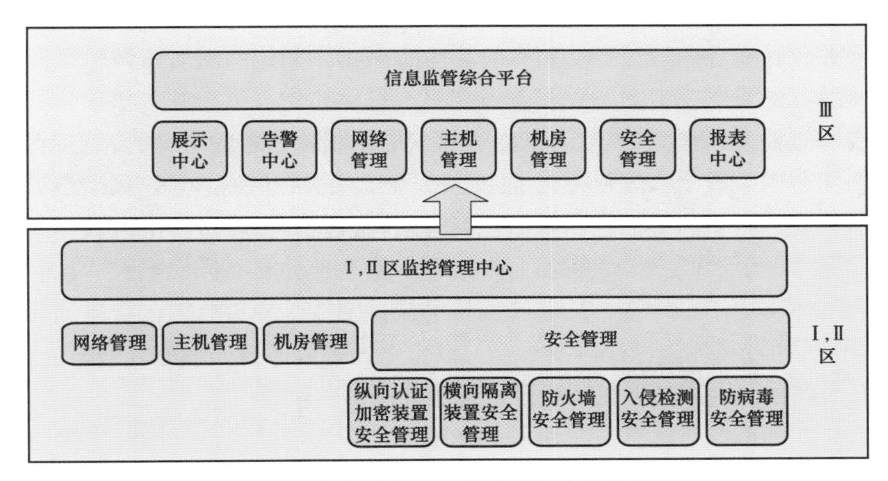


图 8–7　信息通信综合监管系统功能结构图

## 第二节　网　络　管　理

网络管理功能是信息综合监管系统必备的基本功能之一。网络管理面向网络管理人员，系统可实现拓扑管理、配置管理、故障管理、性能管理等功能。

### 一、拓扑管理

#### 1. 拓扑自动发现功能

网络拓扑发现模块能够通过 SNMP、ICMP 等 TCP/IP 协议栈中协议结合多种算法进行有条件的拓扑结构自动发现，发现网络设备以及它们之间的拓扑结构关系，区分端口及 VLAN、

HSRP、OSPF，自动勾画出设备间的冗余连接、备份连接、均衡负载连接等，并将拓扑图存储在数据库中。可以自定义算法以及轮询间隔进行拓扑发现，支持物理拓扑发现和逻辑拓扑发现。拓扑发现模块可以定时发现网络拓扑的变化，并且可以对于已经发现的一个或几个子网进行再次发现。能够按照设定的一个或多个条件的拓扑结构自动发现，例如指定网段、指定资源类型等条件。对于发现的结果能够按照子网的方式显示，并且能够具备拓扑自动刷新功能。

2. 网络浏览功能

该功能包括拓扑图查看、拓扑图导航、拓扑图缩放、拓扑图定位等。

3. 拓扑监视功能

网络拓扑能够动态、实时显示被管网络的运行状态；实时反映网络设备配置的变更情况；实时反映网络设备及逻辑功能的性能越限事件；实时反映被管系统的告警事件；在拓扑中显示的设备提供常用的命令行工具，如 ping、telnet、tracert 等。

4. 拓扑编辑功能

可通过拓扑编辑功能手工生成部分拓扑图，包括的功能：① 手工添加虚拟网元到拓扑图；② 手工添加、修改、删除网元之间的连线；③ 手工定义、修改、移动网元位置、名称等；④ 可增加、修改、删除网元组节点；⑤ 保存当前视图。

5. 拓扑网元管理

拓扑网元管理应具有的功能：① 增量备份网元的系统运行配置参数；② 自动识别堆叠式设备及显示；③ 支持发现网元中的 vlan 划分设置；④ 自动辨识网元物理端口及所在 vlan；⑤ 提供真实网元面版图显示和管理，能直观展现各端口运行状态；⑥ 可以根据需要显示或隐藏特定 vlan 的端口；⑦ 提供物理端口的 vlan 设置管理功能，支持端口开关及 vlan 调整。

6. 图例管理功能

可通过图例管理功能对图例进行管理，包括：① 查询各种图例及其颜色的意义；② 定制图例，包括重新选择或修改图例的形状、大小和颜色等。

## 二、性能管理

性能管理功能主要面向各类网络设备的性能综合监测和分析，具有性能监测管理、性能数据上报管理、性能数据管理、性能门限管理、性能分析等子功能。

### （一）监控范围

1. 基本运行信息

设备类型、设备级别、设备名称、中文名称、IP 地址、监控状态、上次监控时间、CPU 使用率、内存使用率、厂商、型号。

2. 端口连接信息

（1）连接状态：已连接的端口、未连接的端口；

（2）连接设备类型：路由器/交换机、主机、数据库；

（3）信息内容：本设备端口号、连接设备类型、连接设备名称、连接设备端口号、IP 地址、MAC 地址、上次在线时间、监控软件安装情况、防毒软件名称、VLAN 名称、流量。

3. 实时运行信息

（1）端口信息：IfIndex、名称、描述、别名、类型、MTU、速率、MAC 地址、状态、双工模式、已连接时间、已接收字节数（Mbit）、已发送字节数（Mbit）、数据更新时间。

（2）IP 配置：序号、IP 地址、掩码、端口、MAC 地址、备注。

（3）ARP 表：端口号、MAC 地址、IP 地址、类型、备注、上次更新时间。

（4）VLAN 信息：名称、别名、子网段 1、子网段 2、所属域、上次更新时间。

（5）桥接信息：桥接号、端口、所属 VLAN、VLAN 别名。

**（二）性能监测管理**

提供被管理对象的性能参数的外部查询接口，支持不同间隔（至少支持 5min 级别）的查询：被管对象（指定的设备，如网络设备可具体到设备端口）；监测周期（至少支持 5min 级别）；要监测的性能参数等。

可以随时启动、停止对被管对象的性能参数监测，提供阻塞式和非阻塞式查询接口，以便上级系统的灵活、主动查询。

**（三）性能数据管理**

在每次性能报告周期到达后，系统应能够获取到相应的性能数据，并应将性能数据保存到数据库中，性能数据包括的内容：测量对象、具体测量属性及其值、测量周期、本次测量间隔的结束时间。

性能上报到系统以后，系统需要对各类性能数据进行相应的处理，并提供性能数据查询、性能数据备份、性能数据删除等功能。

**（四）性能门限管理**

1. 设置性能门限

设置性能门限是管理员设置相关性能数据的门限，当收集到性能数据后，自动根据当前性能指标值或其运算值与预先定义的性能门限进行比较。当超越定义的门限时，会向用户发出相应的越限告警。一旦回到正常值范围，这个告警会被自动地清除。

2. 查询/修改性能门限

用户可查询/修改性能门限参数。

3. 越限告警的上报

当收集到的性能数据值超越定义的门限时，会产生相应的越限告警，告警参数包括告警源、告警时间、告警级别、告警原因、逾值信息。

**（五）性能分析管理**

性能数据存储在系统中，系统能对定期收集到的数据进行统计、分析和处理，结合信息网中管理资源的构成情况，将收集到的性能数据通过一定的算法进行分析和处理，以此来反映传信息网的性能质量。

能根据收集到的性能数据和告警情况对网络运行的性能质量或运行的性能趋势进行分析，并以合适的方式显示，如表格、直方图、曲线图（折线图）、饼图等。

系统能访问性能逾限告警事件及其原因，通过分析这些数据，能够对信息系统未来的性能进行预测。

### （六）性能 TOPN 分析

系统提供对指定管理对象范围内的性能参数，如 CPU、内存、端口流量、连通情况、丢包率、错包率等参数，按照天、周、月等时间间隔进行统计并排序，用户可以获得其前 10、50 名的数据。

## 三、故障管理

在网络拓扑图上将相应的告警信息清晰直观地显示出来，在拓扑图上显示告警发生的位置和告警的级别等信息，并提示用户对告警进行确认。同时，支持通过告警中心将告警信息发送到用户的 Email 信箱或手机短信。

在图形界面方式下，告警有如下显示功能：在拓扑图上使用不同的颜色表示不同级别的告警。采用多层图形，逐层激活的方式，实时显示当前告警位置；对同一资源，当有多个告警发生时，图标的颜色应与当前最高级别的告警相对应；当较高级别告警清除后，再顺序显示次等级告警的对应颜色；对于当前告警和历史告警，用户可以指定查询条件进行查询，查询条件包括告警对象、时间范围、告警原因、告警级别、告警类型、告警是否确认、告警是否清除等；当系统收到告警信息时，应能以有声的方式提醒用户，系统应能对声音的音量进行调节或开关；根据需求以列表方式清晰显示详细告警信息，对于设备告警，内容应至少包括以下几方面：告警源、告警类型、告警级别、告警发生时间、告警原因、告警信息描述、告警确认状态、告警确认时间、告警清除状态、告警清除时间。

网络管理的各类故障和预警事件，可以通过统一数据接口，将告警收集到告警中心，从而完成事件的跨领域分析和集中展现。

## 四、网络配置管理

提供网络设备配置文件上传下载功能，能够对配置文件进行编辑和比对，提供配置文件定时统一导出保存和版本控制功能，方便监管人员对网络配置的快速切换以及对网络的调整和恢复。

## 五、主机管理

主机管理监控对象为Ⅰ区、Ⅱ区的所有的主机设备以及所使用的自动化系统的监控。主机管理将各种监管信息进行综合展示，为监管人员提供了基础数据支持，同时涵盖了资产的全生命周期管理，全面实现监管的信息化。

### （一）设备监管

实时性能监控：实时性能监控提供了对这些设备的 CPU、内存、磁盘空间等的监控，展现了部件使用状况等指标。系统保存设备的历史使用状况，为对设备的性能分析提供了依据；当设备存在告警时，系统监控提供了告警关联查询的功能，不仅能从物理层次定位到设备，而且能在应用层对设备进行定位分析，预计设备告警的影响级别，从而给监管人员提供帮助。

设备资产信息监控：对设备的配置数据、背面板、资产数据、历史统计等进行监控展现，实现了设备的全生命周期管理。

设备资产信息监控页面由设备基本信息面板、变更情况、维修历史、历史告警、资产信息、配置等选项卡组成。其中，基本信息面板显示设备的基本信息，包括设备责任人、型号、配置等信息；配置、资产信息背面板提供该设备的资产以及资源的基础信息，包含资产的审计信息、资源的配置信息；维护历史背面板提供该设备的历史检修记录，并与工作票、操作票的历史记录结合提供综合信息。

**（二）性能管理**

（1）监控范围：

1）基本运行信息：设备类型、设备级别、设备名称、中文名称、IP 地址、监控状态、上次监控时间、CPU 使用率、内存使用率、厂商、型号和描述信息。

2）磁盘容量：列出服务器的所有磁盘（卷）的总容量、空闲空间、可用空闲空间、空闲率（%）、文件系统类型、卷标。

3）进程信息：列出当前服务器上运行的所有进程，包括进程名称、首次被监测到的时间，定义告警级别，监视其进程创建和退出。

4）端口服务：服务名称、端口号、告警级别，监视其服务响应和不响应。

5）实时运行数据：名称、IP 地址、MAC 地址、网络状态（离线、在线）、PING 状态、受监控状态、CPU 负载率、内存使用率、上次监控时间、链接的交换机名称、链接的交换机端口。

（2）性能监测管理、性能数据管理、性能门限管理、性能分析管理、性能 TOPN 分析等功能与网络管理中的性能管理功能相同。

**（三）故障管理**

主机的故障管理与网络故障管理功能相同，只是显示的故障内容不同。

## 六、接口管理

信息通信综合监管系统是一个集“网络管理、主机管理、安全管理”功能为一体的综合性运维管理系统，是一个基于各专业模块的综合性集成系统。

接口类型包括 JMS 接口和文件接口。JMS 接口用于进行网络管理、主机管理、安全管理告警、性能以及配置数据的传输。文件接口用于进行网络管理、主机管理、安全管理配置数据的传输。

**（一）JMS 接口**

JMS 接口支持两种消息传递模式——点对点模式（即队列模式、P2P 模式）和发布/订阅模式（即主题模式，Publish/Subscribe 方式）。这两种都是人们熟知的 push 模式，消息的发送者是活动的发起人，而接收者则是被动的接收消息。在 JMS 接口中，这些消息传递模式被称为消息域（messagedomain）。

1. JMS 接口点对点消息域

在点对点模式中，发送者和接收者对消息传送的目的地址达成一致，即所谓的队列（queue）。消息队列位于 JMS 接口提供者中，消息发送者向一个消息队列发送消息，消息接收者可以在消息发送后的任何时刻从这个队列中（被动地）接收消息，在接收者确认前消息一直保存在消息队列中直到过期。

JMS 接口点对点消息域具有以下特点：每条消息只能被一个接收者接收；每条消息或者被接收者从队列中取走，或者被 JMS 接口提供者在超时的情况下删除；消息产生时接收者不一定要存在，接收者可以在消息产生后的任何时间里取走消息；接收者不能请求一个消息；接收者必须在收到消息后发出确认信息。

2. JMS 接口发布/订阅消息域

在发布/订阅模式下，发送者被称为发布者（publisher），一个消息可以有很多接收者，这些接收者被称为订阅者（subscriber）。发布/订阅模式采用与点对点模式完全不同的消息发送模式。在发布/订阅模式下，发布者给一个主题（topic）发送消息，多个订阅者在订阅时可以订阅他们感兴趣的主题。一个主题可以被多个订阅者订阅，一个订阅者也可以订阅多个主题。一个主题的消息只发给该主题的所有订阅者。订阅者只能接收它订阅的主题中的消息，并在默认情况下，订阅者在消息发送时必须是活动的，并随时准备接收消息，否则它将错过该消息。为了避免这种时间依赖性 JMSAPI 允许订阅者创建持久订阅。

JMS 接口发布/订阅消息域具有以下特点：每一条消息由一个发布者创建而由 0 个或多个订阅者接收它；消息立刻被分发给现有的订阅者；订阅者必须在消息发送之前创建完毕，以接收消息；持久订阅允许订阅者接收它处于非活动状态时由发布者向主题发送的消息；订阅者必须在接收到消息后发出确认信息。

3. 采用 JMS 接口进行传输的数据范围

通过 JMS 接口进行传输的数据范围包括告警数据、性能数据和配置数据。其中告警数据和性能数据是必须通过 JMS 接口来传输，配置数据的传输方式是可选的，既可以通过 JMS 接口方式传输，也可以通过文件方式传输。

综合网管系统、桌面管理系统、安全管理系统通过 JMS 接口队列方式发送性能数据、告警数据和配置数据。

安管系统通过 JMS 接口订阅方式接受综合网管告警及告警确认数据。

IT 服务管理系统通过 JMS 接口队列方式接受告警数据，并发送工单状态数据。

**（二）文件接口**

配置数据以 XML 文件的格式导入，主机、网络设备等部分配置数据以 XML 文件为接口方式，编写 XML 的方法如下。

1. DTD

DTD 文档类型定义（document type definition）：

DTD 是一套关于标记符的语法规则，它是 XML1.0 版规格的一部分，是 XML 文件的验证机制，属于 XML 文件组成的一部分。

DTD 是一种保证 XML 文档格式正确的有效方法，可以通过比较 XML 文档和 DTD 文件来看文档是否符合规范，元素和标签使用是否正确。一个 DTD 文档包含元素的定义规则、元素间关系的定义规则、元素可使用的属性，可使用的实体或符号规则。

XML 文件提供应用程序一个数据交换的格式，DTD 正是让 XML 文件能够成为数据交换的标准，因为不同的公司只需定义好标准的 DTD，各公司都能够依照 DTD 建立 XML 文件，并且进行验证，如此就可以轻易地建立标准和交换数据，这样满足了网络共享和数据交互。DTD 文件是一个 ASCII 的文本文件，后缀名为.dtd。

2. 接口方式

文件接口支持两种方式传输配置数据，基于 FTP 协议的文件传输方式和 JMS 接口消息队列的文件流传输方式。各个系统按照 DTD 正确生成配置数据 XML 文件，即可通过以下两种接口方式进行数据交换。

（1）FTP：通过架设公用 FTP 服务器，用于各个系统间的配置数据交换，并保留数据交换历史记录以便问题分析和故障定位。

（2）JMS：传输配置数据时使用的是 TextMessage。

3. 调试

提供 XML 的检查工具对数据交换的 XML 进行格式分析和数据校验。

4. 常见错误

XML 中的关键属性 vendorname 没有填写；

XML 中数据的属性与统一库的数据类型或格式不一致。

## 七、报表管理

基于自身报表平台，可用于创建和管理包含来自关系数据源和多维数据源的表格报表、图形报表和自由格式报表，系统提供了动态可视化的报表模板设计，并支持多样化的报表浏览方式和输出格式。

1. 安全类

（1）风险类报表：通过该类报表可以反映系统的安全变化趋势，掌握系统的安全状况。

（2）威胁事件类报表：通过该类报表可以反映安全威胁的级别变化趋势，同时能够掌握安全威胁的源地址和目的地址的分布情况。

（3）告警类报表：通过该类报表可以提供关于当前告警和历史告警的查询、统计和分析功能，提供按照日、周、月等不同时间粒度，以及告警类型、告警级别、告警源等不同维度的告警明细和统计报表。

2. 网络管理类

通过网络与系统管理类报表可以反映各个监控对象的资源利用情况，实时了解系统的运行状况。该类报表至少包括，但不限制如下：

（1）设备、链路状态类报表。设备、链路运行状态的分析统计报表，包含设备运行时长、停运时长、停运次数、计划停机次数、计划停机时长、非计划停机次数、非计划停机时长等。

（2）设备、链路、端口性能报表。该类报表提供 CPU 利用率、内存利用率、出包数、入包数、出错报数、入错包数、出丢包数、入丢包数、出字节数、入字节数、输出速率、输入速率、输出带宽利用率、输入带宽利用率、带宽利用率、接口流量等。

3. 主机报表

（1）设备状态类报表。设备运行状态的分析统计报表，包含设备运行时长、停运时长、停运次数、计划停机次数、计划停机时长、非计划停机次数、非计划停机时长等。

（2）Aix、Unix 主机报表。

1）CPU 类报表：CPU 利用率、CPU 用户时间利用率、CPU 系统时间利用率等。

2）内存类报表：内存利用率、可用内存量、内存页交换进量、内存页交换出量等。

3）SWAP 类报表：交换区空间利用率、可用交换区量、交换区总量等。

4）文件系统报表：文件系统利用率、I–node 使用率、已用空间量、可用空间量等。

（3）Windows 主机报表。

1）CPU 类报表：CPU 利用率、CPU 用户时间利用率、CPU 特权时间利用率等。

2）内存类报表：内存利用率、内存换页率、内存页交换进量、内存页交换出量等。

3）逻辑磁盘报表：逻辑磁盘可用率、逻辑磁盘可用空间、逻辑磁盘已用空间等。

4. 告警报表

告警报表帮助维护人员从告警类型、告警级别、告警源等多个角度分析故障频发点、故障多发时段，故障多发类型，分析故障发生原因，以采取有针对性的措施，尽量防止故障的发生。

同时，提供按照日、周、月等不同时间粒度的告警明细和统计报表。

## 第三节　安　全　管　理

电力二次系统中安全产品一般包括防火墙、入侵检测系统、防病毒系统、VPN、横向隔离装置、纵向加密装置、漏洞扫描等。

安全管理可以对多种安全产品的集中统一管理：一是收集每种安全产品事件，对众多安全产品的海量事件进行过滤、归并，结合业务资产分析事件，并对事件之间做关联性分析，从而更及时和有效地发现对网络安全威胁，并做出适当的反应；二是制定并下发统一的安全策略，对安全产品进行配置管理，还可以实时监视安全产品的运行状态，保证其稳定有效运行。

安全管理模块主要包括信息资产管理、安全事件管理、风险管理、安全产品监控、安全策略管理等功能。

### 一、安全事件管理

事件监控管理的主要目的是通过标准化、过滤、汇聚、关联分析等手段充分缩减众多信息系统中海量的数据信息，并对事件按照等级或严重性进行排序，优先呈现和处理严重性或级别较高的故障、性能告警、安全等事件。

**（一）事件采集**

安全事件数据采集采用完全可定制的 Agent，提供了 Agent 编制的标准接口。Agent 能收集各种常见的安全设备或其他 IT 信息设备产生的各种与信息安全有关的日志、事件告警等信息，在收集到数据后，系统会对事件进行格式化。

事件采集模块能够支持以下事件源：在企业中广泛使用的不同型号，不同厂的防火墙、入侵检测系统等安全设备；操作系统记录的重要安全相关的日志和事件告警，支持

Windows2000/NT，各种版本的 Unix 系统；各种电力专用安全设备；防病毒系统、访问控制系统、用户集中管理和认证系统。

事件采集模块能够通过多种方式收集事件源发送的安全事件。

（1）文件方式：可以通过读取事件源的日志文件，来获取其中与安全有关的信息，此方式还支持将安全设备、安全系统导出的原始告警信息表格进行手工导入到安全监控平台中。

（2）SNMP Trap：接收来自设备的 SNMP Trap 的事件。

（3）Syslog 方式：以 Syslog 方式接收安全事件。

（4）ODBC：可以通过 ODBC 数据库接口获取事件源存放在各种数据库中的安全相关信息。

（5）网络 SOCKET 接口：可以通过 TCP/IP 网络，以 Socket 通信的方式获得安全事件。

（6）OPSEC 接口：可以接收来自本类型的安全事件服务器发送来的事件。

（7）Console 输出：可以接收来自本类型的安全事件服务器发送来的事件。

（8）第三方 Agent 或者应用程序：第三方的应用程序或者 Agent 可以通过以上方式或者标准输出直接将安全事件转发给安全事件采集系统。

安全事件采集 Agent 将安全事件采集、安全漏洞采集、配置信息采集集中到一个采集模块中进行实现，其结构如图 8–8 所示。

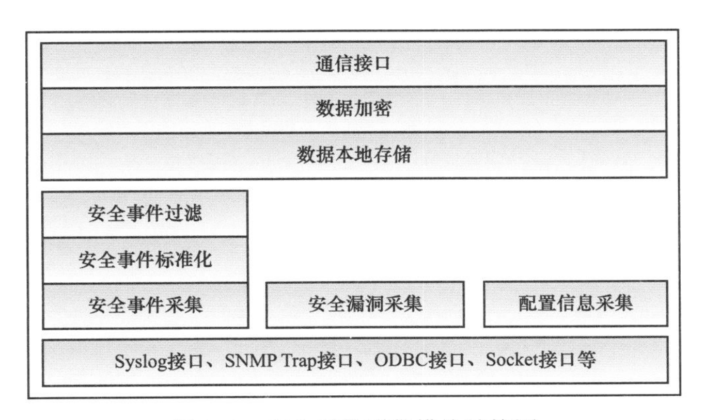


图 8–8　安全事件采集模块结构图

通过采集 Agent 的结构可以看出，前端采集 Agent 具有以下功能特点：① 可以实现采集信息的逐级传递，直到后台核心处理服务对其进行处理；② 采集到安全事件信息，首先通过加密，然后再进行传输，保证数据的安全性；③ 在通信总线出现故障后，可以将采集信息临时存储到本地，保证采集信息的完整性。

安全管理模块安全事件采集分析脚本具有的优点：① 所有解析脚本采用标准的 XML 格式编写，并支持用户化定制；② 所有解析脚本全部集中存储在数据库中，通过浏览器的 Web 界面进行下发部署，保证各采集机中解析脚本一致。

**（二）事件标准化**

事件收集模块收集多种类型的安全设备和安全相关系统的事件，而这些安全设备和系统对事件定义的格式不尽相同，所以，事件标准化模块就必须把这些不同格式的事件转化成标

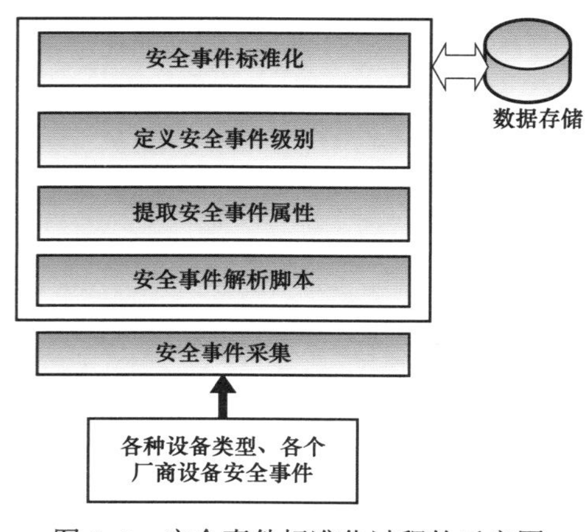


图 8–9 安全事件标准化过程的示意图

准格式的事件，然后写入数据库。除上述工作外，事件标准化模块更加重要的目的是能够对安全事件重新定级。这是因为不同的设备，对安全事件的严重程度定义方式、侧重点和表示方式各不相同。安全事件集中监控模块根据统一的安全策略，按照安全设备识别名、事件类别、事件级别等所有可能的条件及各种条件的组合对事件严重级别进行重新定义。

安全事件标准化过程的示意图如图 8–9 所示。事件类型参考《公共互联网网络安全突发事件应急预案》（工信部网安〔2017〕281 号）分为几类，如表 8–1 所示，也可以根据需要自定义事件类型。

表 8–1　　网络与信息安全突发事件及预警分类分级规定

| 序号 | 事件分类 | 相关属性 | 描　述 |
|---|---|---|---|
| 1 | 有害程序类 | 时间、源地址、源端口、目标地址、目标端口、应用协议类型、动作 | 主要来源是各类应用系统、操作系统的日志，部分来源于设备的相关日志 |
| 2 | 网络攻击类 | 时间、源地址、源端口、目标地址、目标端口、应用协议类型、网络协议类型、动作 | 主要来源是各主机、应用系统以及各设备的相关日志 |
| 3 | 信息破坏类 | 时间、账号、源地址、源端口、目标地址、目标端口、应用协议类型、网络协议类型、动作 | 主要来源是各主机、设备的相关日志，数据库、应用系统以及各设备的相关日志 |
| 4 | 信息内容安全类 | 账号、时间、源地址、目标地址（访问方式或动作）、结果 | 主要来源是各主机、应用系统，部分来自各设备的相关日志 |
| 5 | 故障类 | 时间、地址、服务名、系统故障类型、动作 | 主要来源是各主机、数据库、应用系统以及各设备的相关日志和主动探测 |
| 6 | 访问控制 | 账号、时间、源地址、目标地址（访问方式或动作）、结果（控制台、用户切换目标） | 主要来源是各主机、设备的相关日志，也可是集中认证设备的日志，描述用户访问主机、设备、应用系统时，与认证和授权相关的行为，包括成功与失败的行为 |
| 7 | 用户行为 | 账号、时间、源用户地址、目标地址、动作、协议、结果、访问目标 | 主要来源是用户行为跟踪类软件的日志，部分来源于主机、设备的相关日志，描述用户在主机、设备、数据库、应用系统中执行的相关操作 |
| 8 | 系统行为 | 时间、设备地址、动作 | 来源于各操作系统、设备的相关运行日志，如系统各种服务进程在运行过程中记录的日志和操作系统日志 |
| 9 | 网络行为 | 时间、源地址、源端口、目标地址、目标端口、应用协议类型、网络协议类型、动作 | 来源于网络设备的相关日志，如连接的建立、拒绝、连接的维持等 |
| 10 | 安全告警 | 时间、源地址、源端口、目标地址、目标端口、应用协议类型、网络协议类型、动作 | 来源于各监控对象的告警事件 |
| 11 | 其他 | | |

## （三）事件过滤

事件管理提供了所有对事件过滤的功能，通过事件过滤规则，可以将满足条件的安全事件进行过滤，支持多条件组合定义过滤规则。

组合定义过滤条件的属性，如表 8–2 所示。

表 8–2　　组合定义过滤条件的属性表

| 序号 | 过滤属性 | 符合运算规则 | 序号 | 过滤属性 | 符合运算规则 |
|---|---|---|---|---|---|
| 1 | 事件名称 | 等于、匹配 | 7 | 目的主机名 | 等于、匹配 |
| 2 | 设备地址 | 等于、不等于、属于 | 8 | 目的地址 | 等于、不等于、匹配 |
| 3 | 设备类型名称 | 等于、不等于 | 9 | 目的端口 | 等于、匹配 |
| 4 | 源主机名 | 等于、匹配 | 10 | 日志分类 | 匹配 |
| 5 | 源地址 | 等于、不等于、匹配 | 11 | 协议类型 | 等于、匹配 |
| 6 | 源端口 | 等于、匹配 | 12 | 事件内容 | 等于、不等于、匹配 |

1. 支持过滤规则优先权功能

系统内部可以设定大量的安全事件过滤规则，以便可以将无用的安全噪声在采集端丢弃或者做出处理，保证后期安全事件关联分析的高可信度。安全管理模块可以设定过滤规则的优先权，采集到安全事件后首先匹配优先权高的过滤规则，然后再匹配优先权低的过滤规则；同时，可以设定，在匹配到第一个过滤规则后，是否继续匹配其他过滤规则。

2. 对过滤后的安全事件多种处理操作

安全管理模块采集端对过滤后的事件有丢弃、存储、事件信息调整等处理方式。其中丢弃代表直接丢掉该安全事件，不再进入下一环节进行计算；存储代表将该安全事件存储到数据库中，但是不把该安全事件发送到上层处理程序；事件信息调整代表可以对安全事件的相关属性，比如事件名称、风险级别等进行调整，以满足用户日常运维的习惯。

3. 系统内置安全事件过滤功能

系统应内置了对相关度低的事件的过滤规则，可以选择是否启用系统内置的过滤规则。

**（四）事件归并分析**

事件归并内置规则模板如下：根据事件名称进行归并分析；根据事件的类型进行归并分析；根据源进程进行归并分析；根据目标进程进行归并分析；根据攻击源进行归并分析；根据攻击目标地址进行归并分析；根据事件的原始时间进行归并；根据事件的进入安全监控平台时间进行归并分析；根据受攻击的设备类型进行归并分析；根据受攻击的系统类型及版本信息进行归并分析；根据特定时间要求和用户策略进行横向事后关联分析。

以上归并条件可以多个一起使用，用户也可以按照自己的需求自定义各类归并规则。同时，安全管理系统提供对归并规则的自定义功能，可以根据本次工程中被管业务系统的需求，调整归并规则或者重新定义归并规则。

归并字段可包括设备类型编号、产品名称、设备地址、事件名称、严重级别、源主机名、源地址、源端口、目的主机名、目的地址、目的端口、日志分类。

**（五）事件关联分析**

安全管理模块的事件关联分析是以不同设备采集到的安全事件为分析基础，通过系统定义的事件关联规则对安全事件进行分析，深度挖掘安全隐患、判断安全事件的严重程度，关联出可信度更高的关联分析事件，提高事件处理的信噪比。安全管理模块可以提供以下三种关联分析的方法。

1. 基于规则的关联分析

将可疑的安全活动场景（暗示某潜在安全攻击行为的一系列安全事件序列）加以预先定义。系统能够使用定义好的关联性规则表达式，对收集到的安全事件进行检查，确定该事件是否和特定的规则匹配。安全管理模块的关联规则具有以下特点：预先定义关联规则，如DDOS攻击、缓冲区溢出攻击、网络蠕虫、邮件病毒、垃圾邮件、电子欺骗、非授权访问、企图入侵行为、木马、非法扫描、可疑URL等；具备自定义网络安全攻击行为功能；可根据安全事件发生的因果关系，进行逻辑上关联分析；可根据网络安全的动态情况，自适应过滤相关度较低的事件；提供多种事件关联规则定义的方式，既包括通过简单明了的向导创建关联性规则，也可以允许用户使用类似脚本语言的方式；关联性规则表达式应该支持规则的多级嵌套，前一规则输出作为后一规则的输入，以及规则之间的并集和交集处理。

关联性规则具有良好的移植性，可以按照特定的文件格式，如XML、导入和导出。

2. 基于统计的关联分析

基于统计的关联分析可以从多个域度对安全事件进行关联，主要关联域度如下。

（1）时间域度。可以对同级的安全事件设定一个时间窗口，该时间窗口属于动态滚动窗口，所统计安全事件的数量可以从任何一个时间点作为起点，也可以把任何时间点作为统计的终点，完成时间窗口的截取。

（2）频度域度。在基于时间域度的基础上，对每个类别的事件设定一个合理的阈值，将出现的事件先归类，然后进行缓存和计数，当在某一时间窗口内，计数达到该阈值，可以产生一个级别更高的安全事件。

（3）事件属性域度。在对安全事件的频度进行统计时，不能仅仅限于某一类设备事件或者事件名称进行统计，可以根据事件各种标准化属性进行统计，包括事件名称、源地址、目的地址、源端口、目的端口、设备类型等。

3. 基于信息资产的关联分析

安全事件能与相关安全对象的安全属性以及相关安全对象上的漏洞进行关联，从而判断某个安全事件是否能造成不良影响以及造成不良影响的严重程度。例如，某个安全事件在某个安全对象上发生，并且正好与此安全对象上的一个或多个漏洞有关联关系，则可以判断此安全事件将对此安全对象产生一定不良影响；另外此事件利用安全对象上漏洞产生的影响可能侧重在某个方面，比如对安全对象可用性影响非常大，而此安全对象恰恰对可用性要求非常高，那么可以确定此安全事件将对此安全对象造成巨大的不良影响，属于非常严重的安全事件。

安全管理模块确定的关联性事件，不仅包括自身的内容，还可以关联查询到触发该事件产生的所有的原始事件。

### （六）安全事件管理

安全事件管理模块可以实现对安全事件的如下管理功能。

1. 历史安全事件查询功能

可以通过安全事件的属性进行组合条件的模糊查询功能；对系统中采集到的历史的安全事件，系统提供按照不同安全对象来源的自动归类功能，如可以分为“Unix 主机、Windows 主机、路由器和交换机、防火墙、NIDS”等类。

2. 实时事件查看功能

由于实时事件的数量巨大，模块提供过滤功能，在屏幕上显示符合过滤条件的事件。过滤条件用户可以自定义，定义好的过滤规则能够保存在系统内，下次登录系统后还可以使用。

3. 安全事件处理功能

安全事件处理包括自动确认和手动确认两种方式：告警自动确认指的是当安全事件采集上来后，安全监控平台根据条件（自动确认告警的条件可由用户进行定制）对其进行告警自动确认；告警手动确认指的是安全监控平台能支持操作员根据事件源、事件级别、事件状态、事件类型、事件产生时间等组合条件对事件信息进行手动告警确认，同时记录手动确认者的身份和事件处理结果。

### （七）基于事件的响应

事件管理内置响应中心，用户可以定义各种响应条件，支持对满足用户条件的事件触发相应的响应规则。目前支持的相应方式有：SNMP Trap、Syslog、短信、Email、图形化显示、工单、预警等。可以根据用户定制开发相应的其他响应接口。

## 二、风险管理

以资产为核心，综合不断更新的资产漏洞、不断产生的威胁事件，进行持续性风险计算，并将最后的量化的风险到相应的级别上。

### （一）安全风险定义

风险是一种潜在可能性，是指某个威胁利用脆弱性引起某项安全对象或一组安全对象的损害，从而直接地或间接地引起企业或机构的损害。安全风险的计算主要包括资产价值、安全威胁、资产脆弱性。

### （二）风险值区域划分

通过风险分析得到的风险状况值为一个百分制的数字，可据此将其划分为多个取值区域，对风险状况定性标记。

### （三）风险计算原理

安全风险的因素除了信息资产本身具有的价值外，还包括安全威胁事件、安全漏洞、配置脆弱性方面，单个信息资产只具有以上的安全因素；业务系统或者地域总体的风险是多个安全对象风险和安全对象价值的综合值。

### （四）风险计算

信息资产安全风险包括的因素随时间变化是不断动态变化的，因此，信息资产的风险状

况也是随着三大因素的变化不断计算得出相应的风险值

$$风险值=R_{asset}(E_i,L_i,V_i,A_i),$$

式中 $R_{asset}$——资产风险；

$E_i$——资产威胁；

$L_i$——资产漏洞或资产脆弱性导致安全事件发生的可能性；

$V_i$——资产脆弱性；

$A_i$——资产价值。

只要公式中任意一个因素包括资产威胁、资产漏洞、资产配置脆弱性、资产价值发生变化，那么资产的风险值相应的发生变化，因此，资产风险是个动态变化值，它随着时间推进不断更新并且呈现到系统界面上。

风险计算公式遵循 ISO 13335 风险模型，如图 8–10 所示。

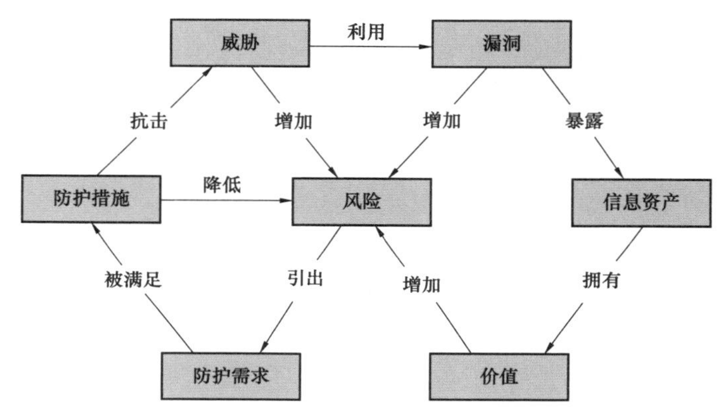


图 8–10 ISO 13335 风险模型

**（五）风险呈现**

安全风险具有实时计算、实时呈现的功能，以图形化方式呈现二次系统动态的风险态势。可从多维度呈现风险：按地域、按业务系统、按资产等呈现风险。

**（六）风险查看**

风险查看模块支持按照地域查看和按照业务系统查看。通过风险查看模块，可以明确看到哪里有问题，问题产生的原因，可以逐层点击进入查看问题所在。

## 三、安全产品监控

该功能对安全产品运行状态、性能、策略变更及使用情况等进行监控展现。

安全产品的管理主要分三个部分，即日志及告警集中管理，运行状态监控，安全策略维护管理。通过 Syslog 通用协议采集电力专用横向隔离装置、纵向加密装置、入侵检测系统、防病毒系统、防火墙的系统日志、安全告警，统一存储日志告警，实时分析日志及告警，即时发现和定位安全风险。通过监控接口监视安全设备运行状态，保证装置的稳定、可靠运行。

# 第四节　三维机房及告警中心

## 一、三维机房

三维机房是集虚拟现实、计算机图形学等先进技术为一体，利用 IT 集中运行监控系统现有元数据，实时、精确、身临其境地实时监控机房状况，提供模拟机房真实环境的 3D 视图，展现机房设备的运行情况和配置情况。用户可以动态、实时、三维的查看机房各个方面的运行数据，提高了数据的可视化程度。三维机房主要分为四个部分，即监控预警子系统、机房编辑器、监控点管理子系统、设备编辑器。三维机房图及其结构如图 8–11、图 8–12 所示。

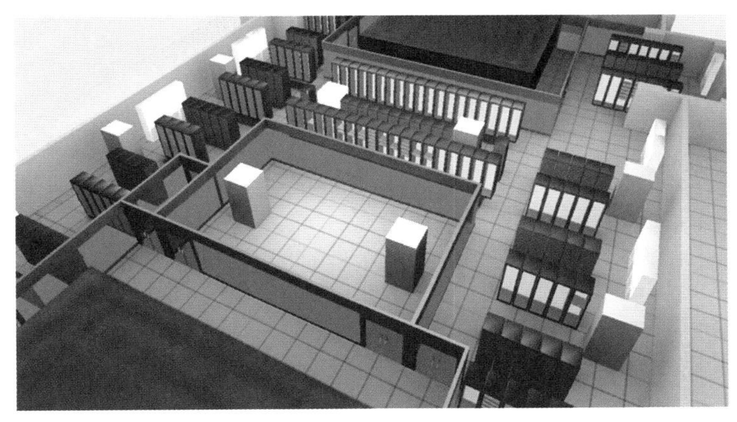

图 8–11　三维机房图

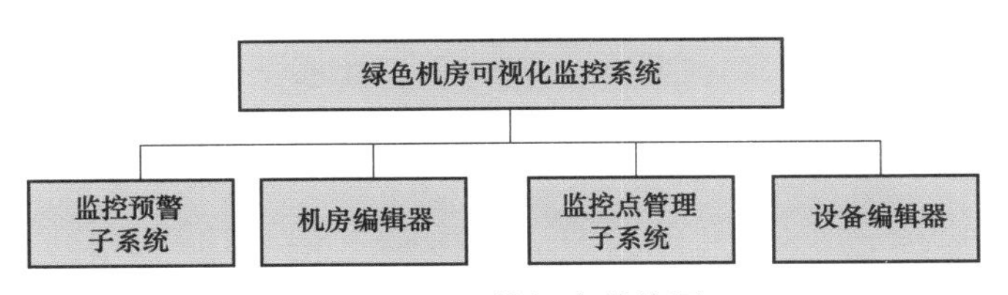


图 8–12　三维机房结构图

1. 绿色机房可视化监控系统

全景显示机房设备部署；以机房真实物理信息，建立虚拟机房、设备等三维模型。根据真实机柜、设备物理位置，通过虚拟技术高效实现全景机房展示。无人操作时以全景漫游状态，通过鼠标、键盘、Web 指令等物理操作手段，可以实现三维机房全景漫游、行走、俯视、侧视等多角度观察，全方位动态交互，使用户能够身临其境地监控机房运行状态，提升管理力度，降低管理成本，极大提高生产力。

2. 监控预警子系统

监控预警子系统通过与环境监控子系统的集成，对机房的环境设备及环境监控设备进行管理，通过同温湿度、能耗、空调、视频、门禁等角度的数据集成，获取状态信息和运行信息以及告警信息。

3. 机房编辑器

机房编辑器是构建机房模型的工具，对机房的建筑环境、运行各系统（供电、安防、门禁、摄像等）及机柜和IT设备进行布局和建模，集成设备管理系统，导入相关设备信息映射在三维模型中。

4. 监控点管理子系统

监控点管理子系统对机房的环境设备及环境监控设备进行管理，包括设备类型、监控模式、可控操作等底层信息进行定义，通过同动力、空调、视频、安防工程等角度设置告警策略和事项。负责与前置智能设备和传感器进行通信，获取状态信息，发出控制指令等。

5. 设备编辑器

设备编辑器对设备的三维模型进行编辑和制作，导入3Dmax原始模型，进行IT设备、建筑设备进行加工，动画效果的设置，例如直接通过贴敷和渲染IT设备的前后面板来制作设备模型。设备编辑器开发的3D设备模型可在机房编辑器中直接使用。

三维机房各子系统关系如图8–13所示。

通过以上功能实现运维人员在不进入机房的情况下能够通过视、动画、互动参与等表现技术，达到生动、深入、直观的传达运维系统信息及时、准确的了解机房的运行情况，提高运维人员的工作效率。各子系统及其接口见表8–3。

**表8–3　各子系统及其接口**

| 子系统 | 接口 | 接口内容 |
|---|---|---|
| 设备编辑器 | 3D设备模型 | 设备3D渲染、动画效果、连接点 |
| 监控点管理子系统 | 环境设备、监控点、告警 | 设备参数、告警信息、告警策略、环境监测信息、设备可控操作 |
| 机房编辑器 | 机房3D模型 | 机房布局、环境设备模型、IT设备模型、机柜模型、设备信息 |
| 设备管理 | IT设备 | IT设备配置信息、IT设备运行信息、IT设备告警信息 |

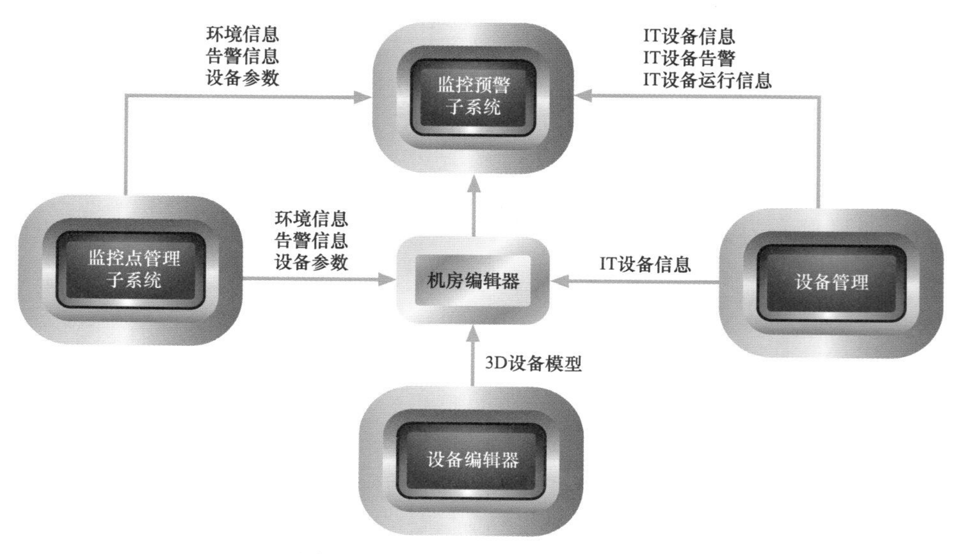


图8–13　三维机房各子系统关系图

## 二、告警中心

告警管理的内容包括实时监视电力二次系统运行，从预测告警到消除告警的全过程；系统通过收集各主机、网络设备、安全设备、监控设备等基础设施的告警，统一展示在告警列表上，包含系统自动所获取的运行异常和系统的预测异常。

系统根据对采集数据的监控和其他相关信息收集，对来自各个系统的运行状况按照相应的模型进行分析，从而预测出该系统的隐藏风险。当风险等级超过一定的阈值将触发风险预测告警。

系统通过接收采集到的数据，对来自各个系统的运行状况的实际告警进行归并、关联，从而在系统中形成统一告警，以统一的展现模块来对系统运行事件、告警、故障状况和处理状态进行集中展现，并通过统一的通知手段进行通告。

1. 告警标准

告警标准如图 8–14 所示。

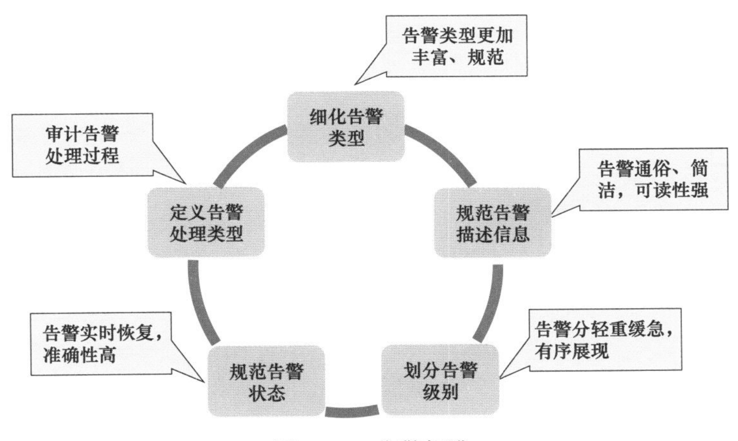

图 8–14　告警标准

2. 告警展示

（1）告警实时列表。新发生的告警会在实时告警窗口中以列表形式出现，显示告警的信息，如告警时间、告警级别、告警设备、所属业务等，提供定位告警源、处理告警等操作。用户可以设置不同级别告警的显示颜色，同时可以伴随着声、光等形式的显示。

（2）实时告警联动功能。相同的资产或者信息会以不同的展现方式在系统中得以体现，当资产或者该信息产生告警时，不仅会在告警中心进行显示，同时会以图标闪烁等形式在告警设备显示告警，并且提供查看告警详细信息和处理告警的菜单操作选项。图 8–15 中以网络设备为例，当前该设备没有告警，状态灯显示绿色；当有告警发生了，状态灯会变为红色。

3. 告警查询

支持各种维度的条件组合查询方式。

按发生时间、告警或故障类型、告警或故障等级、告警或故障对象、处理人查询或组合方式查询。

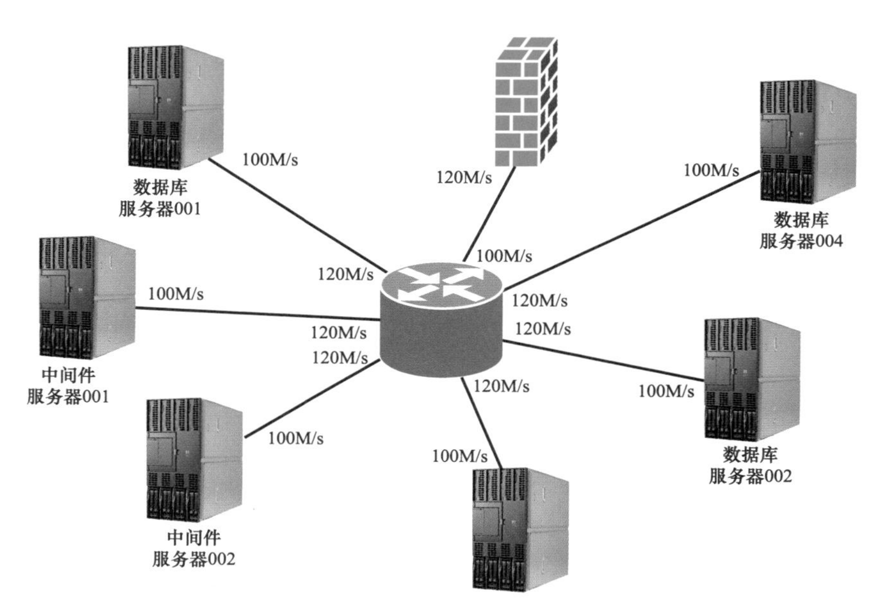


图 8–15　网络拓扑告警监控界面

4. 告警处理

故障详细信息页面自动填写故障对象、时间、类型、等级、责任归属等信息。

故障详细信息页面提供定位告警源、生成工作票、手工升级故障、故障反演分析、处理建议、检索知识库等操作。

基于 Web 的实时告警监视，超越时间、空间限制；多种颜色标识告警级别，清晰定位关键告警；多参数查询定义，过滤不关心告警，缩短故障诊断历时；支持级别、时间排序，强化故障处理优先级；多维度的历史告警统计，发现 IT 环境运行瓶颈；告警关联分析，定位故障根源；多种告警前转方式，实现及时的故障通知。

（1）故障诊断。提供设备的故障诊断快照，用于帮助发现错误配置可能引起的故障。内置一些故障诊断例程、定义新的故障诊断例程、在特定事件发生时自动触发故障诊断例程、通过界面直接执行故障诊断。

（2）故障影响分析。受此故障影响的对象：此故障影响到服务；可能产生的后果：此故障对系统的具体影响、影响程度、承诺修复时限。

5. 告警统计

通过报表定义工具能够灵活定制符合用户需求的报表模板，包括定义告警和故障报表的数据源以及格式、报表的生成周期、报表的上报规则等。

6. 规则配置

包括告警生成规则配置、告警处理规则配置和告警通知规则配置等。

（1）告警生成规则配置。可以使用该功能添加、修改、删除和立即应用告警生成规则，复合生成规则即呈现响应的告警内容。

（2）告警自动处理规则配置。可以使用该功能添加、修改、删除和立即应用告警处理规则，则系统根据此规则自动处理接收到的告警，如确认、清除或派单某个告警。

（3）告警通知规则配置。可以使用该功能添加、修改、删除和立即应用告警通过规则，对于复合规则的告警立即通知出去，可通过邮件、短信等方式外发通知。

7. 告警过滤功能

（1）告警上报过滤。用户可设置告警上报条件，即告警抑制，根据用户的设定上报符合条件的告警。

（2）告警显示过滤。告警显示过滤是指根据用户设定的显示过滤条件，有选择地显示当前告警事件。告警显示过滤仅是告警信息的屏幕显示过滤，在拓扑图上不再显示屏蔽后的当前告警事件，不应影响任何告警事件的上报及其存储，也不影响对告警事件的查询和统计。

（3）告警相关性分析与定位。系统应能对各个告警信息进行相关性分析，可以基于告警源、告警类型、告警时间、告警级别等过滤条件对告警进行相关性分析，以减少告警信息的冗余度，尽可能缩小故障根本原因的范围，用于在网络层对故障进行准确定位。

（4）告警查询与统计。管理系统应提供对当前告警或者历史告警的查询和统计功能，并能够以表格或图形（直方图、曲线图、饼图等）方式显示。系统可提供对当前告警的实时统计功能，即按照某种条件（如告警级别、告警源、告警厂商等）实时统计当前告警的数目。

8. 告警级别管理

告警级别管理功能可用来对上报的告警级别进行重新设置，通过该功能，可以根据实际情况灵活地改变告警的级别。管理系统应提供告警级别的设置，修改，查询等功能。

9. 告警通知与动作

（1）系统应支持多种告警通知方式，包括合成语音、Email、屏幕输出、短消息及时通信软件等方式，支持向多个用户以及用户组发送告警通知。

（2）网络管理的各类故障和预警事件，要求通过统一数据接口，将告警收集到统一事件平台，通过统计事件平台进行进一步的事件分析处理。

# 第九章

# 其他高级应用

# 第一节　远程智能诊断服务支持系统

远程智能诊断服务支持系统是基于大数据、物联网、互联网等技术的集成应用，实现不同采集系统的异构数据整合、远程实时监测、在线故障诊断、趋势分析预判、离线评估分析和制造服务，为机组运行及维护提供技术支撑。系统主要由数据采集层、诊断分析层及诊断服务层构成，如图 9–1 所示。

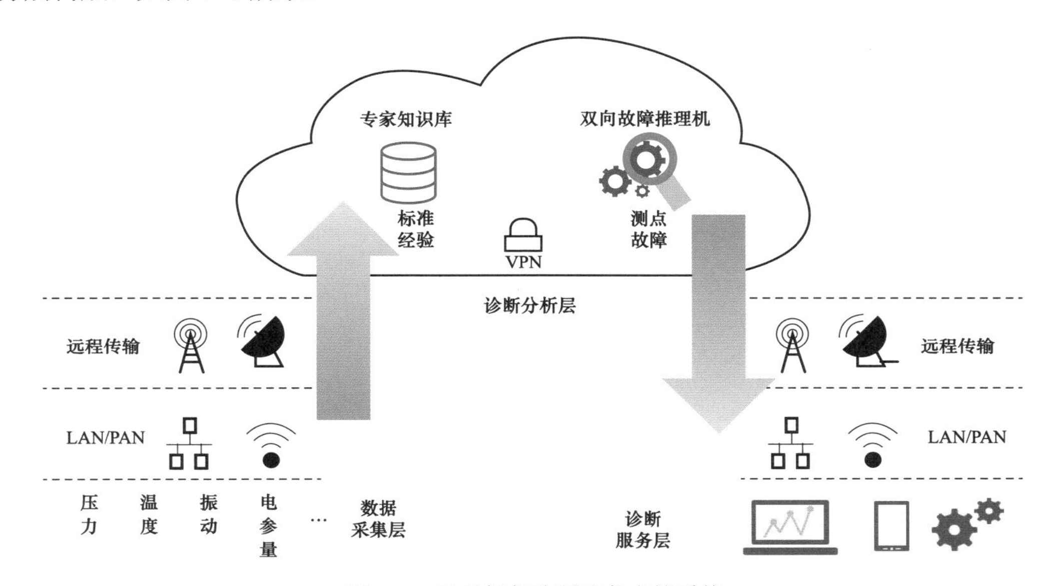


图 9–1　远程智能诊断服务支持系统

数据采集层包括将感知器件采集到的数据，存储到本地关系数据库及实时数据库中，经网络传输到诊断分析层模块。诊断分析层内置于远程诊断平台，集成专家知识库及发电设备故障推理机，融合设计知识、制造知识、运行知识及相关标准，并将其转化为计算机可以识别的语言，基于正向逻辑故障树和测点特征反向溯源的双向故障诊断模式，能够智能自动判别机组故障。诊断分析层为闭环系统，可根据实际运行情况修正扩充专家知识库，使诊断结果更加准确。诊断分析层在实际运行过程中通过积累的机组运行大数据，基于统计识别及数据挖掘等技术，预判机组的故障；最后将分析结果送至诊断服务层，提供运维决策技术建议服务。

## 一、系统架构

远程智能诊断服务支持系统的标准结构是把采集的数据通过网络传输至故障诊断中心进行故障处理和展现，对常见故障进行实时在线处理，实现人机间实时交互。一旦网络出现问题，系统需要不间断的完成基础故障分析和预测，因此，系统预留冗余，如图 9–2、图 9–3 所示。

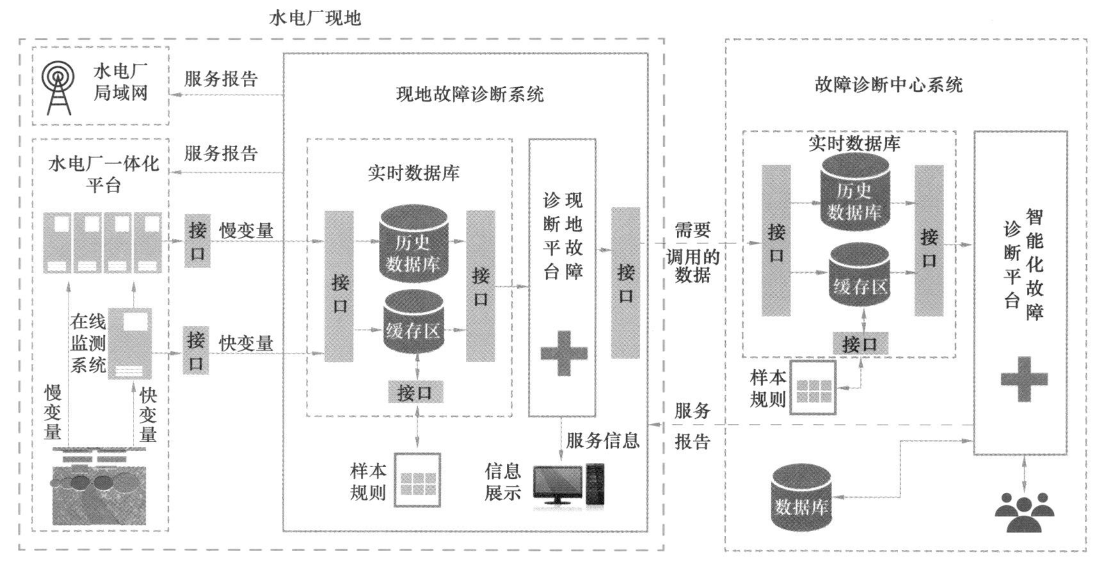


图 9–2 远程智能诊断服务支持系统架构图

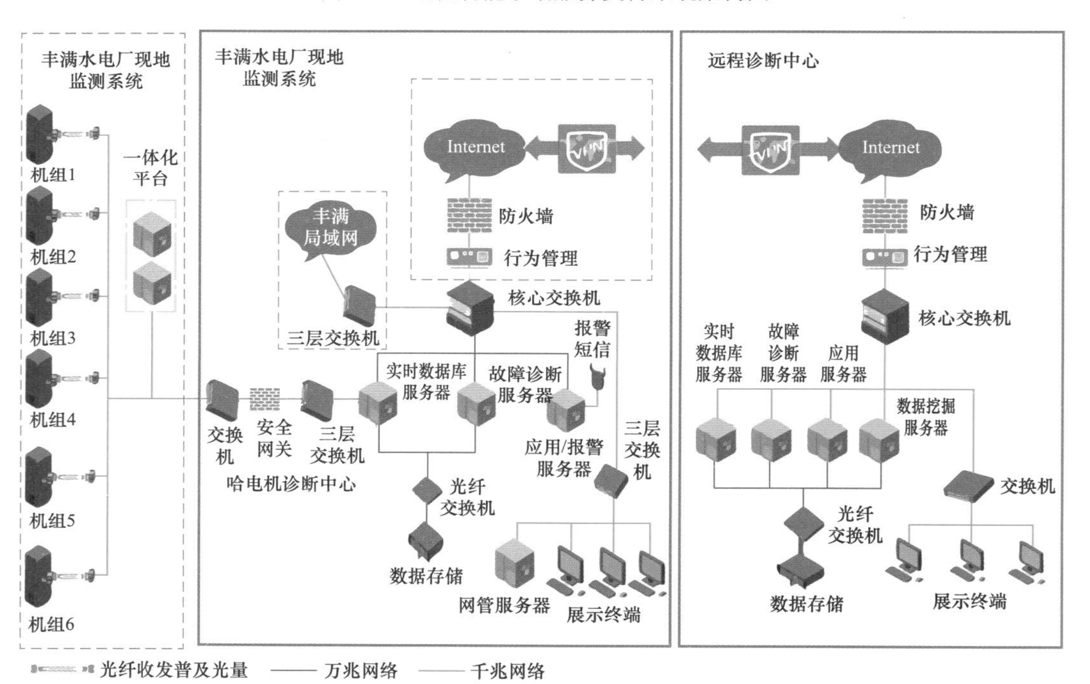


图 9–3 远程智能诊断服务支持系统网络拓扑图

丰满水电厂全面治理（重建）工程（以下简称“丰满重建工程”）在标准结构基础上，创新提出在水电厂现地设置故障诊断子系统，可实现对现场大量数据的预先分析，有效提高系统响应速度，防止远程网络传输故障造成远程数据传输的中断，降低远程故障诊断系统对网络传输的依赖程度，确保机组在断网情况下安全稳定运行。

现地故障诊断系统中，数据通过接口存入数据库，规则、样本存入缓存区，系统可实现对故障的快速响应。通过故障诊断分析平台对数据进行分析，对初步分析结果进行同步处理。与此同时，分析结果一方面传送到远程故障诊断中心系统，另一方面输入至智能服务模块，以多种形式推送运维建议报告。

远程故障诊断中心系统内置于远程诊断平台，系统在覆盖现地故障诊断系统功能的基础上，利用海量历史数据和实时数据，基于统计识别技术、ARM 及推理机等方式，进行趋势分析和故障预测。

系统可通过专家交互界面对输入的自然语言所描述的新故障进行梳理分析，形成故障分析策略，并导入规则库，不断丰富完善系统。

远程智能诊断服务支持系统网络拓扑图如图 9–3 所示。

## 二、基于 SOA 架构的软件平台架构设计

系统采用基于 SOA 架构的模块化设计，使用 JAVA 语言开发。分为数据采集、数据存储、数据计算、数据呈现、用户管理及安全五大类服务，通过 SOA 中间件将各类服务整合成一套完整的应用系统，如图 9–4 所示。

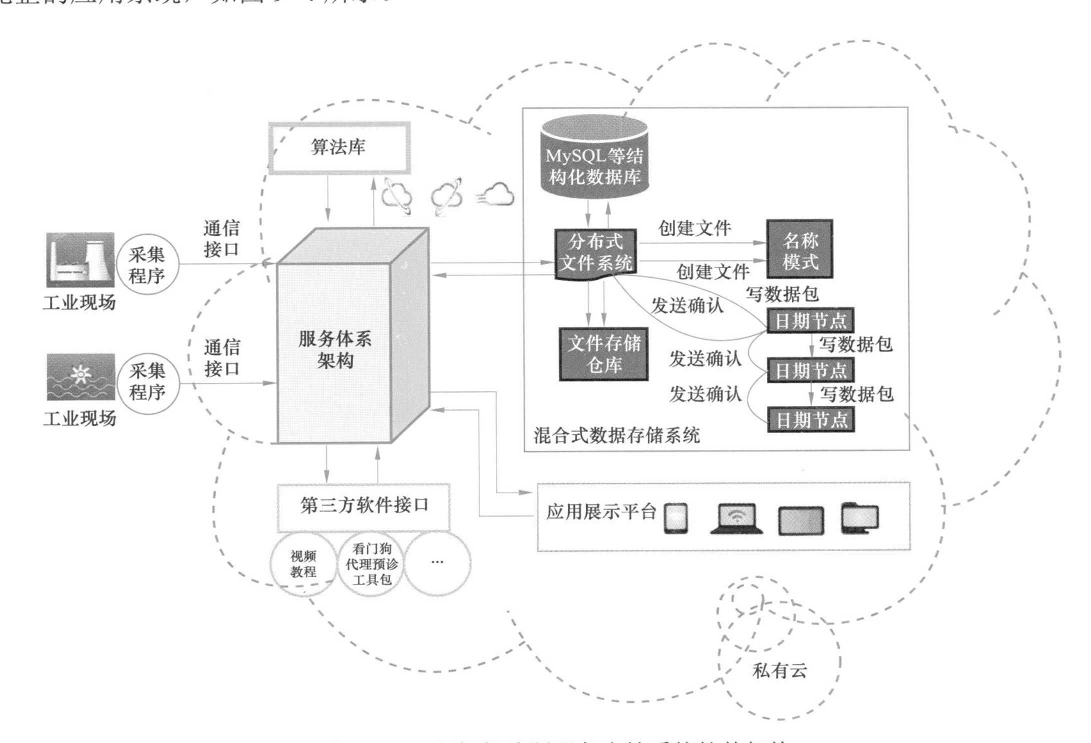


图 9–4　远程智能诊断服务支持系统软件架构

数据采集支持 Modbus、OPC 等常见工业通信协议以及 Oracle、DB2、PI 等常见数据库，可将大部分数字控制设备的数据实时采集、存储到自主研发的实时数据库中。

数据存储采用“HBase 与 MySQL”的混合模式，根据两种数据库的不同特点存放适合的数据，HBase 用来存储非结构化的现场监测数据，MySQL 存储用户信息、测点信息等结构化

数据。

数据的分析计算通过与高校科研机构的深度合作，结合工业领域的业务特性设计出一系列先进高效的分析统计算法。

数据呈现采用 Web2.0、HTML5 等先进网站前端技术搭建起便捷、美观、高效的数据呈现平台。

## 三、系统安全性设计

系统采用多重安全防护体系，对 APP 端、云端、设备端进行通信协议加密和访问安全认证，确保智能硬件通信及数据的安全，如图 9–5 所示，具体措施举例如下：

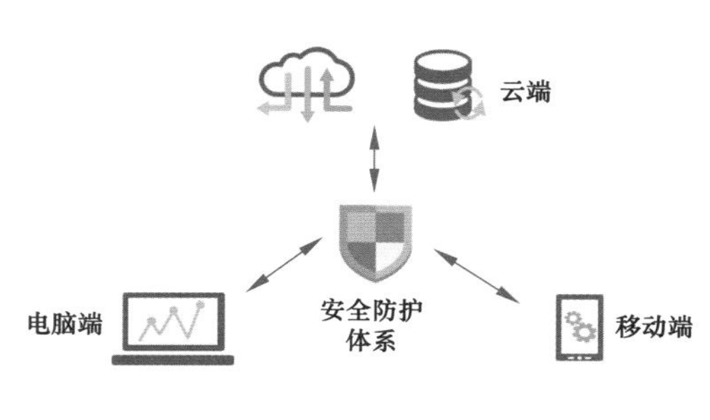


图 9–5　安全防护体系

（1）数据库通过副本复制进行实时备份，定期数据的全量备份，所有对数据库的读写操作经转义处理，防止外部注入攻击。

（2）设备接入远程诊断平台过程经过四次握手，通过 RSA 协议进行安全认证；设备接入后通过动态 AES 进行信令加密，保证数据传输过程的安全性。

（3）远程访问基于用户身份进行签名认证，通过 SHA1 签名算法，防止流量重放攻击以及账号伪造攻击；账号体系通过加密措施，防止拖库和撞库等暴力攻击。

（4）对账号/手机/设备行为进行安全审计，基于绑定关系管理控制模型，保护设备在各种场景下不会被恶意控制。

### （一）身份认证

身份认证是指用户对系统数据和设备的访问需要通过身份鉴别，只有通过了身份认证的用户才能使用这些数据和功能。系统依据不同用户操作资源的敏感级别，提供不同级别的认证手段，如静态密码、动态密码、智能卡、短信密码、USB KEY 等。

### （二）访问控制

访问控制是指系统对资源与权限进行的 RBAC 控制，通过用户角色权限分组，来实现对用户访问权限的控制。

### （三）设备认证

设备认证是指对接入设备的身份和技术上的认证。只有符合系统要求的设备才能有效接入，可防止设备身份的冒用。

在感知层可以通过密钥分配、安全路由、入侵检测和加密技术等保证设备认证的安全。

### （四）数据安全

数据安全是指对数据传输和存储层面加密、与信息范围的隔离。通过在各个层面上有效的加密手段避免数据的截取与攻击；通过信息范围的隔离来保证数据只被相应的有权限的用户获取。

数据安全一般包含两个方面：① 指数据本身的安全；② 指数据防护的安全。

系统采用磁盘阵列、数据备份、双机容错、网络存储器（Net Attacted Storage，NAS）、数据迁移、异地容灾、存储区域网络（Storage Area Network，SAN）等技术手段保证数据本身的安全。

采用对称加密、非对称加密、混合加密等手段保障数据防护的安全，系统在经典的加密算法 DES 和 RSA 基础上提出了混合加密算法，并提出了基于现场试验数据的比对还原加密算法。对通信双方进行身份认证以保证信息访问的合法性。

系统针对数据库安全分两个层级来进行保护。第一层是指系统运行安全，第二层是指系统信息安全。系统对内部人员错误、社交工程、内部人员攻击、错误配置、未打补丁的漏洞和高级持续性威胁等危险因素，通过员工管理及用户角色管理、数据备份网络安全设置、数据库系统恢复等技术手段，来进行危险因素的消除。

**（五）隐私保护**

隐私保护是指系统对高敏感度数据的额外加密机制。平台会对高敏感度数据进行额外的加密和展示上的多重认证与值的替换，避免隐私数据泄漏。

通过对数据的传输和存储过程中采用对称加密、非对称加密、混合加密等技术手段，来避免数据被非授权用户及终端的获取，通过单项散列算法以数字签名的手段来保证数据的完整性。从而安全有效地对隐私进行保护。

## 四、健康指数评定方法

基于多维全信息采集平台的健康指数量化评定方法是在充分考虑大型水电机组的结构特性和物理量特征前提下，整合电气性能、定子温度场、气隙、振动摆度、压力脉动等诸多维度信息，以涵盖全信息为目的进行模块化方案设计。

由于水电机组由若干部套组成，各部套又由不同部件构成，各部件测量的物理量决定了部件状态，部件状态又影响到其所属部套的状态。根据各部件对其所属部套的状态的贡献大小确定部件权重，根据水电机组和各部套的状态类型设置状态阈值，在相应状态阈值的基础上，剔除异常状态部件和故障状态部件对该部套运行状态的消极影响，计算部套的运行状态量化值。

各部套的状态决定发电设备整体的状态，基于部套状态量化值及其权重计算整台发电设备的运行状态量化值，将此运行状态量化值定义为状态指数（state index，SI）。本方案通过数学建模，基于可测量部件的物理量值，最终计算出整台水电机组的状态指数，从而对发水电机组的运行状态进行准确的量化评价，如图 9–6 所示。

## 五、机组故障诊断专家知识库

机组故障诊断专家知识库作为大型水力发电机组故障智能诊断的依据，主要包括产品的标准样本及故障案例两大部分。

机组的故障诊断与评测需要梳理和融合哈尔滨工业大学、华中科技大学等高等院校在大型水力发电设备方面的基础理论研究及经典理论推导算法；融合哈动国家水力发电设备工程技术研究中心、哈尔滨大电机研究所等科研院所和科研机构在水力模型试验领域取得的科研

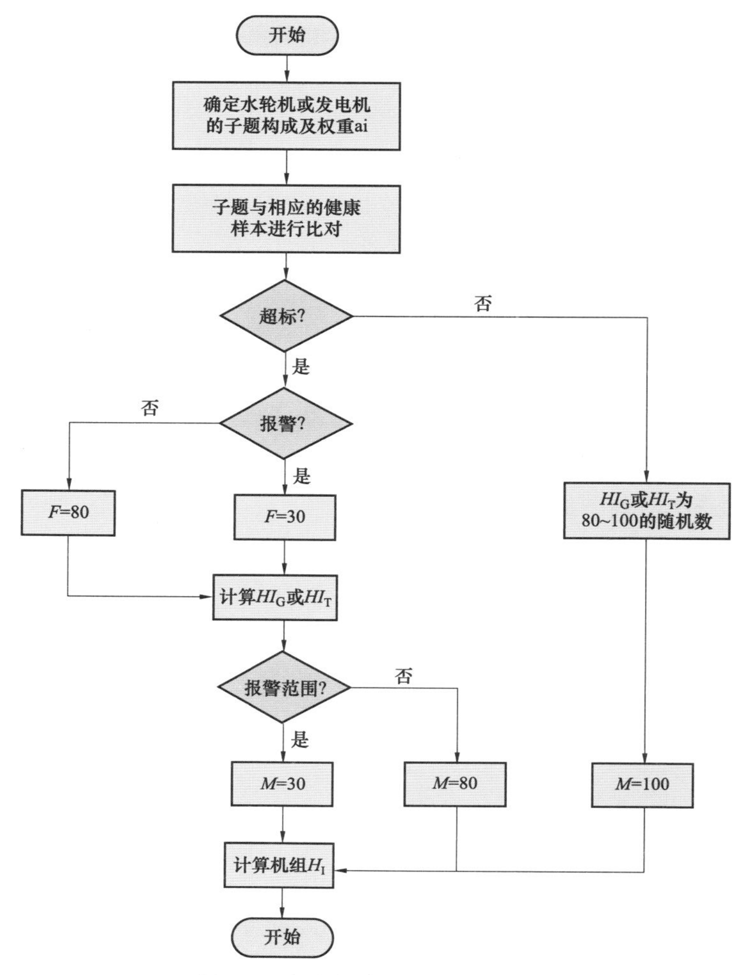


图 9–6　机组健康指数逻辑流程图

$H_I$—健康指数；$HI_G$—发电机的健康指数；$HI_T$—水轮机的健康指数；$F$—部件健康状态阈值；$M$—机组状态阈值

成果；融合哈尔滨电气集团公司等大型水力发电设备制造厂几十年来所积淀的产品设计、制造及检修经验和故障案例储备；融合丰满水电厂等大型智能水电厂在建设和运营过程中积累的水电机组运行管理经验及故障案例等，将其转换为计算机可以识别的语言，如图 9–7 所示。

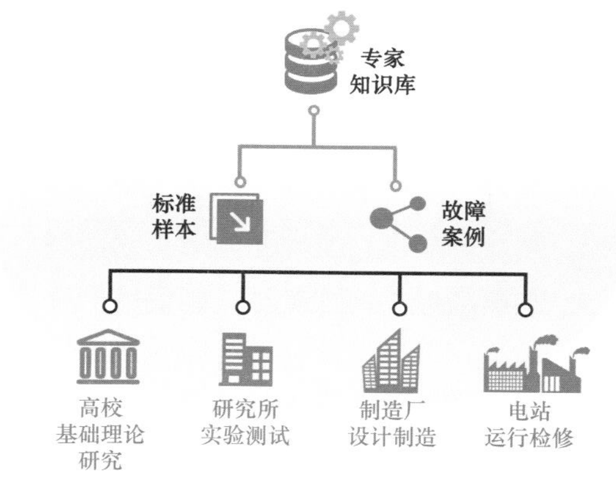


图 9–7　专家知识库构建体系

## （一）创建标准样本

标准样本利用知识工程的思想，通过感知器件参数变化现象，求取出部件故障产生的原因及产生的影响因子，对大型水力发电机组的运行状态进行客观评价，是故障诊断的坚实技术基础。

机组诊断标准样本的创建融合多方面知识，整合国际标准（IEC，IEE）、国内标准（GB和 JB）、企业标准和合同约束等相关技术资料，将设备制造厂的设计知识、制造知识，科研院所的模型试验知识，电站运行知识及行业专家的知识进行客观的分析和整合，形成机组故障诊断的体检标准。经过数据编码，将标准样本转化为计算机可读的语言，通过电站机组传递来的参数，经运算、分析，并结合机组的运行工况，准确判定机组所处于的状态。因为每台机组所采用的传感器件不同，因而要生成不同的诊断标准样本，详见图 9–8 诊断标准样本创建的逻辑关系。

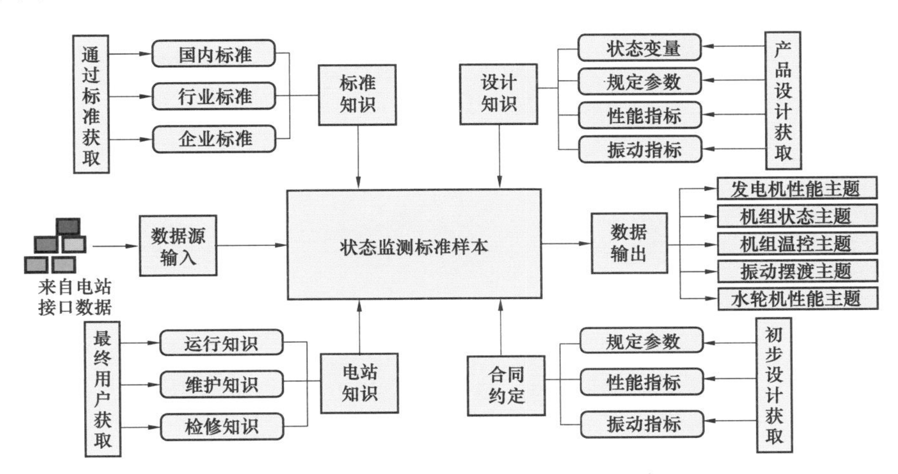


图 9–8 建立诊断标准样本的逻辑关系

**（二）创建故障案例**

故障案例基于故障树分析（fault tree analysis，FTA）技术，采用逻辑链路方法，用事件符号、逻辑门符号和转移符号描述系统中各种事件之间的因果关系，形象地将故障进行逻辑分解，直观、明了，思路清晰，逻辑性强，可以做定性分析，也可以做定量分析。逻辑门的输入事件是输出事的“因”，逻辑门的输出事件是输入事件的“果”。

大型水力发电机组的故障现象进行分析，利用电站运行的测点参数，采用自上而下逐层展开的图形演绎的分析方法，在系统设计过程中通过对可能造成系统失效的各种因素（包括硬件、软件、环境、人为因素）分析需要画出逻辑框图（失效树），从而确定系统失效原因的各种可能组合方式或其发生概率，计算系统失效概率，采取相应的纠正措施，提高系统可靠性。通过建立故障树的方法，找出故障原因，分析系统薄弱环节，以改进原有设备，指导运行和维修，防止事故的发生，如图 9–9 所示。

系统构建的机组故障诊断专家知识库还具备自学习功能，能够随着系统运行过程中数据量和故障案例的积累，不断优化和丰富故障判断规则，为用户提供更加全面可靠的机组运维建议。

## 六、机组故障智能诊断及预测推理系统

结合大型水力发电发电装置的结构和运行特点，采用两种故障诊断模式给出决策方案：

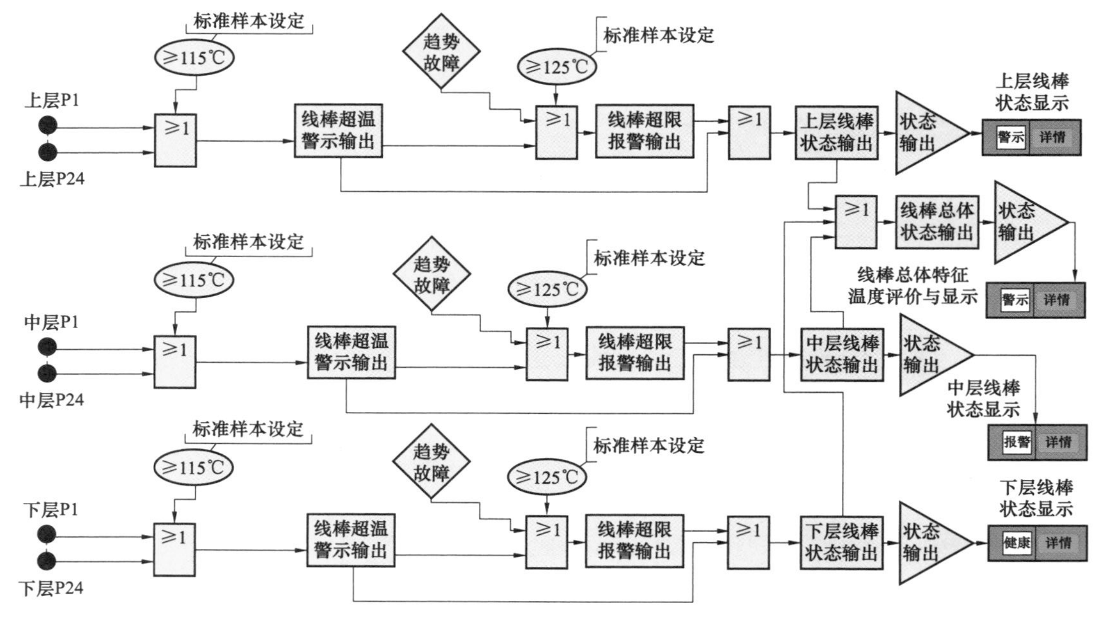

图 9–9　故障案例建立示例

（1）模式一，基于故障树（FTA）的故障诊断模式，采用自下而上、由粗到细的归纳分析方法，进行溯源分析。比对研发设计专家知识库，排查出故障。

（2）模式二，基于健康特征的故障诊断模式，测定机组的初始健康特征参数，通过与运行参数的对比评定，以超过健康特征值的大小来表示故障的严重程度。这种方法充分考虑了每台机组特征参数的唯一性。

系统通过逻辑斯蒂克回归、高斯混合模型及统计模式识别等算法构建了发电设备故障诊断推理机。根据实际情况，合理遴选最优算法对机组故障进行诊断、预测及寿命分析。

系统结合实际应用需要，基于双向交叉诊断机理，采用模块式开发，诊断流程如图 9–10 所示。

### （一）水力系统故障诊断模块

根据电站运行的水位、流量、安装高程、额定转速、发电机出力等指标，求取水轮机的出力、效率、单位转速、单位流量、气蚀等参数。通过运行工况与模型特性曲线的参数对比，并进行直观对比显示。对压力脉动参数进行实时测量，并与模型试验结果对比分析。对运行工况的稳定性进行评估，为水力系统故障诊断提供技术支撑，优化水轮机系统的运行模式。

### （二）顶盖故障诊断模块

针对顶盖振动数值，建立诊断分析模型，实现波形分析、频谱分析等；通过实时监测，对运行状态进行分析诊断，提出诊断报告。

针对顶盖压力及压力脉动数值，建立真机与模型压力分布规律对比分析模型；实现波形分析、频谱分析等；通过实时监测，对运行状态进行分析诊断，提出诊断报告。

### （三）导水机构故障诊断模块

监测导叶操控保护机构对故障进行分析诊断，并提出解决方案，示例如图 9–11 所示。

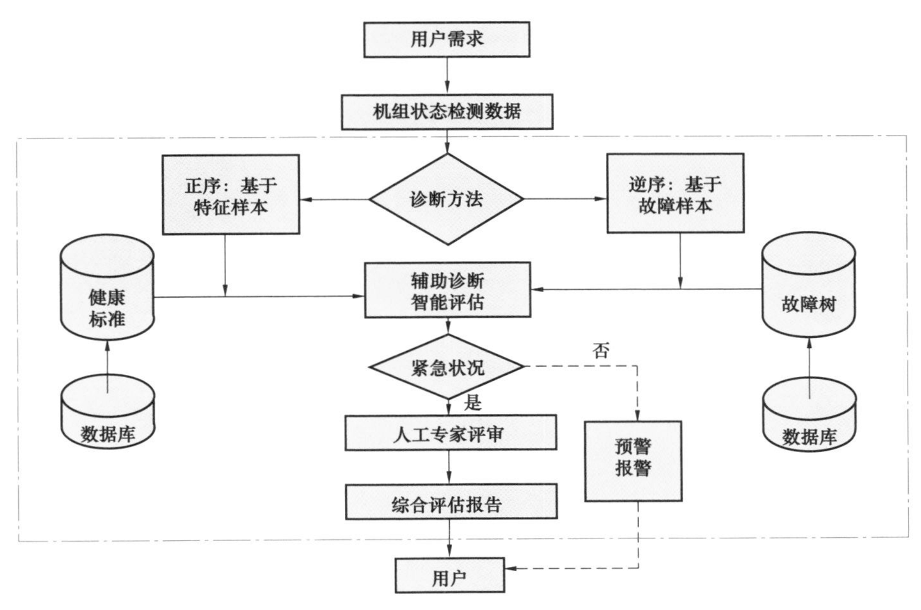


图 9–10　机组双向诊断流程图

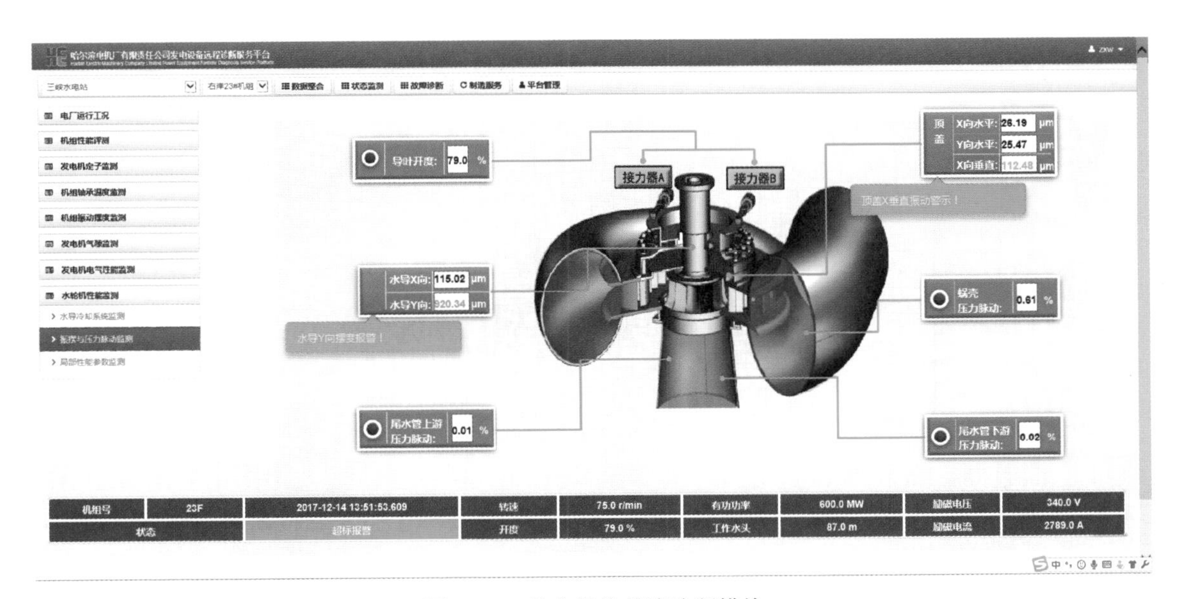


图 9–11　导水机构故障诊断模块

## （四）发电机通风冷却故障诊断模块

该模块包括定子铁芯温度、定子线棒温度、空冷器进出风温度及空冷器进出水温度四大部分，直接或间接反映发电机定子的运行状态。对定子绕组、定子铁芯等部件出现的温度异常以及冷却器、水循环系统故障等进行分析诊断，基于实际运行和通风模型试验的相关数据积累，提出有效的解决方案，示例如图 9–12 所示。

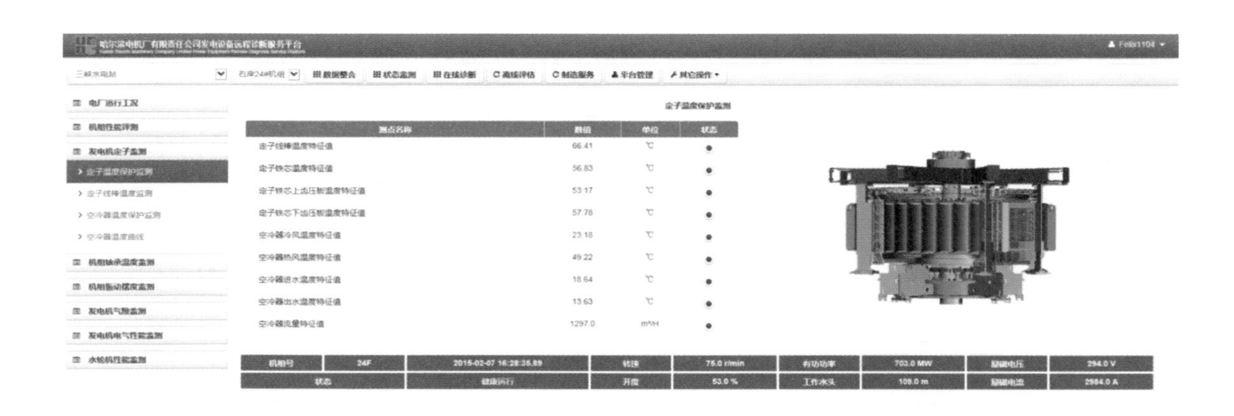

图 9–12　发电机通风冷却故障诊断模块

## （五）发电机局部放电故障诊断模块

发电机局部放电是发电机定子绕组状态的主要影响因素。由于机组长期运行，绝缘系统不断老化，产生局部放电现象。若不及时发现，会引起定子线棒短路故障进一步扩大。通过前端局部放电测量单元的监测数据，建立故障诊断模型，对局部放电参数进行实时测量与评价，提出解决方案，如图 9–13 所示。

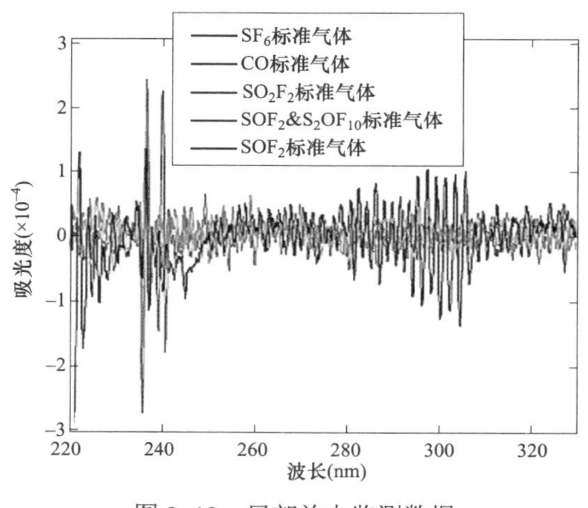


图 9–13　局部放电监测数据

## （六）机组振动故障诊断模块

针对振动摆度参数，建立诊断分析模型，实现波形分析、频谱分析、定子机架振动分析、顶盖振动分析、轨迹分析等。通过实时监测，对故障进行分析诊断，提出解决方案，如图 9–14 所示。

## （七）发电机气隙故障诊断模块

系统采用雷达图的表现形式对发电机的气隙进行监测，使发电机运行在最佳间隙区间，保证最佳磁通耦合。在系统的雷达图中，有$+x$、$-x$、$+y$、$-y$、$+x+y$、$-x+y$、$-x-y$ 及$+x-y$ 共 8

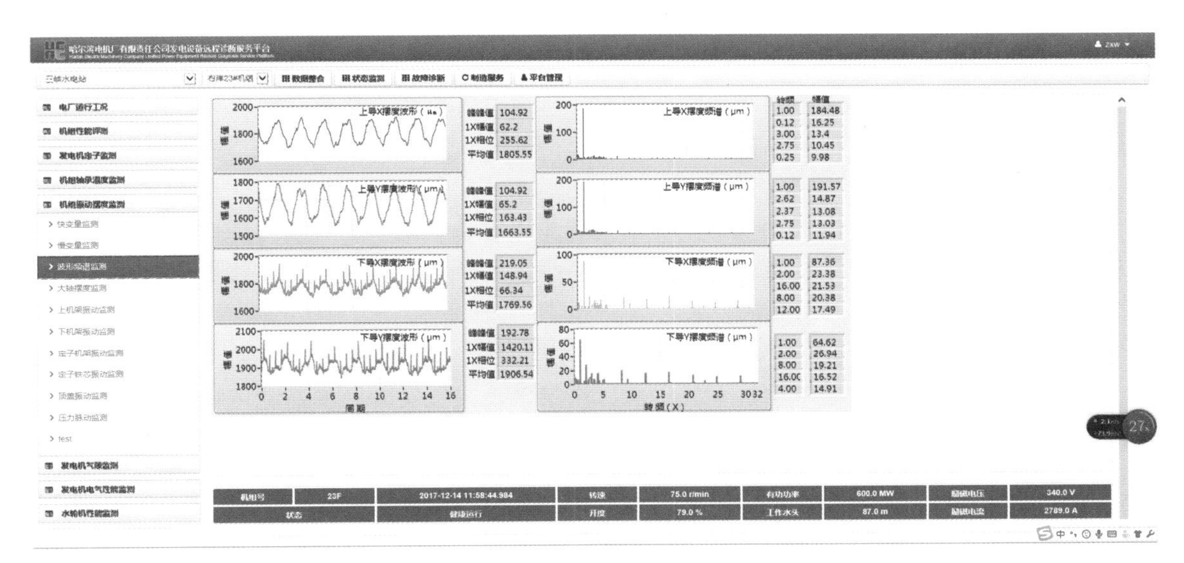


图 9–14　机组振动故障诊断模块

个方向的传感器，组成了发电机气隙间隙测量系统。实现对发电机气隙偏心、气隙不均等方面出现的故障进行分析与诊断，提出解决方案，如图 9–15 所示。

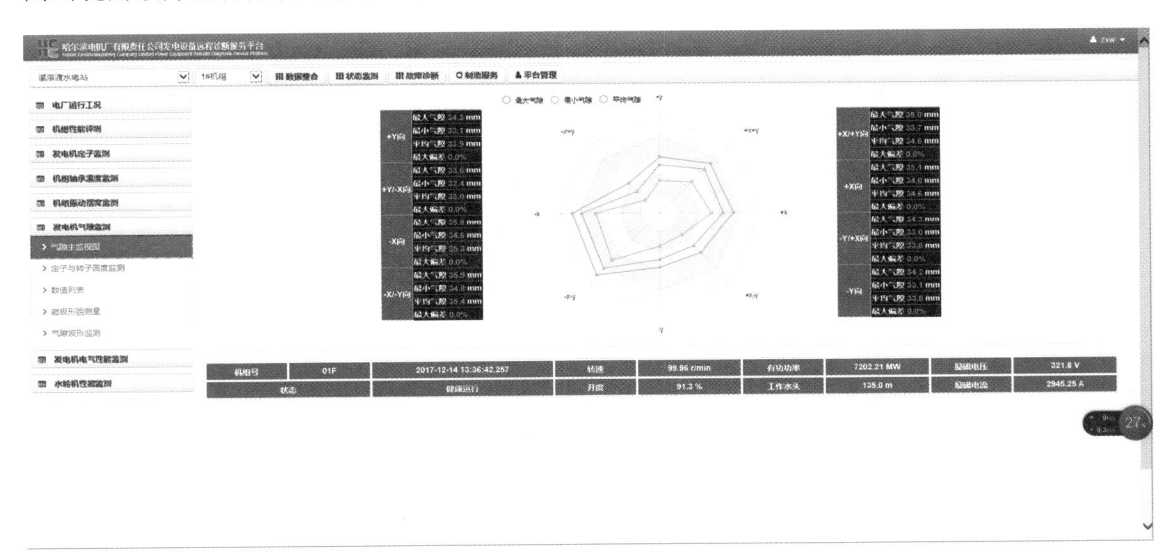


图 9–15　发电机气隙故障诊断模块

## （八）发电机短路故障诊断模块

通过对发电机电压、电流进行实时监测，检查发电机定子绕组是否出现单相短路、相间短路以及三相短路的现象，分析故障点及引起故障原因，提出解决方案。根据电流信号与振动特性的频谱分析特点，必要时结合有限元计算及理论建模，基于多数据融合的分析方法，获得更为准确的故障特征。实现对定、转子绕组匝间短路，阻尼条断裂等故障分析诊断，以防止事故进一步扩大。

**（九）发电机轴电流故障诊断模块**

通过监测转子对地的电流，传输到发电机轴电流故障诊断模块，实时监测机组运行中轴电流大小情况，对故障进行分析诊断，提出解决方案。

**（十）发电机零序电流故障诊断模块**

通过测量发电机中性点接地电流，判断中性点电位是否偏高，防止中性点电压漂移。判断是否出现三相电流不对称，防止阻尼绕组烧断凸出转子表面，造成定、转子扫膛故障。分析产生零序电流的原因并提出解决方案。

**（十一）机组轴承故障诊断模块**

对机组推力轴承、上导轴承、下导轴承、水导轴承进行实时温度监测，针对轴承运行温度高、温差偏大等温度异常现象进行故障分析诊断，提出合理的解决方案；基于轴承试验数据以及机组实际运行曲线，预判轴承性能的发展趋势，提出预处理方案，防止出现烧瓦现象，如图 9–16、图 9–17 所示。

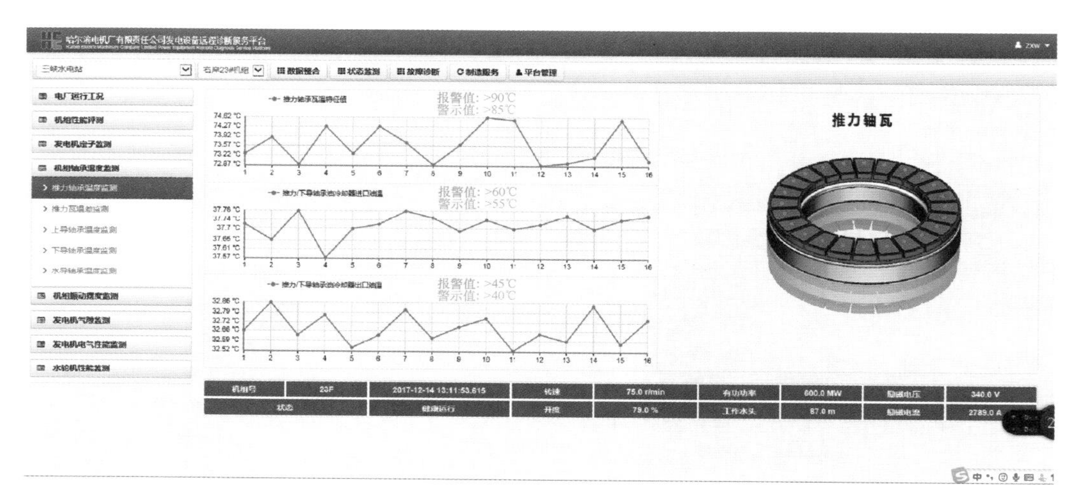


图 9–16　推力轴承故障诊断模块界面

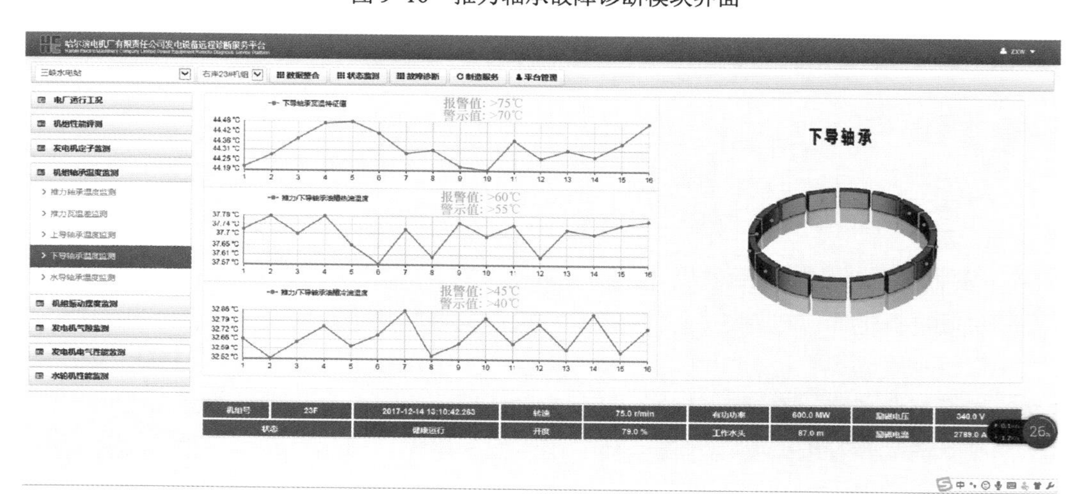


图 9–17　下导轴承故障诊断模块界面

### （十二）机组轴系稳定性故障诊断模块

对机组轴系稳定等方面出现的故障进行分析与诊断，提出解决方案，如图 9–18 所示。

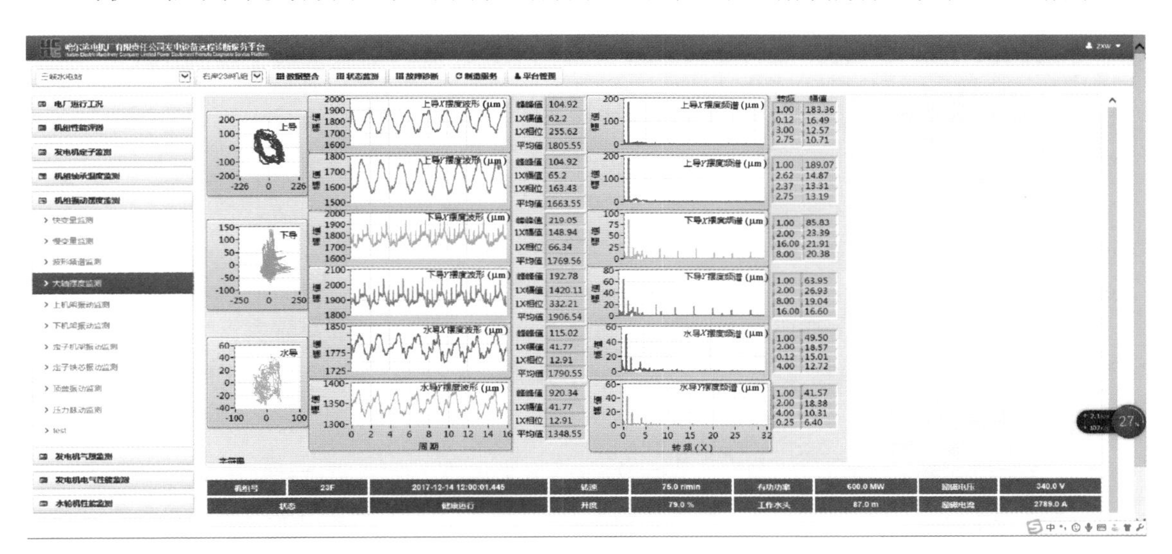

图 9–18　机组大轴轨迹

### （十三）机组润滑系统故障诊断模块

通过机组润滑系统的流量、温度、压力等参数的实时监测，对系统故障分析诊断，并提出处理方案。

### （十四）机组密封故障诊断模块

对机组主轴密封、止漏环密封等方面出现的故障进行分析与诊断，并提出处理方案。

### （十五）机组油、气、水系统故障诊断模块

本模块分别对机组运行中的油箱油位、油温、冷却器水温差和冷却器水量等指标进行实时监测，并对故障进行诊断评估，提出处理方案，如图 9–19 所示。

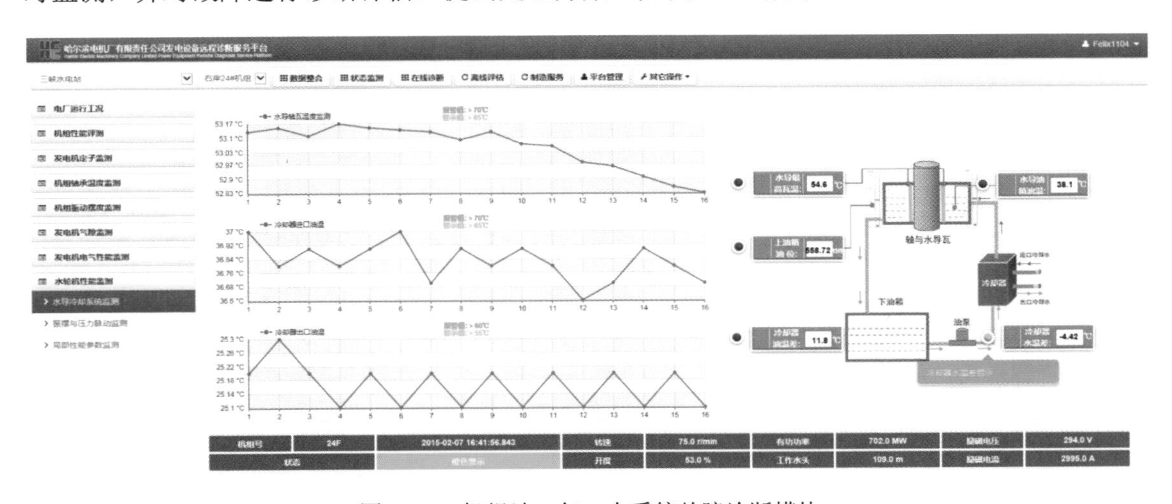

图 9–19　机组油、气、水系统故障诊断模块

### （十六）主变压器、GIS故障诊断模块

本模块分别对主变压器设备油色谱、GIS、$SF_6$ 等运行状态进行远程监测和分析诊断，实现状态监测趋势的图形化分析，并生成相关分析报告和报表。模块实现以各种专业状态分析表格和图谱方式对数据进行监测分析，机组、主变压器及 GIS 等设备状态的报警和预警，同台机组、主变压器、GIS 历史趋势的分析对比，不同机组、主变压器、GIS 等的数据对比，建立机组信息档案等功能。

## 第二节　安全防护管理系统

安全防护管理系统（security protection management system）主要监视安全防护设备实时状态，根据联动策略自动触发安全防护设备联动操作，为运行人员快速事件处理和关联设备操作提供支持。

1. 安全防护设备（security protection device）

安全防护设备特指水电厂中与安全防护相关的，能够通过规范接口协议与外部系统进行信息交互的数字化设备。

2. 安全防护资源（security protection resource）

由多个分布在不同地点的多种安全防护设备有机组合，协同完成某一类型任务的系统。消防系统、门禁系统、工业电视系统通过软件集成后可以实现多系统联动，从而形成全面的防护性资源。

3. 联动策略（linkage strategy）

由预定义的触发事件及一系列相关操作组成的不同安全防护资源之间的联动方式定义，用于安全防护管理系统触发并自动执行一系列操作。

4. 图形化方式（mode of graphical）

在人机交互界面中结合电子化的厂内平面布置图，直观显示工业电视、消防等设备的位置及实时信息，并能够通过鼠标交互进行安全防护设备操作的人机交互方式。

### 一、系统设计

#### （一）系统结构

安全防护管理系统以智能一体化管控平台为基础，并包括运行在智能一体化管控平台的安全Ⅲ区的安全防护软件模块和多个与需要联动的子系统的接口。安全防护管理系统和智能一体化管控平台的关系，见图 9–20。

系统联动是由一体化管控平台以及各需要联动的子系统间通过联动信息的交互解析实现的，其联动过程是一个点对点、点对多点的网状结构，各类信息根据业务需求的规划将联动方案制订成标准流程，再由安全防护管理系统下达，各联动子系统在接收到相应的指令后解析并执行。安全防护管理系统通过电子地图进行监控和数据采集回馈。系统联动需合理规划联动模式、联动策略，设置符合用户日常操作习惯并符合电力安全生产规范的流程，通过消息通信完成系统联动。

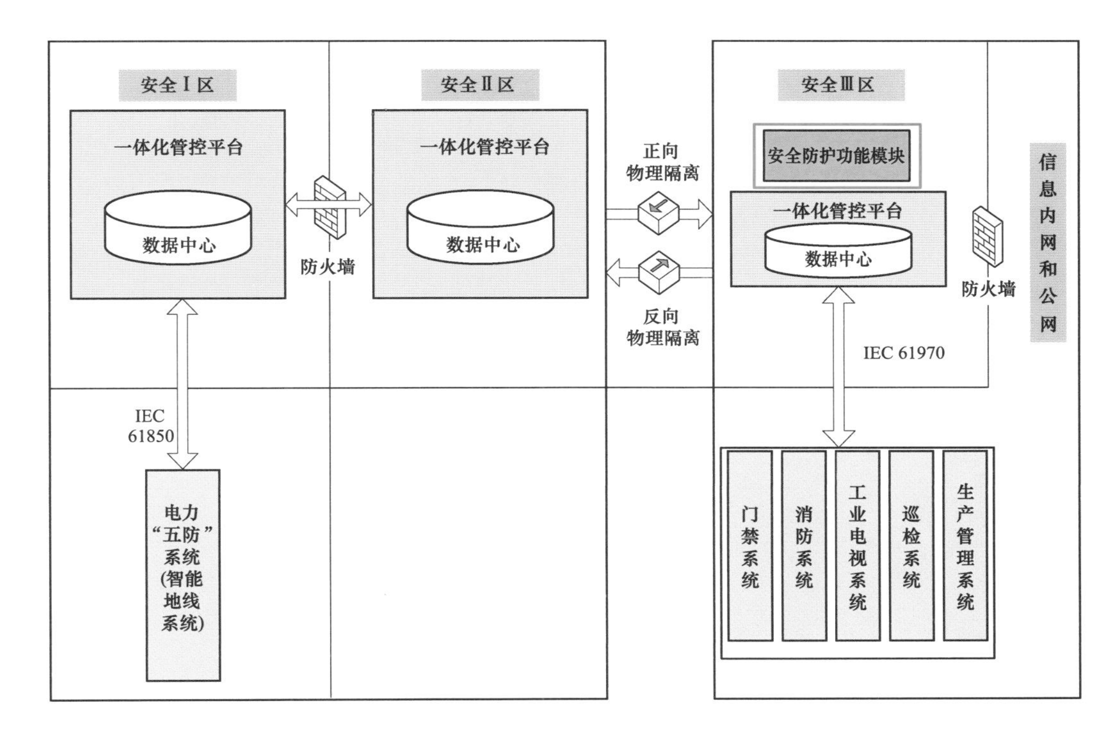


图 9–20　安全防护管理系统与一体化管控平台的关系

## （二）系统层次

按照智能化规划设计，防误系统将采用 IEC 61850 标准接入一体化管控平台的安全Ⅰ区，一体化管控平台采用 IEC 61850–MMS 协议与防误系统进行通信，将实时遥信、遥测信息定时发送至防误系统，防误系统将操作票数据流和虚遥信信息发送至一体化管控平台。防误系统和一体化管控平台的通信是实现全厂安全防护系统的基础。

工业电视系统、门禁系统、消防系统、巡检系统的设备厂商的通信协议不同，且部分厂商的数据库受到硬件供应商的限制，无法直接提供数据库的表结构，也无法让安全防护系统直接访问数据库。要解决这个问题，首先要实现远程数据的采集。因此需设置前端数据采集服务器和联动交换工作站，采集服务器的所有数据通过预设好的权限分类汇总到联动交换工作站数据库，同时在联动交换工作站上实现的多系统联动电子地图，将所有系统中的各种设备（如门禁点分布、工业电视摄像头、卷帘门、消防控测点等）用各类图标的方式呈现在多个平面图层中，通过更直观的方式对各子电站的情况进行监视、控制和分析。联动交换工作站采用 IEC 61970 标准与一体化管控平台Ⅲ区的通信服务器进行通信。整个系统结构分为联动决策层、联动交换层和联动执行层三层，安全防护系统结构如图 9–21 所示。

联动交换层采用“联动交换工作站”加“网络中心数据库”。数据备份方式考虑到数据量（除工业电视）以浏览为主，存储量不大，采用 RAID 1 数据备份方式。数据库选用能够胜任现有软件及数据量系统要求的数据库。联动交换工作站作为整个安防联动平台的中间件，有着承上启下的多项功能：汇总所有子系统的不同厂牌设备数据，并具备远程执行各类指令操

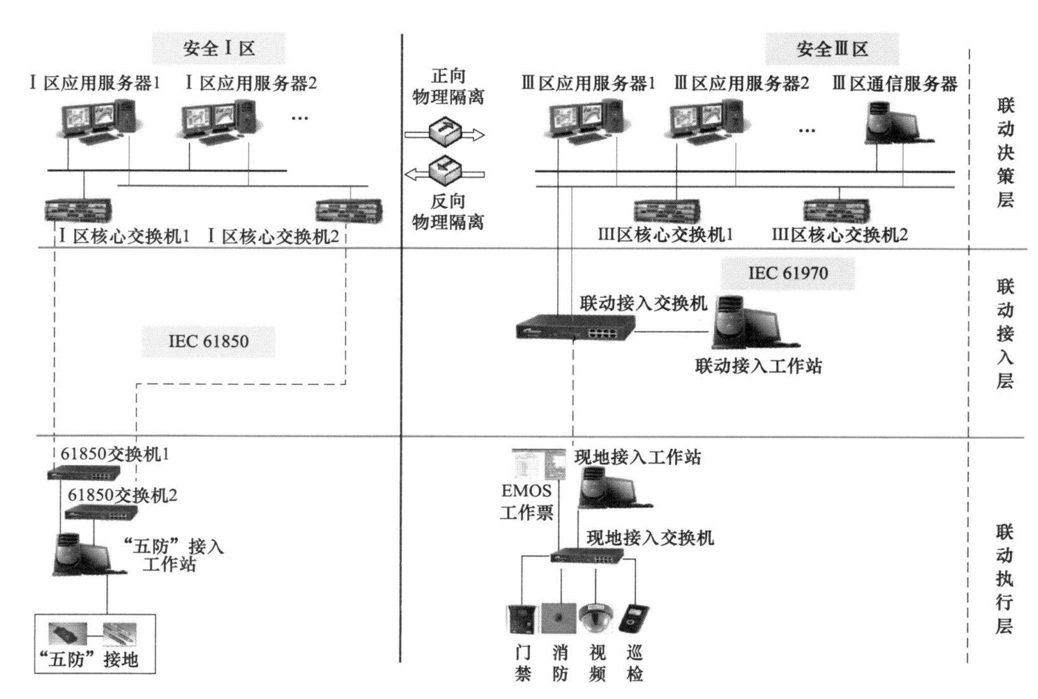


图 9–21　安全防护系统结构图

作的执行层，所有操作在电子地图信息中展示并更新到平台软件；接收各项指令进行操作，定时上传或自动上传规定好的日、周、月数据，为一体化管控平台软件进行一定的数据分析功能提供可能，如电站人员进出量最大一般为什么时间段，是哪些人，什么季节消防设备易报警或损坏多，具体是多少频率。工业电视则更加为各个子系统甚至生产运营提供更多的信息，因此，在立体的直观的电子地图上进行安防联动，势在必行。

电子地图为最直观的操作界面，并可以 B/S 的方式在各系统有权限用户处浏览，比如在领导办公室，所有领导可以第一时间从视频、门禁、五防、巡检、消防各方面了解安防的所有数据，为领导的判断和决策提供大量的真实信息资源，完全解决了以往需要通过的电话、邮件等逐级汇报的弊端，是目前国内乃至国际采用最多的方式。

电子地图一般以 AutoCAD 建筑图为底，将所有信息化设备按实际位置布在图上，同时将所有数据库一一对应，并建立数据采集更新回馈的应用接口，也可以将 AutoCAD 建筑图转化为 3D 的 GIS 地图。

## 二、系统功能

### （一）实时监视与报警

（1）图形化方式满足 GA/T 74—2000《安全防范系统通用图的符号》的规范要求。

（2）能以图形化方式直观显示各站点工业电视安装位置，并汇总各站工业电视系统视频数据。

（3）能以图形化方式直观显示各站点消防设备的具体位置，实时监视消防设备状态，并具备消防系统警报发布功能。

（4）能以图形化方式直观显示各站点门禁的具体位置，实时监视门禁的当前开关状态，并具备门禁系统报警发布功能。

（5）所有报警信息均自动记录到系统日志中。用户可以通过列表界面对报警进行查询，并可以知道报警发生的最初时间及处理情况信息。

### （二）在线安防设备控制

（1）工业电视设备满足 GA/T 367—2001《视频安防监控系统技术要求》的规范要求。

（2）在工业电视设备提供云台控制、镜头控制和跳转预置点等控制操作的情况下，实现相应的远程控制操作。如工业电视设备为固定式摄像头则需要提供镜头控制功能。

（3）能通过门禁系统进行远程强开指定门、强关指定门、重置指定门，强行关闭所有门，强行开启所有门等操作。

### （三）安全防护设备联动

#### 1. 联动功能覆盖范围

安全防护设备联动主要包括实时监控、工业电视、巡检、五防、消防、门禁系统、无线定位系统、语音调度系统、应急广播系统、生产信息管理系统等。

#### 2. 计算机监控系统联动

（1）计算机监控系统与工业电视联动。联动触发事件主要包括：机组开停机流程、远程操作 10kV 以上的主开关、主阀（快速门）操作、各类故障和事故等。

联动流程：当监控系统监控到设备动作信息后传送安防管理系统，安防管理系统按照事先制定的联动策略向工业电视系统发出调用画面命令，工业电视调用监视画面在 Web 浏览器上显示的同时将画面推送至大屏幕上显示。

例如，开机流程监视：监控系统发出开机命令启动开机流程，同时发信息给安防管理系统启动工业电视监视开机流程。按照开机流程，监控系统每发出一项操作指令，则该指令立即传给安防管理系统调用工业电视相应预制位的监视画面，如冷却水主阀、围带、调速器、水轮机主轴、转速测量装置、励磁调节器、同期装置、断路器，直至开机流程完成，这些画面可以采用多画面在大屏幕布中显示，也可按流程逐一推送至单一监视器上。

（2）计算机监控系统与门禁系统联动。当计算机监控系统发现有设备故障或事故后，可以通过安防管理系统调取该房间的工业电视画面，同时打开对应房间的门，便于故障或事故处理。

#### 3. 工业电视联动

（1）工业电视联动的前提条件。必须确保工业电视系统高性能、高稳定，高可靠性；有足够的带宽支撑视频图像的上传和指令的下达；每个摄像头均设置好预制位，一般球机为 360°，每度一个预制位，枪机可按照厂说明书设置；预先设定好每个预制位的联动指令，绘制联动指令与预制位的矩阵或策略表；设置联动指令优先级，当两个联动指令同时发给一个摄像头时应分级执行或顺序执行，一般情况下事故信号优先联动，故障信号其次联动，正常顺控流程最后联动。工业电视组网图，如图 9–22 所示。

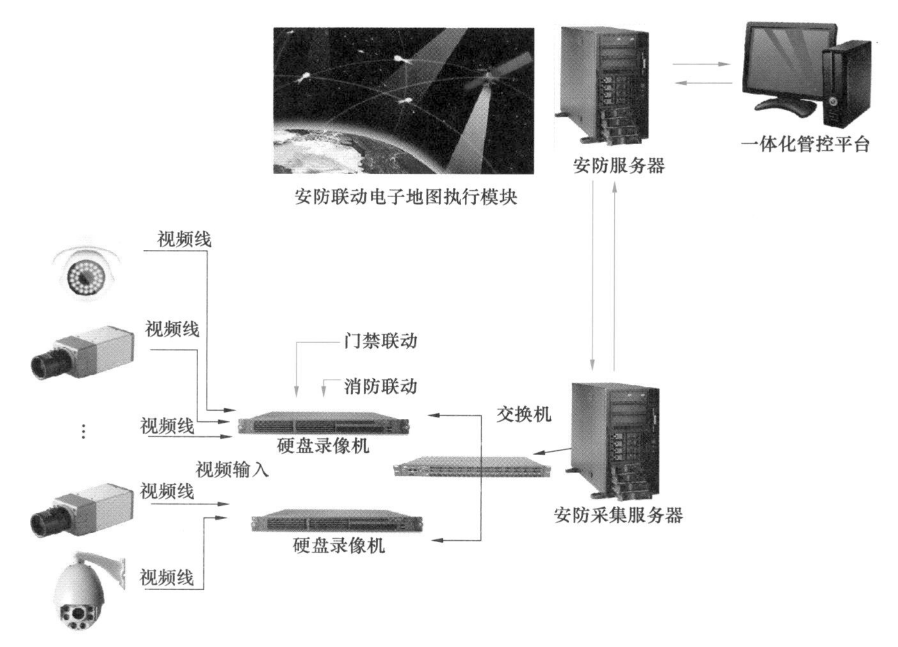


图 9–22 工业电视组网图

（2）工业电视联动的分级。根据实际情况，工业电视联动方式分为多级。

1）底层硬联动：在工业电视现场硬盘录像机上加装报警输入模块实现与当地门禁系统、消防系统的硬联动，这部分的联动为底层硬联动。主要功能是保障电站基本的安全和消防需求，硬联动因不通过网络传输而直接为干接点信号，一旦出现火警自动联动，这样可以有效避免因火灾烧断线路、停电、计算机死机等异常情况引起的系统故障，也确保了一旦有异常情况发生，门禁系统能及时开门放生，确保人员生命安全。同时将发生异常情况的部位发送至一体化管控平台，平台软件通过声光报警提示值班人员注意，为启动应急预案赢得时间，并提供更多的视频信息用于事故分析，避免了值班人员脱岗或睡觉耽误接警时间。因为是多级报警，系统也可设置当报警信号无人响应时向更高一级指挥中心或通过短信、拨固定号等方式通知相关人员报警。

2）智能软联动：工业电视系统的联动功能强大，指令复杂接近程序化，仅凭硬连接一般无法实现，因此在安防系统中需要将工业电视、消防、门禁、巡检等各系统接口统一，并统一将数据库汇总至一体化管控平台。当智能联动时，在智能一体化管控平台上向各系统发送操作指令，由联动交换工作站接收，统一向工业电视系统下达一系列的不同指令，同时采集更新的状态数据并上传，最终在安防管理系统的电子地图界面上得到多个部位甚至不同角度的工业电视视频画面，实现多系统的协同联动工作。

4. 巡检系统联动

（1）巡检系统与无线定位、工业电视、门禁系统联动。巡检系统联动组网图，如图 9–23 所示。

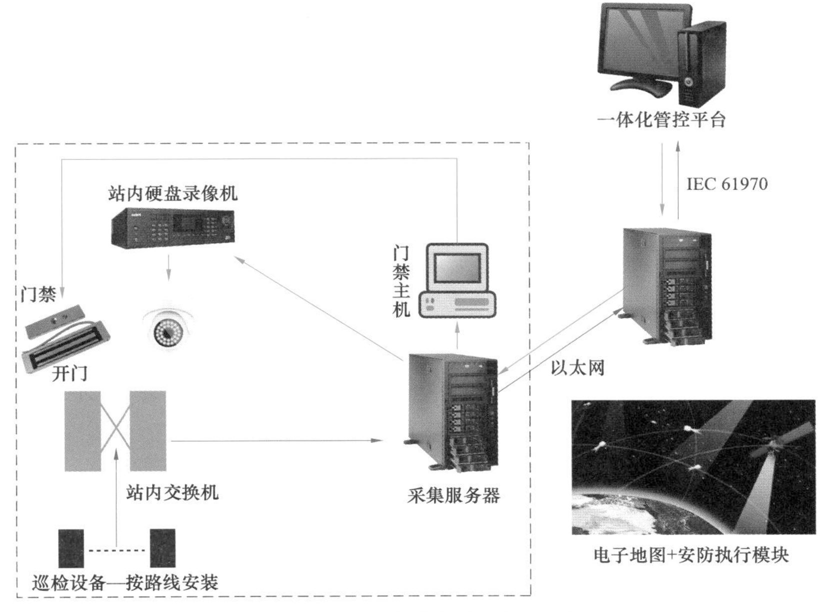


图 9–23　巡检系统联动组网图

巡检人员手持智能巡检仪（内置巡检所用的 APP、有无线定位和语音通话的功能，可以与生产管理系统、调度电话或行政电话进行数据通信）按照巡检路线进行设备巡检，当人员走到设备前的无线定位区域内时，触发工业电视进行监视，同时巡检仪中该点的相关信息表被激活，巡检人员按照设备运行数据填写相关信息表，然后将相关信息回传给生产信息管理系统，即完成该点巡检。而位于监控室中的人员可以通过工业电视或大屏幕布监视巡检人员的动作。当发现违规或不安全行为时可以通过巡检仪的语音通话功能或应急广播进行提示，从而达到一人巡检多人远方监护的目的。当人员走至门前时，通过无线定位系统的定位信息，可以提前打开房门，同时进行工业电视的跟踪。

（2）巡检与生产管理信息系统联动。在巡检过程中如果发现异常，可以录像或拍照，录像或拍照直接录入生产管理系统中；如果发现缺陷，可以直接在生产管理系统中生成缺陷记录。回填的巡检信息也直接与设备关联，形成检查记录。

5. 五防系统联动

（1）五防系统联动对象。五防系统通过安全防护管理系统与计算机监控系统、生产管理系统、工业电视系统、智能地线管理系统进行联动。

（2）联动策略。操作人员在生产管理系统中根据操作任务拟写操作票，拟写完成后发送给五防系统，五防系统根据计算机监控系统提供的设备实际状态信息，进行模拟预演。模拟预演完成后，将操作票回传给生产管理系统，操作人员打出操作票，准备操作工具，然后手持操作票和计算机钥匙到现场进行操作。操作过程中工业电视系统会根据无线定位进行跟踪，监控室人员做第三监护人。需要解锁时，计算机钥匙会根据五防逻辑进行判断，如果存在误操作，则不能解锁。解锁成功后，该信息会实时传送给五防系统主机，然后经安全防护管理系统与生产管理系统联动操作票。挂接地线时，智能地线管理系统会进行记录，并上传到生产管理系统中。

如果使用电子操作票，则操作的每一步均可通过无线网线传送给生产管理系统中，甚至可以随时将操作完成后的设备照片或视频回传至生产管理系统中，形成操作影像记录。

6. 门禁系统联动

门禁系统将信息送到安全防护管理系统，并接受安全防护管理系统的联动信息。门禁系统根据安全防护管理系统的综合信息，联动开放或者关闭相应的门禁，通过智能接口设备将门禁设备的信息送到一体化管控平台。当出现异常情况时，系统具有报警功能，如强行开门、门长时间不关、通信中断、设备被拆、设备故障、用已失效或失窃的卡开门等，管理主机会发出报警信号或语音提示，电子地图显示事件地点，同时形成记录，以上报警动作均可联动工业电视系统进行录像等高级应用。门禁系统组网图如图 9–24 所示。

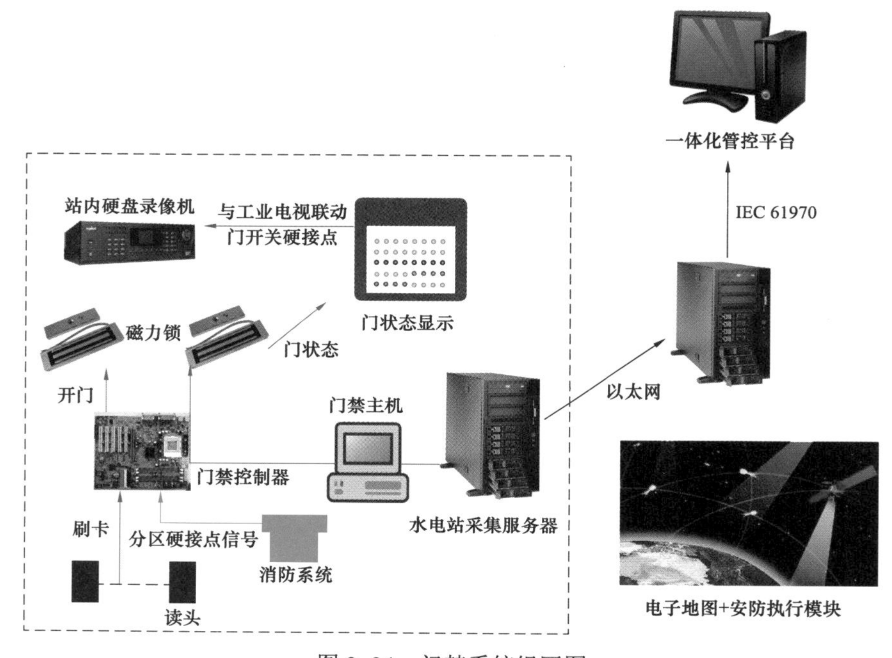


图 9–24　门禁系统组网图

建设安防电子地图，在定义的消防分区将相应的门禁点位布置好，主要的进出口通道与消防系统建立联动，采用硬接点方式，一旦出现火情第一时间放生。主要的设备及重要通道门禁点就近与相应的工业电视摄像点联动。所有门锁的开关状态、历史开关门记录、超时未关信号、遭破坏信号、门禁故障巡检信号等，由门禁系统采集，并将信号传输至控制室的门状态模拟屏幕。

远程开门，特别是巡检联动，可以通过数据库来实现，在站点内的采集服务器上多加一张表，专门写入开门的指令，门禁厂在门禁系统中写一个子程序专门来监控这张表里的数据，只要有指令的，就按照指令来进行硬件的操作。举例：控制中心点击 1 号门（1 号门当前状态为关），修改 1 号门状态为开，系统直接将开门的指令写入中心数据库的表中（如 123，1，1），中心数据库同步给采集服务器上的数据库，门禁系统的软件通过监控表的数据得知，有新的开门指令，读出开门指令，进行硬件操作的动作，然后在增加的数据库中修改本条开门指令的状态。

7. 消防系统联动

消防系统通过智能接口机将火灾信号送到安全防护管理系统，根据安全防护管理系统送来的联动信息启动自动灭火装置或者火灾隔离系统；安全防护管理系统接到火灾信息后，将信息传送到工业电视系统，工业电视系统切换到有关视频画面，实现视频联动。同时，门禁系统自动关闭相应的防火门（火灾隔离系统）、开放相应的门禁（逃生通道）；安全防护管理系统可根据现场的紧急情况设定单个或多个地点的火灾紧急预案；当系统出现异常时，具备事故紧急处理功能。

消防系统组网方式多为总线或多线方式，与电脑采用 RS485 或 RS232 接口方式，消防系统向安全防护系统提供：消防报警点在电子地图上的分布图、报警开关量动态等数据，并要求开放消防报警主机数据库或提供专用接口。

消防系统在每个分区中提供一路消防报警硬接点，用于门禁系统联动。这些硬接点信息同时送至电子地图上显示。消防系统的厂商均提供远程软件关闭或开启某个消防分区或全部分区的报警功能，并提供相应接口或协议。发生火灾报警时门禁系统和工业电视系统应根据用户配置进行联动，如图 9–25 所示。

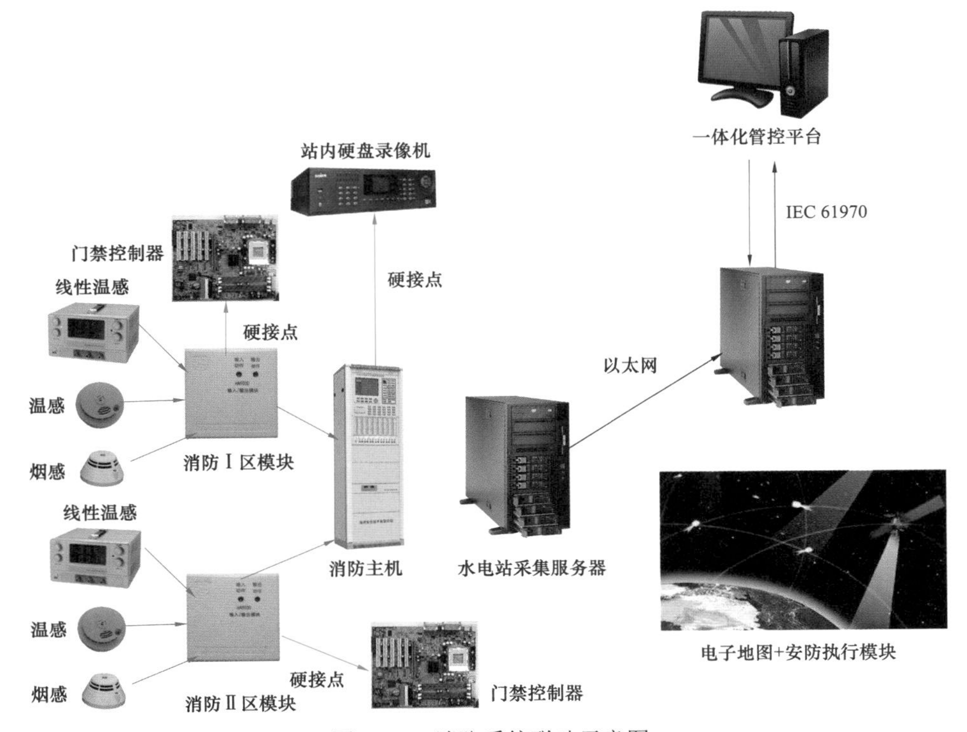


图 9–25　消防系统联动示意图

### （四）联动策略管理

（1）应能单独配置其他类设备与工业电视类设备间的联动策略，配置信息至少应包括其他类设备编号、工业电视类设备编号和工业电视设备预置点信息。应能单独配置消防设备与门禁设备间的联动策略，配置信息至少应包括消防设备编号、门禁设备编号和门禁设备需执行的动作。

（2）应能在无人工干预的情况下，自动根据配置策略计算出合理的多系统联动策略。

（3）应能在多站点间共享联动策略，上级站点配置的联动策略能够同步到下级站点。

## 三、与各系统之间的数据接口

应急指挥中心、工业电视、门禁、防误、消防、无线定位、语音调度、巡检、生产管理等系统的信息全部统一接入智能一体化管控平台中，安全防护管理系统根据联动策略来调度各系统之间的联动；对于基建阶段形成的“五系统一中心”（即人员定位管理系统、视频监控与应急广播通信系统、水工（地质）安全预警系统、环境安全监控系统、防坠保护系统，安全监测中心）也可预留接口，在投产后接入安全防护管理系统中。

# 第三节　生产管理信息系统

生产管理系统是以生产设备和设施的管理为核心，以生产业务流程的标准化管理为目标而建立的信息管理系统。该系统与 ERP 系统（资产管理、项目管理、物资管理等模块）、一体化管控平台之间可以进行数据交互，来完成生产和企业经营管理的过程控制，实现生产运行业务的全过程管理和设备的全生命周期管理。

## 一、生产管理系统主要模块及功能

生产管理系统主要模块及功能如表 9–1 所示。

表 9–1　　生产管理系统主要模块及功能

| 模块 | 一级模块 | 二级模块 | 功能说明 |
|---|---|---|---|
| 资源管理 | 资产 | | 实现对资产设备的日常维护（包括新建、修改、删除、查询等）；实现对资产设备的相关信息查询（健康台账、工单、工作票、缺陷、技术参数等） |
| | 位置 | | 实现对位置信息（包括 KKS 编码、运行状态）的日常维护（包括新建、修改、删除、查询等）；实现位置上对应资产设备的当前关系维护、历史关系查询；实现位置上对应资产设备的基本信息及相关信息查询。输入和跟踪资产的位置，并将这些位置组织到逻辑层次结构系统或网络系统中 |
| | 故障代码 | | 建立并显示故障层次结构，从而帮助用户准确地创建影响设备与操作位置的故障历史。汇报并分析故障趋势，用户就可采取预防性措施。故障层次结构的标识为故障类别。当用户要汇报“设备”与“位置”上完成的工作时，用户可以在“设备”与“位置”记录中输入此代码，然后分析它们的故障趋势 |
| | 工具台账 | | 管理用于执行工作的工具的信息 |
| | 设备评级 | | 实现对资产设备的评级管理（包括新建、修改、删除、查询评级记录） |

续表

| 模块 | 一级模块 | 二级模块 | 功能说明 |
|---|---|---|---|
| 资源管理 | 设备异动 | | 创建和存储设备异动及其相关信息，如每项设备异动的执行情况和审批信息等 |
| 计划管理 | 检修项目 | 滚动计划 | 用于创建、修改和上报项目滚动计划 |
| | | 年度计划 | 用于创建、修改和上报项目的年度计划 |
| | | 项目变更 | 针对某一发生变更的项目来创建项目变更单并进行上报和审批（例如：项目的工期变更和状态变更等），变更单审批通过后会自动更改项目的相关信息（例如，同步项目状态等） |
| | | 项目月报 | 用于创建并上报每月的项目执行情况和项目相关信息 |
| | | 年度总结 | 用于填写和上报年度总结的程序 |
| | 技改项目 | 滚动计划 | 用于创建、修改和上报项目滚动计划 |
| | | 年度计划 | 用于创建、修改和上报项目的年度计划 |
| | | 项目变更 | 针对某一发生变更的项目来创建项目变更单并进行上报和审批（例如，项目的工期变更和状态变更等），变更单审批通过后会自动更改项目的相关信息（例如，同步项目状态等） |
| | | 年度总结 | 用于填写和上报年度总结的程序 |
| 项目管理 | 检修项目 | 工作计划 | 用于填写并向上级单位报告所有检修非标项目和技改项目的工期 |
| | | 项目实施 | 对检修项目计划的实施 |
| | | 项目竣工 | 用于管理和上报项目的竣工信息 |
| | 技改 | 工作计划 | 工作计划的制定及审批：可以对年度计划项目制订工作计划 |
| | | 项目实施 | 对技改项目计划的实施 |
| | | 项目竣工 | 用于管理和上报项目的竣工信息 |
| | | 后评估报告 | 后评估报告的上报及审批 |
| | 自主项目 | 工作计划 | 可以对自主项目年度计划项目制订工作计划 |
| | | 项目实施 | 对自主项目计划的实施 |
| 设备维护 | 设备台账 | | 实现对资产设备的日常维护（包括新建、修改、删除、查询等）；实现对资产设备的相关信息查询（健康台账、工单、工作票、缺陷、技术参数等） |
| | 工单 | 普通工单 | 计划、复查及批准资产和位置的工单。在 Maximo 中创建工单时，可以启动维护过程并创建所执行工作的历史记录 |
| | | 领料工单 | 计划、复查及批准资产和位置的工单。在 Maximo 中领料，可以启动维护过程并创建所执行工作的历史记录 |
| | | 定期工作 | 创建和存储检修定期工作及其相关信息，用来记录检修定期工作要执行的全部过程 |
| | | 典型作业指导书 | 设置标准的典型作业指导书 |
| | 缺陷管理 | | 创建和存储报缺单及其相关信息，可以启动报缺流程并记录报缺单的历史记录 |
| | 机组检修 | 检修工期 | 用于填写并向新源报告所有检修非标项目和技改项目的工期 |
| | | 开竣工报告 | 用于管理和上报项目的开工、竣工信息 |
| | | 检修总结 | 用于填写和上报机组检修总结的程序 |

续表

| 模块 | 一级模块 | 二级模块 | 功能说明 |
| --- | --- | --- | --- |
| 设备维护 | 定期工作 | 工作项目 | 创建和存储检修定期工作项目及其相关信息，用来定义检修定期工作要执行的详细步骤 |
| | | 周期设置 | 创建、修改和查看工作资产和位置的检修定期工作设置。检修定期工作设置记录是检修定期工作的模板 |
| | 设备异动 | | 设备异动管理规定了设备异动包含的范围及工作程序，并明确各级人员的职责。<br>设备的各类异动、改进或更新，均应办理设备异动手续。<br>设备异动的申报、审批及执行的管理过程 |
| | 设备分析 | | 设备状态分析报告包括机组设备、水工设施、专业分析、专题分析与技术报告、建议要求五大部分 |
| 运行管理 | 运行值班 | | 创建、修改和查看工作记录和统计发电运行值班过程中所发生的一切与发电运行有关的记录、统计和保存的运行状况原始数据记录 |
| | OnCall 值班 | | 创建、修改和查看 OnCall 值班记录 |
| | 操作票 | 典型操作票 | 为操作票提供模板。可复制到操作票中 |
| | | 操作票 | 用于管理操作票生成、审批、执行记录、操作评价、统计分析等相关信息 |
| | 工作票 | 一种票 | 创建和存储工作票及其相关信息，如每项工作票的安全措施、危险点分析、相关文档等 |
| | | 二种票 | 创建和存储工作票及其相关信息，如每项工作票的安全措施、危险点分析相关文档等 |
| | | 水力机械 | 创建和存储工作票及其相关信息，如每项工作票的安全措施、危险点分析和相关文档等 |
| | | 工作任务单 | 创建和存储工作票及其相关信息，如每项工作票的安全措施、危险点分析和相关文档等 |
| | | 典型隔离库 | 工作票引用的典型隔离库 |
| | | 典型危险点 | 工作票引用的典型危险点 |
| | 定期工作 | 运行定期工作 | 创建和存储运行定期工作及其相关信息，用来记录运行定期工作要执行的全部过程 |
| | | 标准操作卡 | 创建和存储标准操作卡及其相关信息，用来定义运行定期工作要执行的详细步骤 |
| | | 工作频率设置 | 创建、修改和查看工作资产和位置的运行定期工作设置。运行定期工作设置记录是运行定期工作的模板 |
| | 停复役 | | 对调度申请停机计划在厂内进行流程流转和记录 |
| | 临时电源 | | 针对临时工作用电申报、审批及执行过程的管理 |
| 技术监督 | 组织机构 | | 设置、查看各级技术监督组织机构内容 |
| | 标准项目设置 | | 维护技术监督专业以及各专业相关技术监督项目 |
| | 年度计划 | | 制定、审核、批准技术监督年度计划（按各专业制订） |
| | 技术监督报表 | | 按照技术监督专业以及报表类型（年度、季度和月度），来维护技术监督报表项目 |
| | 技术监督告警 | | 对每年的技术监督项目执行情况进行检查，对于未及时消除隐患又不采取措施的项目，试验和技术数据不真实及指标超标的技术监督项目，发出告警通知单 |
| | 年度总结 | | 技术监督专责根据本专业年度技术监督执行情况，进行年度工作总结 |

续表

| 模块 | 一级模块 | 二级模块 | 功能说明 |
|---|---|---|---|
| 水工管理 | 防汛方案 | | 用于防汛方案的制定，编辑和审批 |
| | 汛情周报 | | 用于每周防汛情况的周报，编制审核并上报 |
| | 防汛值班 | | 用于值班安排，包括值班领导，值班员及相关时间的制定 |
| | 防汛检查 | | 用于防汛期间的定期检查 |
| | 防汛整改 | | 用于记录对防汛检查中存在的问题进行整改的情况 |
| | 防汛检查模版 | | 为防汛检查提供相应的模板 |
| | 防汛值班日志 | | 用于记录每日防汛值班中的情况 |
| | 防汛总结 | | 用于对每年防汛工作的总结记录 |
| | 大坝定检 | | 用于记录大坝定检的内容和结论以及相关文档 |
| | 大坝维护计划 | | 用于记录大坝维护计划的内容以及相关文档 |
| 巡检管理 | 巡检点 | | 维护巡检点及巡检点相关内容，包括巡检类型、巡检标准、巡检状态等 |
| | 巡检区域 | | 维护巡检区域及巡检区域下的巡检点信息 |
| | 巡检路线 | | 维护巡检路线及巡检路线下的巡检区域、巡检点及巡检人员相关信息 |
| | 巡检任务 | | 制定巡检人员的巡检任务。可以批量生成巡检任务 |
| | 巡检记录 | | 维护巡检记录的相关数据，包括巡检到位时间、巡检结果和巡检数值等信息。并可查询巡检记录相关报表 |
| 信息管理 | 公告栏 | | 发布公告信息 |
| | 问题反馈 | | 用户提出系统存在的问题，提出改进建议，共同讨论解决问题 |
| | 系统功能点评 | | 可以对系统模块进行点评 |
| | 信息发布 | | 发布通知、文件等相关信息 |

除表 9–1 所列模块及功能外，还可以根据实际需要增加水库调度模块、设备日常维护模块、临时电源管理模块、反措管理模块、项目储备库管理模块、用户和指标管理模块等，来完成水库调度计划的编审批流程、设备日常维护工作计划及执行、临时电源的审批及执行、反措计划及执行、项目储备库的编审批流程、用户权限配置、各项指标的公布及对照等生产管理工作。

生产管理系统的功能还可以规划为“五中心、一管理”，包括标准中心、设备中心、运行中心、计划中心、评价中心和综合管理六部分，如图 9–26 所示。

## 二、与一体化管控平台之间的数据交换

遵循 IEC 数据接口标准和智能一体化管控平台进行数据交换，从平台获得实时和历史监控信息完成生产报表，向平台输出设备状态信息（如设备缺陷、设备修试、两票等信息），成为状态检修专家系统设备评价的数据源之一。实现生产管理系统与安全管理系统在设备信息和两票信息的接口；实现生产管理系统与调度管理系统在设备信息、检修计划、停电检修申请、调度令与操作票、定值单、缺陷故障等业务接口；实现生产管理系统和企业资源规划系

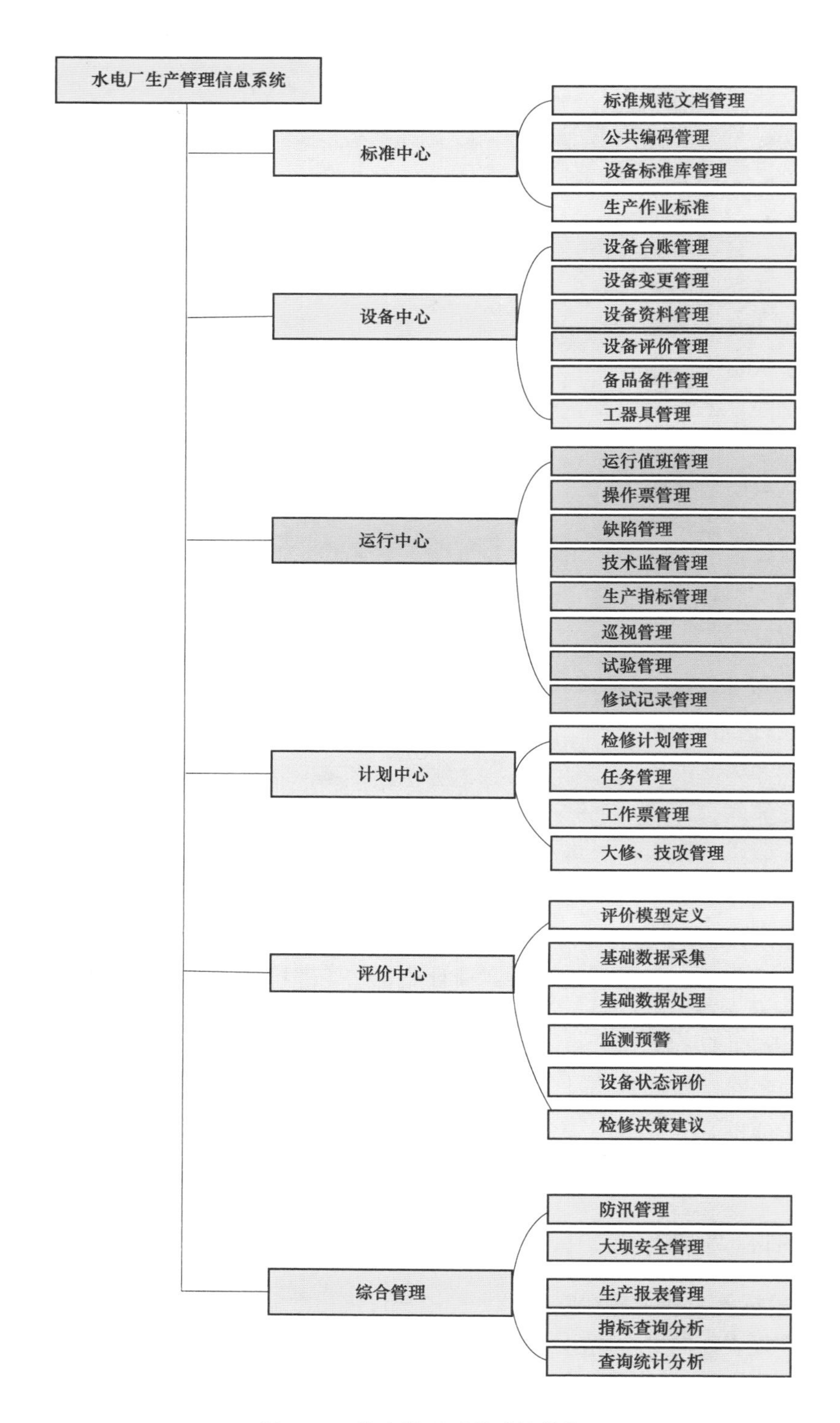


图 9–26 生产管理系统功能模块

统在技改大修项目管理、生产计划管理、备品备件、检修试验、故障缺陷管理等业务接口，完成横向及纵向系统的集成；完成生产类报表及报告的自动生成；完成设备档案资料的智能化管理，如按时提醒修订、故障推出图纸、自动生成设备档案等。

1. 实时监控系统

从监控系统读取设备实时信息，形成开停机、启动成功率、发电量、运行小时数等各类运行记录；读取缺陷、故障、事故数据，经确认后形成缺陷和维护工单；在缺陷、故障和事故发生时，从生产管理系统中调取相关图纸，在监控系统中推出图纸资料，便于缺陷、故障或事故的处理；读取设备实时信息为两票管理、巡检管理、定期工作等提供数据。

2. 在线监测系统和状态检修系统

监测数据和状态检修评估结果传至生产管理系统用于形成缺陷或检修、试验、运行记录；在生产管理系统中，人工试验数据以格式化的形式存储于数据库中，并通过数据交互，将人工监测数据传回状态检修系统用于设备状态评估。

在线状态监测的数据和人工试验数据都可以按照生产管理系统和一体化管控平台的数据结构自动填写形成报告。在状态检修系统中可以对两类数据进行对比分析，一方面可以校核在线状态监测系统和人工试验的数据准确性，还可以分析出状态监测系统的设备故障或缺陷。

## 三、系统联动

1. 与防汛决策支持与指挥调度系统联动

防汛决策支持与指挥调度系统的水雨情数据传至生产管理系统，可以自动填报防汛值班报表，并形成预警信息，可以通过生产管理系统进行上报和发布；生产管理系统的水库调度运用建议可以回传到防汛决策支持与指挥调度系统，用于水库调度，并可进行统计分析，指导计划的编制；防汛决策支持与指挥调度系统的闸门操作信息和泄洪信息可以传至生产管理系统，用于自动生成洪水简报和泄洪总结；防汛决策支持与指挥调度系统中的防汛值班日志，可以传至生产管理系统，用于自动生成值班日志；防汛决策支持与指挥调度系统中的人员和防汛物资情况可以通过生产管理系统或 ERP 系统进行采集。

2. 与大坝安全分析评估与决策支持系统联动

大坝安全分析评估与决策支持系统的设备在线监测数据和评估结果，可以传至生产管理系统形成缺陷或检修、运行记录；而人工监测数据也可以回传给大坝安全分析评估与决策支持系统用于状态分析。

3. 与安全防护管理系统联动

防误系统、巡检系统、消防系统、工业电视系统等的实时监测和报警数据传至生产管理系统形成缺陷或检修、运行记录；生产管理系统操作票信息、巡检数据传至安全防护管理系统中可形成联动。

4. 与其他系统的联动

无线巡检、语音调度、无线定位等数据包括巡检形成的语音、照片、视频等，可传至生产管理系统形成巡检记录、缺陷记录或检修、运行记录。

可以结合物联网相关技术的应用，开发 APP 应用程序，可以实现远程的生产管理系统访问功能，用于远程生产管理。

## 第四节　基础支撑平台

基础支撑平台主要为智能水电厂一体化管控平台及各高级应用系统的硬件设备提供电源、时钟、防雷等基础支撑。它主要包括一体化电源系统、统一时钟对时系统、弱电防雷系统以及厂区环境监控系统。

基础支撑平台与智能化系统之间的关系如图 9–27 所示。

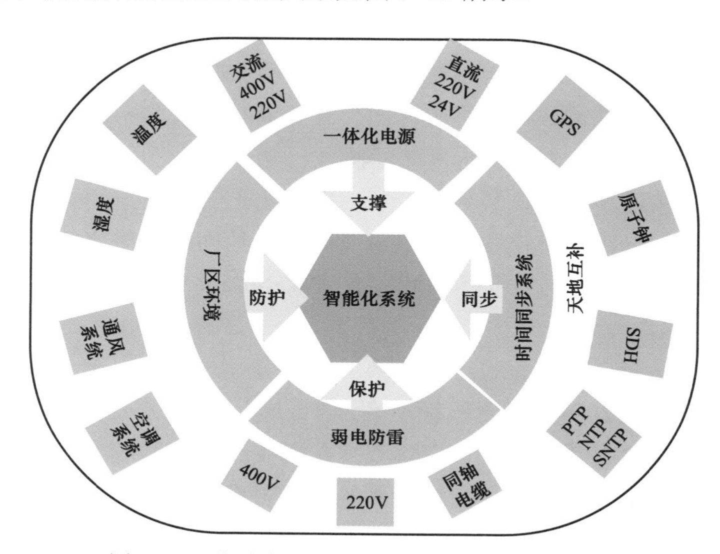


图 9–27　基础支撑平台与智能化系统之间的关系

### 一、一体化电源

（1）一体化电源的供电范围。一体化电源的供电范围应包括所有需要不间断电源供电或直流供电的水电厂设备，主要包括保护、励磁、电调、监控、同期、电力调度自动化设备、通信、信息、事故照明等设备，以及所有电气一次设备、机械设备的操作电源等需要直流供电的设备。

（2）设计原则。集中供电，设备统一，全线监控，可靠运行。以主厂房为中心，进行集中供电，只要在主厂房供电能够辐射范围内的所有设备均采用主厂房供电；距离远、无法辐射的，可以使用分布式电源供电，但所有供电设备必须采用统一设计和统一品牌的产品，减少维护工作量，便于统一监控管理；所有供电设备可就近纳入监控系统，或直接与监控系统通信，所有数据均送入智能一体化管控平台进行管理，从而确保可靠运行。

（3）一体化电源的供电方式。主厂房内建设两套直流系统，出线为 220kV 及以上电压等级的可增加一套独立的开关站直流系统。主厂房内需要不间断供电或直流供电的设备，由直流系统统一供电，需要不间断供电的可采用统一逆变电源或分布式逆变电源供电，直流 24V 供电可采用高频开关电源供电。开关站可由独立的直流电源供电。调压井、进水口、大坝泄洪闸门等可采用分布式不间断电源供电。

（4）一体化电源监控平台。一体化电源就近与监控系统 LCU 或 PLC 通信。如果一体化电源具备网络通信功能，则可以全部接入Ⅱ区交换机中，数据全部采集进入Ⅱ区监测数据库中。

在Ⅲ区展示平台中增加一体化电源监测画面，展示一体化电源运行情况，包括主机（输入出电压、负载、频率、输出电压、温度、旁路状态、运行日志等）、电池（可以与电池巡检仪通信，采集电池电压、内阻、容量、温度等）、馈线绝缘（可以与绝缘监察装置通信采集数据）、馈线参数（可以从监控系统相关 PLC 设备中读取参数，包括电流、电压、功率、功率因数等）。

当一体化电源故障时，可通过短信或画面推送等方式发送报警到指定人员。同时提供多种分析工具，对一体化电源的运行情况进行统计分析，为设备维护、预防性试验和更新改造提供依据。

## 二、统一时钟

（1）基本概念。时间同步系统（time synchronism system）：安装在调度中心、发电厂和变电站内，由主时钟、时间信号传输通道、时间信号用户设备接口所组成的系统，称为时间同步系统。

主时钟（master clock）：自带高稳定时间基准，具备两种外部时间基准信号输入，以要求的准确度走时并能发送时间同步信号和时间信息的标准时钟，可作为时间同步系统的主时钟。

（2）时间同步系统结构。时间同步系统由主时钟、时间信号传输通道、时间信号用户设备接口组成，安装在调度中心和厂站的二次设备室内。主时钟主要由三个部分组成，即时间信号接收（输入）单元，接收外部时间基准信号；时间保持单元；时间信号输出（扩展）单元。

（3）智能水电厂时间同步系统配置。水电厂的时钟同步系统一般配置有一套主时钟，可以接收两路卫星对时和一路 DCLS 主时钟信号。两路卫星对时主要来源为 GPS 或北斗系统，一路 DCLS 主时钟信号为电力调度的对时信号。主时钟信号保持与调度时钟的一致，当主时钟信号失去时，则主时钟信号使用 GPS 或北斗时钟。主时钟可以通过扩展时钟对用时设备进行对时，如图 9–28 所示。

## 三、弱电防雷系统

防雷系统一般包括建筑物防雷和设备防雷两种。设备防雷又包括一次（高压）设备防雷和二次（低压）设备防雷。建筑物和一次设备防雷一般在电站设计时均已考虑，但二次（低压）系统防雷在早期电站设计阶段考虑较少，二次防雷保护整体设计如图 9–29 所示。

瞬时过电压对低压电源和电子设备是极其有害的，尤其对计算机、仪器仪表、通信系统等电子设备危害很大，轻则使设备运行失灵，重则使设备永久性损害。据统计，约 25%的电子设备损坏事故是供电系统过电压所造成。即使采用稳压电源或在线不停电电源，也不能消除瞬时过电压的破坏作用，在强大的瞬时过电压作用下，稳压电源和不停电电源本身也可能被损坏。

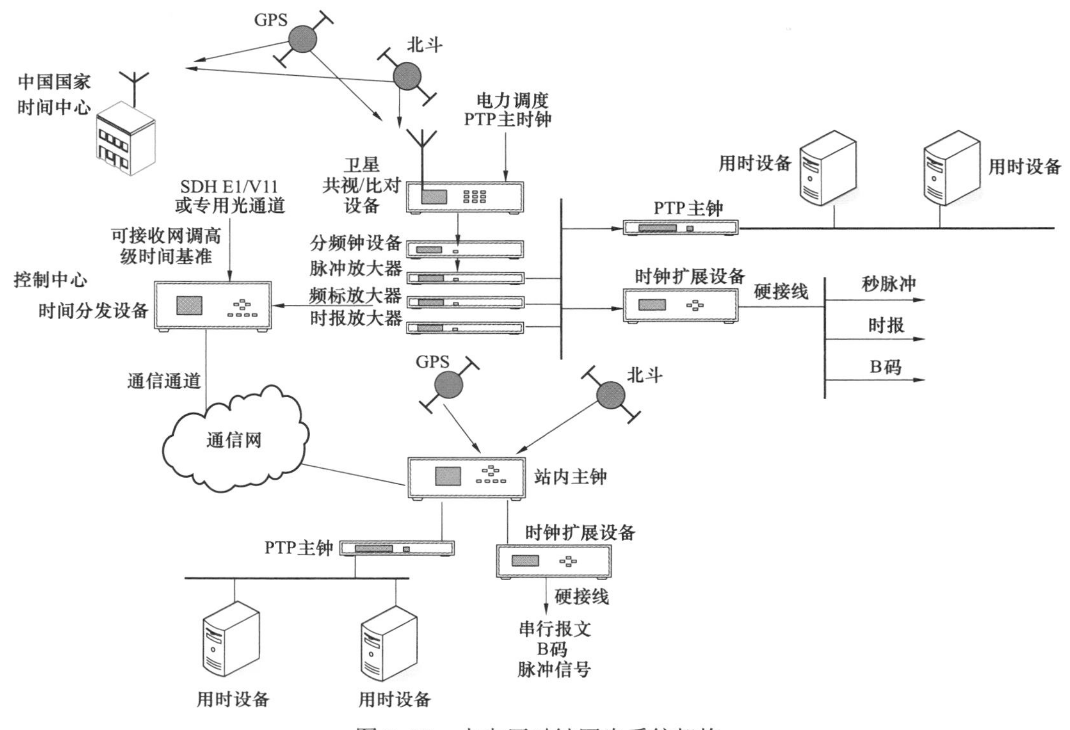


图 9–28　水电厂时钟同步系统架构

1. 弱电电源系统防雷设计

对电源实行三级防雷保护，如图 9–29 所示。

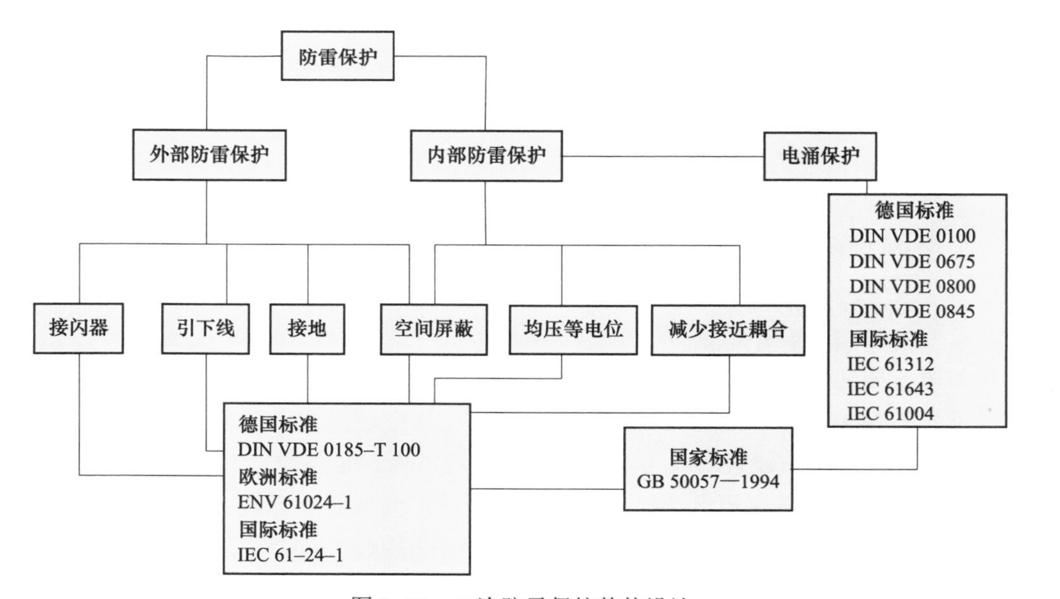


图 9–29　二次防雷保护整体设计

第一级安装在建筑内变压器380V进线柜母线侧，主要是泻放大部分侵入大楼的雷电流，即在变电器的低压侧加装间隙型浪涌保护器，泄放大部分入侵变电站的雷电流。该区域属于B级防雷区，雷击危险性较高，应采用放电电流较大（≥60kA），响应时间≤25ns的B级防雷保护装置。

第二级安装在站用变压器380V进线柜内，第一级防雷器后，主要用于限制雷击引起的瞬态过电压；防止雷击过电压从交流配电线进入中控室二次设备。该区域属于C级防雷区，应采用放电电流≥40kA，响应时间≤25ns的C级防雷保护装置。

第三级防雷安装在站内装置柜内，如各类保护柜、测控柜、故障录波装置、安稳及其他自动装置、通信直流电源柜等。

第三级分直流和交流防雷，直流第三级防雷安装在站内装置柜内，如各类保护柜、测控柜、故障录波装置、安稳及其他自动装置、通信直流电源柜等；交流第三级防雷安装在站内装置柜内交流电源上，如UPS电源等，主要是当前端安装的SPD所得到的电压保护水平加上其两端引线的感应过电压以及反射波效应不足以保护远端设备时，在该远端设备处加装第三级防雷装置保护该设备。

2. 信号系统防雷设计

对于信号设备根据信号确定对应信号防雷器，保证信号的正常传输。

载波线防雷：在载波到通信柜前串联安装双绞线信号防雷器，防止载波线路在高压场地感应雷电进入机房，对设备构成危害。为取得很好的效果，用户话路盘、程控交换机通信线、Modem及信号线的过电压保护应采用四级保护。过电压保护器最好能同时具有保护模块失效自动报警、过电压次数自动记录、停电后记录的过电压次数不丢失等功能。

通信线防雷：在通信线进入设备前串联安装过电压保护器，抑制沿线路传导的过电压对设备造成危害，以满足ADSL，ISDN，DDN帧中继、模拟电话线等多种通信线路的防雷保护。

天馈线防雷：对拥有带BNC或N接头的连接收发器GPS时钟系统，在同轴电缆进入同步装置屏前串联安装高频馈线防雷器，防止天馈线路从户外引入雷击过电压进入设备，对设备构成危害。

设备间通信线路防雷：在通信口的两端分别安装相应的信号防雷器，防止过电压击毁通信端口或引起设备集成电路芯片损坏。

TV二次回路防雷：对全部TV二次回路考虑串联安装信号防雷器，防止TV二次回路从高压场引入雷电，对设备构成危害。

对于数据信号用防雷器的选择，数据传输用防雷器的钳位电压应满足自动化设备信号传输速率及带宽的需要，对雷电响应时间应在10ns内，其接口应与被保护设备兼容，因此工程前应提供被保护设备接口的详细资料给防雷器厂。以某变电站自动化系统防雷工程为例，同样是RS485的串口传输方式，接口类型既有DB25也有RJ11，为此可分别选用不同接口方式的防雷器，其标称放电电流3kA时残压不大于1.50V。

对于GPS用同轴型防雷器的选择，同轴型防雷器插入损耗应不大于0.3dB，驻波比不大于1.2，最大输入功率能满足发射机最大输出功率的要求，安装与接地方便，具有不同的接头，标称放电电流应大于5kA。

对于计算机网络信号用防雷器的选择，计算机网络数据线防雷器应满足各类接口设备传输速率的要求，接口应与被保护设备兼容。以某变电站计算机网络信号防雷工程为例，可选用标称放电电流 5kA 时残压不大于 25V 的防雷器。

3. 防雷系统监控平台

防雷器动作信号接入智能一体化管控平台的模式：防雷器安装于对应保护设备的柜体中，并对防雷器的遥信端子进行编号，方便后续能及时确定动作的防雷保护器的位置。将编号的防雷器信号就近接入监控系统的 PLC 中，也可以单独加装信号采集设备，将采集的防雷器信息传送到一体化管控平台数据库中。接入方式如图 9–30 所示。

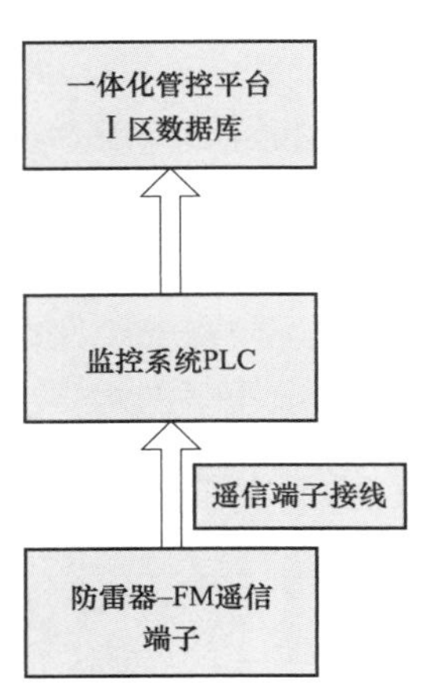

图 9–30 防雷器接入一体化管控平台的方式

一体化管控平台在收集到防雷系统的防雷器动作信息之后，能够进行记录并发出报警信号，可以在Ⅰ区监控画面和Ⅲ区展示平台中进行展示，并通过短信方式通知相关人员。同时能够提供统计分析工具，用于分析雷击情况，便于查找原因，增强水电厂的系统防雷能力。

## 四、厂区环境监控

厂区环境监控系统主对厂区的温度、湿度、噪声、磁场强度、室外开关站的盐密度等数据和通风、空调、电热的投入、退出以及运行情况进行监控。可以独立设置一套采集系统采集相关数据，所有数据接入统一体化管控平台Ⅱ区数据库。在一体化管控平台Ⅲ区建立展示和分析平台，可以展示相关数据及设备运行情况；可以结合通风、空调、电热的投入、退出以及运行情况，对厂房的温度、湿度等进行统计和分析，提出通风、空调、电热设备既节能又安全的运行方案；可以对噪声、磁场强度、室外开关站的盐密度进行分析，提出预防措施。

# 第五节 资产全寿命周期管理

## 一、系统概述

企业资产管理，特别是大型集团化、资产密集型企业的资产管理一直是企业关注的重点问题之一。资产全寿命周期管理（life cyele cost，LCC），就是利用有限的人力、财力、时间等资源完成资产从增加、扩建、调拨至报废的全生命周期管理，使资产在其生命周期内实现价值最大化。

资产全寿命周期管理是指以企业的长期经济效益为着眼点，依据企业业务发展战略，采用一系列的管理、经济和技术措施，统一管理企业资产的规划、购建、运维、退出的全过程。它是在满足安全、效能的前提下追求资产全生命周期效益最优的一种科学管理理念。

资产全寿命周期管理具有三个主要特征：① 全过程性，也就是资产管理需要考虑资产从取得到退出全生命周期的长期性，而不是暂时的、阶段的，这也是不同于其他管理最突出的一个特点；② 全员化性，作为创效的物质基础，资产管理涵盖面广泛，各个部门、各级单位包括全体员工，都在参与资产的管理与运营；③ 全方位性，就是资产管理运营效益的评价，这种效益性应该是统筹经济效益、安全效益、社会效益等因素的效益最优化或最佳化。

全寿命周期管理内容包括对资产、时间、费用、质量、人力资源、沟通、风险、采购的集成管理。通过组织集成将知识、信息集成，将未来运营期的信息向前集成，管理的周期由原来以项目期为主，转变为现在以运营期为主的全寿命模式，能更全面地考虑项目所面临的机遇和挑战，有利于提高项目价值。

全寿命周期管理具有宏观预测与全面控制的两大特征，它考虑了从规划设计到报废的整个寿命周期，避免短期成本行为，并从制度上保证 LCC 方法的应用；打破了部门界限，将规划、基建、运行等不同阶段的成本统筹考虑，以企业总体效益为出发点寻求最佳方案；考虑所有会发生的费用，在合适的可用率和全部费用之间寻求平衡，找出 LCC 最小的方案。

建设项目全寿命周期是指从建设项目构思开始到建设工程报废（或建设项目结束）的全过程。在全寿命期中，建设项目经历前期策划、设计和计划、施工和运行、报废处置五个阶段，如图 9–31 所示。

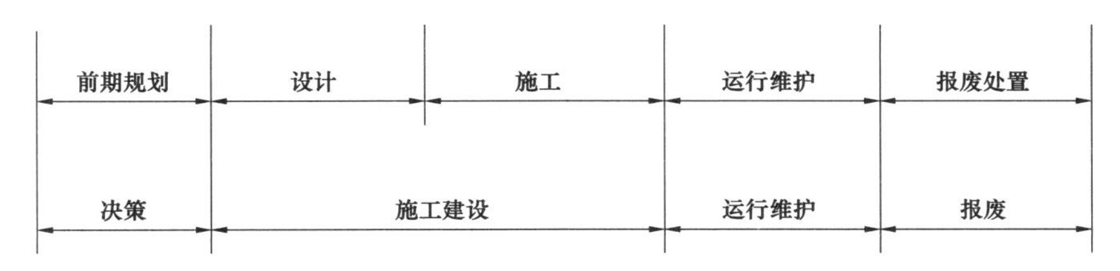


图 9–31　电网建设项目全寿命周期管理全过程

## 二、水电厂建设阶段资产全寿命周期管理

水电厂建设阶段主要是指决策、施工建设阶段。该阶段管理可借鉴丰满重建工程案例。丰满重建工程利用 BIM、虚拟现实、物联网、云计算、大数据、移动互联网等技术，成功构建具有可视化、物联化、集成化、协同化、科学性特征的智慧管控平台，对工程建设安全、质量、进度进行全过程智慧管控，提高工程建设的管理水平，实现水电厂建设阶段资产全寿命管理的目标。为了保证重建过程中工程建设管理的优异和资料的可追溯性，丰满重建工程在可研阶段就开始了可视化、数字化等技术手段的研发与应用工作。

## 三、水电厂运营阶段资产全寿命周期管理

水电厂运营阶段资产全寿命周期管理主要是以建设期资产全寿命周期管理为基础，将建设期的设备、设施的建设、制造、安装、调试、验收、交接等图纸资料全部实现数字化，建立数字化档案。然后利用智能水电厂的一体化管控平台，结合 ERP、生产管理系统等对水电厂运营阶段的资产进行全过程管控（包括消缺、检修、技改等环节），直至报废。

# 第十章

# 智能水电厂建设方案研究及应用实例

# 第一节　已建水电厂智能化改造

2010 年，白山发电厂和松江河公司作为试点开展水电厂智能化改造，由此拉开了智能水电厂建设的序幕。本节从总体框架结构、经济调度与控制系统改造方案以及建模方式等方面，介绍两家单位智能化改造的不同之处，为后来者提供参考。

## 一、计算机监控系统改造方案

### （一）白山发电厂计算机监控系统改造方案

1. 白山发电厂原计算机监控系统简介

改造前，白山发电厂计算机监控系统由三个子系统组成：桦甸梯调中心监控系统、白山电站监控系统、红石电站监控系统。整个系统采用分层分布的系统结构，共分三层：桦甸梯调中心层、白山（红石）站级监控层、现地控制单元层。桦甸梯调中心层构成桦甸系统、白山站级监控层与其现地控制单元层构成白山系统，红石站级监控层与其现地控制单元层构成红石系统。

白山、红石及桦甸三系统采用双快速以太网连接。白山站网络设备用多模光纤与一期 5 套 LCU 单元连接，与二期 4 套 LCU 单元连接，通过单模光纤与三期 3 套 LCU 单元连接。红石站网络设备用多模光纤与现场 6 套 LCU 单元连接。

桦甸梯调中心 AGC 功能已经投运，主要是调频方式。红石站 AGC 功能策略是开机满负荷参加 AGC。白山站的抽水蓄能机组主要工况为抽水，参加 AGC 全厂闭环控制时间较少。改造前，梯调中心不具备梯级电站经济运行调度的功能。

2. 接入一体化管控平台方案

改造后，计算机监控系统分层分布式系统结构不变，采用两层结构。在监控系统站控层增加 IEC 61850 网关设备，完成监控系统信息建模和 IEC 61850 标准接口软件开发，将监控系统接入一体化数据支撑平台。支持 IEC 61850 有关系统和 IED 设备接入监控系统；网关服务器从 IED 设备接收的实时数据放入监控系统实时库，监控系统通过网关实现对 IEC 61850 有关设备的控制。站控层和 LCU 通信仍采用 PLC 厂的网络规约。机组 LCU、开关站 LCU、公用 LCU 的 PLC 不更换，数据采集及控制以硬接线为主的形式实现。条件具备时，可在 LCU 的 PLC 中配置相应的 IEC 61850 通信模块，实现间隔层 IEC 61850 接口的 IED 设备接入。

在智能化改造的第一阶段主要是进行系统软件和少量硬件升级，在站控层和间隔层（LCU）增加 IEC 61850 通信接口，实现与一体化管控平台的 IEC 61850 互连，并对未来 IEC 61850 系统和 IED 设备的接入提供支持。保留各种常规通信接口，保留主要计算机设备和 PLC，显著提升系统的智能化水平，优化系统性能。对于现地层智能设备数据通信，优先采用 IEC 61850 通信规约和现场总线方式实现设备间数据交换，其他数据可通过常规方式实现接入，其方案如图 10–1 所示。

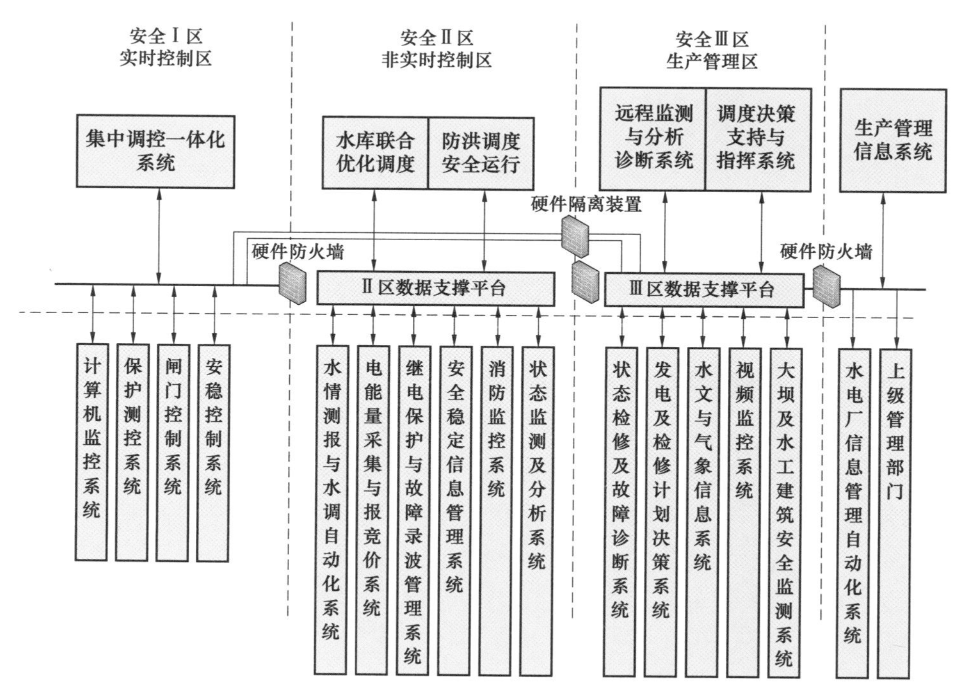


图 10–1　白山发电厂计算机监控系统接入一体化管控平台方案

### （二）松江河公司计算机监控系统改造方案

1. 原松江河公司计算机监控系统简介

改造前，松江河公司计算机监控系统由现地级、电站级、集控级系统组成。现地级、电站级设计满足无人值班（少人值守）的要求；在梯级集控中心实现对小山、双沟、石龙电站的远方监控，网调中心通过松江河公司梯级集控中心实现对小山、双沟、石龙电站的电力调度。松江河公司计算机监控系统架构，如图 10–2 所示。

整个控制可设置为三级控制方式：① 现地控制级，直接在 LCU 上操作；② 电站控制级，在操作员站上操作；③ 远方控制级，在梯级集控中心操作。

这三种方式的控制权按控制优先级排列，现地控制优先级最高，电站控制优先级居次，集控控制优先级最低。在现地控制级将控制权设为现地控制时，电站控制和集控控制命令无效；现地启动远方控制时，电站控制级控制权生效，如果电站控制级将控制权设为电站控制时，集控控制命令无效；电站控制级启动远方控制时，集控控制命令生效。某一时刻只有一种控制方式，所有操作记录均存入数据库中。

各LCU均以冗余网络配置的分布式PLC主控单元为核心，实现与以太网交换机直接联网，完成现地控制。机组 PLC 采用施耐德 Quantum 67160 双机热备，LCU 具有自诊断功能和显示功能，即使主控级计算机发生故障，仍可通过 LCU 上的一体化工控机触摸显示屏操作，实现对发电机、辅助设备、电站公用设备、220kV 开关站、闸门等进行现场操作和监视。可以通过以太网对所有 LCU 的 PLC 控制逻辑进行离线或在线的修改，对于显示界面的组态语言符合 IEC 61131 标准，采用功能块方式，可以在线显示每个功能块的输入、输出（包括模拟量和开关量），方便系统维护和调试。

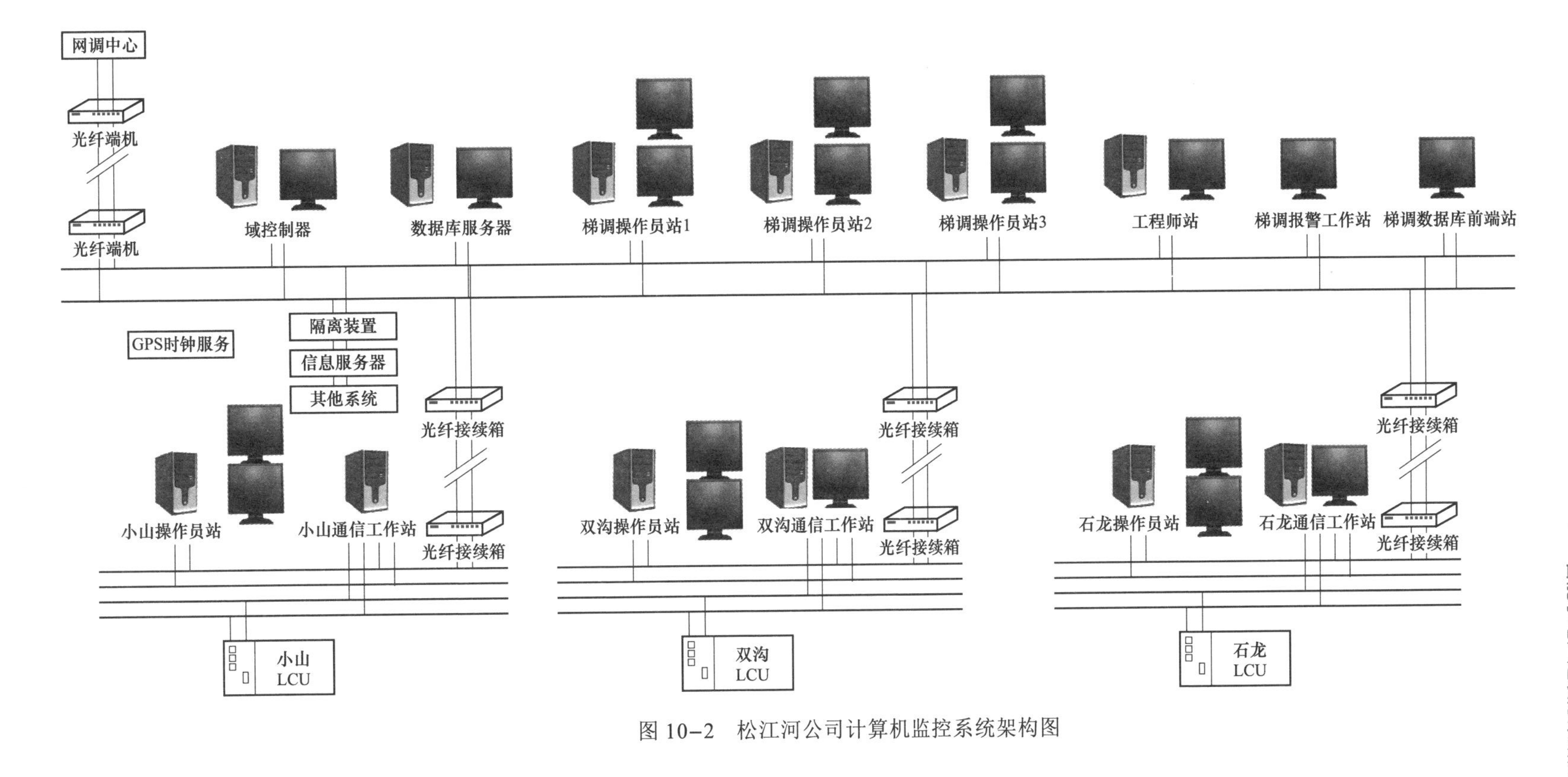


图 10-2 松江河公司计算机监控系统架构图

2. 松江河公司计算机监控系统改造方案

改造后，在各站计算机监控系统的核心交换机上加装 3 台协议转换器，一对一地将 PLC 与计算机监控系统之间的 MB+TCP/IP 通信协议转换为 IEC 61850MMS 协议。通过专用的 IEC 61850 交换机与一体化管控平台相连接，将数据送入一体化管控平台中。接入方案如图 10–3 所示，所有 PLC 与上位机、协议转换器、智能化一体化管控平台之间均采用双以太网方式，提高可靠性。

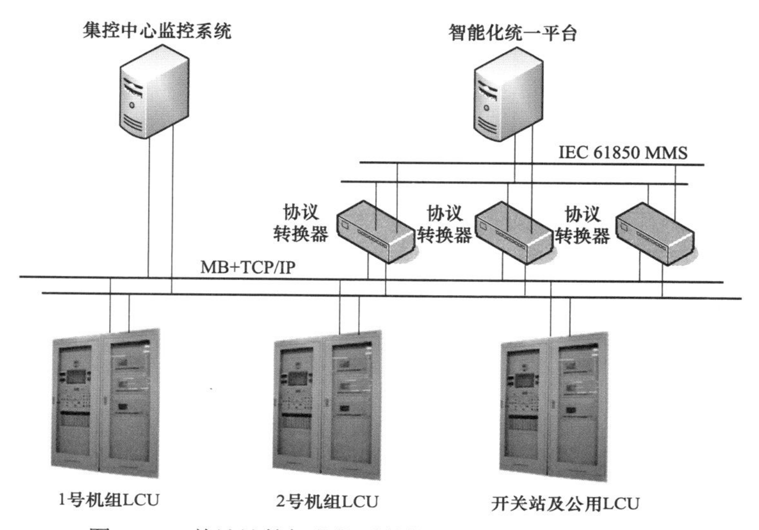


图 10–3 单站计算机监控系统接入一体化管控平台方案

### （三）两种改造方案的比较

白山发电厂的改造方案，在计算机监控系统上位机网络中增加网关设备，直接将计算机监控系统中的数据库转换为 IEC 61850 模式，充分保证了原计算机监控系统的整体性，稳定性较好。

松江河公司的接入方案，是在现地加装协议转换器（网关设备），直接将现地 PLC 主机输出的 MB+TCP/IP 协议转换为 IEC 61850MMS 与一体化管控平台进行通信，实时性更强，更符合《智能水电厂技术导则》（DL/T 1546—2016）的要求。

## 二、经济调度与控制系统建设方案

### （一）白山发电厂经济调度与控制系统建设方案

白山发电厂的经济调度与控制系统部署在Ⅱ区，通过Ⅱ区的水调平台，对水雨情进行预报分析，结合当前机组运行工况和负荷以及调度下达的发电负荷，给出梯级电站每台机组运行方式和负荷建议，集控中心调度员通过集控监控系统下达每台机组的工况转换命令，开停机组或进行工况转换，并按照负荷指令来调整机组出力，如图 10–4 所示。

### （二）松江河公司经济调度与控制系统建设方案

松江河公司经济调度与控制系统部署在Ⅰ区，通过Ⅱ区水调平台对当前机组运行工况和负荷，水位、降雨天气等情况进行水量平衡分析，然后将分析结果传给Ⅰ区经济调度与控制

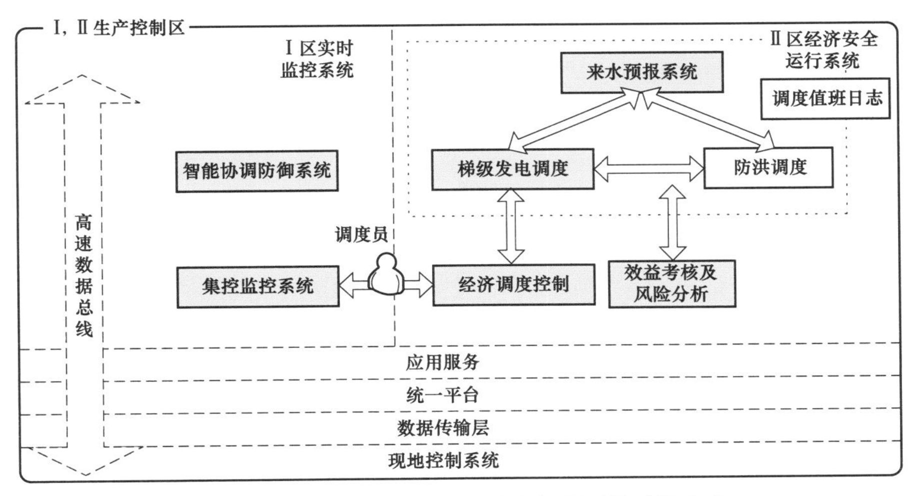


图 10–4　白山发电厂经济调度与控制系统建设方案

系统，Ⅰ区经济调度与控制系统结合调度下达的流域总负荷，给出当前各电站的总出力，各电站 AGC 系统根据总出力大小，下达机组工况转换命令和负荷设定值，如图 10–5 所示。

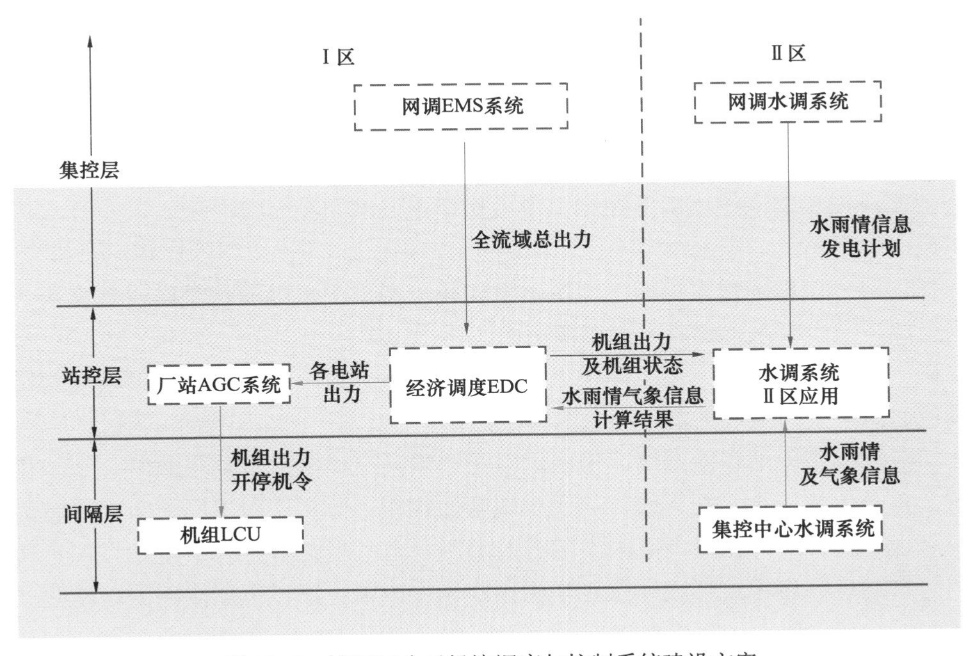


图 10–5　松江河公司经济调度与控制系统建设方案

### （三）两种经济调度与控制系统建设方案比较

从上面分析可以看出，白山发电厂经济调度与控制系统为开环控制方式，经济调度与控制系统只负责分析和提出决策建议，具体控制由调度员通过集控中心监控系统完成，这种建设方案的安全性和稳定性相对较高。

松江河公司经济调度与控制系统为闭环控制方式，系统可以按照事先设定好的策略进行机组工况转换和负荷调整，中间无须人员参与，实时性较高，真正替代了调度员的决策和操作，大幅提高运行人员的工作效率。

### 三、建模方式

白山发电厂监控系统建模方式是将整个监控系统作为 1 个 IED 进行建模，IED 的数据结构较为复杂，整体性较好；而松江河公司监控系统建模方式是严格执行 IEC 61850–6–410 标准，将每个 LCU 作为 1 个 IED，IED 的数据结构简单，与现场设备相对应，分层分布性特点明显，便于编程和调试，与导则要求相适应。这种两种建模方式取决于监控系统的接入方案，已建水电厂可以根据自身特点选择不同建模方式。

## 第二节　大型流域梯级电站智能化改造

### 一、“智慧”大渡河流域梯级电站智能调度改造

大渡河流域梯级电站智能化改造目标是实现智慧调度，其调度改造主要包括以下四个方面：

（1）开展智能调度的基础建设。即在深入研究流域水文气象特征的基础上，开展降雨智能化数值预报，提高径流预报精度，延长预见期，为发挥更大的发电效益创造条件。

（2）建设智能调度核心。即通过高效的优化计算技术，融入自动化发电控制，实现梯级发电计划智能决策和发电过程智能控制，实现梯级电站间负荷优化分配，减少弃水，降低耗水率，优化电量结构。

（3）抓住智能调度的重点。即开展洪水资源化应用研究，改变传统防洪调度模式，合理利用洪水资源，减少弃水，提高水库蓄满概率。

（4）确立智能调度评估体系。即进行调度过程动态评价，快速、客观评估调度过程，确保调度过程达到较好的经济效益。

大渡河流域梯级电站智能调度改造的重点是建设精准化的水情测报系统、智能化的梯级调控系统、自动化的风险识别系统，从而实现全面收集、分析实时电网负荷、水情雨情、设备工况等海量数据；实时完成调度方案的计算编制，自动优化分配梯级电站发电负荷，实现机组与闸门自动启停启闭，形成智慧科学的梯级调度决策；通过更加全面的信息共享和互联互通，及时感知超标洪水、系统故障、线路跳闸等外部危险源，提前做出预警，自动识别自身设备故障和缺陷等内部危险源，根据风险级别给出措施建议或直接采取处置措施，确保电力生产和防洪度汛的安全。

### 二、乌江流域梯级电站智能改造

乌江流域梯级电站智能化改造的重点是发电优化调度，从而实现调度期内发电量目标最大，调度期末梯级水库蓄能最大的目的。

其具体做法：

（1）在实现各应用系统数据交互和数据共享基础上，开发了基于 IE 技术的乌江流域梯级电站生产实时系统，形成联合优化调控高级应用软件运行的公用数据源。将Ⅰ区的流域集中监控系统与Ⅱ区流域水调自动化系统之间，通过硬件防火墙进行安全隔离后连接。Ⅱ区内的流域水调自动化系统和集中电能量计量系统之间采用 RS232 串口连接，以标准的 IEC 870–4–102 规约进行数据通信，实现了流域水调自动化系统从集中电能计量系统采集梯级各电站各个计量点电能量数据的功能。

（2）采用电力光纤通信+卫星通信相结合的方式，搭建冗余的数据传输通道，实现了不同技术的多电站计算机监控系统的集成，进而实现流域集中监控系统与梯级各电站计算机监控系统之间数据传输的无缝连接，形成远程集中监控系统与梯级各电站计算机监控系统之间统一的控制模式，如图 10–6、图 10–7 所示。

（3）通过多介质通信组网、多站点数据直采的方式，实现流域水调自动化系统的集成。以水情测报系统为基础的乌江梯级水库集中调度系统，遥测信息采用了 Inmasat_C 卫星、Vsat 卫星、VHF、GSM 及光纤等通信方式进行混合组网，直接采集流域内 134 个遥测站信息；在系统中整合和利用了流域集中监控系统、电能量计量系统、卫星云图系统、气象信息、水库群短期联合洪水预报系统的信息，实现了梯级水电站发电优化调度。

## 三、清江流域梯级电站智能改造

清江流域梯级电站智能化改造前的主要问题是自动化系统设备陈旧、技术落后、标准不一，不能实现数据信息共享，业务流程不能有效互动，限制了梯级水电站群水、电一体化协调优化调度。因此，清江流域梯级电站智能化改造的目标是建设智能对象化水电调平台系统，如图 10–8 所示。

采用统一、开放的国际通信标准和信息建模标准，智能对象化水电调平台系统将原来分散的电调和水调的监视、控制、预警和作业系统进行优化设计，基于一体化管控平台开发，利用先进的面对对象的方法对数据库组态，对监视、报警和预警进行智能优化，形成高度一体化且开放的智能调度与控制系统。

清江流域梯级电站联合优化调度的启示有以下五点：

（1）联合优化调度需充分考虑各梯级电站电价差异。

（2）要深入分析流域梯级电站在电网中的位置，合理调度，实现效益最大化。

（3）要通过对电网结构和电网潮流的研究，实现流域 EDC 功能，进一步提高集控运行的智能化水平，提高流域优化运行的空间。

（4）实现更大流域范围内的联合优化调度，将提高整体发电经济效益和全流域的防洪能力，同时更有利于发电、航运、防洪等。

（5）水电能源作为调节性能最好的电力资源，可以和其他多种能源如风电、火电，甚至核电相结合，使各种能源扬长避短，充分发挥联合优化调度的优势。

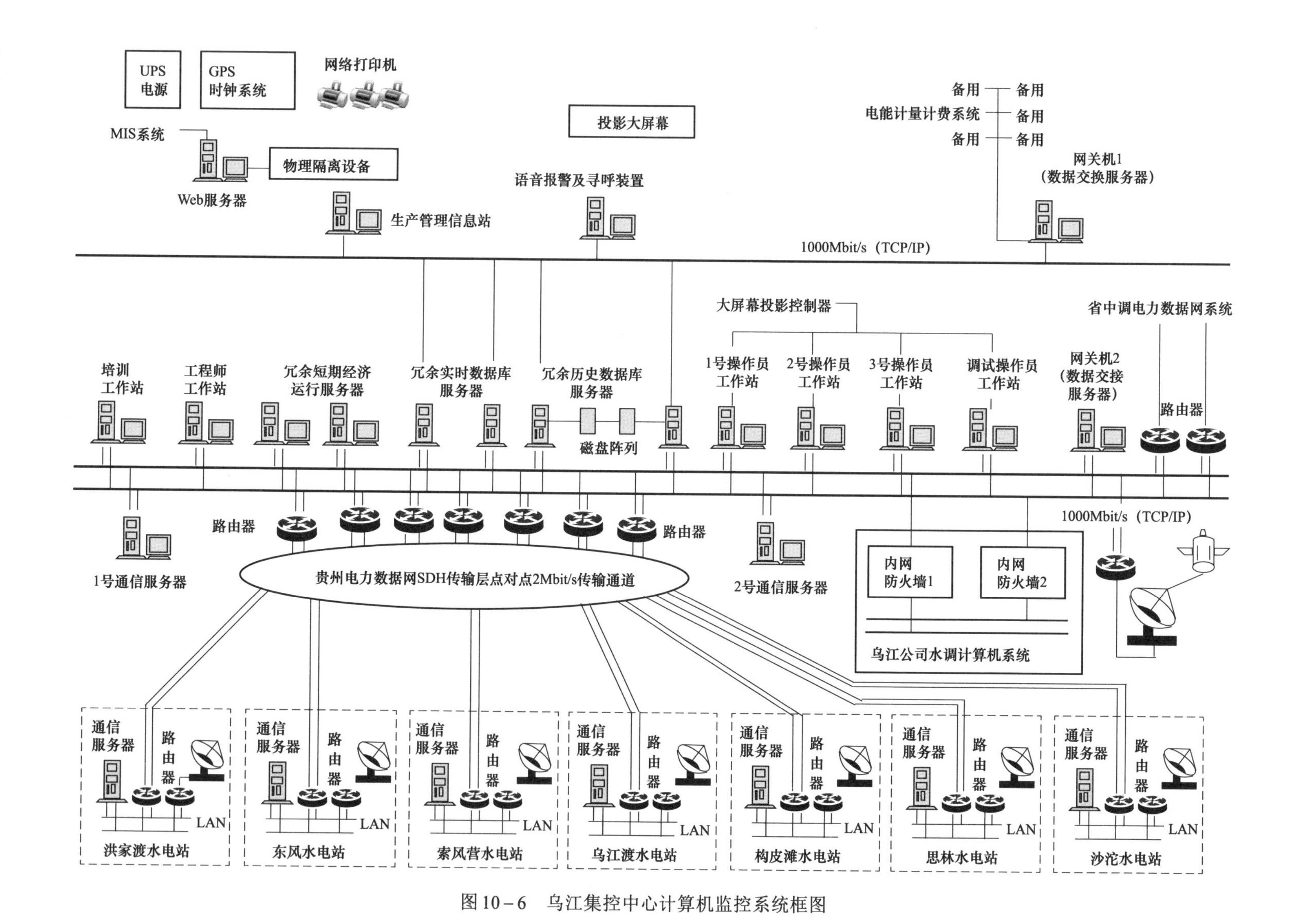


图10-6 乌江集控中心计算机监控系统框图

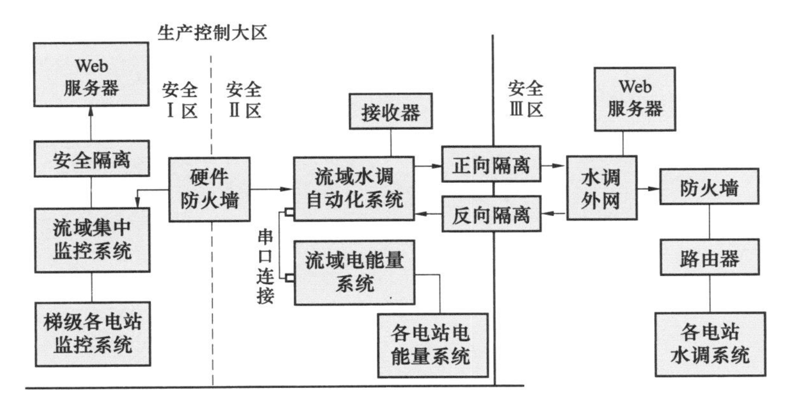


图 10–7　乌江流域梯级水电厂远程集控系统示意图

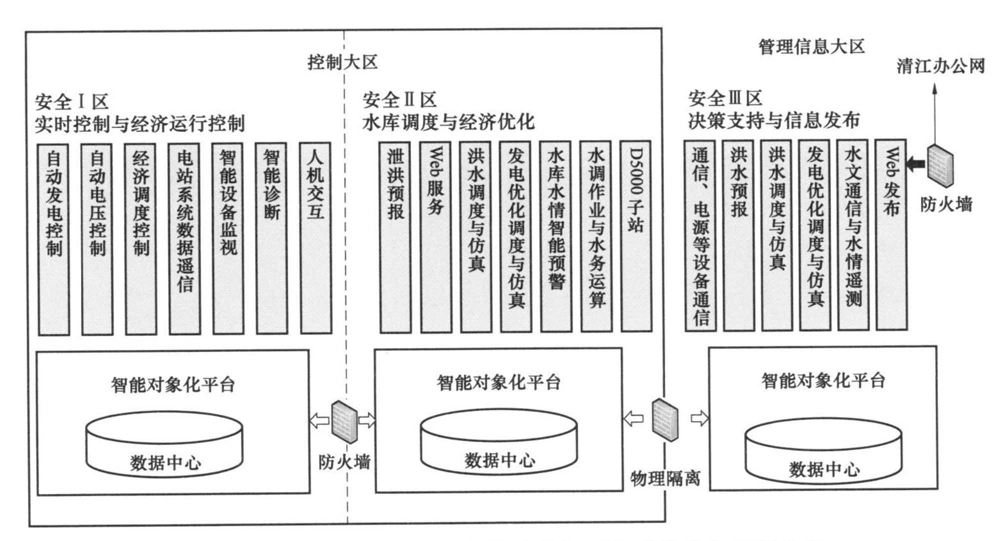


图 10–8　清江梯级智能对象化水电调平台系统业务部署方案

## 四、红水河集控

2016 年 11 月 3 日，大唐广西分公司对红水河流域 10 个水电厂 44 台机组实现了集中远程监控。集控中心也从大化水电总厂调到龙滩大厦的集控中心，实现了在南宁集控中心监控主要水电厂运行情况的目标，大大改善了工作环境。

大唐广西分公司集控中心是目前国内最大的跨专业、跨流域综合集控中心，横跨水火风电源，涵盖红水河、郁江等多流域，具有发电、水库、生产调度及应急指挥四大功能系统，是国内首家采用一体化数据平台技术的流域集控中心，开发了基于一体化管控平台的 EDC、多系统联动、大数据集成等高级智能应用。

## 五、澜沧江集控

澜沧江流域梯级水电厂智能化改造的目标是建设智能化集控中心，实现对下游 14 级电站及跨流域电站的集中智能化控制，如图 10–9 所示。

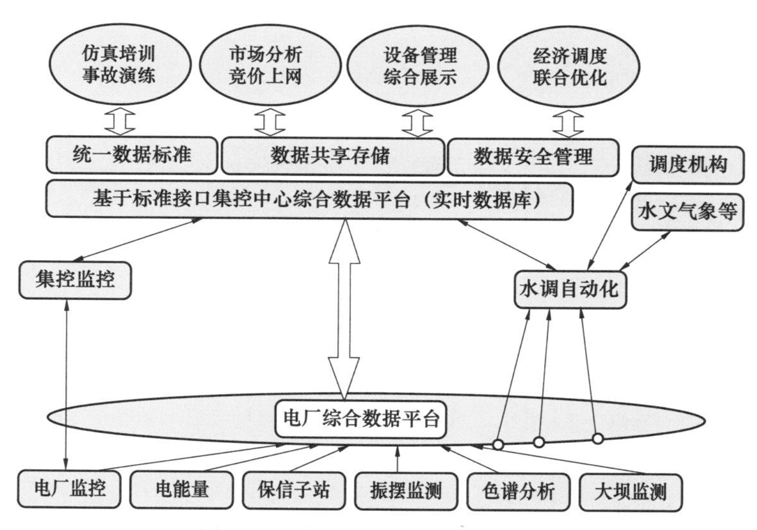


图 10–9 智能化集控下的系统构架

智能化集控中心是体系结构标准且易于扩展、应用功能稳定高效且易于开发、信息资源完整且统一发挥效用的标准化、智能化、一体化的集控中心。

（1）体系结构标准化且易于扩展。这是指在硬件平台、网络结构方面均基于满足行业要求的前提下标准化、规范化，便于后续设备升级、系统扩展、新电厂投入、新增加系统等过程中的实施。

（2）应用功能稳定高效且易于开发。这是指整个系统平台的可靠性、稳定性、冗余性均有大幅提升，大幅降低生产运行、设备维护、预测计划人员的人工工作量，系统软件功能高效，具有在软件应用平台上智能化自我完善功能，维护人员开发便捷。

（3）信息资源完整且统一发挥效用。这是指作为整个公司生产、经营、管理等方面所需要的数据信息中心，具备统一的数据信息格式，可以实现信息共享、整合、存储功能，同时可以结合整个公司生产管理需要进行有效的数据加工、智能分析及挖掘处理、高级运算及应用等，并可以借助网络资源实现安全可靠的数据展示、远程访问、方便快捷查询等。

## 第三节 水利枢纽智能化改造

水利枢纽是为满足各项水利工程兴利除害的目标，在河流或渠道的适宜地段修建的不同类型水工建筑物的综合体。水利枢纽的主要功能包括灌溉、发电、供水、航运、防洪等功能。

### 一、水利枢纽智能化改造的目标

水利枢纽智能化改造的目标通常是建设信息一体化平台，该平台主要包括建设流域远程集中监控系统、流域水调自动化系统、流域经济运行系统、电能量管理系统、继电保护运行与故障信息系统、主设备状态监测与状态检修决策支持、大坝安全监测与分析评估决策支持、工业电视系统、生产管理信息系统、通信网络系统、机房基础设施及装修、远程通信系统以及水利枢纽信息一体化平台通信网络。其中，机房基础设施主要包括时钟系统、大屏显示系统、动力环境监测系统、UPS 动力配电系统、防雷接地系统、机房精密空调系统、调度操作控制台以及机房装修等内容。

## 二、水利枢纽智能化改造的成果

（1）实现了流域水利枢纽集中运行，实现了现场“无人值班、少人值守”，改善调度运行人员的工作和生活条件，为减员增效和人力资源优化调配提供支撑。

（2）实现了流域水能资源优化利用，通过水电站群上下游信息共享，有效协调优化各级水电厂调度过程，充分挖掘水电厂发电能力，提高水能资源利用率和水资源综合利用水平，通过降低发电耗水率和洪水资源化利用，提高水电厂发电量和发电效益。

（3）实现了流域水利枢纽集约化生产管理，通过全流域各水电厂（渠系）、闸门、引水渠系各类自动化系统的信息共享和协调机制，形成水利枢纽管理单位的生产调度信息中心和生产业务调度中心，成为流域梯级电站发电调度、引水供水、防洪度汛、生产营销和机组检修的决策中心。

通过水利枢纽信息一体化平台建设，水利枢纽管理单位实现对所属各发电厂的集约化安全生产管理，在降低生产运营成本的同时，通过水资源优化利用，提高企业的生产效益，提升了水利枢纽管理单位管控和生产业务运营水平，增强了企业核心竞争力和综合实力。

## 三、主要创新点

水利枢纽智能化改造的创新点主要有以下几点。

（1）基于水、电耦合机理的流域经济运行模式。与传统水电厂群优化调度相比，流域经济运行除了提高水能利用率、减少弃水量、增加发电量，通过联合的水文补偿和电力补偿效益，提高水电站群的联合保证出力和调峰调频能力以外，还大幅度提高了水库调度与电力运行的自动化水平，在保护发电机组及其辅助设备的同时显著提高供电质量，提高实际调度过程与预想调度过程的一致性，促使电力运行更加平稳。

（2）流域远程集中“运管一体化”调控模式。水利枢纽信息一体化平台以“运管一体化”为主导思想，在实现对所辖水电厂（渠系）的统一集中遥测、遥信、遥控和遥调功能和统一优化调度功能的同时，完成对水电企业下属水电厂生产的统一规范管理，优化流域资源配置能力，实现标准化、集约化、专业化、信息化管理，建立起结构合理、权责明确、治理科学、运营高效的运管技术体系。

（3）流域水利枢纽多级协同调度与控制模式。水利枢纽信息一体化平台的建设，一方面能够梳理和优化现有复杂的调度关系，另一方面在客观上增加了一级调度机构，使得调度层级更加多样化。

（4）基于一体化管控平台的业务应用系统。各类自动化系统及管理信息系统技术具备较大程度上的一致性，构建基于一体化管控平台的业务应用系统；建立统一的标准通信总线，实现基于数据层、服务层、应用层的统一设计和全面考虑，解决了以往自动化系统和信息化系统各自孤立、管控困难、维护复杂、智能决策水平差以及重复投资等问题。

# 第四节　智能抽水蓄能电站

## 一、智能抽水蓄能电站的定义

智能抽水蓄能电站是以坚强智能电网为服务对象，以优越调节品质的蓄能机组为基础，建设调度运用最优、稳定、高效的抽水蓄能电站，适应网厂协调发展模式；是电力系统最优质、灵活、高效的调节工具，是电力系统的稳压器和调节器，具有信息一体化、自动化、互动化特征；包含抽水蓄能电站实时监控及保护系统、三维动态可视化在线监测系统、大坝水工观测系统、防汛决策系统、安全防护系统、生产及技术管理信息一体化管控平台、仿真培训系统等各个环节；以“数据采集自动化、信息预测精确化、调度决策最优化、运行控制一体化”为特征，实现“电力流、信息流、业务流”的高度一体化融合的现代抽水蓄能电站；通过自主创新发展，应具备坚强可靠、经济高效、集成开放、友好互动等显著特征，在技术和管理上达到国际领先水平。

## 二、抽水蓄能电站发展现状

我国抽水蓄能行业大规模发展时间不长，在抽水蓄能电站发展上还存在一些薄弱环节。

（1）缺乏电站级信息一体化平台的整体规划设计，电站大多数应用均以信息孤岛方式运行，生产管理与实时信息系统应用尚未实现集成；

（2）电站状态监测、辅助决策等智能分析决策能力和水平不高，在应对智能电网调度应用等方面缺乏深入研究；

（3）对抽水蓄能电站建设发展经验总结的系统性和深度不够，需要进一步开展科技创新和管理创新，探索建立面向未来、技术先进、引领发展的技术标准体系。

总体而言，抽水蓄能电站处于初级智能阶段，在服务能力方面，不能完全满足当前电网调度的要求；在支撑能力方面，需要继续提升，以满足坚强智能电网发展的要求。

## 三、智能抽水蓄能电站建设重点

通过总体规划和系统建设，构建电站安全管控平台，进一步提高资产的安全性、可靠性、可控性和可调性，在规划设计、装备、基建、生产运行等方面再上新台阶，满足坚强智能电网信息化、自动化、互动化的要求，实现安全性更高、调节能力更强、运营效率更佳，为电网安全稳定运行提供有力服务和坚强支撑。

## 四、智能抽水蓄能电站发展方向

抽水蓄能作为坚强智能电网和全球能源互联网的重要支撑，正处于加快发展的重要机遇期。国家发布的《电力发展“十三五”规划》和《水电发展“十三五”规划》，明确了“十三五”抽水蓄能发展目标、规划布局和重点任务，提出到2020年全国将新开工抽水蓄能电站容量6000万kW。

2017 年，国网新源控股有限公司董事长林铭山提出要建设“数字化智能型电站”和“信息化智慧型企业”（简称“两型两化”）抽水蓄能电站的发展战略，为抽水蓄能电站的管理和技术变革指明了方向。

## 五、智能抽水蓄能电站关键技术

### （一）全景数字信息三维展示平台技术

1. 三维全景虚拟漫游技术

广泛搜集设计、施工、设备厂相关资料，利用三维数字化技术为抽水蓄能电站建立涵盖地理、地质、土建、机电及所有配套设施、设备的全景数字信息三维模型，建立三维模型之间的关系、三维模型与工程文档（图纸、报告、报表、验收单等）之间的关系，使全电站的设备主数据、物资主数据、三维模型、各种文档、各种维护（或监测）记录一一对应，从而建成数据全面、组织有序的“智能电站数据中心”。

2. 三维设备设施全生命周期管理技术

基于三维全景虚拟漫游技术，根据发电企业生产经营方针，从设备设施的长期效益出发，从设备设施的调查研究入手，全面考虑设备设施的规划、设计、投资、项目（设计、建设、购置）、运维（维护、检修、技改）、处置（退役、转移、报废）的全过程。实现对设备设施的物质形态进行管理，实现价值形态管理，提高设备设施质量和使用效率并优化设备设施全生命周期成本，延长设备运行年限，提高设备再利用及残值回收，实现投资合理化和成本最优化，帮助企业创建现代化的设备设施全生命周期管理和管理体系，构建一个“四全：全员、全面、全景、全过程”（全员参与、全面管控、全景展示、全过程跟踪）的设备设施综合业务管理的集成信息平台。

3. 三维虚拟增强现实在线监测技术

实现人—机界面的三维立体效果，人融于系统，人机浑然一体。技术人员均可通过该技术对设备进行检查和操作，仿佛置身于真实的设备设施面前。在全厂范围内建立“水工—机电”一体化综合状态可视化监控、监测平台和大型设备检修可视化培训、虚拟检修（拆卸、搬运、安装）演示系统，为优化检修提供决策依据。

4. 数字三维模型的灾害分析仿真技术

实现有害气体泄漏扩散、火灾烟雾扩散及人员疏散、防汛模拟、设备缺陷模拟等仿真模拟功能，并根据需求进行进一步优化升级为灾后逃生、缺陷处理、技改影响等的决策提供科学的指导依据，逐步形成一个综合的数字化仿真系统。

### （二）智能抽水蓄能电站监控系统信息一体化集成技术

利用 IEC 61850 通信协议构建智能化抽水蓄能电站监控系统拓扑网络结构技术，通过数据总线对分布部署的数据存储单元实现统一和标准的数据访问；并为应用开发提供数据服务、计算框架、公共人机界面图元等公共类库和服务，加速和简化实时监控、生产管理实时系统、在线监测、防洪决策等专业系统的开发；提供数据挖掘、模式识别等人工智能算法模型，建立专家知识数据库以支持设备运行状态智能评估、三维可视化在线监测、智能调度决策辅助等智能应用。按照横向隔离、纵向认证的原则，实现网络安全防护功能，形成与智能电网运营相适应的信息一体化平台。

**（三）智能抽水蓄能电站群控技术**

按照“统筹规划、分步实施”的原则，建立具有智能管控功能的“蓄能电站智能集控中心”，实现对多个抽水蓄能电站的联合、跨区域控制，从而提高管理水平和生产效率，并能更好的节约资源，配合电网调度，最大限度地提高电网资源优化配置能力和吸纳清洁能源的能力。

**（四）智能抽水蓄能电站励磁和调速相关技术**

1. 智能励磁技术

（1）抽水蓄能机组励磁系统多层面在线监测技术、数据建模技术、网络通信技术。智能励磁系统具有满足 IEC 61850 标准，可以与上位机交换数据。装置留有常规模拟量、数字量输入/出接口，满足数据通信、共享和重要信息的采集要求。同时还留有必要的调试接口，可满足参数测试试验的要求。

智能励磁系统包含的一次设备有励磁变压器、整流单元（功率柜）、灭磁开关，包含的二次设备有励磁调节器。目前励磁系统对外接口通常是硬接线，通信协议有 485、MODBUS、PROFIBUS 或 MODBUS TCP/IP。智能励磁系统的布置和层次按照统一信息平台结构设计，智慧型抽水蓄能机组励磁系统结构如图 10–10 所示。

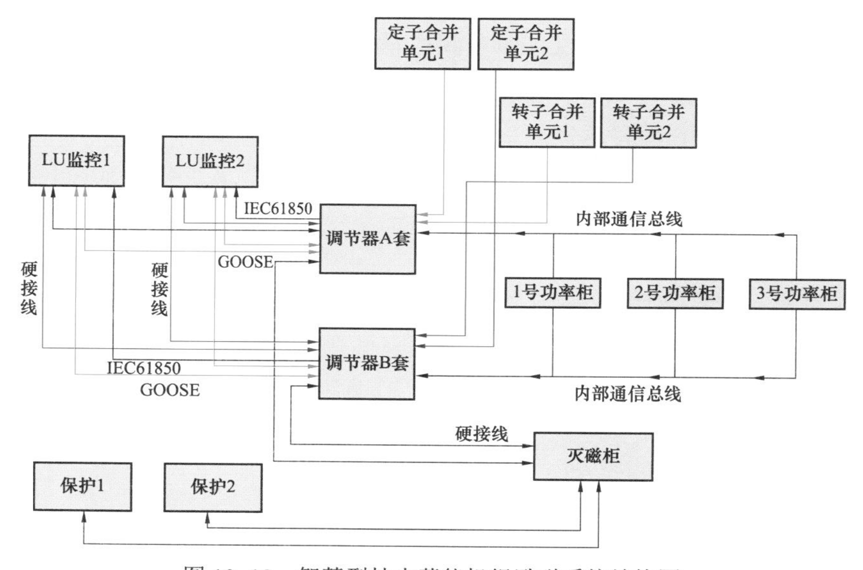


图 10–10 智慧型抽水蓄能机组励磁系统结构图

励磁系统向监控系统送出信息采用 IEC 61850 通信协议，传输方式可选以太网或光纤。由于开关量变位速度快，模拟量更新速度较慢，可用于监控系统，不适合控制，高速的数据交换可通过 GOOSE 和 SV 实现。智能励磁系统方案逻辑如图 10–11 所示。

（2）基于有限元分析法虚拟仿真技术。有限元分析法（finite element analysis，FEA）虚拟仿真技术为智慧型励磁系统的设计提供了有力的支撑，在设计过程中通过此技术能够预先呈现开发结果，对设备的特性进行预评估。通过对比优化技术方案，减少开发周期降低开发成本。基于有限元分析法的励磁系统虚拟设计制造流程如图 10–12 所示。

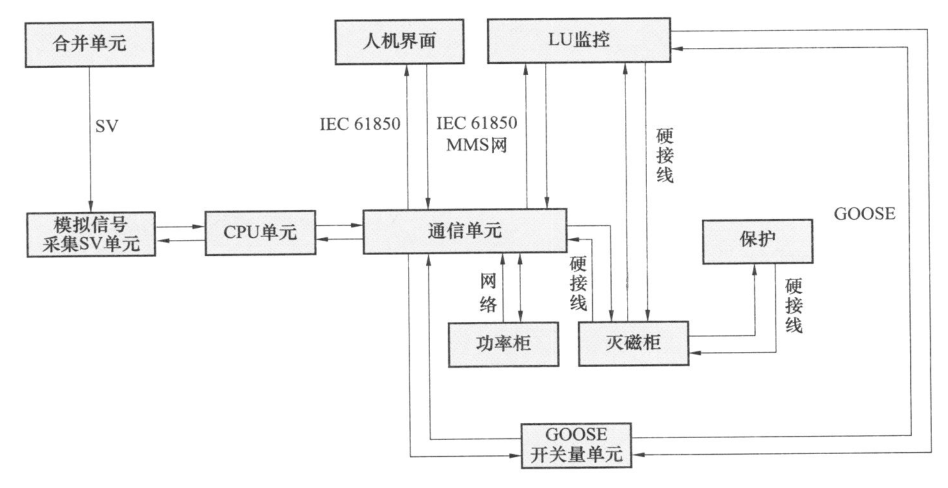


图 10–11　智能励磁系统方案逻辑图

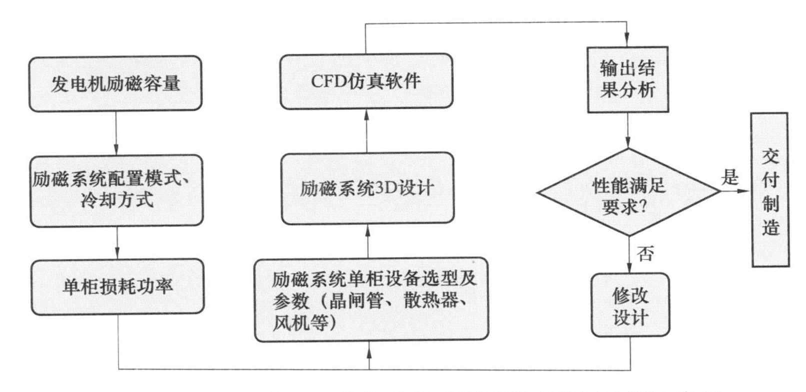


图 10–12　基于有限元分析法的励磁系统虚拟设计制造流程

（3）设备故障预警及远程故障诊断。通过对发电机励磁系统工作状态的参数信息和现象进行辨识、分析与智能判断，将诊断结果通过发电机励磁系统故障树动态展示，提高发电机励磁系统故障诊断的时效性，为工作人员及时掌握发电机励磁系统工作状态，以及故障处理提供有效的帮助，从而缩减检修时间、限制故障扩大，保证系统安全稳定运行。

2. 智能调速技术

（1）调速系统状态监测及诊断系统。典型智能水轮机组调速系统通常由传感及变送器、调速器控制柜、工控机及人机界面（可以布置在调速器柜上）、后台综合诊断监测系统四部分组成。整套系统应采用分层分布式结构，各种各样的传感器安装在被监测设备上，调速器控制柜负责数据采集，并进行一般的数据处理、换算及报警，并通过通信与工控机连接。工控机负责处理复杂的数据，并存储数据，以 IEC 61850 为标准、以统一信息平台为基础，实现水轮机组调速系统相关状态数据的采集、特征计算、实时监测、故障录波、性能试验数据记录，以数字化标准接口向统一信息平台高速数据总线进行特征数据、原始数据、事故数据及故障告警信号传输，为后台机组综合在线诊断与状态检修辅助决策系统提供完整可靠数据源，系统结构和原理如图 10–13 所示。

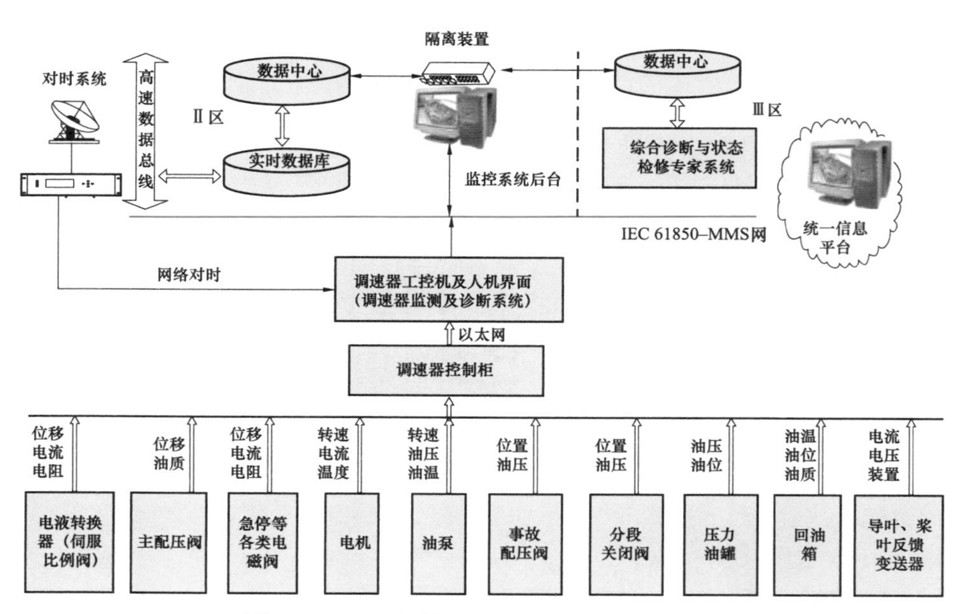


图 10–13　调速系统状态监测系统结构和原理

（2）调速系统专家决策及辅助分析系统。由现地智能在线监测装置采集的状态信息通过现地高速数据总线及 IEC 61850 通信协议上传至统一数据中心平台，然后由状态检修辅助决策系统实现对设备健康状态的分析、评估、推理及诊断，在此基础上制定科学合理的水电厂调速系统的检修维护策略。

软件模块主要包括数据调用与处理、监测预警、状态评价、风险评估、维修策略等部分。水轮机组调速系统状态检修辅助决策系统软件业务框架，如图 10–14 所示。

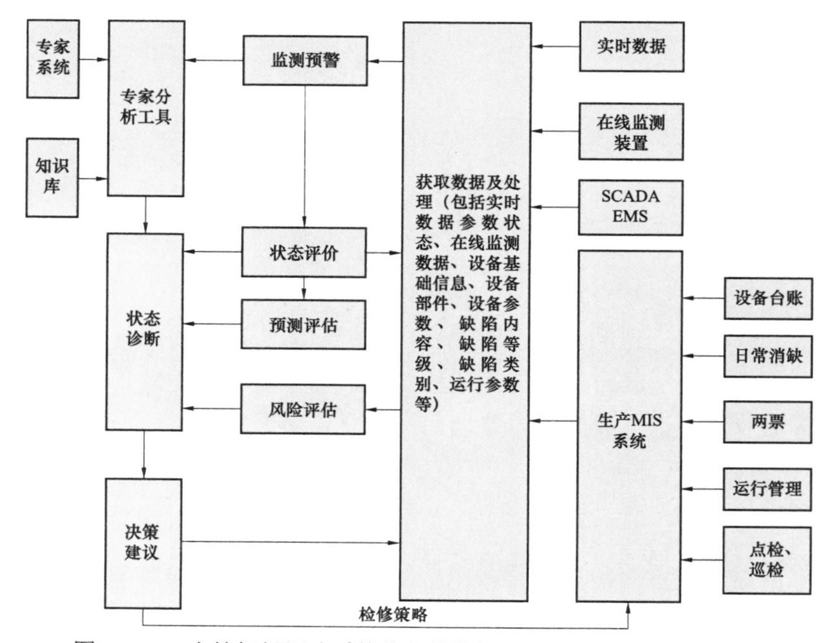


图 10–14　水轮机组调速系统状态检修辅助决策系统软件业务框架

## 第五节　新建智能水电厂设计实施方案

本节以丰满水电厂全面治理（重建）工程（简称“丰满重建工程”）为例，完整介绍新建智能水电厂实施方案。

### 一、工程简介

丰满水电厂位于吉林省境内第二松花江干流上的丰满峡谷口，坝址距上游白山水电厂210km，距吉林市16km。坝址控制流域面积42 500km$^2$，多年平均流量为432m$^3$/s。

丰满重建工程是按恢复电站原任务和功能，在原大坝下游120m处新建一座大坝，并利用原三期工程。工程实施后以发电为主，兼顾防洪、城市及工业供水、灌溉、生态环境保护，具有旅游、水产养殖等效益。供电范围为东北电网，在系统中担负调峰、调频和事故备用等任务。

丰满重建工程水库正常蓄水位263.50m，汛限水位260.50m，死水位242.00m，校核洪水位268.50m，总库容103.77亿m$^3$。新建电站设计水头57.0m、最大水头71.0m、最小水头44.0m，安装6台单机容量为200MW的水轮发电机组，利用三期2台单机容量140MW的机组，总装机容量1480MW，保证出力146MW，多年平均发电量17.09亿kWh。

2009年9月，丰满水电厂全面治理工程（重建方案）预可行性研究报告，通过了中国水电水利规划设计总院（简称水规总院）会同吉林省发改委组织的审查。

2011年12月，丰满重建工程可行性研究报告通过了水规总院会同吉林省发改委组织的审查。

丰满重建工程全面按照智能水电厂的要求进行设计规划和设备选型，于2012年10月通过国家发改委核准，并于当月组织了开工仪式，预计2019年首台机组投产发电。

重建后丰满水电厂新主接线采用发电机与主变压器联合单元接线（三组联合单元），发电机出口装设断路器；500kV侧采用双母线出线带跨条的接线，以500kV一级电压、两回出线接入吉林南变电站，如图10–15所示。

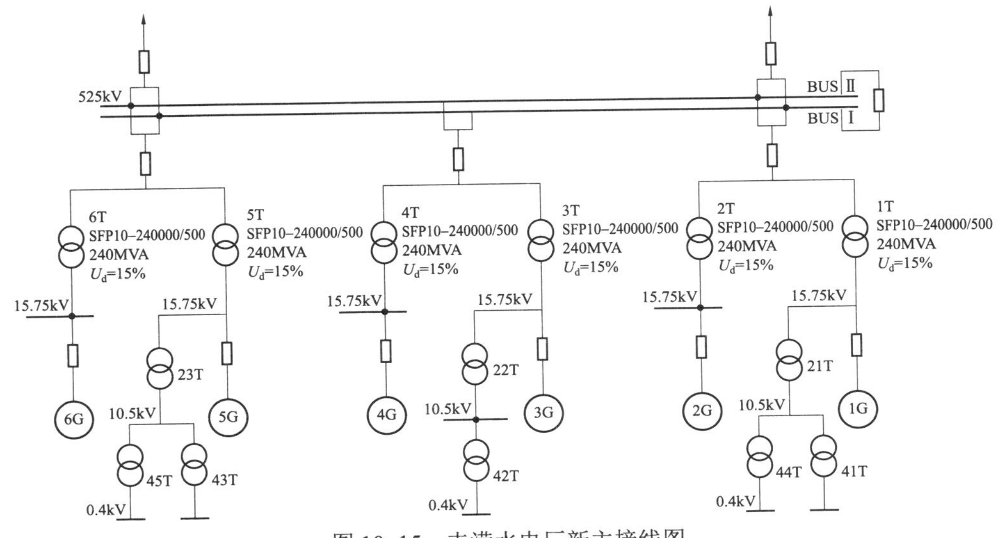


图10–15　丰满水电厂新主接线图

## 二、智能化系统架构

**（一）丰满水电厂智能化系统架构和配置图**

详见附录A丰满水电厂全面治理（重建）工程智能化架构。

**（二）智能化整体系统架构设计原则**

丰满水电厂智能化整体系统架构方案根据《智能水电厂技术导则》（DL/T 1547—2016）提出，遵循IEC 61850［国内对应《变电站通信网络和系统》（DL/T 860—2014）］指导思想。

（1）系统符合电力二次系统安全防护要求，采用分层分区架构，实现安全分区、网络专用、横向隔离、纵向认证。整体结构采用三层两网结构。三层为厂站层、单元层和过程层；两网为厂站层网络和过程层网络，它们在物理上相互独立。

（2）过程层网由冗余的GOOSE网和冗余的SV网组成；按照水电机组、开关站间隔和厂用电划分子网。采用多个交换机独立组网。

（3）厂站层网具备远程配置、监视、报警和维护功能，生产控制大区厂站层网络设备单个元件故障不应造成系统全局性故障。

（4）时间同步系统采用全厂统一时钟，同步对时信号取自同一信号源，满足智能电子装置（IED）及智能设备的对时要求，在各个机组单元、公用单元、开关站和坝区设置时钟分屏。

（5）水轮机、发电机、变压器、断路器、线路、油水气等设备监视和控制系统采用智能组件。

（6）数据统一采集、统一存储、统一处理和统一上送的标准化。

（7）通过系统集成优化和信息共享，实现电网和设备运行信息、状态监测信息、辅助设备监测信息、计量信息等信息的统一接入、统一存储和统一管理，实现电站运行监视、操作与控制、综合信息分析与智能告警、运行管理和辅助应用等功能，并为调度、生产等提供统一操作和访问服务。

（8）一体化平台采用面向服务的软件架构，并提供智能应用组件管理功能。

（9）系统配置经济运行、主设备状态检修决策支持、大坝安全分析评估与决策支持、安全防护管理等智能应用组件。

（10）采用通信总线，生产控制大区采用《变电站通信网络和系统》（DL/T 860—2014）标准MMS协议实现一体化平台与单元层设备通信，管理信息大区采用DL/T 890标准Web Service规范实现一体化平台与外部系统通信。

（11）厂站层网络故障时，单元层设备能够独立运行且满足机组运行的基本要求。

（12）与电网电力调度控制中心调度控制系统之间的通信符合《远动协议设施细则》（DL/T 634.5104）（IEC104）标准的要求，与电网电力调度控制中心水调自动化系统之间的通信符合《电力系统实时数据通信应用层协议》（DL 476）标准的要求，与水文和防汛部门之间的通信符合《水情信息编码》（SL 330—2011）标准的要求。

（13）智能水电厂横向划分为生产控制大区（包括安全Ⅰ区、安全Ⅱ区）和管理信息大区，生产控制大区纵向划分为过程层、单元层和厂站层，管理信息大区纵向划分为单元层和厂站层。

### （三）智能化整体系统架构及配置总体介绍

丰满智能水电厂整体系统架构横向划分为生产控制大区（包括安全Ⅰ区、安全Ⅱ区）和管理信息大区，生产控制大区纵向应划分为过程层、单元层和厂站层，管理信息大区纵向应划分为单元层和厂站层。

合并单元、智能终端、合智一体单元、辅控单元、智能组件等智能电子装置（IED）或智能设备、断路器、变压器、隔离开关、互感器部署在过程层，实现电测量信息和设备状态信息的采集和传送，接受并执行各种操作与指令。

现地控制、继电保护、稳定控制、录波装置、振摆保护、调速、励磁、测控单元、保护测控一体化单元、网络记录分析仪、计量表计等部署在单元层，实现测量、控制、保护、计量、监测等功能。

一体化平台以及智能应用组件、对时系统、通信系统部署在厂站层，实现设备的监视、控制、告警及信息监护功能，完成SCADA、操作闭锁、同步向量采集、电能量采集、保护信息管理等相关功能，实现人机交互、厂站与调度信息交互功能。

丰满智能水电厂整体系统架构网络采用高速以太网，通信符合标准IEC 61850（国内对应DL/T 860），整体按照厂站层网络和过程层网络划分。厂站层网络拓扑采用双星形结构。过程层网络分为SV过程层网络和GOOSE过程层网络，按照电压等级110kV及以下SV网和GOOSE网合一，电压等级高于110kV SV网和GOOSE网物理上相互独立。

继电保护、稳定控制、现地控制、调速、励磁、振摆保护部署在安全Ⅰ区；主设备状态在线监测、水情自动测报、保信子站等部署在安全Ⅱ区；大坝安全监测、工业电视、门禁等部署在管理信息大区。

自动发电控制（AGC）、自动电压控制（AVC）、计算机监控系统（SCADA）、告警图形网关系统等智能应用组件部署在安全Ⅰ区；中长期水文预报、洪水预报、发电计划、防洪调度、风险分析、节能考核、保护信息管理、电能量计量、故障录波、保护信息管理系统等智能应用组件部署在安全Ⅱ区；大坝安全分析评估与决策支持、主设备状态检修决策支持、安全防护管理、综合信息监管系统等智能应用组件部署在管理信息大区。

### （四）Ⅰ区智能化系统架构及配置

新丰满水电厂的Ⅰ区智能化整体系统架构包含厂站层系统配置、系统接口配置和对外接口配置。整体系统架构方案见附录A丰满水电厂全面治理（重建）工程智能化架构。

1. Ⅰ区智能化整体系统架构

分为三层：

第一层厂站层：包含一体化平台Ⅰ区系统、计算机监控系统、自动发电控制、自动电压控制、图形网关机系统、微机五防系统、通风空调控制系统等。

第二层单元层：包含机组LCU、机组测温LCU、机组水机保护控制器、调速器控制器、励磁控制器、测控单元、保护装置、油气水辅控控制器、振摆保护装置、安稳控制装置、PMU测量装置、一体化电源监控装置、备自投装置、公用LCU、坝区LCU、闸门控制器等。

第三层过程层：包括光电互感器、合并单元、智能终端、传感器等。

2. Ⅰ区智能化整体系统架构网络

分为两网：

厂站层网路：采用冗余网络设置，构建全站统一的MMS网，实现站控层各设备之间的横向通信以及站控层与间隔层设备之间的纵向通信。站控层设备均以电网口接入MMS网；间隔层保护测控设备均以电网口接入MMS网。间隔层MMS网以光网口接入站控层MMS网。厂站层远动通信则通过远动规约和各级调度之间进行通信。

过程层网络：电力运行实时的电气量检测、运行设备的状态参数检测、操作控制执行与驱动，即模拟量/开关量采集、控制命令的执行等，包含GOOSE网络和SV网络，采用冗余网络设置。单元层通过过程层GOOSE网实现本层设备之间的横向通信（主要是联闭锁、保护之间的配合等）、通过GOOSE网和SV网与过程层设备（智能终端、合并单元）进行纵向通信；单元层的保护设备与过程层的智能终端、合并单元之间的通信可以是点对点方式，也可以是网络方式，单元层其余设备（测控、录波等）则均采用网络方式实现与过程层设备的通信。单元层设备与过程层设备的通信无论是采用点对点方式，还是采用网络方式，均采用光通信介质，以确保信息传输的可靠性。

3. Ⅰ区厂站层

依据电力行业标准《智能水电厂技术导则》（DL/T 1547—2016），借鉴国家电网公司组织编写的《智能变电站一体化监控系统功能规范》（Q/GDW 678—2011）、《智能变电站一体化监控系统建设技术规范》（Q/GDW 679—2011）、《智能变电站技术导则》（GB/T 30155—2013）及《国家电网公司2011年新建变电站设计补充规定》（国家电网基建〔2011〕58号），根据试点智能化水电厂建设工程的经验总结，确定方案如下。

Ⅰ区厂站层配置系统包括管控平台（一体化平台、计算机监控系统、自动发电控制、自动电压控制）、图形网关机系统、微机五防系统、通风空调控制系统。

微机五防系统独立组成系统，单独与单元层设备连接。

通风空调控制系统独立组成系统，单独与单元层设备连接。

一体化平台、计算机监控系统、自动发电控制、自动电压控制属于管控平台系统，它们之间无缝连接。

管控平台与微机五防系统和通风空调控制系统采用IEC 104通信连接。

管控平台与图形网关机系统采用IEC 104通信连接。

图形网关机系统通过调度数据网络连接到吉林省调，供省调告警查询和图形访问。

Ⅰ区厂站层与东北网调和吉林省调系统采用调度数据网络连接，通信规约采用IEC 104。

Ⅰ区厂站层计算监控系统与三期计算机监控系统通过通信机直接通信，通信接口采用IEC 104。

Ⅰ区厂站层与单元层连接采用MMS网络，五防系统和通风空调控制系统采用各自独立的网路，是否采用MMS网络由各自系统决定。

4. 机组单元

机组单元包含的设备和对象比变电站的间隔所包含的对象设备要复杂得多，主要包含了机组现地控制单元（LCU）、调速器控制器、励磁控制器、保护装置、测控单元、调速器油压控制器、变压器风机控制器、电制动控制器、技术供水控制器、安稳装置、PMU装置、机组振摆保护装置等。其中机组现地控制单元（LCU）作为监视和控制机组单元的对象主体，它连接了所有的需要监视和控制的对象，并且对整个机组单元进行顺空指令控制，不仅涉及单元层设备，还涉及过程层设备，包含了机电设备，如转子、定子、导叶、锁锭、风闸、闸门、油气水等。

机组LCU：基于PLC为控制器的机组LCU实现智能化控制任务，达到IEC 61850MMS GOOSE SV服务要求，

发电机变压器组单元的智能化设备已经十分成熟可靠，因此采用测控单元、保护装置、合并单元、智能终端实现监视和控制，配置在单元层和过程层。其中单元层的测控单元和保护装置通过冗余MMS网络连接到机组单元厂站层网络交换机；过程层的合并单元、智能终端通过双网（GOOSE、SV）合一的方式与单元层连接，但是不与MMS网络连接。

调速器和励磁控制器，目前还不具备直接连接到MMS网络、GOOSE、SV网络中，使用协议转换器的方式接入到MMS网络或者支持IEC 61850通信功能PLC为控制器。

调速器油压控制器、变压器风机控制器、电制动控制器、技术供水控制器，由于各自有自身的顺序控制要求，也无相关的成熟测控装置取代，也采用基于PLC为控制器，采用双网连接到MMS网络中。

安稳装置目前已经具备直接连接到MMS网络中，同时与过程层的合并单元、智能终端通过网络采集数据。

PMU装置前已经具备直接连接到MMS网络中，同时与过程层的合并单元、智能终端通过网络采集数据。

机组振摆保护装置，不接入到MMS网络中，通过硬接线连接到机组LCU中。

5. Ⅰ区500kV升压站

依据《智能水电厂技术导则》（DL/T 1547—2016），参考《智能变电站技术导则》（GB/T 30155—2013）及《国家电网公司2011年新建变电站设计补充规定》（国家电网基建〔2011〕58号），并根据试点建设工程的经验总结，确定智能化方案如下：

新丰满水电厂500kV升压站基本情况：两条架空线路输出，主接线为双母线带母联接线，单机组单变压器，2台变压器共用一个断路器接入到母线中，共计3条高压输入。500kV配电设备采用户内HGIS。

500kV升压站采用成熟的智能变电站技术，单元层不再配置传统监控开关站LCU。

500kV升压站不单独设置变电站自动化站控层监控系统，而是整体接入到智能水电厂一体化管控平台中。

500kV升压站单元层，按照成熟的智能变电站技术进行配置。

测控单元：2条母线配置1台测控单元、母联配置1台测控单元、2线路间隔配置2个测控单元、3个断路器间隔配置3台测控单元、6台主变压器高压侧配置6台测控单元，另外配置2台公用测控单元。

保护装置：2条母线配置1套保护（双台）、母联配置1套保护（双台）、2条线路各配置1套线路保护（需要注意的是与对侧变电站必须一致）、3个短引线配置3套保护装置（每

个 2 台）。

500kV 升压站过程层，按照成熟的智能变电站技术进行配置。

智能终端：采用双重化配置智能终端、2 条母线 2 条线路配置 2 套智能终端（每套 2 台）、1 个母联断路器配置 1 套智能终端（每套 2 台）、2 条出线路断路器各配置 1 套智能终端（每套 2 台）、3 条输入线路断路器各配置 1 套智能终端（每套 2 台）。

合并单元：采用双重化配置合并单元、2 条母线 2 条线路配置 2 套合并单元（每套 2 台）、1 个母联断路器配置 1 套合并单元（每套 2 台）、2 条出线路断路器各配置 1 套合并单元（每套 2 台）、3 条输入线路断路器各配置 1 套合并单元（每套 2 台）。

按照《智能变电站技术导则》（GB/T 30155—2013），500kV 升压站网络采用两层网络，分别为 MMS 网络和过程层网络，过程层网络分为 GOOSE 网络和 SV 网络，各个网络都采用冗余方式配置，网络交换机采用集中式配置，不按照间隔配置交换机。

厂站层网络通信：各个测控单元和保护装置通过双网络按照 IEC 61850MMS 与厂站层通信。

过程层网络通信：各个合并单元通过双网络按照 IEC 61850–SV 与单元层设备通信，各个智能终端通过双网络按照 IEC 61850–goose 与单元层设备通信。

6. 公用智能化

公用 LCU 的功能主要是监控全厂公用 15.75kV 断路器、高压厂用变压器、厂内各 10kV 厂用配电系统，各 0.4kV 主配电盘，各 0.4kV 分配电盘，主、副厂房内全厂公共和辅助设备，水淹厂房装置，220V 直流电源系统等。并对全厂交直流控制电源系统、公用附属设备监控范围内数据采集和处理、控制与显示、数据通信等功能。

在智能化变电站中，厂用配电系统的继电保护、测量、信号及控制及安全闭锁等所有功能均由测控一体化系统完成，并且通过 IEC 61850 规约无缝连接到厂站层。因此厂用电中按照实际配置保护测控一体化装置实现，即“多合一”装置。该装置集保护、测控、断路器操作回路、合并单元、智能终端、计量、通信和其他自检、直流掉电告警等多种功能为一体，同时研发适用于丰满电厂的备自投装置，保护测控一体化装置和备自投装置通过冗余 MMS 网络连接到厂站层，在过程层中，根据实际情况配置合智一体单元。

水电厂中公用部分其他油气水监控部分，由于部分需要顺序控制，故暂时保留基于 PLC 公用 LCU，实现顺序控制功能。通过冗余 MMS 网络连接到厂站层。

对于全厂高低压空压机控制系统、全厂渗漏排水、检修排水控制系统等公用附属设备监控，由于均配备 PLC 装置，控制逻辑均由 PLC 装置实现，按照 IEC 61850 规约与站控层通信。通过冗余 MMS 网络连接到厂站层。

7. 坝区智能化

坝区 LCU 的功能主要是监控坝区公用 15.75kV 断路器、高压厂用变压器、坝区各 10kV 厂用配电系统、各 0.4kV 主配电盘、各 0.4kV 分配电盘和闸门设备、220V 直流电源系统等，并对全厂交直流控制电源系统、公用附属设备监控范围内数据采集和处理、控制与显示、数据通信等功能。

坝区配电系统的继电保护、测量、信号、控制及安全闭锁等功能均由测控一体化系统完成，并且通过 IEC 61850 规约无缝连接到厂站层。因此坝区用电按照实际配置，由保护测控一体化装置实现，保护测控一体化装置和备自投装置通过冗余 MMS 网络连接到厂站层，在过程层中，根据实际情况配置合智一体单元。

由于闸门需要顺序控制，故暂时保留基于 PLC 坝区 LCU，实现顺序控制功能。通过冗余 MMS 网络连接到厂站层。

对于坝区其他控制器，如单个闸门控制器、坝体渗漏排水等附属设备监控，按照 IEC 61850 规约与站控层通信。通过冗余 MMS 网络连接到厂站层。

**（五）Ⅱ区智能化系统架构及配置**

依据《智能水电厂技术导则》（DL/T 1547—2016），借鉴国家电网公司组织编写的《智能变电站一体化监控系统功能规范》（Q/GDW 678—2011），并根据试点智能水电厂建设工程的经验总结，确定方案如下：

Ⅱ区厂站层配置系统有管控平台（一体化平台、水调系统、水情测报系统、状态监测系统）、电能量系统、保护信息系统、故障录波系统、电缆测温监控系统。

电能量系统独立组成系统，单独与单元层设备连接。

保护信息系统独立组成系统，单独与单元层设备连接。

故障录波系统独立组成系统，单独与单元层设备连接。

电缆测温监控系统独立组成系统，单独与单元层设备连接。

一体化平台、水调系统、水情测报、状态监测属于管控平台系统，它们之间无缝连接。

水调系统和东北电网水调系统、白山水调系统通过数据网进行通信，采用《接地装置特性参数测量导则》（DL/T 475—2017）。

水情测报系统通过 NARI 数据采集协议接收并采集丰满电厂水雨情数据。

1. 与原水调系统集成

根据现有水调自动化系统及智能一体化管控平台结构和设备情况，考虑资源共享、负载均衡、稳定等原则，采用网络方式直接将现有安全Ⅱ区水调 A 网、B 网与智能一体化管控平台进行互连，并对现有设备进行调整，形成真正双机双网主备冗余的完整智能一体化平台系统架构，确保系统的稳定可靠运行，主要情况如下：

将现有水调数据库集群系统作为Ⅱ区智能一体化平台数据库集群系统的备份系统，确保Ⅱ区数据的安全。

将现有一台应用服务器与现有水调Ⅱ区网关机作为智能一体化平台水调专用主备服务器，现有网关机由智能一体化平台隔离通信机承担。

智能一体化平台Ⅱ区缺少通信服务器，将现有水调白山通信服务器和东北通信服务器转化为通信平台主备服务器，承担Ⅱ区上级调度部门的通信及内部横向数据接口服务。

将现有水调机组采集服务器与水情采集服务器更改为主备水情采集服务器，确保水情遥测采集系统的数据采集稳定运行。

将现水调病毒服务器更改为智能一体化平台Ⅱ区病毒服务器，为智能一体化平台Ⅱ区提供统一的防病毒服务。

2. 水调系统功能介绍

智能一体化管控平台中水调系统功能包括水调平台和高级应用两部分，其中水调平台主要功能包括：数据库服务子系统、网络数据服务、数据采集与通信、数据处理、水务计算、系统报警、正向隔离通信、反向隔离通信、人机系统（图形子系统、报表子系统）、数据监视与查询、二维 GIS 系统、进程管理、权限管理、第三方数据接口等功能；高级应用包括洪水预报、中长期水文预报、预报精度评定、次洪管理、防洪调度、发电调度、实时调度、风险分析、效益考核分析功能。

3. 水情测报系统介绍

丰满重建工程采用全新设计方案，将遥测中心站简化为具有 IEC 61850 标准的水情自动测报系统数据采集平台装置，简化系统配置，实现水情气象和一体化 MMS 平台之间的交互功能。

对于遥测站的核心数据采集器，使用国内领先技术、通信和传感器接口丰富，低功耗的产品，不仅支持传统的自报式工作体制，也支持应答工作体制。在操作和维护方面突出智能化和人性化。在功能方面不仅支持传统的雨量和水位的采集以及气象采集，也能方便地扩展其他类型传感器。在数据传输方面支持水情领域常用的通信信道，如 GPRS、短消息、VHF、PSTN、北斗卫星、海事卫星。

针对 GPRS、短消息、VHF、PSTN、北斗卫星、海事卫星、无线网络等通信技术，采用适合水情测报系统的低功耗、稀路由、双信道备份等通信组网技术，采用远程传输通信规约，提高遥测通信系统的可靠性、实时性以及低功耗水平。

数据的精确性是实现精细化水库调度与洪水预报的基础，提高数据采集的准确度与精度，才能提高系统整体的智能化程度。因此，该项目采用高精度的水位传感器以及温湿度、风速风向等气象传感器；在考虑水位变幅以及变化速率等条件下，采用大容量水库水位监测优化补偿算法，提高水位测量精度。

4. 水电厂主设备状态监测及振摆保护系统

在一体化管控平台的基础上，建设水轮机、发电机、主变压器、开关、高压电缆等水电厂主设备状态在线监测系统及振摆保护系统，将各类状态监测设备简化为具有 IEC 61850 协议的前端状态监测数据智能设备，实现水电厂主设备状态监测系统和一体化 MMS 平台之间的数据交互功能，并为状态检修系统提供数据。

作为设备状态监测系统及振摆保护各类传感器数据采集、分析、传输的核心架构，状态数据智能设备通过现地级高速数据总线实现设备状态监测数据与一体化管控平台之间数据交互和共享。

厂站振摆保护及状态监测智能设备采集的机组、变压器、开关站等设备状态信息，通过Ⅰ、Ⅱ区站控层及过程层高速数据总线的 IECC 61850 接口，上传至一体化管控平台Ⅰ、Ⅱ、Ⅲ区的数据中心。

### （六）Ⅲ区智能化系统架构及配置

1. Ⅲ区厂站层

依据《智能水电厂技术导则》（DL/T 1547—2016），借鉴国家电网公司组织编写的《智能变电站一体化监控系统功能规范》（Q/GDW 678—2011）并根据试点智能水电厂建设工程的经验总结，确定方案如下：

Ⅲ区厂站层配置系统有管控平台（一体化平台、水调系统、大坝安全监测系统、气象系统、动环监测、系统联动）、消防系统、门禁系统、工业电视系统、智能巡检系统。

一体化平台、水调系统、大坝安全监测系统、气象系统、系统联动属于管控平台系统，它们之间无缝连接。

消防系统、门禁系统、工业电视系统，通过 IEC 61970 等协议与一体化平台通信进行系统联动。

智能巡检系统可与状态检修系统连接。

2. 水调系统

Ⅲ区水调系统功能同Ⅱ区水调系统一样，也包括水调平台和高级应用两部分，但是其中水调平台主要侧重于与外系统通信和 Web 展示，高级应用部分则侧重于防汛决策指挥和会商等功能。

3. 与原水调系统集成

根据现有水调自动化系统及智能一体化管控平台Ⅲ区结构和设备情况，考虑资源共享、负载均衡、系统稳定考核等原则，采用网络方式直接将现有Ⅲ区水调 A 网、B 网与一体化平台Ⅲ区进行互连，并对现有设备进行调整，形成完整一体化管控平台系统架构，确保系统的稳定考核运行，主要情况如下：

将现有水调数据库集群系统作为Ⅲ区一体化平台数据库集群系统的备份系统，确保Ⅲ区数据的安全。

一体化管控平台Ⅲ区缺少通信服务器，将现有水调新源通信服务器和Ⅲ区网关机化为通信系统主备服务器，承担Ⅲ区系统的数据通信及数据服务。

将现水调病毒服务器更改为一体化平台Ⅲ区病毒服务器，为一体化平台Ⅲ区提供统一的防病毒服务。

4. 状态监测与状态检修系统

（1）水电厂主设备状态监测与状态检修应用架构。基于智能水电厂一体化管控平台的智能水电厂水力发电主设备状态监测与状态检系统结构，如图 10–16 所示，现地状态监测智能设备采集的状态信息通过现地高速数据总线及 IEC 61850–MMS 通信协议，上传至依托一体化管控平台的数据中心。

通过一体化管控平台Ⅱ区的状态监测分析及Ⅲ区的趋势分析功能模块及平台共享的图表、曲线展现工具，实现对上述状态监测数据的多种形式的展示分析，通过一体化管控平台的数据汇总及存储接口，实现上述数据的联合历史趋势分析等高级数据挖掘功能；通过一体化管控平台Ⅲ区状态检修决策支持模块实现对设备健康状态的分析、评估、推理及诊断，在此基础上制定科学合理的水电厂主设备的检修维护策略。

（2）水电机组振摆保护系统。设计原则：参照《防止电力生产事故的二十五项重点要求》（国能安全〔2014〕161 号）及《大型发电机及发变组保护技术规范》有关要求，振摆保护的传感器及信号传输回路单独设置，与在线监测系统相互独立。系统仅限于实现对运行机组振摆值实时监测，超标时能报警或延时后跳闸停机的“单一功能”。

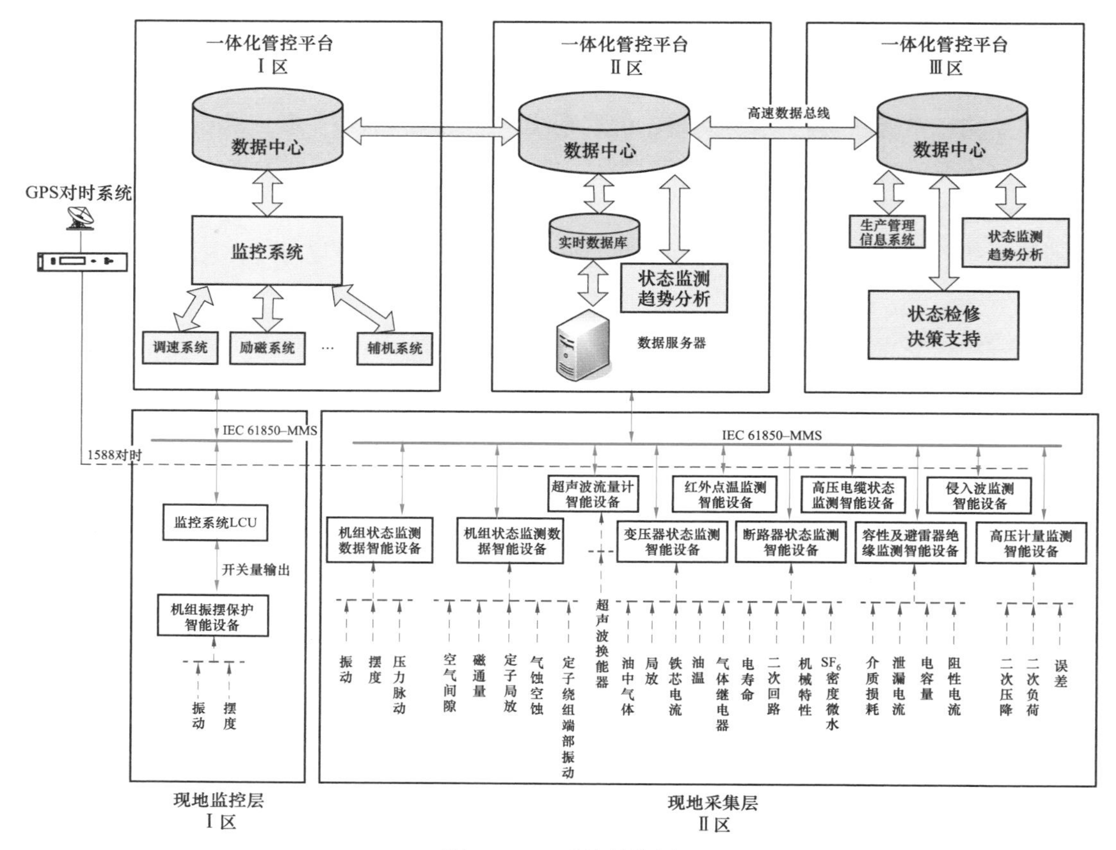


图 10–16　系统结构图

告警/保护组合策略简单原则。振摆保护只“单向”将保护动作信号送至监控系统，无中间环节，也不与其他系统有任何信息交换。保护装置中各模块应均可独立工作，其中某一通道、模块的故障不影响其他部分正常工作。保护动作出口原则上只设一个回路，出口定义为“机组振摆保护动作”，启动“机械事故”紧急停机流程。阈值整定原则应结合机组实际采取“一厂一策”，同一厂内机组间特性差异较大的，可采取“一机一策”的方法设定。

后台数据具备数据记忆功能，便于事后分析，当现地与后台系统通信中断时，不影响现地控制设备运行。

主要功能：作为振摆保护控制使用的Ⅰ区机组振摆保护智能设备保持独立运行，其越限告警及保护动作开关量输出信号，通过硬接线或站控层 IEC 61850–MMS 网与监控系统机组 LCU 连接，由监控系统机组 PLC 执行振摆保护动作后的卸负荷及解列停机流程。

振摆保护告警策略：任一测点达到一级报警，通过一定延时（时间闭锁）系统告警，告警继电器动作。

振摆保护控制策略：任一位置多个测点同时达到二级报警，通过一段延时（时间闭锁），系统保护控制继电器动作。

告警/保护阈值的整定：实际工程中应统计各机组一段时间的历史数据，结合各机组的状况，参照《在非旋转部件上测量和评价机器的机械振动　第 5 部分：水力发电厂和泵站机组》

（GB/T 6075.5—2015），《旋转机械转轴径向振动的测量和评定　第5部分：水力发电厂和泵站机组》（GB/T 11348.5—2012）和《水轮发电机组安装技术规范》（GB/T 8564 —2003）等标准，采用专家、厂家和运维人员讨论的形式确认告警保护阈值、延时时长，初期可以适当放宽，在运行过程中逐步优化。

工况判据：水电机组在稳定工况和非稳定工况、振动区和非振动区运行时，振动的幅值是不同的。如果用统一的告警/保护整定值，可能会出现误报/误动。主要有如下两种解决方法：一是延长闭锁时间；二是区分工况，采用负荷范围作为工况判据，负荷范围不宜设置太多。在不同负荷范围内选取不同系数，乘以稳定工况下整定值，稳定工况系数取1.0。

（3）机组状态监测及趋势分析系统。设计原则：满足智能水电厂一体化管控平台及设备状态监测信息平台的建设需求，并融入这一平台的共享机制及管理体系中；智能设备通过高速光纤以太网接入智能化水电厂现地数据总线，通过IEC 61850网络通信标准实现全厂现地数据传输和共享；能与电站统一智能化平台上的其他系统兼容和信息互享；为全厂主设备状态检修决策支持专家系统提供完整可靠数据源，以供电站运行人员发现机组运行中存在的缺陷问题和确定大修目标；在充分分析水轮发电机组运行特点和常见故障的基础上，有针对性地进行传感器测点布置。

主要功能：作为从智能化水电厂建设初期到最终建成的系统使用过渡方案，本项目预留后台数据服务器（接入服务器）及硬件隔离装置，待到智能一体化管控平台、状态检修系统及相应网络设备建成后，再移植下述在线监测分析软件功能及其硬件设备。

主要包括振动摆度状态监测分析、压力脉动状态监测分析、能量特性状态分析、发电机气隙状态分析、发电机磁场强度状态分析、发电机局部放电状态分析、发电机运行参数状态分析、变压器状态监测分析、互感器设备及避雷器绝缘状态分析、报警与预警、机组瞬时过程状态分析、调速油系统性能分析、顶盖排水系统性能分析、机组优化运行状态分析、性能评估与试验分析、历史趋势分析、状态报告分析、检修指导分析、远程诊断分析等功能。

（4）水电厂主设备状态检修决策支持系统。智能水电厂状态检修决策支持系统的主要功能为：从水电厂智能化一体化管控平台数据中心获取水电厂主设备相关基础资料、设备实时/历史数据等反映设备健康状态的特征参数，评价设备当前健康状况，并进行有效的风险评估，最终通过优化检修策略模型进行综合分析、推理、诊断，给出维修建议，并将分析结论及维修建议通过服务总线传输给一体化管控平台数据中心，供生产信息管理系统查询引用，从而有效支持状态检修工作的具体实施。

建立智能水电厂统一设备状态监测检修决策信息平台，采用状态检修辅助决策模式，构筑设备状态主题数据中心，通过平台共享的数据汇总及存储接口，充分运用分析诊断专家系统、可靠性检修策略等高级应用算法及模型实现全厂运行设备状态数据的联合历史趋势分析及故障诊断等高级功能，通过状态检修辅助决策模块实现对设备健康状态的分析、诊断、评估、推理及预测，在此基础上制定科学合理的水电厂主设备的检修维护策略。

*5. 大坝安全监测及分析评估决策支持系统*

本系统能够针对工程中影响安全的因素展开研究，改善现有监测因素不全面的现状，形成大坝安全监测参数的理论基础。将空间信息技术、地理信息系统GIS、全球定位系统GPS、遥感系统RS、坝面红外测温、声波层析（弹性纵波）检测和大坝核成像检测技术、无线传感等新技术应用在大坝安全监测领域。对集成化、小型化、智能化、多功能化传感器展开研究。对新出现的材料应用于大坝安全监测领域展开研究，如纳米材料、光纤等。重点对光纤点式传感器、光纤准分布式传感器和光纤分布式传感器进行深入研究。对现有的传统仪器加深研究，探索采用新工艺使其能够发挥更大的作用。

大坝安全检测具有检测项目多、分布范围广的特点。所有检测项目应以通信网络形式联络，研制新型大坝安全检测智能网络。对所有大坝安全检测设备具有开放性、兼容性，适应多种介质的广泛易组性并具有可远程控制性。

在监测的基础上研究大坝安全动态仿真，研究基于水情测报系统及大坝安全动态仿真系统的汛期大坝安全仿真预警；研究水电厂金属/混凝土结构部件的检验检测方法及安全性评价体系。

本系统包括大坝安全监测基础资料管、成果图表展示、成果综合观察对比分析、成果回归拟合分析和模型创建、安全综合评估与决策支持等功能。

6. 防汛决策支持系统

防汛决策支持系统基于一体化管控平台，利用该平台的数据总线实现水情、雨情、预报结果、防洪调度、流域特性、水库特性、应急预案、防洪物料、抢险队伍、值班记录等数据的存取。利用一体化管控平台的支撑组件，进行各类防汛业务组件的管理。在此基础上实现防汛信息服务、防汛值班管理、防汛应急预警、防汛物资与队伍管理等智能业务应用。

系统包括信息采集层、计算机网络层、数据资源层、应用支撑层、业务支撑层、业务应用层。针对防汛决策支持系统涉及业务和用户众多，以及系统用户地域分散的特点，采用三层 B/S 的体系架构。

防汛决策支持系统与水情测报系统、水调自动化系统、一体化管控平台、气象系统、安全监测与评估系统和视频监控系统之间存在大量数据交互。各系统之间交互的主要数据，如图 10–17 所示。

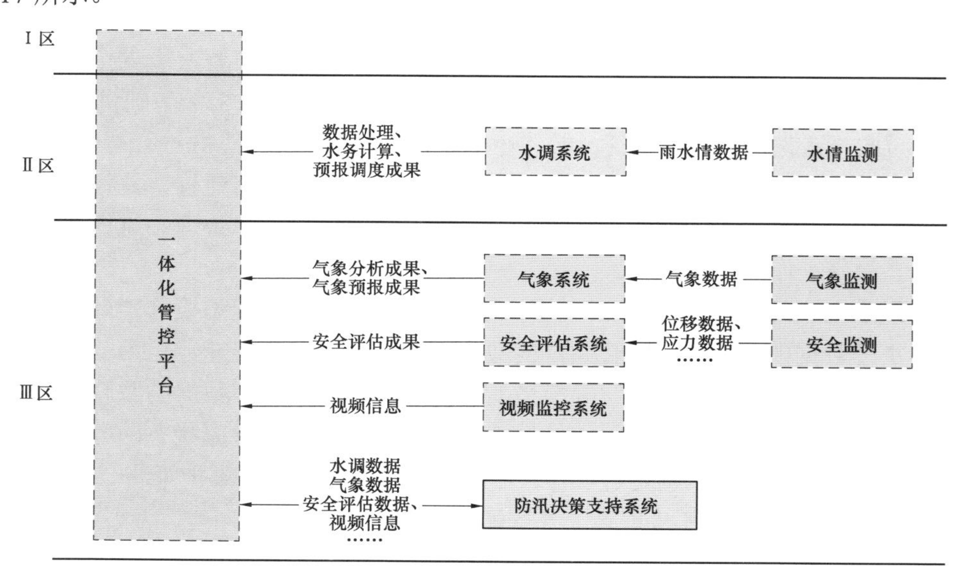


图 10–17　防汛决策支持系统数据流程及关系图

7. 气象自动化系统

气象自动化系统的数据包括水库流域自动气象站实时气象数据和气象台提供的气象预报数据。

水库流域自动气象站由水电厂根据水库的气候特征选取代表性位置设立，水库流域自动气象站符合 IEC 61850 标准的气象数据采集装置，采用多种可选择的稳定信道向水电厂的气象自动化系统传输数据。实时数据包括时段降雨、温度、湿度、气压、风速、风向六类数据，为流域内水库调度和水电厂防汛决策提供基础数据支撑。

气象台提供预报数据包括流域中长期气象预报数据和气象数值预报数据，以及流域有效范围的雷达和云图资料。中长期气象预报数据直接服务于水库来水预报，逐小时数值预报为洪水预报和防汛决策支持系统提供气象信息。

气象自动化系统提供了整个水库流域的气象信息查询，水库来水预报、防汛决策支持系统的气象数据支持，以及与水电厂运行相结合的高级应用功能，如水电厂气象灾害预警、中长气象预报与水电厂发电经济效益分析等。

8. 系统联动

系统联动功能主要是通过联动服务器实现业务逻辑的联动，具体操作动作由各业务系统按照联动策略完成。

联动服务器控制联动策略，联动策略由后台流程服务框架管理，通过统一的联动策略方案定义。各联动服务接口接入联动应用节点，以联动策略方案统一组织各服务节点的联动动作。

联动过程以联动策略管理服务器为核心，各系统联动服务接口为基础，在一个系统发生初始动作时，如计算机监控系统下达开机令，启动联动工作流程，由后续联动节点完成衔接动作，如视频摄像头转动并聚焦至发电机。流程可根据用户需求进行定制与修改。联动功能主要包括监控子系统与工业电视系统的联动、保护系统与工业电视系统的联动、生产管理信息系统与门禁系统的联动、门禁系统与工业电视系统的联动、巡检系统与工业电视系统的联动、防汛应急控制系统与工业电视系统的联动、工业电视联动、门禁联动、消防联动、巡检联动、防误联动、生产管理联动等。

## 三、丰满智能化水电厂建设方案的亮点

### （一）智能变电厂相关设备的应用

丰满智能水电厂结合 IEC 61850 标准体系的具体要求，在水电厂常规设计基础上，考虑水电厂智能设计因素。在 500kV 系统一次设备中采用了常规电压互感器和电流互感器，15.75kV 系统一次设备采用“常规互感器+数字化合并单元”方式，通过合并单元对互感器二次侧的电流或电压数据进行处理，通过 SV/GOOSE 网向间隔层设备传输信息。对于断路器、隔离开关等一次设备采用“一次设备+智能终端”方式，将传统常规一次设备改造为满足 IEC 61850 标准的智能化设备，智能终端采用二次电缆与发电机电压回路开关设备（包括：发电机断路器、发电机侧接地开关、电制动断路器）连接，采集设备的位置状态和告警信息并上传到间隔层设备，同时接收来自间隔层设备的 GOOSE 命令和控制各种所需的信号。

### （二）智能水电厂过程层建设更加完善

1. 合并单元 MU

机组出口继电保护用电流、电压互感器配置 MU。每个 MU 均支持《互感器》（GB/T 20840.8）、《电子式电流互感器》（IEC 60044–8）、《电力自动化通信和系统》[（DL/T 860.92）（IEC 61850–9–2）] 等协议。每套发变组继电保护按双重化配置，对应的网络亦应双重化配置。第一套保护接入 A 网，第二套保护接入 B 网。

2. 智能终端

发电机断路器、发电机侧接地开关、电制动断路器现地配置智能终端。智能终端采用光纤通信，与间隔层设备间主要用 GOOSE 协议传递上下行信息，通过 GOOSE 接受遥控命令，并通过 GOOSE 将开入量信息和自检告警信息上报间隔层设备。装置具备至少 1 个本地通信接口（调试口）、2 个独立的 GOOSE 接口。接收监控合闸命令、测控的手合/手分断路器命令及隔离开关、接地开关等 GOOSE 命令；输入断路器位置、隔离开关及接地开关位置、断路器本体信号（含压力闭锁等）；跳合闸自保持功能；控制回路断线监视、跳合闸压力监视、闭锁功能等。双重化配置时，智能终端至少提供两组分相跳闸接点和一组合闸接点。

智能终端不设置防跳功能，防跳功能由断路器本体实现。智能单元安装处保留断路器硬把手操作功能，外部加装远方/就地切换开关、紧急跳闸开关（按钮）、操作回路出口连接片、检修硬连接片和红绿灯等元器件。智能终端跳合闸出口回路设置硬连接片。智能终端具备三跳硬接点输入接口，可灵活配置的保护点对点接口和 GOOSE 网络接口。

智能终端具备对时功能、事件报文记录功能。具备跳/合闸命令输出的监测功能。当智能终端接收到跳闸命令后，能通过 GOOSE 网发出收到跳闸命令的报文。继电保护设备与各间隔智能终端之间通信采用 GOOSE 点对点通信方式。

智能终端的配置遵循了以下原则：

（1）220kV 电压等级智能终端按断路器双重化配置，与双重化保护和双跳闸线圈配合。两套装置完全独立，电气回路上无任何联系。

（2）主变压器 500kV 侧智能终端按双重化配置，15.75kV 侧双重化智能终端与合并单元合一配置，单配独立常规操作箱。

（3）主变压器本体智能终端单套配置，具有主变压器本体非电量保护、遥控/闭锁有载调压、启动风冷控制、上传本体各种非电量信号等功能，非电量跳闸出口直接通过电缆至主变压器各侧的操作回路实现，并向站控层传输跳闸事件。

（4）双重化配置的智能终端配置单 GOOSE 口接入对应的一个过程层 GOOSE 网络；单配置的智能终端配置两个 GOOSE 口分别接入两个过程层 GOOSE 网络。

（5）智能终端采用二次电缆与断路器、隔离开关、变压器连接，采集和控制各种所需的信号。

（6）智能终端具备 GOOSE 命令记录功能，记录收到 GOOSE 命令时刻、GOOSE 命令来源及出口动作时刻等内容，并能提供便捷的查看方法。

（7）智能终端有完善的闭锁告警功能，包括电源中断、通信中断、通信异常、GOOSE 断链、装置内部异常等。

（8）主变压器本体智能终端具有主变压器本体非电量保护、遥控/闭锁有载调压、启动风冷控制、上传本体各种非电量信号的功能；非电量保护跳闸通过控制电缆直跳方式实现。

3. 对时

合并单元、智能终端、保护装置采用 IRIG–B（DC），也可采用 IEC–61588（IEEE1588）标准进行对时，精度应满足继电保护及监控系统要求。

4. 网络及交换机

（1）合并单元、智能终端采用光纤通信，接入间隔层设备 GOOSE 网。

（2）合并单元、智能单元接口满足电站继电保护、监控系统网络配置要求。

（3）按间隔数量合理分配交换机数量，每台交换机配备适量的备用接口；任两台智能电子设备之间的数据传输路由不应超过 4 个交换机。当采用级联方式时，不应丢失数据；交换机的 VLAN 划分应采用最优路径方法结合逻辑功能划分。

5. 智能控制柜

（1）当采用双重化合并单元时，可对应双重化的智能终端分别安装在两个智能控制柜内。

（2）户内布置的控制柜应具备温度、湿度的采集调节功能，柜内温度、湿度可通过智能终端 GOOSE 接口上送。

### （三）一体化电源的应用

智能一体化电源系统能够为生产设备提供安全、可靠的交、直流工作电源，包括：380V/220V 交流电源、DC220V 直流电源。智能一体化电源系统主要由 ATS、充电单元、逆变电源、蓄电池组及各类监控管理模块组成。逆变电源直流输入侧直接接入直流母线对重要负荷（如计算机监控、事故照明设备等）供电。智能一体化电源系统采用分层分布架构，各功能测控模块采用一体化设计、一体化配置，各功能测控模块运行工况和信息数据应采用 IEC 61850 标准建模并接入信息一体化平台。实行智能一体化电源各子单元分散测控和集中管理，实现对智能一体化电源系统运行状态信息的实时监测。智能一体化电源系统监控软件可集成到一体化平台中，不独立设置智能一体化电源监控工作站。

主界面显示智能一体化电源系统的主接线图，实时反映智能一体化电源各功能单元的运行工况和信息。智能一体化电源各功能单元均有独立的子界面，子界面能以模拟图等方式显示。系统具有事件记录功能，并包含以下事件信息：

（1）ATS 双电源自动转换开关。交流输入电源故障记录，包括发生时间、持续时间，故障类型，如过电压、欠电压、缺相、三相不平衡和失压等；ATS 进线及重要馈线回路信息；进线断路器、分段断路器的位置信息；备自投动作记录，投切原因，如遥控投切、手动投切、交流故障投切等；交流监控模块故障信息。

（2）充电单元。充电单元交流进线断路器动作信息；交流输入电源故障信息；充电单元输出断路器位置、脱扣（或熔断器熔断）信息；蓄电池组进线断路器位置、脱扣（或熔断器熔断）信息；母线联络断路器位置信息；直流母线电压异常信息；充电单元浮充电压信息；充电模块故障记录；各充电模块输出电流信息；馈线断路器脱扣信息；馈线断路器位置信息；直流母线绝缘状况信息；馈线支路绝缘故障信息；充电监控模块故障记录。

（3）逆变电源。逆变电源屏内交流输入断路器位置、脱扣信息；交流输入电压故障信息；

直流输入电压故障信息；逆变电源输出断路器位置、脱扣信息；直流输入断路器位置、脱扣信息；母线电压异常记录；馈线断路器位置、脱扣信息；逆变电源运行模式信息，如旁路输出、交流输入逆变输出、直流输入逆变输出；逆变电源故障记录，包含故障类型；逆变电源监控模块故障记录。

（4）蓄电池组。蓄电池组电压信息；蓄电池单体电压信息；蓄电池监测模块运行状况信息；蓄电池监测模块故障记录；蓄电池组温度信息。

**（四）培训仿真系统的建设**

丰满重建工程培训仿真系统包括一套多功能完整的水电厂运行仿真系统、两套能够独立演示水电厂生产过程的仿真模型（用水流或灯光演示）、一套按实际机组模拟的水轮发电机组检修仿真系统。

该系统主要实现了以下功能：

（1）水电厂运行仿真系统。水电厂运行仿真系统能全面仿真水电厂生产全过程，包括全厂的各子系统、各主要设备的功能、特性以及彼此之间的联系。既包括水电厂的水—机—电主系统，也包括机组的调速器、励磁调节器及油、水、气辅助系统；包括一次系统，也包括控制、测量、保护、信号、同期等二次系统。

仿真水电厂的各种运行方式，机组的各种运行状态，各子系统的运行行为。仿真水电厂内的控制、操作、调节，也可仿真水电厂正常、事故、故障的运行状态。仿真系统还可对电厂外部电网进行仿真，而不是将电厂作为一个孤立节点，使仿真结果更接近实际运行情况。

不仅可用于模拟电力系统的稳态运行状况，还可以模拟电力系统失稳时的动态过程行为，实现从稳态到动态，再从动态返回稳态的平滑过渡。

（2）水电厂生产过程的仿真模型。水电厂生产过程的仿真模型可用水流或灯光进行演示，主要部件能够活动（导叶、导水机构、水轮发电机组、吊车、尾水闸门、水流），模拟水电厂生产过程应与实际电厂相似或相像。

模型内容应包括大坝、引水系统、蜗壳、活动导叶、固定导叶、导水机构控制环、接力器、机旁盘（可示意）、机组剖面各层、吊车、厂房、尾水管、尾水闸门等。机组部分包括转轮、大轴、大轴法兰、相应轴承、风闸、机架、发电机（定子剖开）、发电机出线、模拟简化的机组—变压器—主接线。

（3）水轮发电机组检修仿真系统。系统包括三部分内容：机组检修多媒体系统、机组检修模拟训练系统、机组检修技术鉴定系统。

**（五）远程智能诊断服务系统的应用**

1. SOA 架构平台实现多个系统的快速集成

基于 SOA 架构的大型水力发电远程运维系统除具有高效、稳定、操作简便、易于维护等基本特点外，还具有良好的兼容性、可扩展性、支持大规模业务并行开发等独特特性。

SOA 架构最大的特点就是将所有拓展功能以服务的形式接入 SOA 中间件，以此实现系统各项分子功能的高内聚低耦合特性。因此对于需接入系统的第三方软件，如果支持标准 SOA 架构可以便捷地通过 SOA 中间件接入；如果预留了 JAVA 调用接口也可以通过编写 JAVA 程序实现与 SOA 中间件的通信，将第三方软件接入 SOA 架构。

2. 首次应用双向诊断模式

大型水力发电远程运维系统首次采用基于故障树（FTA）的故障诊断模式和基于健康特征的故障诊断模式的双向诊断模式交叉推理模式，同时系统通过逻辑斯蒂克回归、高斯混合模型及统计模式识别等算法构建了发电设备故障诊断推理机。通过双向故障推理，实现对机组故障的追根溯源。

3. 开创机组多维全信息量化评价方法

大型水力发电设备的远程故障智能诊断是发电设备安全稳定运行的重要保障，而准确表述发电设备的运行状态和性能优劣，对于生成发电设备的运行决策和维修方案都起着至关重要的作用，是发电设备远程运维工作的依据。

在目前的技术水平下，业界针对大型发电设备普遍采用了将其状态划分为正常状态、异常状态和故障状态三种，只能确定大型发电设备处于何种状态，无法了解处于非正常状态（包括异常状态和故障状态）时故障对于整台发电设备的影响程度。对于大型发电设备的状态评价，业界尚没有可以量化的标准，致使对大型发电设备的运行状态的评价仍然停留在定性层面，无法跨越到定量的高度，丰满重建工程充分考虑大型发电设备的结构特性和物理量特征，整合电气性能、定子温度场、气隙、振动摆度、压力脉动等诸多维度信息，以涵盖全信息为目的进行方案设计。对于处于静态（停机状态）、稳态（带恒定负载运行状态）和瞬态（启、停机过渡过程）三种状态下的大型发电设备，首次提出基于多维度信息，实现对大型发电设备运行状态从定性评价到量化评价的方法。

4. 基于现场实测数据的加密与还原

电力系统关系到一个国家的经济命脉，因此系统安全及数据安全是本项目重点关注的地方，平台除了采用多重安全防护体系，对 APP 端、云端、设备端进行通信协议加密和访问安全认证，除确保智能硬件通信及数据的安全外，丰满水电厂基于现场试验数据，为每台机组订制加密方案，采用差值法对数据预先进行处理，远程传输差值数据。通过实际测试数据，方可还原原始机组运行数据，通过该方法从源头上保障机组数据安全。

## 第六节　智能水电厂效益分析

### 一、经济效益

#### （一）直接经济效益

1. 优化流域梯级调度产生的效益

智能水电厂经济调度与控制系统会根据梯级各水库水位、库容以及来水情况和各级水库的关联关系，按等耗量微增率算法分配负荷，实现水电联合调度，保证电站经济运行，从而使梯级水电厂联合调度按最优方式运行，优化了电站单机出力并尽量避免机组在低出力区运行，降低发电耗水率，提高梯级电站整体经济效益。

（1）乌江流域。据原水电部部颁标准《水电厂经济调度考核暂行办法》进行计算，乌江梯级上游 4 座电站可增发电量 4.654 3 亿 kWh/a；当下游 3 座电站建成后，7 座电站可增发总电量为 13.38 亿 kWh/a。2006 年，通过抬高水头和年末蓄水次序优化，在 2006 年来水处于历史上最枯年份的情况下，4 座电站节水增发电量达 1.486 3 亿 kWh，折合人民币 0.312 亿元。

2007 年，通过抬升 1～8 月各水库总平均运行水位（1～8 月每小时水位的平均值）5～16m，提高单机开机时间内的总平均出力为 20%～30%，使梯级综合耗水率（梯级总发电水量/总发电量）从 4.61$m^3$/kWh，下降至 4.02$m^3$/kWh，增发电量为 7.3 亿 kWh，折合人民币 1.533 亿元。

2006～2007 年，乌江梯级水电厂群优化调度实际增发电量达到了 9.596 3 亿 kWh，折合人民币 2.02 亿元。

（2）红水河流域。大唐广西分公司集控中心投入使用后，通过进一步提高流域水库优化调度水平，科学合理利用流域水能资源，实现流域发电、防洪最佳综合效益，优化调度后整体水能利用率提高 3%～5%。

（3）大渡河流域。大渡河流域集控中心建成后，通过流域梯级联合调度、集中控制，据测算，多年平均发电量将由单独调度运行的 1057 亿 kWh 提高 1123 亿 kWh，效益显著。

（4）松江河流域。以松江河梯级电站为例：通过国内清江、乌江等流域电厂多年的运行数据知，采用等耗量微增率算法分配负荷后，松江河梯级电站可按设计发电量增 0.5%～1.5%考虑（按 1%计算），测算后每年约增加发电量 $0.08\times10^8$kWh。

2. 提高供水期水库运行水位增加效益

以松江河梯级水电厂为例。各流域供水期来水很稳定，预见性比较强。由于松山水库本身不发电为梯级引水，实现智能化电厂以后，可以结合小山水库水位、小山发电情况、引流量、松山水库水位等因素远方控制松山引水闸门，使供水期小山、双沟电站实现真正意义的高水头发电。

3. 减少蓄水期弃水增加发电量的效益

（1）松江河流域。通过优化联合调度方案，按照水能和电能综合平衡的原则，使各级水库保持在高水位运行，降低各级电站的耗水率，增加发电量。以松江河公司为例，在智能化改造以前，按照设计运行，小山水库年平均水位为 674.00m 左右，该水头下平均发电耗水率为 4.386$m^3$/kWh；双沟水库年平均水位为 578.00m 左右，该水头下平均发电耗水率为 4.142$m^3$/kWh。智能化经济调度与控制系统投入运行后，从 2010～2017 年运行数据分析来看，小山水库年平均水位为 679.91m，平均发电耗水率为 4.122$m^3$/kWh；双沟水库年平均水位为 580.68m,平均发电耗水率为 4.033$m^3$/kWh。由此可见，智能化经济调度与控制系统运行以来，小山平均每年因水头提高约增发电量 $0.196\,0\times10^8$kWh，双沟平均每年因水头提高约增发电量 $0.094\times10^8$kWh，松江河公司每年因水头提高约增发电量 $0.29\times10^8$kWh。同时，在汛期，通过防汛决策支持系统提高水文、气象预报的准确性，经过洪水演算可以提前腾出库容，减少弃水，按照五年一遇洪水计算，可以增发电量 $0.204\,6\times10^8$kWh，年均增加电量约 $0.040\,9\times10^8$kWh。

（2）红水河流域。2016 年 6 月中旬，针对龙滩、岩滩区间普降大暴雨情况，所属龙滩电厂通过调减龙滩出力至最低，确保了岩滩零弃水，同时最大限度减少下游大化、乐滩弃水量。龙滩电厂 3 次为下游梯级实施拦蓄控流，为下游梯级消纳区间洪水约 3.5 亿 $m^3$，折合增加梯级电量约 1.5 亿 kWh；红水河 6 座骨干水电厂上半年累计发电 171.99 亿 kWh，增幅达 65.4%；

各水电厂通过开展洪前预泄、拦蓄尾汛、拦污栅清理等优化调度措施，实现节水增发电量6.9亿kWh，水能利用率提高3.6%。

（3）乌江流域。梯级电站洪水利用效益计算。梯级水电厂通过主汛期库水位动态控制理论的应用，乌江渡以上4座电站可通过洪水资源利用增发电量4.92亿kWh/a；增加演算至下游3座电站，7座电站通过洪水资源化利用可增发电量14.76亿kWh/a。

2007年7月下旬发生了一场10年一遇的洪水，乌江梯级各水库的单场洪水利用率达到了70%左右，全梯级满出力发电、减少调峰弃水，多利用的洪水资源折合成电量达到0.81亿kWh，折合人民币0.178亿元。

4. 装置本地化和通信网络化产生的效益

通过装置本地化和通信网络化达到了“系统分散、数据集中”的目的。装置本地化，控制系统和主设备距离近，检修、维护、调试方便，且不用在过程层集中布设大量电缆，减少电缆数量和中间转接环节，提高了可靠性，减少了投资；通信网络化，过程层至单元层全部采用光纤、RJ45网线、同轴电缆，大量减少了电缆数量，提高了可靠性；实现数据共享后，各系统或装置之间互相通信，解决了数据来源不唯一的问题，进一步提升了可靠性，减少了重复性投资。

**（二）间接经济效益分析**

1. 降低检修费用

通过机组在线监测系统，实时掌握机组振摆状况，计算出随水头、出力变化的机组振动区，EDC系统根据单台机组振动区数据，能够实现站间联合躲避机组振动区。从而保证了机组运行在最优工况下，提高了设备的使用寿命，降低了检修费用。

主变压器、断路器、隔离开关、互感器等电气一次设备和辅助设备，通过在线监测和状态检修的分析、评估，一方面减少了预防性试验的次数和费用；另一方面减少了计划检修费用。

在当前设备制造质量和检修工艺、质量逐年提高的前提下，松江河公司主设备检修周期由计划的5年可以提高至7年以上，附属设备检修周期由计划的2年可延至4年，每年可以节约检修费用约500万元。

2. 提升工作效率

在智能水电厂建成后，水电厂的主要监视、调整、计算、控制，甚至电话通知、应急处置等工作，均可以通过计算机24h不间断地完成，中间无须人工干预。如实现水电联合调度，水、电调度专业人员可以合并；在电网备用容量和一次调频能力足够的前提下，考核指标放开后，水电厂可以实现关门运行，减少运行人员数量；发生故障或事故后，系统会自动启动应急处置流程，一方面进行自动隔离故障点，在设备冗余的情况下启动自恢复程序，恢复设备到正常状态；另一方面自动通知相关专业人员到现场处理。现场可以实现机器人巡检，数据、图像自动采集；现场操作可以增加远方第二监护人；生产管理系统数据和ERP资产管理系统数据可以直接通过现场自动采集，无须要人工录入；仓储、物资管理全部实现自动化，材料、设备领用并安装后通过扫码就能实现与现场实际设备的挂接；可以实现远程或手机APP进行协同办公和生产管理等。

总之，智能水电厂建成后，一方面可以提高人员的工作效率，另一方面可以减少现场人员的工作负担，减少现场人员数量。

## 二、社会效益

### （一）对全球能源互联网的支撑

（1）智能水电厂作为智能电网中发电环节的一部分，具有信息数字化、通信网络化、集成标准化、运管一体化、业务互动化、运行最优化、决策智能的特征，其源网协调能力强，可配合风电、光电、核电等清洁能源，提高智能电网对清洁能源的吸纳能力。

（2）智能水电厂技术提升了水电厂设备的可靠性和对电网的应急响应速度，提高了电网调节深度，可增强特高压和智能电网的电力输送能力和可靠性。

（3）以智能水电厂技术为依托，推广应用到风电、光伏发电等清洁能源中，建立电源侧统一数据模型，与电网、用户之间建立互联互通，解决全球能源互联网的“起始一千米”问题，在云计算技术的支撑下，实现全球能源全景数据的共享，为全球能源的优化调控奠定基础。

（4）智能水电厂技术促进了电力系统信息化技术的进步，在其引导和支撑下，电源、电网、用户之间可以无缝地进行互动和控制，使各类发电技术和储能技术的高效应用成为可能，电力系统的调度方式将更加灵活，应急响应速度将更快，电网安全稳定运行水平将更高，电力系统的综合效益将得到大幅提升，从而为全球的社会发展提供安全、清洁、高效、智能的源动力。

### （二）提高自主创新能力推动社会经济转型

智能水电厂的建设，一方面产生大量科技成果，建立了技术标准，创造并拥有了先进技术的专利，掌握了核心技术；另一方面通过创新推动了水电装备制造技术的升级，最终实现增长动力从要素驱动向创新驱动的转换。

智能水电厂的建设，还培养了大批水电厂自动控制专业技术人才，推动了生产和集成智能化系统的装备企业的技术进步。

### （三）节能环保

智能水电厂（智能抽蓄）作为智能电网的一部分，与 D5000 之间的融合，增强了信息化程度，提高了响应速度，减少人工干预，与智能电网组成“发输变配用”一体化的智能化控制，进一步提高了水电厂的源网协调能力，提升了电网吸纳清洁能源的能力；通过对流域梯级电站的智能调度，可做到流域经济效益的最大化，节约用水、增发电量，有效减少了火电燃煤用量，减少了 $CO_2$ 的排放量，符合当前低碳经济的发展趋势；作为清洁可再生能源的水电开发在优化能源结构、实现能源可持续发展和应对气候变化上具有十分突出的战略意义。

据测算，大渡河流域梯级水电厂开发建成后，通过流域梯级联合调度、集中控制，多年平均发电量提升后，约每年减排二氧化碳 698 万 t，相当于年节约标煤 280 万 t，节能和环保效益显著。

乌江流域梯级水电厂通过水库群防洪优化调度，在提高自身防洪能力的同时，为长江防洪提供了强大的支持，推动了地方经济发展，增加了电网安全效益。2014～2017 年以来，通过增发电量减少标煤使用从而取得减少排放72万t $CO_2$ 的环保效益。

**（四）保证用电、用水安全，提高防洪抗旱能力，发挥综合效益**

智能水电厂大量采用计算机和人工智能技术，全天24h不间断监测、计算、调整和控制，对故障、事故始终进行监控，应急响应实时性强、速度快，在实现流域智能优化调控的情况下，流域梯级所有电站可以形成整组调控，优化事故备用容量，提升整体的一次调频能力和事故抵御能力，极大地发挥了流域梯级电站在电网稳定中的作用。智能抽水蓄能具有响应速度快、调节能力强的特点，在清洁能源占比较高的电网中可以发挥“稳定器”作用。智能水电厂（智能抽水蓄能）、智能风电、智能光伏、智能核电之间可以实现水、风、光、核之间的互补，可以形成规模化的、自调能力突出的能源基地，是特高压输电强有力的支撑。智能水电厂的建设为智能火电、智能风电、智能光伏、智能核电提供了借鉴，与智能配电、智能用电相连后，可以实现数据共享，为今后“直配电”的发展和电力体制改革提供技术保证。

在智能水电厂平台上，实施人工影响天气和优化水库调度，并通过做好中长期来水预测的手段，可改善局部地区的水能资源利用，避免气候因素造成的不利影响，提高用水安全的可靠性，增加城市和农业用水量，社会效益明显；同时扩大了水文数据信息的应用和共享范围，为正确分析防汛抗旱形势、科学预测和预报其发展趋势、提高防汛指挥调度水平提供有效保证，全面提升防汛抢险应急指挥决策能力和效率；通过接收并处理所有大坝工程安全的相关监测数据，对接收的数据进行分析处理，并对监测系统进行远程控制，为工程安全运行决策提供依据，从而优化所属各电站的运行方案，保证大坝安全，确保人民群众的生命和财产安全。

通过智能水电厂建设，实现流域/跨流域梯级水电厂联合优化调度控制，显著提高了梯级水库的运行水位和综合调节能力，对航运、生态环境、水产养殖、农田灌溉、旅游资源开发及利用也会产生深远的影响。

## 三、管理效益

**（一）提高生产效率，为运维一体化打下坚实基础**

通过智能水电厂建设，不仅可以将人从烦琐和重复性的事务劳动中解放出来，更重要的是通过采用当今世界先进的科学技术和管理手段，改变目前的生产管理模式，促进管理水平的提高，从而提高电厂的经济效益；以网络化、信息化、数字化和标准化为基础，通过生产信息管理系统，整合生产业务流程，减少业务处理和流转损耗，采用限时督办方式，提高管理效率；采用智能化系统和设备，使设备与人、设备与设备之间能够实现互动化无缝对话，降低设备对人的依赖，管理流程将进一步精简，远程管理逐步实现，从而实现管理模式向运维一体化方向转变。

智能水电厂建设中将水电厂的各应用系统高度融合起来，为集中管控奠定了基础，保证了设备运行的稳定可靠。智能水电厂建设减小了各专业之间的界限，锻炼了大量复合型人才，为运维一体化提供了人员保障。智能水电厂建设，为管理系统提供了大量准确信息，实现了生产与管理之间数据共享，促进了管理水平的提升。因此说智能水电厂建设和今后“大监控”系统的建设为运维一体化的实现提供了基础保障。

智能水电厂建设，在确保生产安全稳定的前提下，通过完善管理流程，优化人力资源配置，培养“专一、会二、懂三”的复合型人才，促进了企业的发展。

**（二）改善水电员工生活环境，获得人文效益**

智能水电厂的建设逐步实现所控电站“无人值班（少人值守）”，现场值班运行人员大幅减少，最大限度解放了现场生产力，提高了安全保障系数。将水电集控中心设置在大中城市，电站生产和管理通过集控中心完成，在一定条件下现场可以实现关门运行或留有少量值守人员，定期轮换，水电员工可以在大中城市中工作、学习和生活，圆了职工在城市生活的梦想。员工城市生活指数的提升，体现了企业的人文关怀，员工工作的积极性、执行力和企业的凝聚力、创造力进一步提升，企业将获得大量人文效益。

**（三）实现资产全寿命周期管理，提高管理效益**

通过智能水电厂的建设，建立以安全生产管理为基础，资产管理、账务管控为手段的全面覆盖企业生产、经营、管理各个方面的管控系统，可以实现水电厂从规划、设计、施工、制造、安装、调试、运营的资产全寿命周期管理。智慧管控实现了水电厂从规划、设计到生产准备阶段的管控；数字化移交实现了水电厂投产验收到生产经营的过程管控；智能水电厂实现了水电厂从投产到运营、报废的过程管控。而智能水电厂以采集生产实时数据为基础，通过计算机监控系统等基础辅助分析平台进行基础分析，并将分析数据和生产实时数据同时送至数据中心。通过智能分析平台进行基础的智能分析与展示，最终给决策者提供成本决策、检修决策、安全策略和管理策略的建议，实现了安全生产到经营管理的全覆盖，提升了企业的管理效益和效率。

# 第十一章 智能水电厂发展方向

# 第一节　与新技术的融合发展

## 一、智能手机与水电装备

智能手机在内外网安全隔离的情况下，可以实现水电厂的管理。通过开发专用的应用程序（APP）来实现水电厂的远程办公（包括 ERP、PMIS 等）、远程设备监测和分析，远程故障诊断和处理指导等；可以在水电厂内建设采用加密安全认证方式的无线局域网，利用智能手机的无线定位功能、摄录功能和语音通话等功能，结合生产管理系统的 APP，实现无线定位、无线巡检、语音调度、设备管理等生产现场的实时管理功能。

水电装备制造可以借助智能手机制造技术，进行水电装备的信息化、智能化升级。如大坝观测自动化系统是在无电磁干扰的大范围内进行测量，测量的传感器就可以采用智能手机的无线通信技术；户外开关站内地线桩的实时管理可以采用智能手机的蓝牙通信技术；自动化装置或传感器支持无线数据采集，可以用智能手机直接通过蓝牙通信或无线网络读取相关数据；工业电视、门禁等辅助系统可以通过无线网络来通信，减少电缆数量，降低造价等。

## 二、水电厂过程层设备的智能化

水电厂最基础的过程层设备的智能化，除需要智能手机的相关技术外，还需要移动电源技术和网络安全技术的支撑。

### （一）电气一次设备智能化

智能变电站技术的发展，为电气一次设备智能化创造了条件，合并单元、智能终端的应用，实现了互感器、断路器和隔离开关等电气一次设备的智能化。

### （二）水力机械设备智能化

当前，水力机械设备智能化还处于发展阶段，随着智能传感器技术的应用，解决了位移、转速、液位、压力等测量类自动化元件智能化问题，同时可以利用合并单元、智能终端等电气一次设备智能化的相关技术，完成电磁阀、电磁配压阀、电动机、继电器等执行元件的智能化。

## 三、系统集成对水电装备的影响

系统集成包括设备集成、技术集成和功能集成，是未来工业创新发展的驱动力，也是未来水电装备创新发展的需求。

在设备集成方面，未来水电装备需要将通信信息技术与水电厂自动化设备进行集成，提升水电自动化设备的信息化水平。如智能传感器、智能执行元件、厂站层大数据中心和一体化管控平台、智能励磁系统、智能调速系统等。显著特点是：设备超向于集成化、小型化、精度高、抗干扰能力强、信息化能力强、可靠性高等。

在技术集成方面，需要在大量原始技术整合的基础上进行新技术的应用，研发具有一定人工智能的水电装备，如生产管理信息系统（HPMIS）、企业资源计划系统（ERP）、协同办公系统以及企业管理标准和流程之间的整合，无线局域网、物联网、大数据、云计算和移动终端等新技术的应用。显著特点是：提高资源利用效率、工作效率和企业管理效益。

在功能集成方面，在建立统一的数据平台和数据模型（HCIM）的基础上，未来将进一步对水电厂原有的自动化系统的功能进行整合，达到信息标准化、数据共享化、通信高速化、应用集成化、功能智能化的目标。如经济调度与控制系统、状态检修辅助决策与支持系统、防汛决策支持系统、大坝安全分析与评估系统、安全防护管理系统、通俗信息综合监管系统、一体化电源系统、统一时钟系统、智能巡检系统等智能水电厂高级应用模块。显著特点是：系统完善、功能全面、具有较强的分析和辅助决策能力、人工智能水平较高等。

## 第二节　水电装备的智能化

### 一、IEC 61850的推行

推行 IEC 61850 可以为制造厂和用户带来好处，同时使水电厂设备具备互操作性、自由配置、长期稳定性、互换性等特点，因此在未来水电装备发展中，IEC 61850 系列标准的推广具有重要意义。

### 二、水电厂自动化元件的智能化

水电厂自动化元件包括两种类型：一种为数据采集类元件，如各类传感器、转换把手、按钮等；一种为执行类元件，如电磁阀、继电器、接触器（电机）等。其中采集类元件中传感器使用较多，而执行元件中继电器和电磁阀使用较多。智能型水电厂自动化元件相关技术的发展也代表了智能水电厂过程层设备制造技术的发展方向。

### 三、水电装备的发展方向

**（一）集成智能化功能**

根据智能水电厂信息建模需要，智能传感器、智能执行元件与主设备可以集成逻辑设备（LD）。单元层设备或装置可以定义为一个 IED，而过程层主设备的部件及其传感器、智能执行元件可以定义为 1 个 LD。传感器、智能执行元件可以定义为 LN，如导叶位置测量传感器就可以定义为一个 LN，其含有导叶开度、导叶空载以上、导叶空载以下、导叶全开、导叶全关等多个位置数据 DO。一般导叶位置测量传感器是安装在接力器上的，因此将主设备接力器和导叶与导叶位置测量传感器集成一体，组成一个过程层的逻辑设备。

在主设备制造时，就可以选择相应的智能传感器、智能执行元件作为其组成的一部分，进行集成构成智能设备。也就是说，智能设备既有主设备功能，又有能够反应主设备运行状态的智能传感器，提供的数据采集、发送功能和驱动主设备的智能执行元件接收控制命令的功能。这种具有集成智能化功能的智能设备是构成未来智能水电厂的基本单元。

**（二）即插即用功能**

这里所说的即插即用分为两部分，一是指智能传感器、智能执行元件本身存储有自己的模型数据，能够向单元层设备提供接口数据，如计算机的外设一样；二是指单元层设备能够对智能传感器、智能执行元件进行自动识别和建模，就像计算机主板对鼠标、键盘、打印机等各类外设进行驱动一样。这种即插即用功能是建立在标准数据接口基础上的，所有智能传感器、智能执行元件与主设备集成而形成的智能设备，只要按照标准数据接口接入计算机监控网络中，就能够被单元层设备或装置、系统识别，就可以进行自由组态、数据采集或设置各种控制流程，为智能水电厂高级应用模块提供基础支撑。

**（三）互操作性突出**

互操作性是指单元层设备或系统之间通过 IEC 61850MMS 协议，能够相互操作。无论是智能电网还是智能水电厂，所带来的最大利益就是互操作性，它革新了发电、配电、用电等各个方面。随着智能传感器、智能执行元件的应用，直采直跳成为可能，在过程层实现数据共享，在单元层实现互操作，智能水电装备未来发展最突出的特点就是互操作性。

## 第三节 监控系统模式变革

随着智能水电厂装备制造技术的发展，水电厂监控系统的模式也将发生变化。监控系统的单元层由集中式逐步向分层分布式变革；厂站层监控画面和监控数据越来越集中；机组和公用 LCU 在监控系统中的功能越来越简化，越来越类似于调速、励磁系统等单元层装置的功能；随着互操作性的提高，监控系统网络越来越扁平化。

### 一、单元层由集中式向分层分布式变革

随着 PLC 等控制设备价格的下降，单元层（间隔层）设备布置进一步分散，大量具有独立闭环控制功能的专业化装置、远程 I/O 或专用的 LCU 被应用，控制装置安装于主设备附近，并对主设备实现闭环控制或接受远程网络控制，计算资源大量增加且被进一步优化，减少了电缆敷设数量，对厂房的优化设计和提高设备可靠性影响深远。

### 二、厂站层监控系统向集中化、大数据方向发展

厂站层（集控层）监控数据逐步向集中化、大数据方向发展，监控系统的功能越来越完善。操作员站的监控画面显示的内容越来越丰富，特别是流域集控中心的监控系统，由于管理的站点、机组数量和其他主设备数量太多，监控系统的画面需要集中分类设置，从而提高监视的数据量和切换速度。大量报警信息需要进一步优化，如国内某大型流域集控中心监控 5 座巨型电站 60 多台巨型水轮机组，监控点量达到近 10 万点，设备操作记录、报警信息数据量巨大。如何将这些信息中对集控中心监控人员有用的内容筛选出来，同时还要提高监控人员查询信息的速度，成了难题，这就需要对各类报警信息进行分级分类细化设置。可以设置独立的报警服务器，专门用于对这些信息进行分级分类，并将结果推送给监控人员。类似于报警信息等这类数据和设备状态监测等数据在厂站层监控系统中将越来越多、越来越全。监控系统的大数据分析功能和数据查询速度，对监控人员的工作效率、事故处理响应速度等影响越来越突出，需要进一步完善。

### 三、LCU 的作用进一步简化，过程层逐步向网络化发展

各类智能传感器、智能执行元件逐渐研发并投入使用，过程层电缆大量减少，逐步向网络化过渡。监控系统中单元层各装置均可以独立接入主干网络中，励磁、电调、保护、LCU 均可以通过单元层网络实现互操作，各装置在主干网络中均属于单元层的自动化装置，解决了 LCU 在单元层通信和数据交互中的瓶颈问题，单元层监控系统网络变得进一步扁平化，数据交换速度和装置之间的互操作性将得到大幅度提升。机组和公用 LCU 在系统中的核心数据交换功能，逐步被专用的核心数据交换机替代；数据采集功能逐渐转移到直接接入单元层网络的独立装置（如专用测温装置等）中；专用 LCU 大量增加，部分顺控功能转移至专用 LCU 中，机组 LCU 只负责机组的顺控流程，CPU 负载率大幅下降；网络结构越来越合理，监控系统响应速度越来越快、可靠性越来越高。

## 第四节　智能水电厂建设思路优化

随着智能水电厂各项技术的发展、各类智能设备的实用化推广和智能水电厂相关技术标准的颁布实施，水电厂的设计原则、设计思想，特别是电气二次的设计原则和思想将发生了翻天覆地的变化。

### 一、IEC 61850 标准的应用与网络架构简化设计

IEC 61850 标准、HCIM 的应用和一体化管控平台的建设使水电厂实现了信息标准化、通信高速化、数据共享化。IEC 61850 标准还在逐步完善中，将全面覆盖水电、风电、分布式能源的通信信息管理，市场前景广阔，设备制造厂认知程度、研发和技术支持力度逐渐加大。在智能水电厂设计中要全面普及 IEC 61850 标准、HCIM 和一体化管控平台的应用。

智能传感器、智能执行元件以及智能变电站中的合并单元、智能终端、智能组件的应用，使各类数据可以通过网络实现共享，数据采集的来源可以实现唯一。直采直跳的设计理念可以进一步简化网络结构，因此，网络架构的设计越来越重要。需要充分借鉴智能变电站、智能家居、智能汽车、智能楼宇等的设计理念进行智能化设计，更需要借鉴各类大型公共网络平台的大数据存储、管理的设计理念，简化网络结构，提高网络架构的安全性和可靠性。

《国家电网公司安全事故调查规程》（国家电网安质〔2016〕1033 号）中，将信息事件纳入考核范围。未来智能水电厂中将大量应用网络交换机、服务器、工作站等信息化设备，为保证这些设备的安全稳定运行，信息安全越来越重要。要实现对网络设备、服务器、工作站的运行情况监测，掌握网络和设备运行情况；要保证网络安全，设置必要的安全防护设备；要对计算机机房的动环情况进行监测，保证设备不受运行环境影响。这都需要设计完善的信息监管系统来进行专业化管理。

### 二、高级应用模块化设计

智能水电厂一体化管控平台的建设，实现了数据集中存储，为高级应用的实现，提供了

坚实的基础。在此基础上，可以设计出功能丰富、内容全面的高级应用模块。这些模块可以任意组合，形成强大的智能化系统，实现用户的需求。因此，要加强模块的通用性设计，模块尽量按功能细化分类，便于用户进行定制组合。在设计中，要根据水电厂特点、需求、实用性和资金投入，因地制宜地选择不同功能模块，形成不同的智能水电厂建设方案，从而节约投资，提高实用性。

### 三、物联网和移动终端等新技术的应用

物联网解决了互联网的“最后一千米”问题，AR 增强现实技术/VR 虚拟现实技术提升了人机交互的真实效果，手机 APP 功能丰富、使用便捷，智能手机、平板计算机等移动终端给物联网、AR/VR 技术、手机 APP 的应用提供了平台，这些技术和设备在现实生活中得到大量应用，对群众生活产生了巨大影响。这些新技术和新设备可以应用于智能水电厂中，实现人员定位、热点触发、智能巡检、仿真培训、智能调控、资产管理、远程企业管理和远程协同办公等，提高智能水电厂的智能化水平。但这些新技术和新设备在水电厂中的应用，还必须经过安全性的检测和专业化设计，才能满足电力二次安全防护的相关规定的要求和工业级产品的相关要求。要实现物联网和移动终端等新技术、新设备的应用，还需要加强技术交流、设备研发和推广，进一步完善智能水电厂相关标准，保证技术的先进性和实用性。

### 四、全寿命周期管理理念的推广

全寿命周期管理要从工程规划开始，首先要统一规划，然后进行数字化建设、数字化移交，最后实现智能化运营。要将全寿命周期管理理念与智能水电厂技术相结合，进行集成化设计，通过数字化和智能化相关技术实现全寿命周期管理理念在水电厂中的应用。应以新建水电工程为试点，培养人才、建立标准。同时要促进装备制造企业投入力量，进行研发，将全寿命周期管理理念融入装备制造环节中，形成智能装备批量制造能力，节约装备制造成本和工程建设成本。将全寿命周期管理理念贯穿到水电工程建设的各个环节，以管理理念促进水电厂装备制造和设计技术的发展，以新理念、新产品、新工艺、新技术、新材料的应用促进水电管理水平的提升。

# 参 考 文 献


［1］ 中国电力企业联合会. 2016 年度全国电力供需形势分析预测报告［O/L］. 中电联规划发展部，2016.

［2］ 刘振亚. 中国电力与能源［M］. 北京：中国电力出版社，2012.

［3］ 刘振亚. 全球能源互联网［M］. 北京：中国电力出版社，2015.

［4］ 舒印彪. 新能源消纳关键因素分析及解决措施研究. 中国电机工程学报，2017.

［5］ 张振有，刘殿海. 我国抽水蓄能作用及发展展望［D］. 抽水蓄能电站工程建设文集，2010.

［6］ 国家电网公司. 国家电网智能化规划总报告（修订稿）［M］. 北京，2010.

［7］ 国家能源局. 电力自动化通信网络和系统第 6–510 部分：基本通信结构水力发电厂建模原理与应用指南［M］. 北京，2014.

［8］ 吴铭江，袁培进. 工程安全监测工作回顾［D］. 北京：中国水利水电科学研究院学报，2008.

［9］ 金发庆，传感器技术与应用［M］. 北京：机械工业出版社，2012.

［10］ 张勇传，周建中. 数字化水电站的实现思路与发展策略［D］. 南京，2006.

［11］ 王益民，坚强智能电网技术标准体系研究［J］. 电力系统自动化，2010，34（22）：1–6.

［12］ 闵峥，徐洁，王嘉乐. 基于 IEC 61850 的智能水电厂建模技术［D］. 南京：水电自动化与大坝监测，2011.

［13］ 丁杰. IEC 61850 系列标准简介［O/L］. 南京：国电南瑞科技股份有限公司，2012.

［14］ 任雁铭，秦立军，杨奇逊. IEC 61850 通信协议体系介绍和分析［D］. 南京：电力系统自动化，2000.

［15］ 窦晓波. IEC 61850 建模与实现［O/L］. 南京：东南大学电气工程学院，2012.

［16］ 黄新坡，唐书霞，王列华，胡远鹏. 智能变电站在线监测系统的 IEC 61850 信息建模与通信实现［D］. 西安：西安工程大学，西安金源电气股份有限公司，2014.

［17］ 杜宇，陈一靓，焦邵华，等. 基于 IEC 61850–6–410 的智能水电监控系统建模［D］. 南京：水电厂自动化，2015.

［18］ 王聪，张毅，文正国. 基于 IEC 61850 标准的水电厂监控系统信息建模［D］. 南京：水电自动化与大坝监测，2012.

［19］ 陈虎，汤煜明，李永红. IEC 61970 标准在智能水电厂数据交互平台中的应用［D］. 南京：水电自动化与大坝监测，2012，36（2）.

［20］ 冯仕，袁维宁. 石油企业资产全生命周期管理的信息化方案研究［J］. 石油规划设计，2014，25（2）：15–17.

［21］ 杨秀峰. 全寿命周期管理在电网建设项目中的应用研究［J］. 华北电力大学，2010.

［22］ 罗小黔，邹建国，戴建炜，刘春志，朱江. 乌江流域水电站群优化调控关键技术应用研究［J］. 水力发电，2007，33（10）：4–7.

［23］ 左天才. 乌江流域梯级水电站远程集控系统多电站、多系统集成和兼容［J］. 水电自动化与大坝监测，2008，32（1）：47.

［24］ 黄天东，贺徽，黄帆，宋远超，吴刚. 清江梯级智能对象化水电调平台系统设计［J］. 水电站机电技

术，2015，38（7）：4–9.

[25] 周月波，邢妍妍. 清江梯级电站集控运行的经验和展望［J］. 水电与新能源，2012，104（5）：15–18.

[26] 刁东海，吴正义. 澜沧江流域梯级电站集控中心监控系统的实现［J］. 水电厂自动化，2008，29（3）：1–5.

[27] 李剑琦. 系统集成—自动化前进发展方向［J］. 现代制造，2009，23（47）：216–220.

[28] 刘迎春，叶湘滨，等. 现代新型传感器原理与应用［M］. 国防工业出版社，2000. 5.

[29] 刘君华. 智能传感器系统［M］. 西安电子科技大学出版社，2010. 5.

[30] 王晓晨，黄继东. 基于直采直跳模式的智能变电站的母线保护应用研究［J］. 电力系统保护与控制，2011，39（19）：151–152.

[31] 中国共产党新闻网. 国家治理如何实现现代化—《习近平复兴中国》连载［O/L］.

[32] 电力建设与投资产业网. 大渡河流域电站智能调度探索规划草案［O/L］.

[33] 浙江珊溪经济发展有限责任公司. 浙江珊溪水利枢纽工程智能化建设规划设计报告［M］. 温州，2015.

[34] 华能澜沧江水电有限公司小湾水电厂. 巨型水电厂设备管理智能化成效显著[J]. 云南科技管理，2015，5：79.